Inhaltsverzeichnis

Bildquellen:
|boje5 Grafik & Werbung, Braunschweig: Titel. |Fabian, Michael, Hannover: 153, 153, 153, 153, 153, 157, 161. |Warmuth, Torsten, Berlin: 152, 155, 159.

1 Einheiten und ihre Umwandlung

1.1 Längen

1 km $\underset{\cdot 1000}{\overset{:1000}{\rightleftarrows}}$ 1 m $\underset{\cdot 10}{\overset{:10}{\rightleftarrows}}$ 1 dm $\underset{\cdot 10}{\overset{:10}{\rightleftarrows}}$ 1 cm $\underset{\cdot 10}{\overset{:10}{\rightleftarrows}}$ 1 mm

1 km = 1000 m
1 m = 10 dm
1 dm = 10 cm
1 cm = 10 mm

1. Schreibe in der in Klammern angegebenen Einheit.

12 cm = 120 mm

a) 7 m (dm); 6 km (m); 5 dm (cm)
b) 560 cm (dm); 940 mm (cm); 7000 m (km)
c) 72 dm (mm); 37 m (mm); 29 km (cm)
d) 6300 mm (dm); 76000 mm (m)

2. Schreibe mit Komma in der in Klammern angegebenen Einheit.

8 m 9 cm = 8,09 m

a) 47 cm 7 mm (cm); 6 m 26 cm (m); 12 m 3 cm (m)
b) 12 km 625 m (km); 8 km 57 m (km); 6 km 8 m (km)
c) 48 cm (m); 6 mm (cm); 750 m (km)
d) 6 m 5 dm (m); 13 mm (cm)

3. Schreibe ohne Komma in einer kleineren Einheit.

5,4 km = 5400 m

a) 4,81 m; 6,7 m; 4,964 km
b) 12,7 km; 5,03 m; 8,3 cm
c) 0,69 m; 0,8 m; 0,7 km
d) 0,1 cm; 0,56 km; 0,05 dm
e) 6,004 km; 3,25 dm
f) 9,341 m; 0,659 m

4. Ordne. Beginne mit der kleinsten Länge.

a) $3\frac{1}{4}$ m; 3,2 dm; 302 cm; 322 mm; 0,032 km **b)** $7\frac{3}{4}$ m; 77 dm; 770 mm; 0,007 km

1.2 Flächeninhalte

1 km² $\underset{\cdot 100}{\overset{:100}{\rightleftarrows}}$ 1 ha $\underset{\cdot 100}{\overset{:100}{\rightleftarrows}}$ 1 a $\underset{\cdot 100}{\overset{:100}{\rightleftarrows}}$ 1 m² $\underset{\cdot 100}{\overset{:100}{\rightleftarrows}}$ 1 dm² $\underset{\cdot 100}{\overset{:100}{\rightleftarrows}}$ 1 cm² $\underset{\cdot 100}{\overset{:100}{\rightleftarrows}}$ 1 mm²

1 km² = 100 ha
1 ha = 100 a
1 a = 100 m²
1 m² = 100 dm²
1 dm² = 100 cm²
1 cm² = 100 mm²

Die Umwandlungszahl ist 100.

1. Schreibe in der in Klammern angegebenen Einheit.

47 a = 4700 m²

a) 34 dm² (cm²); 57 m² (dm²); 7 km² (ha); 16 ha (m²)
b) 39 a (m²); 41 cm² (mm²); 94 ha (a); 7 km² (m²)
c) 700 m² (a); 3800 a (ha); 1900 ha (km²); 2700 m² (a)
d) 500 dm² (m²); 2700 mm² (cm²); 60000 cm² (m²)

2. Schreibe mit Komma in der in Klammern angegebenen Einheit.

$8\ m^2\ 25\ dm^2 = 8{,}25\ m^2$

a) $6\ m^2\ 23\ dm^2\ (m^2)$
$17\ a\ 7\ m^2\ (a)$
$46\ ha\ 56\ a\ (ha)$
$31\ km^2\ 6\ ha\ (km^2)$
$9\ cm^2\ 50\ mm^2\ (cm^2)$

b) $13\ km^2\ 86\ ha\ (km^2)$
$7\ dm^2\ 3\ cm^2\ (dm^2)$
$36\ cm^2\ 75\ mm^2\ (cm^2)$
$4\ a\ 53\ m^2\ (a)$
$64\ m^2\ 2\ dm^2\ (m^2)$

c) $9\ ha\ 1\ a\ (ha)$
$65\ dm^2\ 12\ cm^2\ (dm^2)$
$13\ m^2\ 2\ dm^2\ (m^2)$
$6\ ha\ 76\ a\ (ha)$

3. Schreibe ohne Komma in einer kleineren Einheit.

$3{,}05\ km^2 = 305\ ha$

a) $3{,}57\ ha$; $26{,}4\ a$; $4{,}52\ m^2$; $19{,}7\ km^2$; $9{,}50\ cm^2$

b) $9{,}08\ km^2$; $4{,}5\ cm^2$; $12{,}23\ dm^2$; $46{,}64\ m^2$; $73{,}8\ ha$

c) $15{,}6\ ha$; $43{,}8\ m^2$; $37{,}14\ cm^2$; $6{,}03\ ha$; $8{,}08\ km^2$

d) $36{,}4\ km^2$; $8{,}37\ a$; $51{,}9\ dm^2$; $13{,}7\ a$; $28{,}09\ m^2$

e) $0{,}64\ a$; $0{,}27\ ha$; $0{,}94\ km^2$; $0{,}3\ km^2$

f) $0{,}04\ m^2$; $0{,}8\ dm^2$; $0{,}15\ cm^2$; $0{,}4\ m^2$

1.3 Volumina (Rauminhalte)

$1\ m^3 \underset{\cdot 1000}{\overset{:1000}{\rightleftarrows}} 1\ dm^3 \underset{\cdot 1000}{\overset{:1000}{\rightleftarrows}} 1\ cm^3 \underset{\cdot 1000}{\overset{:1000}{\rightleftarrows}} 1\ mm^3$

$1\ m^3 = 1000\ dm^3$
$1\ dm^3 = 1000\ cm^3$
$1\ cm^3 = 1000\ mm^3$

$1\ cm^3 = 1\ m\ell$
$1\ dm^3 = 1\ \ell$
$1\ \ell = 1000\ m\ell$

Die Umwandlungszahl ist 1000.

1. Schreibe in der in Klammern angegebenen Einheit.

$5\ m^3 = 5000\ dm^3$

a) $12\ dm^3\ (cm^3)$
$8\ cm^3\ (mm^3)$
$27\ m^3\ (dm^3)$
$32\ cm^3\ (mm^3)$
$52\ m^3\ (dm^3)$
$314\ m^3\ (dm^3)$

b) $8000\ dm^3\ (m^3)$
$7000\ cm^3\ (dm^3)$
$15000\ mm^3\ (cm^3)$
$99000\ mm^3\ (cm^3)$
$5000\ dm^3\ (m^3)$
$580000\ cm^3\ (dm^3)$

c) $4\ \ell\ (m\ell)$
$27\ \ell\ (m\ell)$
$3000\ m\ell\ (\ell)$
$60000\ m\ell\ (\ell)$
$93000\ m\ell\ (\ell)$

d) $6\ dm^3\ (\ell)$
$25\ m^3\ (\ell)$
$43\ cm^3\ (m\ell)$
$93\ cm^3\ (m\ell)$
$7\ dm^3\ (\ell)$

2. Schreibe mit Komma in der in Klammern angegebenen Einheit.

$4\ \ell\ 8\ m\ell = 4{,}008\ \ell$

a) $6\ m^3\ 483\ dm^3\ (m^3)$
$2\ m^3\ 35\ dm^3\ (m^3)$
$12\ m^3\ 9\ dm^3\ (m^3)$
$18\ m^3\ 71\ dm^3\ (m^3)$
$5\ m^3\ 92\ dm^3\ (m^3)$
$80\ m^3\ 7\ dm^3\ (m^3)$

b) $7\ \ell\ 342\ m\ell\ (\ell)$
$4\ \ell\ 73\ m\ell\ (\ell)$
$9\ \ell\ 5\ m\ell\ (\ell)$
$14\ \ell\ 77\ m\ell\ (\ell)$
$18\ \ell\ 108\ m\ell\ (\ell)$
$66\ \ell\ 273\ m\ell\ (\ell)$

c) $344\ dm^3\ 505\ cm^3\ (dm^3)$
$19\ dm^3\ 7\ cm^3\ (dm^3)$
$1\ dm^3\ 75\ cm^3\ (dm^3)$
$575\ dm^3\ 68\ cm^3\ (dm^3)$
$53\ dm^3\ 310\ cm^3\ (dm^3)$

d) $775\ dm^3\ (m^3)$
$325\ m\ell\ (\ell)$
$50\ m\ell\ (\ell)$
$3\ m\ell\ (\ell)$
$250\ \ell\ (m^3)$

3. Schreibe ohne Komma in einer kleineren Einheit.

$18{,}65\ m^3 = 18650\ dm^3$

a) $4{,}255\ m^3$; $20{,}412\ dm^3$; $17{,}540\ cm^3$; $31{,}809\ m^3$; $15{,}819\ m^3$

b) $15{,}49\ m^3$; $4{,}35\ dm^3$; $45{,}59\ cm^3$; $9{,}06\ dm^3$; $41{,}47\ cm^3$

c) $3{,}5\ m^3$; $7{,}4\ m^3$; $2{,}7\ cm^3$; $13{,}3\ m^3$; $43{,}9\ dm^3$

d) $0{,}25\ m^3$; $0{,}4\ dm^3$; $0{,}005\ cm^3$; $0{,}418\ m^3$; $0{,}8\ cm^3$

e) $17{,}425\ \ell$; $8{,}354\ \ell$; $0{,}786\ \ell$; $5{,}364\ \ell$

f) $5{,}59\ \ell$; $0{,}125\ \ell$; $6{,}4\ \ell$; $9{,}7\ \ell$

1.4 Gewichte (Massen)

1 t $\underset{\cdot 1000}{\overset{:1000}{\rightleftarrows}}$ 1 kg $\underset{\cdot 1000}{\overset{:1000}{\rightleftarrows}}$ 1 g $\underset{\cdot 1000}{\overset{:1000}{\rightleftarrows}}$ 1 mg

1 t = 1000 kg
1 kg = 1000 g
1 g = 1000 mg

Die Umwandlungszahl ist 1000.

7 g = 7000 mg

1. Schreibe in der angegebenen Einheit.

a) in mg	**b)** in g	**c)** in g	**d)** in kg	**e)** in kg	**f)** in t
12 g	66 kg	6000 mg	19 t	9000 g	6000 kg
7,2 g	4,5 kg	6200 mg	0,4 t	4500 g	5200 kg
0,6 g	0,5 kg	560 mg	12,5 t	400 g	470 kg

2.

a)	**b)**	**c)**	**d)**
24 kg = □ g	6300 kg = □ t	10000 g = □ kg	5,2 t = □ kg
2,6 kg = □ g	900 g = □ kg	10400 kg = □ t	0,6 g = □ mg
0,4 g = □ mg	450 mg = □ g	900 mg = □ g	0,1 kg = □ g
6,1 t = □ kg	1200 kg = □ t	520 g = □ mg	700 kg = □ t

3. Schreibe in der Einheit, die in Klammern steht.

a) 92 kg (g); 17 g (mg); 96 t (kg); 4500 g (kg); 17200 kg (t); 4300 mg (g); 4,3 t (kg).

b) 650 g (kg); 670 kg (t); 9200 mg (g); 0,6 g (mg); 7,06 kg (g); 7,89 t (kg); 1,5 g (mg).

c) 19,5 g (mg); 3450 mg (g); 23,1 t (kg); 7500 kg (t); 3,5 kg (g); 9450 g (kg); 125 g (kg).

1.5 Zeitspannen

1 d = 24 h; 1 h = 60 min; 1 min = 60 s (d bedeutet Tag, h bedeutet Stunde)

8 min = 480 s
480 s = 8 min

1. Schreibe in der Einheit, die in Klammern steht.

a)	**c)**	**e)**	**g)**	
6 min (s)	4 h (min)	4 d (h)	8 min (s)	
15 min (s)	13 h (min)	12 d (h)	12 h (min)	
24 min (s)	18 h (min)	7 d (h)	5 d (h)	
b)	**d)**	**f)**	**h)**	**i)**
540 s (min)	240 min (h)	48 h (d)	420 min (h)	5 h (s)
180 s (min)	300 min (h)	144 h (d)	180 s (min)	12 h (s)
840 s (min)	720 min (h)	216 h (d)	168 h (d)	7 d (min)

5 min 12 s
= 300 s + 12 s
= 312 s

2. Gib in der kleineren Einheit an.

a)	**b)**	**c)**	**d)**
7 min 19 s	8 h 24 min	2 d 17 h	12 min 39 s
16 min 53 s	11 h 45 min	6 d 18 h	17 h 3 s
25 min 7 s	16 h 37 min	14 d 7 h	12 d 11 h

94 s = 1 min 34 s
30 h = 1 d 6 h

3. Schreibe mit zwei Einheiten (in Klammern angegeben).

a)	**b)**	**c)**
145 s (min; s)	83 min (h; min)	55 h (d; h)
199 s (min; s)	156 min (h; min)	80 h (d; h)
250 s (min; s)	340 min (h; min)	100 h (d; h)

2 Bruchzahlen (gebrochene Zahlen)

2.1 Gewöhnliche (gemeine) Brüche – Rechnen mit Brüchen

$\frac{1}{2}, \frac{1}{4}, \frac{3}{4}, \frac{1}{8}, \frac{5}{8}, \frac{1}{3}, \frac{2}{3}, \frac{1}{10}, \frac{3}{10}, \frac{1}{100}, \frac{7}{100}$ sind **gewöhnliche (gemeine) Brüche**.
Sie bezeichnen Bruchzahlen (gebrochene Zahlen).

Der *Nenner* des Bruches (rechts dargestellt: $\frac{3}{4}$) gibt an, in wie viele gleich große Teile (hier: 4) das Ganze (hier: ein Rechteck, ein Kreis) zerlegt wird.
Der *Zähler* (hier: 3) gibt an, wie viele solche Teile dann genommen werden.

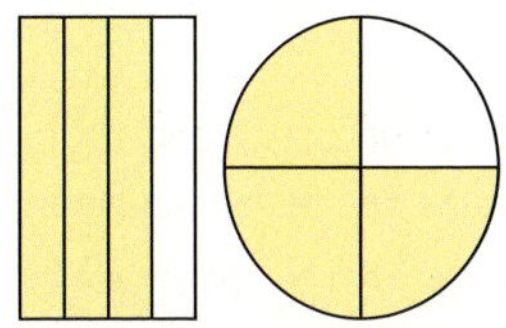

$\frac{3}{4}$

1. Das Ganze ist ein Rechteck [ein Kreis; eine Strecke]. Stelle folgende Brüche dar:

a) $\frac{3}{4}; \frac{5}{8}; \frac{2}{3}; \frac{1}{10}; \frac{4}{5}; \frac{5}{6}$ **b)** $\frac{4}{4}; \frac{5}{5}; \frac{3}{3}; \frac{2}{2}$ **c)** $\frac{5}{4}; \frac{9}{8}; \frac{5}{3}; \frac{11}{6}$

Gemischte Schreibweise

$2\frac{3}{4}$ bedeutet $2 + \frac{3}{4}$.

Beispiele: $2\frac{3}{4} = 2 + \frac{3}{4} = \frac{8}{4} + \frac{3}{4} = \frac{11}{4}$

$\frac{13}{5} = \frac{10}{5} + \frac{3}{5} = 2 + \frac{3}{5} = 2\frac{3}{5}$

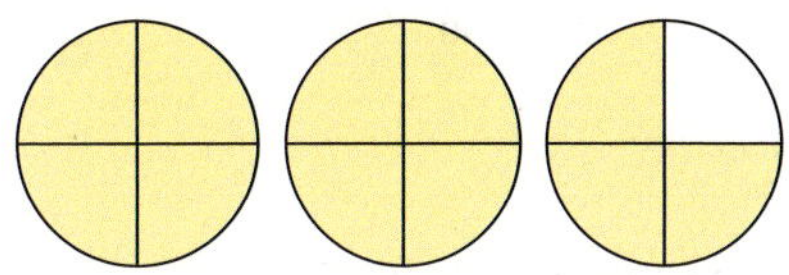

2. Verwandle die gemischte Schreibweise in einen Bruch.

a) $1\frac{3}{5}; 1\frac{4}{7}; 2\frac{1}{4}; 1\frac{8}{9}; 2\frac{10}{13}; 3\frac{5}{8}; 4\frac{2}{9}; 8\frac{6}{7}$

b) $16\frac{1}{2}; 18\frac{2}{3}; 13\frac{5}{6}; 25\frac{4}{5}; 15\frac{3}{7}; 12\frac{5}{8}; 5\frac{11}{18}$

c) $4\frac{3}{5}; 2\frac{7}{8}; 3\frac{4}{7}; 8\frac{1}{2}; 9\frac{3}{4}; 10\frac{3}{5}; 7\frac{5}{9}; 5\frac{5}{6}; 3\frac{7}{11}$

d) $12\frac{3}{4}; 6\frac{27}{40}; 11\frac{3}{8}; 13\frac{4}{5}; 14\frac{6}{7}; 18\frac{7}{8}; 19\frac{1}{6}$

3. Verwandle in die gemischte Schreibweise.

a) $\frac{5}{2}; \frac{9}{2}; \frac{10}{3}; \frac{100}{3}; \frac{5}{4}; \frac{17}{4}; \frac{23}{5}; \frac{19}{5}; \frac{23}{8}; \frac{43}{8}$

b) $\frac{23}{13}; \frac{51}{7}; \frac{19}{12}; \frac{28}{5}; \frac{36}{7}; \frac{97}{4}; \frac{37}{9}; \frac{90}{11}; \frac{107}{15}; \frac{319}{20}$

c) $\frac{13}{2}; \frac{51}{3}; \frac{59}{4}; \frac{78}{5}; \frac{91}{6}; \frac{102}{7}; \frac{125}{8}; \frac{125}{9}; \frac{156}{10}$

d) $\frac{50}{14}; \frac{63}{15}; \frac{68}{17}; \frac{147}{20}; \frac{147}{25}; \frac{158}{30}; \frac{225}{50}; \frac{236}{40}; \frac{316}{60}$

Erweitern und Kürzen von Brüchen

Ein Bruch wird *erweitert*, indem man *Zähler und Nenner* mit derselben natürlichen Zahl *multipliziert*.

Beispiel: $\frac{2}{3} = \frac{2 \cdot 4}{3 \cdot 4} = \frac{8}{12}$

Ein Bruch wird *gekürzt*, indem man *Zähler und Nenner* durch dieselbe natürliche Zahl *dividiert*.

Beispiel: $\frac{8}{12} = \frac{8 : 4}{12 : 4} = \frac{2}{3}$

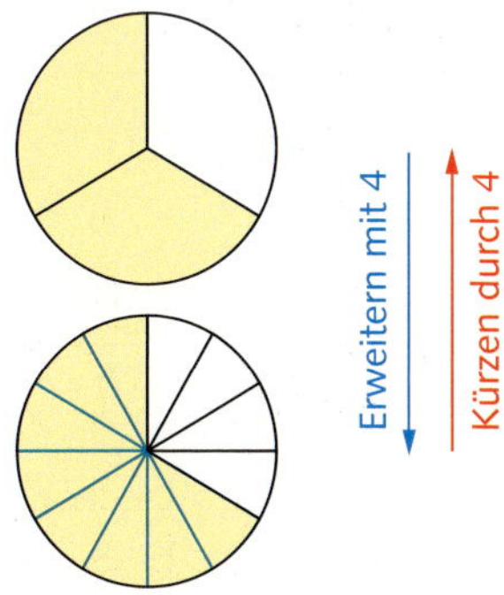

4. Erweitere $\frac{1}{2}, \frac{2}{3}, \frac{3}{5}, \frac{5}{8}, \frac{4}{9}, \frac{10}{3}, \frac{11}{8}, \frac{12}{5}$ mit

a) 2; **b)** 3; **c)** 7; **d)** 9; **e)** 10; **f)** 11; **g)** 12; **h)** 25; **i)** 100.

5. Ergänze den fehlenden Zähler.

a) $\frac{1}{2} = \frac{\square}{4}$; $\frac{1}{2} = \frac{\square}{8}$; $\frac{1}{2} = \frac{\square}{24}$

b) $\frac{2}{3} = \frac{\square}{6}$; $\frac{2}{3} = \frac{\square}{24}$; $\frac{2}{3} = \frac{\square}{45}$

c) $\frac{3}{4} = \frac{\square}{8}$; $\frac{3}{4} = \frac{\square}{12}$; $\frac{3}{4} = \frac{\square}{80}$

d) $\frac{2}{5} = \frac{\square}{15}$; $\frac{2}{5} = \frac{\square}{55}$; $\frac{2}{5} = \frac{\square}{150}$

e) $\frac{4}{3} = \frac{\square}{12}$; $\frac{4}{3} = \frac{\square}{36}$; $\frac{4}{3} = \frac{\square}{93}$

f) $\frac{7}{5} = \frac{\square}{25}$; $\frac{7}{5} = \frac{\square}{45}$; $\frac{7}{5} = \frac{\square}{80}$

6. Ergänze den fehlenden Nenner.

a) $\frac{1}{3} = \frac{3}{\square}$; $\frac{1}{3} = \frac{7}{\square}$; $\frac{1}{3} = \frac{25}{\square}$

b) $\frac{3}{5} = \frac{12}{\square}$; $\frac{3}{5} = \frac{33}{\square}$; $\frac{3}{5} = \frac{60}{\square}$

c) $\frac{5}{2} = \frac{30}{\square}$; $\frac{5}{2} = \frac{55}{\square}$; $\frac{5}{2} = \frac{80}{\square}$

d) $\frac{6}{7} = \frac{36}{\square}$; $\frac{6}{7} = \frac{72}{\square}$; $\frac{6}{7} = \frac{180}{\square}$

e) $\frac{7}{8} = \frac{49}{\square}$; $\frac{7}{8} = \frac{77}{\square}$; $\frac{7}{8} = \frac{140}{\square}$

f) $\frac{11}{9} = \frac{121}{\square}$; $\frac{11}{9} = \frac{99}{\square}$; $\frac{11}{9} = \frac{132}{\square}$

7. Kürze so weit wie möglich.

$\frac{30}{45} \overset{:3}{=} \frac{10}{15} \overset{:5}{=} \frac{2}{3}$

a) $\frac{2}{4}; \frac{6}{8}; \frac{4}{10}; \frac{4}{12}; \frac{7}{14}; \frac{10}{16}$

b) $\frac{4}{6}; \frac{9}{12}; \frac{3}{9}; \frac{8}{18}; \frac{21}{27}; \frac{15}{27}$

c) $\frac{12}{14}; \frac{12}{15}; \frac{12}{16}; \frac{12}{18}; \frac{12}{20}; \frac{12}{21}$

d) $\frac{30}{32}; \frac{18}{32}; \frac{17}{34}; \frac{15}{35}; \frac{2}{36}; \frac{6}{36}$

e) $\frac{10}{4}; \frac{30}{8}; \frac{15}{6}; \frac{18}{6}; \frac{30}{12}; \frac{40}{12}$

f) $\frac{27}{45}; \frac{45}{30}; \frac{64}{32}; \frac{52}{65}; \frac{72}{18}; \frac{72}{24}$

g) $\frac{14}{36}; \frac{21}{36}; \frac{50}{12}; \frac{40}{15}; \frac{75}{30}; \frac{60}{15}$

8. Kürze so weit wie möglich.

a) $\frac{792}{936}$ **b)** $\frac{448}{832}$ **c)** $\frac{324}{594}$ **d)** $\frac{560}{728}$ **e)** $\frac{513}{855}$ **f)** $\frac{702}{864}$ **g)** $\frac{714}{840}$ **h)** $\frac{495}{675}$

Ordnen von Bruchzahlen (gebrochenen Zahlen)

Bruchzahlen (gebrochene Zahlen) lassen sich leicht nach der Größe ordnen, wenn die Brüche gleichnamig sind, d. h., wenn sie den gleichen Nenner haben.

Beispiel: $\frac{5}{8} < \frac{7}{8}$

Sonst muss man die Brüche zunächst gleichnamig machen.

Beispiel: $\frac{3}{4} < \frac{5}{6}$, denn $\frac{9}{12} < \frac{10}{12}$ (12 ist ein gemeinsames Vielfaches von 4 und 6)

9. Bestimme die ersten drei gemeinsamen Vielfachen der beiden Zahlen.
Gib auch das kleinste gemeinsame Vielfache an.

a) 8; 9 **b)** 7; 21 **c)** 6; 8 **d)** 4; 15 **e)** 12; 60 **f)** 8; 12

10. Mache gleichnamig.

$\frac{3}{4}; \frac{4}{15}$
60 ist ein gemeinsames Vielfaches von 4 und 15.
$\frac{45}{60}; \frac{16}{60}$

a) $\frac{2}{3}; \frac{7}{12}$ **b)** $\frac{3}{5}; \frac{8}{15}$ **c)** $\frac{3}{4}; \frac{5}{6}$

d) $\frac{3}{4}; \frac{1}{6}$ **e)** $\frac{2}{3}; \frac{11}{18}$ **f)** $\frac{3}{4}; \frac{4}{5}$

g) $\frac{2}{7}; \frac{1}{2}$ **h)** $\frac{3}{8}; \frac{7}{10}$ **i)** $\frac{3}{4}; \frac{11}{12}$

j) $\frac{2}{3}; \frac{3}{4}$ **k)** $\frac{5}{6}; \frac{3}{8}$ **l)** $\frac{3}{10}; \frac{5}{12}$

11. Vergleiche und setze das passende Zeichen <, > bzw. = ein.

a) $\frac{5}{8} \square \frac{3}{8}; \frac{5}{12} \square \frac{11}{12}; \frac{4}{9} \square \frac{11}{9}; \frac{7}{5} \square \frac{3}{5}; \frac{7}{15} \square \frac{11}{15}$

b) $\frac{3}{4} \square \frac{5}{8}; \frac{11}{12} \square \frac{3}{4}; \frac{2}{3} \square \frac{5}{6}; \frac{8}{6} \square \frac{4}{3}; \frac{2}{5} \square \frac{7}{15}$

c) $\frac{3}{4} \square \frac{5}{6}; \frac{7}{8} \square \frac{5}{6}; \frac{8}{9} \square \frac{11}{12}; \frac{7}{12} \square \frac{4}{5}; \frac{5}{7} \square \frac{7}{9}$

d) $\frac{19}{21} \square \frac{5}{6}; \frac{2}{3} \square \frac{17}{25}; \frac{11}{20} \square \frac{14}{25}; \frac{6}{11} \square \frac{7}{13}; \frac{11}{15} \square \frac{11}{20}$

Berechnen der Größe des Bruchteils bei gegebenem Anteil

Ein Grundstück ist 700 m^2 groß. Davon sind $\frac{3}{5}$ Rasen.
Wie groß ist die Rasenfläche?

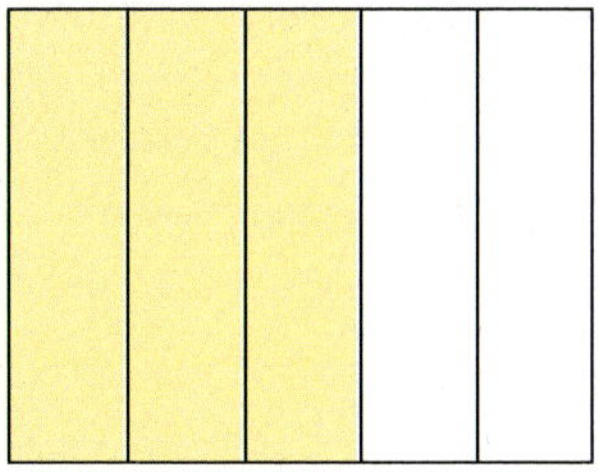

Ansatz: $\frac{3}{5}$ von 700 m^2 = x

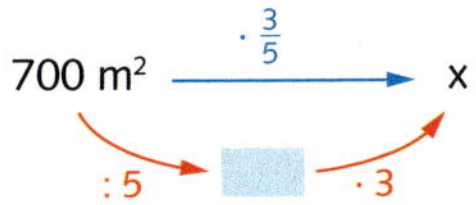

Rechnung: $x = \frac{3}{5}$ von 700 m^2

$= 700\ m^2 \cdot \frac{3}{5}$

$= 700\ m^2 : 5 \cdot 3$

$= 420\ m^2$

Ergebnis: Die Rasenfläche ist 420 m^2 groß.

12. Berechne: **a)** $\frac{5}{7}$ von 35 km; **b)** $\frac{5}{8}$ von 24 kg; **c)** $\frac{5}{4}$ von 60 min; **d)** $\frac{2}{5}$ von 150 m.

13. Notiere wie im Beispiel in der angegebenen Einheit und in einer kleineren Einheit.

a) $\frac{3}{8}$ von 1 kg **c)** $\frac{5}{6}$ von 1 h **e)** $\frac{5}{8}$ von 1 km

b) $\frac{4}{5}$ von 1 m **d)** $\frac{3}{2}$ von 1 ℓ **f)** $\frac{5}{4}$ von 1 m^2

$\frac{3}{4}$ von 1 kg $= \frac{3}{4}$ kg

$\frac{3}{4}$ von 1000 g = 750 g

14. Gib in der angegebenen Einheit an.

a) g: $\frac{1}{2}$ kg; $\frac{3}{2}$ kg; $\frac{1}{4}$ kg; $\frac{5}{4}$ kg; $\frac{1}{8}$ kg; $\frac{5}{8}$ kg; $\frac{7}{8}$ kg; $\frac{11}{8}$ kg; $\frac{3}{125}$ kg.

b) cm: $\frac{1}{4}$ m; $\frac{3}{4}$ m; $\frac{2}{5}$ m; $\frac{3}{5}$ m; $\frac{6}{5}$ m; $\frac{9}{10}$ m; $\frac{7}{20}$ m; $\frac{3}{25}$ m; $\frac{7}{50}$ m.

15. **a)** $210\ € \cdot \frac{2}{7}$ **b)** $144\ m \cdot \frac{7}{12}$ **c)** $72\ ℓ \cdot \frac{5}{9}$ **d)** $90\ min \cdot \frac{2}{3}$ **e)** $96\ kg \cdot \frac{9}{8}$

Berechnen des Ganzen bei gegebenem Anteil

Zum ICE-Sparpreis von 159 € kann man mit der Bahn in der 2. Klasse von Hamburg nach Frankfurt/M. (und zurück) fahren. Das sind $\frac{3}{4}$ des normalen Fahrpreises.
Wie hoch ist der normale Fahrpreis?

Ansatz: $\frac{3}{4}$ von x = 159 €

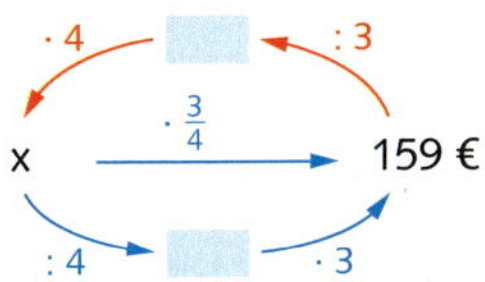

Rechnung: $\frac{3}{4} \cdot x = 159\ €$

$x = 159\ € \cdot \frac{4}{3}$

$= 159\ € : 3 \cdot 4$

$= 212\ €$

Ergebnis: Der normale Fahrpreis beträgt 212 €.

16. Berechne die Größe x.

a) $\frac{3}{5}$ von x = 90 min **c)** $\frac{3}{2}$ von x = 45 ℓ **e)** $\frac{7}{2}$ von x = 420 € **g)** $\frac{3}{8}$ von x = 132 m^3

b) $\frac{3}{4}$ von x = 48 min **d)** $\frac{7}{8}$ von x = 63 kg **f)** $\frac{2}{3}$ von x = 72 m^2 **h)** $\frac{4}{5}$ von x = 600 g

17. Berechne die Größe x.

a) $\frac{3}{8} \cdot x = 39$ ℓ **c)** $\frac{4}{5} \cdot x = 1200$ € **e)** $\frac{5}{12} \cdot x = 25$ kg **g)** $\frac{4}{9} \cdot x = 36\ m^2$

b) $\frac{4}{3} \cdot x = 80$ min **d)** $\frac{7}{10} \cdot x = 84$ km **f)** $\frac{5}{6} \cdot x = 250$ € **h)** $\frac{3}{7} \cdot x = 18\ dm^3$

Berechnen des Anteils einer Größe an einem Ganzen

Herr Müller verdient monatlich 2500 €. Er zahlt 600 € Miete.
Welcher Anteil seines Gehalts ist das?

Ansatz: x von 2500 € = 600 €

2500 € $\xrightarrow{\cdot x}$ 600 €

2500 € $\xrightarrow{:2500}$ 1 € $\xrightarrow{\cdot 600}$ 600 €

Rechnung: $x = \frac{600}{2500}$

$x = \frac{6}{25}$

Ergebnis: Herr Müller zahlt $\frac{6}{25}$ seines Gehalts für Miete.

18. Berechne den Anteil x.

a) x von 36 g = 15 g
b) x von 32 kg = 18 kg
c) x von 80 € = 12 €
d) x von 120 ℓ = 72 ℓ
e) x von 320 m = 256 m
f) x von 120 min = 80 min
g) x von 160 m^2 = 32 m^2
h) x von 720 m^3 = 540 m^3
i) x von 20 a = 8 a

Addieren und Subtrahieren von Brüchen

Gleichnamige Brüche werden addiert (subtrahiert), indem man die Zähler addiert (subtrahiert) und den Nenner beibehält.
Ungleichnamige Brüche werden zunächst gleichnamig gemacht.

Beispiele: $\frac{5}{12} + \frac{3}{12} = \frac{8}{12}$; $\frac{8}{12} - \frac{3}{12} = \frac{5}{12}$; $\frac{3}{4} + \frac{5}{6} = \frac{9}{12} + \frac{10}{12} = \frac{19}{12}$

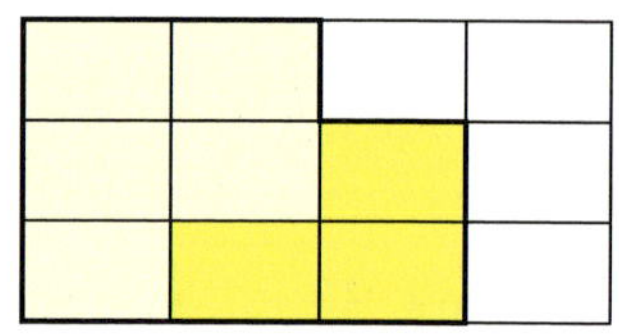

19. **a)** $\frac{1}{5} + \frac{3}{5}$; $\frac{2}{9} + \frac{5}{9}$ **b)** $\frac{5}{12} + \frac{7}{12}$; $\frac{3}{8} + \frac{5}{8}$ **c)** $\frac{4}{5} - \frac{3}{5}$; $\frac{16}{21} - \frac{4}{21}$ **d)** $\frac{11}{15} + \frac{2}{15}$; $\frac{13}{31} + \frac{12}{31}$ **e)** $\frac{16}{30} - \frac{13}{30}$; $\frac{17}{36} - \frac{13}{36}$ **f)** $\frac{27}{32} - \frac{23}{32}$; $\frac{17}{40} - \frac{11}{40}$

20. **a)** $\frac{2}{3} + \frac{5}{9}$; $\frac{3}{4} + \frac{7}{12}$ **b)** $\frac{4}{9} + \frac{5}{18}$; $\frac{6}{7} - \frac{9}{14}$ **c)** $\frac{1}{6} + \frac{1}{18}$; $\frac{19}{24} - \frac{3}{8}$ **d)** $\frac{17}{30} - \frac{2}{5}$; $\frac{31}{72} - \frac{5}{12}$ **e)** $\frac{10}{21} + \frac{17}{84}$; $\frac{23}{48} + \frac{7}{16}$ **f)** $\frac{16}{25} - \frac{2}{5}$; $\frac{15}{44} + \frac{3}{11}$

21. **a)** $\frac{5}{6} + \frac{3}{7}$; $\frac{7}{9} + \frac{1}{2}$ **b)** $\frac{3}{4} - \frac{4}{9}$; $\frac{5}{8} - \frac{1}{3}$ **c)** $\frac{2}{3} + \frac{3}{11}$; $\frac{3}{4} + \frac{2}{5}$ **d)** $\frac{11}{12} - \frac{4}{7}$; $\frac{11}{15} - \frac{1}{4}$ **e)** $\frac{4}{5} + \frac{3}{16}$; $\frac{7}{8} + \frac{10}{17}$ **f)** $\frac{12}{13} - \frac{5}{11}$; $\frac{3}{14} + \frac{7}{15}$

22. **a)** $\frac{7}{12} + \frac{5}{18}$; $\frac{7}{8} - \frac{3}{10}$ **b)** $\frac{20}{21} - \frac{4}{15}$; $\frac{13}{15} + \frac{5}{18}$ **c)** $\frac{7}{15} - \frac{3}{20}$; $\frac{15}{16} - \frac{7}{24}$ **d)** $\frac{7}{12} - \frac{7}{16}$; $\frac{5}{6} - \frac{4}{15}$ **e)** $\frac{11}{18} + \frac{7}{24}$; $\frac{25}{27} - \frac{11}{18}$ **f)** $\frac{21}{25} + \frac{9}{20}$; $\frac{25}{28} - \frac{11}{21}$

23. **a)** $9\frac{17}{30} + \frac{11}{30}$; $12\frac{5}{6} + \frac{4}{6}$; $4\frac{5}{21} + \frac{3}{21}$; $24\frac{25}{49} + 49\frac{21}{49}$
b) $3\frac{2}{5} + 2\frac{1}{5}$; $4\frac{3}{7} + 2\frac{2}{7}$; $3\frac{5}{9} + 2\frac{7}{9}$; $15\frac{7}{20} + 6\frac{3}{20}$
c) $8\frac{7}{9} + 3\frac{2}{27}$; $14\frac{4}{5} + 4\frac{8}{15}$; $9\frac{7}{10} + 2\frac{2}{9}$; $7\frac{11}{20} + 5\frac{7}{30}$

$2\frac{3}{7} + 4\frac{5}{7}$
$= 2 + \frac{3}{7} + 4 + \frac{5}{7}$
$= 6 + \frac{8}{7} = 6 + 1\frac{1}{7} = 7\frac{1}{7}$

24. **a)** $4\frac{4}{7} - \frac{2}{7}$; $6\frac{9}{10} - \frac{3}{10}$; $5\frac{3}{8} - 2\frac{1}{8}$; $6\frac{6}{11} - 4\frac{2}{11}$
b) $3\frac{3}{4} - \frac{5}{12}$; $4\frac{9}{10} - \frac{3}{5}$; $5\frac{1}{6} - 1\frac{1}{12}$; $24\frac{2}{3} - 1\frac{10}{33}$
c) $3\frac{3}{5} - \frac{2}{7}$; $5\frac{4}{5} - 2\frac{1}{3}$; $6\frac{7}{9} - \frac{4}{15}$; $8\frac{11}{12} - 3\frac{2}{9}$

$5\frac{11}{12} - 3\frac{7}{12}$
$= 5 + \frac{11}{12} - 3 - \frac{7}{12}$
$= 2 + \frac{4}{12} = 2\frac{4}{12} = 2\frac{1}{3}$

25. **a)** $7 - \frac{4}{5}$; $5 - \frac{2}{7}$; $7\frac{1}{5} - \frac{4}{5}$; $6\frac{1}{9} - 2\frac{4}{9}$

b) $17\frac{1}{12} - 8\frac{5}{6}$; $19\frac{5}{12} - 6\frac{3}{4}$; $29\frac{1}{3} - 18\frac{2}{3}$; $16\frac{2}{7} - 13\frac{25}{28}$

c) $31\frac{1}{11} - \frac{4}{15}$; $35\frac{3}{10} - 18\frac{5}{8}$; $17\frac{5}{12} - 7\frac{11}{14}$; $7\frac{7}{20} - 5\frac{11}{15}$

$$7\frac{5}{12} - 4\frac{11}{12}$$
$$= 3\frac{5}{12} - \frac{11}{12}$$
$$= 2\frac{17}{12} - \frac{11}{12} = 2\frac{6}{12} = 2\frac{1}{2}$$

Multiplizieren von Brüchen

Brüche werden multipliziert, indem man Zähler mit Zähler und Nenner mit Nenner multipliziert.

Beispiele: $\frac{4}{5} \cdot \frac{2}{3} = \frac{4 \cdot 2}{5 \cdot 3} = \frac{8}{15}$

$$\frac{5}{18} \cdot \frac{12}{25} = \frac{\overset{1}{\cancel{5}} \cdot \overset{2}{\cancel{12}}}{\underset{3}{\cancel{18}} \cdot \underset{5}{\cancel{25}}} = \frac{1 \cdot 2}{3 \cdot 5} = \frac{2}{15}$$

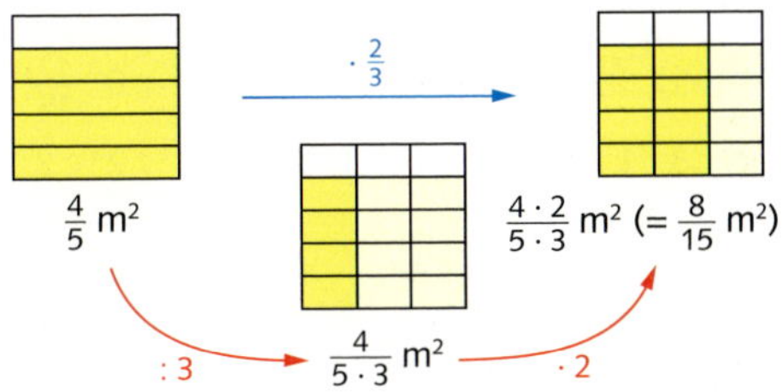

26. **a)** $\frac{2}{3} \cdot \frac{2}{5}$; $\frac{2}{5} \cdot \frac{2}{7}$; $\frac{3}{10} \cdot \frac{7}{8}$; $\frac{2}{5} \cdot \frac{3}{13}$

b) $\frac{9}{10} \cdot \frac{7}{9}$; $\frac{3}{7} \cdot \frac{7}{10}$; $\frac{8}{13} \cdot \frac{3}{8}$; $\frac{11}{15} \cdot \frac{15}{16}$

c) $\frac{3}{10} \cdot \frac{2}{5}$; $\frac{3}{5} \cdot \frac{15}{16}$; $\frac{3}{20} \cdot \frac{15}{16}$; $\frac{20}{23} \cdot \frac{11}{14}$

d) $\frac{2}{3} \cdot \frac{9}{10}$; $\frac{3}{5} \cdot \frac{10}{21}$; $\frac{3}{4} \cdot \frac{4}{9}$; $\frac{15}{16} \cdot \frac{24}{25}$

e) $\frac{2}{3} \cdot \frac{1}{4} \cdot \frac{3}{5}$; $\frac{3}{4} \cdot \frac{5}{6} \cdot \frac{8}{15}$; $\frac{5}{12} \cdot \frac{14}{15} \cdot \frac{5}{7}$

f) $\frac{18}{25} \cdot \frac{26}{27} \cdot \frac{10}{13} \cdot \frac{7}{8}$; $\frac{10}{27} \cdot \frac{15}{22} \cdot \frac{99}{100} \cdot \frac{7}{20}$

27. **a)** $5 \cdot \frac{3}{11}$; $4 \cdot \frac{2}{9}$; $2 \cdot \frac{8}{15}$; $6 \cdot \frac{3}{17}$; $7 \cdot \frac{4}{5}$

b) $3 \cdot \frac{4}{9}$; $5 \cdot \frac{3}{10}$; $4 \cdot \frac{7}{12}$; $6 \cdot \frac{5}{24}$; $9 \cdot \frac{7}{18}$

c) $6 \cdot \frac{4}{15}$; $12 \cdot \frac{3}{20}$; $8 \cdot \frac{5}{12}$; $9 \cdot \frac{7}{12}$; $14 \cdot \frac{5}{28}$

d) $\frac{5}{6} \cdot 12$; $\frac{5}{6} \cdot 24$; $\frac{2}{3} \cdot 7$; $\frac{3}{5} \cdot 12$; $\frac{3}{4} \cdot 30$

$$8 \cdot \frac{7}{12} = \frac{8}{1} \cdot \frac{7}{12} = \frac{\overset{2}{\cancel{8}} \cdot 7}{\underset{3}{\cancel{12}}} = \frac{14}{3} = 4\frac{2}{3}$$

$$8 \cdot \frac{7}{12} = \frac{\overset{2}{\cancel{8}} \cdot 7}{\underset{3}{\cancel{12}}} = \frac{14}{3} = 4\frac{2}{3}$$

28. **a)** $\frac{1}{3} \cdot 4\frac{1}{2}$; $\frac{2}{3} \cdot 3\frac{1}{4}$; $\frac{3}{4} \cdot 1\frac{1}{3}$; $\frac{3}{5} \cdot 2\frac{3}{4}$

b) $2\frac{2}{5} \cdot 4\frac{1}{6}$; $2\frac{2}{3} \cdot 1\frac{1}{4}$; $4\frac{2}{7} \cdot 1\frac{13}{15}$; $3\frac{1}{3} \cdot 5\frac{3}{4}$

c) $4\frac{2}{3} \cdot 5\frac{1}{2}$; $3\frac{1}{4} \cdot 3\frac{1}{2}$; $9\frac{7}{8} \cdot 11\frac{1}{2}$; $7\frac{3}{5} \cdot 7\frac{3}{5}$

d) $5 \cdot 6\frac{2}{7}$; $4 \cdot 11\frac{2}{3}$; $2 \cdot 12\frac{1}{2}$; $6 \cdot 7\frac{2}{5}$

$$4\frac{1}{5} \cdot 2\frac{2}{9} = \frac{21}{5} \cdot \frac{20}{9} = \frac{\overset{7}{\cancel{21}} \cdot \overset{4}{\cancel{20}}}{\underset{1}{\cancel{5}} \cdot \underset{3}{\cancel{9}}} = \frac{28}{3} = 9\frac{1}{3}$$

Dividieren von Brüchen

Durch einen Bruch wird dividiert, indem man mit dem Kehrwert (Reziproken) des Bruches multipliziert.

Beispiel:

$$\frac{2}{5} : \frac{3}{10} = \frac{2}{5} \cdot \frac{10}{3} = \frac{2 \cdot \overset{2}{\cancel{10}}}{\underset{1}{\cancel{5}} \cdot 3} = \frac{4}{3} = 1\frac{1}{3}$$

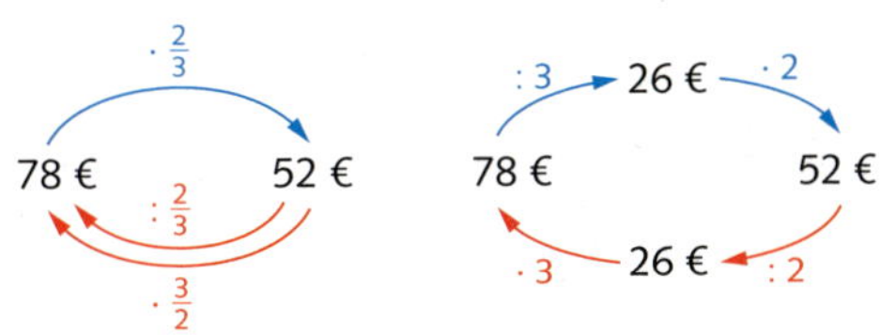

$: \frac{2}{3}$ bedeutet dasselbe wie $\cdot \frac{3}{2}$

29. **a)** $\frac{17}{18} : \frac{11}{18}$; $\frac{19}{20} : \frac{13}{20}$; $\frac{24}{25} : \frac{16}{25}$; $\frac{20}{23} : \frac{15}{23}$

b) $\frac{4}{9} : \frac{6}{11}$; $\frac{9}{11} : \frac{6}{13}$; $\frac{14}{15} : \frac{7}{8}$; $\frac{8}{11} : \frac{10}{13}$

c) $\frac{4}{9} : \frac{5}{6}$; $\frac{3}{25} : \frac{7}{20}$; $\frac{7}{24} : \frac{5}{18}$; $\frac{5}{14} : \frac{9}{20}$

d) $2\frac{1}{7} : \frac{5}{14}$; $3\frac{3}{5} : \frac{3}{10}$; $7\frac{2}{3} : \frac{23}{30}$; $9\frac{1}{3} : \frac{21}{25}$

e) $\frac{3}{4} : 1\frac{2}{3}$; $\frac{5}{8} : 2\frac{2}{5}$; $\frac{7}{11} : 8\frac{1}{2}$; $\frac{21}{25} : 2\frac{9}{10}$

f) $3\frac{4}{5} : 2\frac{3}{5}$; $5\frac{3}{7} : 7\frac{4}{7}$; $11\frac{5}{9} : 9\frac{1}{9}$; $4\frac{1}{7} : 1\frac{4}{7}$

30. **a)** $\frac{8}{11} : 2$; $\frac{3}{5} : 6$; $\frac{6}{7} : 9$; $\frac{4}{5} : 12$; $\frac{5}{4} : 7$

b) $\frac{24}{37} : 36$; $\frac{28}{33} : 21$; $\frac{33}{47} : 22$; $\frac{20}{41} : 28$; $\frac{25}{31} : 21$

c) $3\frac{2}{3} : 5$; $5\frac{2}{3} : 7$; $8\frac{4}{7} : 4$; $12\frac{5}{6} : 4$; $4\frac{3}{4} : 5$

$\frac{4}{7} : 5 = \frac{4}{7} : \frac{5}{1} = \frac{4}{7} \cdot \frac{1}{5} = \frac{4 \cdot 1}{7 \cdot 5} = \frac{4}{35}$

$\frac{4}{7} : 5 = \frac{4}{7 \cdot 5} = \frac{4}{35}$

31. **a)** $6 : \frac{5}{7}$; $11 : \frac{2}{3}$; $5 : \frac{3}{4}$; $10 : \frac{3}{8}$; $7 : \frac{4}{3}$

b) $15 : \frac{10}{19}$; $14 : \frac{21}{31}$; $20 : \frac{25}{31}$; $8 : \frac{12}{19}$; $25 : \frac{14}{17}$

c) $3 : 1\frac{1}{2}$; $6 : 1\frac{1}{5}$; $8 : 1\frac{3}{5}$; $21 : 3\frac{1}{2}$; $9 : 2\frac{3}{4}$

$3 : \frac{4}{5} = \frac{3}{1} : \frac{4}{5} = \frac{3}{1} \cdot \frac{5}{4} = \frac{3 \cdot 5}{1 \cdot 4} = \frac{15}{4} = 3\frac{3}{4}$

$3 : \frac{4}{5} = 3 \cdot \frac{5}{4} = \frac{3 \cdot 5}{4} = \frac{15}{4} = 3\frac{3}{4}$

32. **a)** 21 : 35; 60 : 48; 45 : 81; 65 : 26; 42 : 14

b) 36 : 66; 96 : 40; 75 : 135; 28 : 140; 153 : 102

$6 : 8 = \frac{6}{8} = \frac{3}{4}$

33. Berechne. Beachte: Punktrechnung geht vor Strichrechnung.

a) $\frac{3}{4} \cdot \frac{2}{5} + \frac{8}{15}$ **c)** $\frac{4}{5} \cdot 1\frac{7}{8} + 2\frac{2}{9} \cdot 1\frac{1}{5}$ **e)** $10\frac{3}{4} - 1\frac{1}{5} \cdot 6\frac{1}{4}$ **g)** $\frac{20}{39} \cdot 5\frac{5}{12} + 3\frac{5}{9}$

b) $\frac{1}{2} - \frac{2}{9} \cdot \frac{6}{7}$ **d)** $\frac{3}{5} \cdot 1\frac{1}{9} + 1\frac{7}{8} \cdot 1\frac{1}{3}$ **f)** $5\frac{2}{3} - 1\frac{5}{16} \cdot 1\frac{1}{7}$ **h)** $\frac{18}{77} \cdot 4\frac{7}{12} + 3\frac{4}{21}$

34. Berechne. Beachte: Was in der Klammer steht, wird zuerst ausgerechnet.

a) $\left(3\frac{3}{5} + 4\frac{1}{2}\right) \cdot 1\frac{7}{9}$ **c)** $\left(8\frac{5}{8} + 3\frac{11}{12}\right) \cdot 18$ **e)** $24 \cdot \left(9\frac{2}{9} - 3\frac{5}{6}\right)$ **g)** $\frac{9}{129} \cdot \left(\frac{5}{12} + 1\frac{3}{8}\right)$

b) $\left(2\frac{2}{5} + 2\frac{1}{2}\right) \cdot 2\frac{2}{7}$ **d)** $\left(7\frac{7}{9} + 4\frac{5}{6}\right) \cdot 12$ **f)** $16 \cdot \left(8\frac{5}{12} - 2\frac{7}{8}\right)$ **h)** $3\frac{1}{3} \cdot \left(8\frac{3}{5} - 5\frac{11}{15}\right)$

2.2 Dezimalbrüche – Rechnen mit Dezimalbrüchen

Brüche und Dezimalbrüche

0,3; 0,02; 0,007; 4,375 sind **Dezimalbrüche**. Die Ziffern rechts vom Komma heißen **Dezimale**. Die erste Dezimale rechts vom Komma gibt die *Zehntel* an, die zweite Dezimale die *Hundertstel*, die dritte Dezimale die *Tausendstel* usw.
Dezimalbrüche bezeichnen ebenfalls Bruchzahlen (gebrochene Zahlen).

Beispiele:

$0{,}3 = \frac{3}{10}$

$0{,}02 = \frac{2}{100}$

$0{,}007 = \frac{7}{1000}$

$4{,}375 = 4 + \frac{3}{10} + \frac{7}{100} + \frac{5}{1000} = 4\frac{375}{1000}$

1. Schreibe als Dezimalbruch.

a) $\frac{6}{10}$; $\frac{4}{100}$; $\frac{5}{1000}$; $\frac{2}{10000}$; $\frac{7}{100000}$

b) $\frac{23}{100}$; $\frac{89}{1000}$; $\frac{346}{1000}$; $\frac{167}{10000}$; $\frac{945}{100000}$

c) $\frac{37}{10}$; $\frac{349}{100}$; $\frac{1679}{1000}$; $\frac{7526}{10000}$; $\frac{73961}{100000}$

d) $3\frac{4}{10}$; $19\frac{12}{100}$; $5\frac{3}{100}$; $25\frac{575}{1000}$; $7\frac{76}{1000}$

2. Schreibe als Bruch. Kürze dann, falls möglich.

a) 0,9; 0,13; 0,07; 0,811; 0,051; 0,008

b) 9,51; 18,01; 3,003; 161,7; 14,25

c) 314,0071; 0,701204; 8,341111; 12,125

$0{,}85 = \frac{85}{100} = \frac{17}{20}$

$3{,}25 = 3\frac{25}{100} = 3\frac{1}{4}$

3. Erweitere geeignet. Verwandle dann in einen Dezimalbruch.

a) $\frac{1}{2}$; $\frac{2}{5}$; $\frac{3}{4}$; $\frac{5}{8}$; $\frac{11}{20}$; $\frac{1}{40}$; $\frac{15}{16}$; $\frac{7}{4}$; $\frac{11}{8}$; $\frac{31}{20}$

b) $\frac{19}{25}$; $\frac{1}{50}$; $\frac{111}{125}$; $\frac{17}{200}$; $\frac{79}{80}$; $\frac{151}{250}$; $\frac{29}{25}$; $\frac{311}{125}$

$\frac{7}{8} \overset{\cdot 125}{=} \frac{875}{1000} = 0{,}875$

4. Verwandle durch Dividieren in einen Dezimalbruch.

$\frac{7}{25} = 7 : 25 = 0{,}28$

a) $\frac{3}{5}$; $\frac{1}{4}$; $\frac{3}{8}$; $\frac{7}{8}$; $\frac{9}{20}$; $\frac{3}{40}$; $\frac{19}{16}$; $\frac{23}{50}$; $\frac{17}{80}$

b) $\frac{17}{25}$; $\frac{3}{50}$; $\frac{109}{125}$; $\frac{19}{200}$; $\frac{59}{80}$; $\frac{99}{250}$; $\frac{51}{25}$; $\frac{409}{125}$

Addieren und Subtrahieren von Dezimalbrüchen

Dezimalbrüche werden wie natürliche Zahlen stellenweise addiert (subtrahiert).
Dabei muss Komma unter Komma stehen.

Beispiele:

```
    3,4165        237,409
+  17,078       −  91,68
+   9,4         ---------
+   0,8249        145,729
+  25,006
----------
   55,7254
```

5. a) 31,4 + 17,5
19,4 + 3,9
20,7 + 19,5
65,3 + 14,8

b) 128,36 + 76,59
0,57 + 17,65
57,69 + 59,01
265,32 + 81,89

c) 3,207 + 5,44 + 6,16304 + 0,7104
7,61 + 9,804 + 0,77485 + 3,6
12,8697 + 32,1102 + 88,88 + 0,0096
12,457 + 7,81 + 125,1834 + 15

6. a) 1,4 – 0,6
7,9 – 3,4
3,3 – 2,9
9,4 – 4,8

b) 1,25 – 0,6
3,45 – 1,8
7,2 – 0,35
6,3 – 2,84

c) 156,76 – 87,49
362,94 – 48,97
8,004 – 5,709
13,146 – 7,639

d) 17 – 9,43
12,4 – 5,09
40,3 – 12,451
62,47 – 39,9

Multiplizieren von Dezimalbrüchen

Man multipliziert Dezimalbrüche zunächst wie natürliche Zahlen. Im Ergebnis trennt man mit dem Komma dann so viele Dezimalen ab, wie die Faktoren zusammen haben.

Beispiel: $1{,}15 \cdot 0{,}7 = 0{,}805$

$\frac{115}{100} \cdot \frac{7}{10} = \frac{115 \cdot 7}{1000}$

7. a) 3,75 · 10
80,3 · 10
12,125 · 10

b) 3,75 · 100
80,3 · 100
12,125 · 100

c) 3,75 · 1 000
80,3 · 1 000
12,125 · 1 000

d) 3,75 · 10 000
80,3 · 10 000
12,125 · 10 000

e) 5,16 · 100
14,75 · 10
8,45 · 1 000

8. a) 2,6 · 4
25,105 · 7
12 · 4,8

b) 0,4 · 0,7
0,3 · 0,08
0,02 · 0,008

c) 17,45 · 6
209,6 · 8
8,743 · 23

d) 12,85 · 0,6
1,9 · 20,6
0,85 · 3,6

e) 120,75 · 1,75
39,5 · 3,62
8,71 · 7,05

Dividieren durch eine natürliche Zahl

Man dividiert einen Dezimalbruch durch eine natürliche Zahl, indem man die Zahlen wie natürliche Zahlen dividiert. Sobald während der Rechnung das Komma überschritten wird, setzt man es auch im Ergebnis.

Beispiel:

```
14,94 : 6 = 2,49
−12   → Komma setzen
  2 9
 −2 4
    54
   −54
     0
```

9. **a)** 140,88 : 6; 22,96 : 7; 473,67 : 9; 1,476 : 6; 68,92 : 8
b) 44,31 : 3; 46,97 : 11; 158,58 : 12; 1,464 : 12; 22,56 : 8

10. **a)** 24,5 : 10; 1,325 : 10; 557,75 : 10; 0,055 : 10; 0,47 : 10
b) 24,5 : 100; 1,325 : 100; 557,75 : 100; 0,055 : 100; 0,47 : 100
c) 24,5 : 1000; 1,325 : 1000; 557,75 : 1000; 0,055 : 1000; 0,47 : 1000

Dividieren von Dezimalbrüchen
Man dividiert einen Dezimalbruch durch einen Dezimalbruch, indem man das Komma in beiden Zahlen so viele Stellen nach rechts setzt, dass man durch eine natürliche Zahl dividiert.

$$5{,}512 : 1{,}04 = 5{,}512 : \frac{104}{100} = 5{,}512 \cdot \frac{100}{104} = 5{,}512 \cdot 100 : 104 = 551{,}2 : 104$$

11. **a)** 63 : 0,9; 36 : 0,6; 8,8 : 0,11; 4,5 : 1,5; 0,27 : 0,3; 0,056 : 0,7
b) 4,5 : 0,3; 9 : 1,5; 4,5 : 0,15; 9,6 : 3,2; 12 : 0,6; 14,4 : 0,12

12. **a)** 9,36 : 1,8; 6,35 : 0,5; 3,81 : 0,25; 2,673 : 0,09; 2,527 : 0,007
b) 67,2 : 0,32; 8,82 : 0,21; 0,496 : 1,6; 19,32 : 3,45; 1,1375 : 0,125

13. **a)** $358{,}60 \cdot \frac{1}{4}$; $254{,}08 \cdot \frac{3}{4}$ **b)** $101{,}20 \cdot \frac{5}{8}$; $367{,}12 \cdot \frac{7}{8}$ **c)** $317{,}75 \cdot \frac{2}{5}$; $483{,}15 \cdot \frac{3}{5}$

$$10{,}72 \cdot \frac{3}{8} = \frac{\overset{1{,}34}{\cancel{10{,}72}} \cdot 3}{\underset{1}{\cancel{8}}} = 4{,}02$$

2.3 Anwenden der Bruchrechnung

1. Etwa $\frac{3}{4}$ des Gewichts einer Kartoffel ist Wasser. Wie viel kg Wasser enthalten
a) 24 kg; **b)** 96 kg; **c)** 144 kg; **d)** 248 kg; **e)** 372 kg; **f)** 496 kg; **g)** 516 kg?

2. Eine private Krankenkasse erstattet $\frac{4}{5}$ des Rechnungsbetrags. Sie erstattet
a) 152 €; **b)** 232 €; **c)** 460 €; **d)** 392 €; **e)** 1524 €.
Wie hoch war der Rechnungsbetrag?

3. Eine Firma stellt ein 6-Korn-Getreide-Gemisch her. Eine 240-g-Packung enthält 48 g Roggen, 42 g Hafer, 60 g Weizen, 36 g Gerste, 30 g Grünkorn und 24 g Buchweizen.
Gib den Anteil jeder Getreideart in der Packung an.

4. Zur Herstellung eines Erfrischungsgetränks werden gemischt:
a) $\frac{5}{8}$ ℓ Orangensaft und $\frac{1}{8}$ ℓ Mineralwasser; **b)** $\frac{4}{5}$ ℓ Apfelsaft und $\frac{1}{4}$ ℓ Mineralwasser.
Wie viel ℓ Flüssigkeitsmenge entsteht?

5. Von einem $4\frac{3}{5}$ km langen Radweg sind schon $3\frac{1}{4}$ km fertiggestellt.
Wie viel km müssen noch hergerichtet werden?

6. Für einen gedeckten Apfelkuchen werden u. a. $\frac{3}{8}$ kg Weizenmehl, $1\frac{1}{2}$ kg Äpfel, $\frac{3}{20}$ kg Butter und $\frac{9}{40}$ kg Zucker benötigt. Ein Bäcker will 16 [24; 30] solcher Kuchen herstellen.
Wie viel kg benötigt er von jeder Zutat?

7. Für eine Familienfeier mit 15 Personen kauft Herr Berg $3\frac{3}{8}$ kg Lachsfilet.
Wie viel kg rechnet er für jede Person?

8. $\frac{4}{7}$ einer Klasse sind Mädchen. $\frac{5}{6}$ der Mädchen können schwimmen.
Wie groß ist der Anteil der Schwimmerinnen (Nichtschwimmerinnen) in der Klasse?

9. Eine Reisegruppe unternimmt von Kassel aus eine 3-Städte-Fahrt: Kassel–Heidelberg–Nürnberg–Bamberg–Kassel. Der Busfahrer liest jeden Abend vom Tageskilometerzähler die gefahrenen Kilometer ab: 279,8 km; 231,4 km; 65,6 km; 248,1 km.
a) Wie viel km wurden insgesamt mit dem Bus zurückgelegt?
b) Wie viel km ist die Strecke Kassel–Heidelberg länger als die Strecke Nürnberg–Bamberg?

10. a) Ein Fenster ist 2,27 m breit. Für eine Gardine benötigt man die 2,5-fache Länge. Wie breit ist die Gardine?
b) Ein 1,68 m langer Silberdraht soll in 12 gleich lange Stücke zerschnitten werden. Wie lang ist ein Stück?
c) Auf einer Länge von 1,457 km sollen 6 m lange Gasrohre verlegt werden. Wie viele Rohre werden benötigt?

11. Ein offener Güterwagen hat ein Ladegewicht von 15 t. Er ist bereits beladen mit 4,6 t, 3,2 t und 2,8 t schweren Eisenteilen. Es soll noch ein weiteres Eisenteil zugeladen werden.
Wie viel darf es höchstens wiegen?

12. a) In einer Schachtel befinden sich 25 Teebeutel mit jeweils 1,5 g Kamille. Wie viel g Kamille enthält die Schachtel?
b) In einer anderen Schachtel befinden sich 25 Beutel mit insgesamt 56,25 g Pfefferminze. Wie viel g Pfefferminze enthält jeder Beutel?
c) 2,8 kg Darjeeling (schwarzer Tee) sollen in Teebeutel mit jeweils 1,75 g abgepackt werden. Wie viele Teebeutel erhält man?

13. Ergebnisse beim Rennrodeln WM 2011:

1. Tatjana Hüfner GER	2. Natalie Geisenberg GER
1. Lauf: 46,976 s	1. Lauf: 47,027 s
2. Lauf: 46,993 s	2. Lauf: 47,216 s

a) Berechne für beide Rodlerinnen die Gesamtzeit.
b) Um wie viel ist T. Hüfner schneller als N. Geisenberg?

14. a) Ein bestimmter Satellit benötigt für einen Umlauf um die Erde 1 h 35 min. Welche Zeit benötigt er für 14 Umläufe?
b) Wie viele Umläufe macht dieser Satellit an einem Tag?
c) Ein anderer Satellit benötigt für 9 Umläufe 17 h 15 min. Welche Zeit benötigt er für einen Umlauf?

15. Ein Getränkerezept: 1,2 ℓ Grapefruitsaft; 0,4 ℓ Ananassaft; 100 mℓ Zitronensaft; 100 mℓ Mandelsirup.
Wie viel Liter des Getränks erhält man?

16. a) Kaffeemilch kann man in Flaschen mit jeweils 0,165 ℓ Inhalt kaufen. Ein Karton enthält 20 Flaschen mit Kaffeemilch. Wie viel Milch enthält der Karton?
b) Für eine Feier werden 1 ℓ Kaffeemilch benötigt. Wie viele 0,165 ℓ-Flaschen müssen gekauft werden?
c) 100 ℓ Milch werden in 300 Flaschen abgefüllt. Wie viel Milch enthält eine Flasche?

17. 18 Mathematik-Schulbücher werden in einem Paket versandt. Jedes Buch wiegt 0,685 kg, der leere Karton ist 0,755 kg schwer.
Wie viel wiegt das Paket?

3 Prozentrechnung

3.1 Prozentbegriff

Bedeutung von p %

p % bedeutet $\frac{p}{100}$.

Beispiele: $14\ \% = \frac{14}{100} = 0{,}14$

$6{,}5\ \% = \frac{6{,}5}{100} = 0{,}065$

$113\ \% = \frac{113}{100} = 1{,}13$

Grundschema der Prozentrechnung

$G \xrightarrow{\cdot\, p\,\%} W$

G: Grundwert (Ganzes) | p %: Prozentsatz (Anteil) | W: Prozentwert (Bruchteil)

1. Schreibe als Hundertstelbruch sowie als Dezimalbruch.

a) 1 %; 13 %; 8 %; 22 %; 50 %; 35 %; 3 %; 73 %; 95 %; 100 %; 66 %; 48 %; 5 %; 86 %

b) 110 %; 150 %; 200 %; 105 %; 250 %; 104 %; 300 %; 125 %; 175 %; 340 %; 425 %

c) 3,8 %; 12,5 %; 48,6 %; 0,5 %; 0,9 %; 4,25 %; 31,7 %; 78,9 %; 1,75 %; 2,5 %; 16,3 %

2. Notiere in der Prozentschreibweise.

a) 0,43; 0,17; 0,09; 0,33; 0,92; 0,41; 1,40; 2,31

b) 0,574; 0,124; 0,276; 0,074; 0,0165; 0,0075

c) 1,03; 1,3; 2,45; 3,6; 0,845; 1,255; 1,756; 2,314

$0{,}24 = \frac{24}{100} = 24\ \%$

$0{,}314 = \frac{31{,}4}{100} = 31{,}4\ \%$

$1{,}45 = \frac{145}{100} = 145\ \%$

3. Notiere in der Prozentschreibweise.

a) $\frac{1}{2}$; $\frac{1}{4}$; $\frac{3}{4}$; $\frac{1}{5}$; $\frac{3}{5}$; $\frac{4}{5}$; $\frac{1}{10}$; $\frac{3}{10}$; $\frac{7}{10}$; $\frac{7}{20}$; $\frac{3}{20}$; $\frac{4}{50}$; $\frac{19}{50}$

b) $\frac{1}{8}$; $\frac{3}{8}$; $\frac{5}{8}$; $\frac{7}{8}$; $\frac{1}{16}$; $\frac{3}{16}$; $\frac{7}{16}$; $\frac{9}{16}$; $\frac{7}{40}$; $\frac{11}{40}$; $\frac{1}{125}$; $\frac{6}{125}$

c) $\frac{2}{3}$; $\frac{1}{6}$; $\frac{5}{6}$; $\frac{1}{7}$; $\frac{2}{7}$; $\frac{3}{7}$; $\frac{4}{7}$; $\frac{5}{7}$; $\frac{1}{9}$; $\frac{2}{9}$; $\frac{4}{9}$; $\frac{5}{9}$; $\frac{7}{9}$; $\frac{8}{9}$; $\frac{1}{12}$

$\frac{2}{5} = 2 : 5 = 0{,}4 = 40\ \%$

$\frac{5}{16} = 5 : 16 = 0{,}3125 = 31{,}25\ \%$

$\frac{1}{3} = 1 : 3 = 0{,}\overline{3} \approx 33{,}3\ \%$

3.2 Die drei Grundaufgaben der Prozentrechnung

Berechnung des Prozentwertes

$G \xrightarrow{\cdot\, p\,\%} W$

$W = G \cdot \frac{p}{100}$

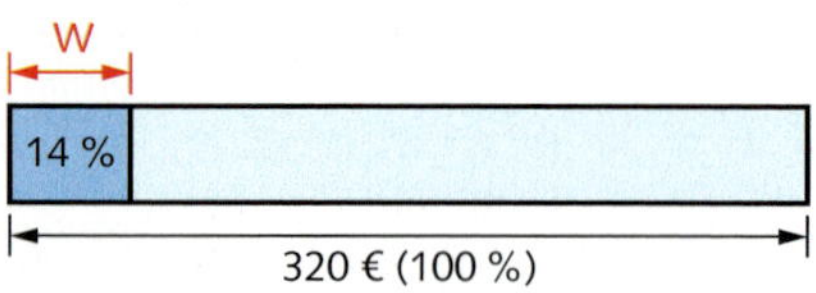

Beispiel: Gegeben: Grundwert G = 320 €
Prozentsatz p % = 14 %
Gesucht: Prozentwert W

Ansatz: $320\ € \xrightarrow{\cdot\, 14\,\%} W$

Rechnung: $W = 320\ € \cdot 14\ \% = 320\ € \cdot \frac{14}{100} = 44{,}80\ €$

Ergebnis: Der Prozentwert beträgt 44,80 €.

1. Berechne

a) 3 % **b)** 5 % **c)** 7 % **d)** 14 % **e)** 35 % **f)** 53 % **g)** 95 % **h)** 80 %

von 700 € [3 500 kg; 430 €; 380 m; 139,40 €; 43,2 kg; 0,850 m^3; 826,34 m^2].

2. Berechne

a) 200 % **b)** 300 % **c)** 150 % **d)** 175 % **e)** 110 % **f)** 230 % **g)** 113 %
von 600 € [7 200€; 36 kg; 480 m; 8,1 kg; 5,4 km; 19,2 ℓ; 707,35 m^2].

3. Berechne

a) $\frac{1}{2}$ % **b)** $4\frac{1}{2}$ % **c)** $2\frac{1}{4}$ % **d)** $5\frac{3}{4}$ % **e)** 9,1 % **f)** 12,3 % **g)** 23,1 % **h)** 75,6 %
von 500 € [4 800 kg; 360 €; 72 €; 91,3 kg; 0,730 km; 7,485 m^3; 859,34 m^2].

4. Eine Schule hat 860 Schüler; davon sind 45 % Jungen. Wie viele Schüler sind Jungen?

5. Seefisch enthält 89 % Wasser, Kartoffeln 80 %. Wie viel g Wasser enthalten 150 g Seefisch, wie viel 120 g Kartoffeln?

6. Eine Jahresfahrkarte für Auszubildende im öffentlichen Nahverkehr einer Stadt kostet 740 €. Der Preis soll um 5 % erhöht werden. Um wie viel Euro wird die Karte teurer?

7. Ein Grundstück ist 707 m^2 groß; davon sind 27,6 % bebaut. Wie viel m^2 des Grundstücks sind bebaut?

8. Frau Müller verdient monatlich 2 390 €. Ihr Lohn wird um 1,8 % erhöht.
Um wie viel Euro wird ihr Lohn erhöht?

Berechnung des Grundwertes

$G \xrightarrow{\cdot p\,\%} W$

$G = W \cdot \frac{100}{p}$

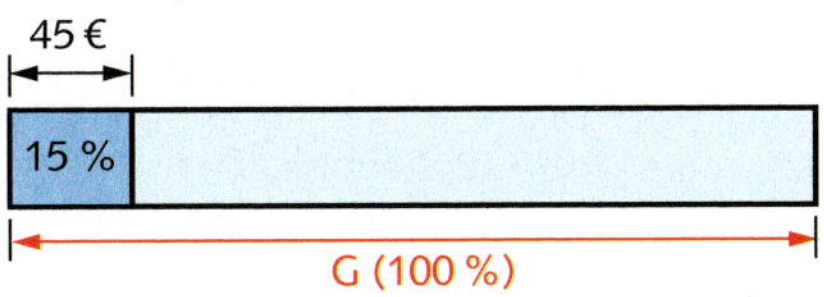

Beispiel: Gegeben: Prozentwert W = 45 €
Prozentsatz p % = 15 %
Gesucht: Grundwert G

Ansatz: $G \xrightarrow{\cdot 15\,\%} 45$ €
Rechnung: $G = 45\,€ \cdot \frac{100}{15} = 300\,€$
Ergebnis: Der Grundwert beträgt 300 €.

9. Berechne den Grundwert G.

a) 50 % von G = 300 €
40 % von G = 72 €
25 % von G = 94 €
20 % von G = 134 €
75 % von G = 342 €

b) 5 % von G = 11,8 kg
12 % von G = 115,56 kg
29 % von G = 932,06 kg
37 % von G = 241,98 kg
54 % von G = 460,08 kg

c) 19 % von G = 34 m^2
26 % von G = 149 m^2
43 % von G = 245 m^2
7 % von G = 89 m^2
67 % von G = 493 m^2

d) 200 % von G = 214 €
300 % von G = 177 €
150 % von G = 531 €
120 % von G = 744 €
250 % von G = 810 €

e) $33\frac{1}{3}$ % von G = 762 €
$66\frac{2}{3}$ % von G = 924 €
$\frac{1}{2}$ % von G = 15 €
$4\frac{1}{2}$ % von G = 270 €
$5\frac{3}{4}$ % von G = 460 €

f) 0,4 % von G = 8 kg
9,1 % von G = 364 kg
12,4 % von G = 620 kg
27,8 % von G = 1 112 kg
48,3 % von G = 2 898 kg

10. Berechne den Grundwert.

a) 10 % **c)** 25 % **e)** 5 % **g)** 150 % **i)** 200 % **k)** 7 % **m)** 98 %
b) 50 % **d)** 30 % **f)** 60 % **h)** 125 % **j)** 143 % **l)** 15 % **n)** 105 %
vom Grundwert G betragen 60 € [200 g; 270 kg; 3 600 m; 840 kg; 1 260 ℓ].

11. Bei einer Gruppenfahrt mit der Deutschen Bahn zahlt eine Gruppe von 6 Erwachsenen nur 40 % des normalen Fahrpreises. Bei einer solchen Fahrt zahlt jedes Gruppenmitglied 93 €.
Wie hoch ist der normale Fahrpreis?

12. An einem Konzert in einer Stadthalle nahmen 2 125 Personen teil. Die Veranstalter melden: Die Halle war nur zu 85 % besetzt.
Wie viele Plätze hat die Stadthalle?

13. Anne verkauft ihr Mountainbike für 312 €. Das ist nur noch 40 % des Anschaffungspreises.
Wie viel Euro hat das Mountainbike bei der Neuanschaffung gekostet?

14. Meerwasser hat einen Salzgehalt von 3,5 %. Aus wie viel g [kg] Meerwasser kann man 250 g Salz gewinnen?

Berechnung des Prozentsatzes

$G \xrightarrow{\cdot\, p\,\%} W$

$p\,\% = \frac{W}{G}$

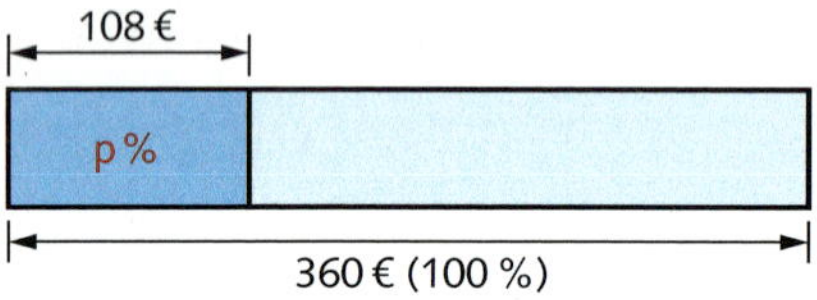

Beispiel: Gegeben: Grundwert G = 360 €
Prozentwert W = 108 €
Gesucht: Prozentsatz p %

Ansatz: $360\,€ \xrightarrow{\cdot\, p\,\%} 108\,€$

Rechnung: $p\,\% = \frac{108\,€}{360\,€} = 0{,}30 = 30\,\%$

Ergebnis: Der Prozentsatz beträgt 30 %.

15. Berechne den Prozentsatz.

a) p % von 200 € = 40 €
p % von 400 € = 36 €
p % von 50 € = 12 €
p % von 680 € = 170 €

b) p % von 800 € = 60 €
p % von 90 € = 60 €
p % von 60 € = 60 €
p % von 40 € = 60 €

c) p % von 1 m = 7 cm
p % von 5 m = 45 cm
p % von 5 kg = 500 g
p % von 51 g = 17 g

16. Wie viel Prozent sind
a) 230 g [89 g; 1,2 kg; 822 g; 475 g; 53,2 g] von 920 g?
b) 6 cm [7,5 cm; 3 dm; 28 mm; $4\frac{1}{2}$ cm; 34,2 mm] von 48 cm?
c) 800 mℓ [450 mℓ; 2,15 ℓ; 723 mℓ; 1,47 ℓ] von 3,2 ℓ?

17. Eine Schule hat 1 148 Schüler; 287 Schüler kommen mit dem Fahrrad zur Schule.
Wie viel Prozent der Schüler kommen mit dem Rad zur Schule?

18. Eine 135 km lange Autobahn wird gebaut; davon sind 81 km fertig.
Wie viel Prozent der Gesamtlänge sind das?

19. Der Hersteller gibt den Preis für einen Flachbildfernseher mit 1 499 € an. In einem Elektrogeschäft ist das Gerät 75 € billiger.
Wie viel Prozent Preisnachlass gibt das Geschäft?

20. Bei einer Wahl gaben nur 94 250 der 145 000 Wahlberechtigten ihre Stimme ab.
Wie viel Prozent der Wahlberechtigten gingen zur Wahl?

21. Eine Schule besuchen 825 Schüler(innen), davon sind 396 Mädchen.
Wie viel Prozent aller Schüler dieser Schule sind Jungen?

3.3 Erhöhung und Verminderung des Grundwertes

Erhöhung des Grundwertes

Man erhält eine Erhöhung des Grundwertes um p % bzw. auf (100 + p) %,
- wenn man zum Grundwert G den Prozentwert p % von G addiert;
- wenn man (100 + p) % vom Grundwert G berechnet.

Grundwert G 100 % von G	Prozentwert W p % von G
Erhöhter Grundwert (100 + p) % von G	

Beispiel: Ein Fahrradhelm kostet 65 €. Der Preis wird um 12 % erhöht. Wie teuer ist der Helm dann?

Lösung:

1. Weg:

Alter Preis (Grundwert):	65,00 €
Preiserhöhung (Prozentwert):	+ 7,80 € (12 % von 65 €)
Neuer Preis (erhöhter Grundwert):	72,80 €

2. Weg: $65\ € \xrightarrow{(100 + 12)\ \%} x$

$x = 65\ € \cdot \frac{112}{100} = 72{,}80\ €$

Ergebnis: Nach der Preiserhöhung kostet der Helm 72,80 €.

Verminderung des Grundwertes

Man erhält eine Verminderung des Grundwertes um p % auf (100 – p) %,
- wenn man den Prozentwert p % vom Grundwert G subtrahiert;
- wenn man (100 – p) % vom Grundwert G berechnet.

Grundwert G 100 % von G	
Verminderter Grundwert G – W (100 – p) % von G	Prozentwert W p % von G

Beispiel: Ein Mountainbike kostet 419 €. Der Händler gibt bei Barzahlung 5 % Rabatt. Wie viel Euro kostet das Mountainbike dann?

Lösung:

1. Weg:

Alter Preis (Grundwert):	419,00 €
Rabatt (Prozentwert):	– 20,95 € (5 % von 419 €)
Neuer Preis (verminderter Grundwert):	398,05 €

2. Weg: $419\ € \xrightarrow{(100 - 5)\ \%} x$

$x = 419\ € \cdot \frac{95}{100} = 398{,}05\ €$

Ergebnis: Bei Barzahlung kostet das Mountainbike 398,05 €.

1. Erhöhe [vermindere] 700 €; 480 €; 98 kg; 453 m²; 28,5 ℓ; 9,750 m³; 82,3 m um
a) 5 %; **b)** 10 %; **c)** 20 %; **d)** 8 %; **e)** 13 %; **f)** $33\frac{1}{3}$ %; **g)** 4,5 %; **h)** 6,5 %.

2. Eine Videokamera kostet ohne Mehrwertsteuer 630 €. Dazu kommen noch 19 % Mehrwertsteuer. Wie viel Euro sind beim Kauf zu zahlen?

3. Eine Auszubildende in der Metallindustrie erhält eine monatliche Grundvergütung von 748 €. Nach einem Tarifabschluss wird die Vergütung um 2,3 % erhöht.
Wie viel Euro erhält sie dann?

4. Ein MP3-Player kostet 49 €. Bei Barzahlung gibt der Händler 3 % Rabatt.
Gib den Verkaufspreis an.

5. Eine Jeans-Hose kostet 80 €. Beim Räumungsverkauf werden die Preise um 35 % herabgesetzt.
Wie viel Euro muss man dann für die Hose zahlen?

6. Eine Schule hat 1 200 Schüler. Im folgenden Schuljahr nimmt die Schülerzahl um 6,5 % ab.
Wie viele Schüler besuchen dann noch die Schule?

7. Ein Flachbildfernseher kostet 1 290 €. Dazu kommen noch 19 % Mehrwertsteuer. Bei Barzahlung gibt der Händler 2 % Skonto.
Wie viel Euro sind zu zahlen?

8. Ein Kleinwagen kostet 15 500 €. Der Preis wird zunächst um 5 % und anschließend noch einmal um 4 % erhöht.
Wie viel Euro kostet dann das Auto?

9. Eine Digitalkamera kostet 180 €. Der Preis wird um 10 % erhöht. Dann gewährt der Händler 10 % Preisnachlass. Wie viel Euro kostet dann das Gerät?

10. Ein Kuppelzelt für drei Personen kostet einschließlich 19 % Mehrwertsteuer 60 €.
Wie viel Euro kostet das Kuppelzelt ohne Mehrwertsteuer?

11. Ein Kaufhaus senkt beim Räumungsverkauf alle Preise um 22 %. Ein Hemd kostet dann 35,10 €.
Wie viel Euro hat das Hemd ursprünglich gekostet?

12. In einem Einfamilien-Haus wurden in einem Jahr 7 643 m^3 Gas verbraucht. Das sind 6 % weniger als im Vorjahr. Wie viel m^3 Gas wurden im Vorjahr verbraucht?

13. Ein Angestellter erhält nach einer Gehaltserhöhung um 2,1 % ein Monatsgehalt von 1 607,45 €.
Wie hoch war sein Gehalt vor der Erhöhung?

14. Ein Fahrradhändler hat in einem Jahr 221 Fahrräder verkauft, das sind 15 % weniger als im Jahr davor.
Wie viele Fahrräder waren es im Jahr davor?

15. Herr Müller zahlt für einen Farbtintenstrahldrucker 84,55 €. Er hat 5 % Rabatt bekommen.
Wie viel Euro hätte er ohne Rabatt zahlen müssen?

16. Die Einwohnerzahl einer Stadt ist von 287 400 auf 313 266 gestiegen.
Um wie viel Prozent ist die Einwohnerzahl gestiegen?

17. Der Stromverbrauch ist in einem Haushalt im letzten Jahr von 5 784 kWh auf 6 149 kWh gestiegen.
Um wie viel Prozent ist der Stromverbrauch gestiegen?

18. Beim Mahlen von Weizen gehen 35 %, beim Mahlen von Roggen 30 % als Kleie und Schwund von der ursprünglichen Getreidemenge ab. Eine Mühle soll 2 500 kg Weizenmehl und 3 000 kg Roggenmehl liefern.
Wie viel kg Weizen und wie viel kg Roggen müssen gemahlen werden?

4 Zinsrechnung

4.1 Die Grundaufgaben der Zinsrechnung

Grundschema der Zinsrechnung

Kapital K $\xrightarrow{\cdot \text{ Zinssatz } p\,\%}$ Jahreszinsen Z_1 $\xrightarrow{\cdot \text{ Zeitfaktor in Jahren } i}$ Zinsen Z

Berechnung der Zinsen

Beispiel: Gegeben: Kapital K = 1200 €
Zinssatz p % = 2
Zeit 5 Monate $\left(\text{Zeitfaktor } i = \frac{5}{12}\right)$

Gesucht: Zinsen Z

Ansatz: 1200 € $\xrightarrow{\cdot 2\,\%}$ Jahreszinsen Z_1 $\xrightarrow{\cdot \frac{5}{12}}$ Zinsen Z

Rechnung: 1. Schritt: Jahreszinsen $Z_1 = 1200\text{ €} \cdot \frac{2}{100} = 24\text{ €}$

2. Schritt: Zinsen $Z = 24\text{ €} \cdot \frac{5}{12} = 10\text{ €}$

Ergebnis: Die Zinsen nach 5 Monaten betragen 10 €.

1. Wie viel Euro Zinsen bringt in einem Jahr ein Kapital von

a) 400 €	**d)** 3000 €	**g)** 20000 €	**j)** 550 €	**m)** 7300 €	**p)** 5430 €
b) 900 €	**e)** 2000 €	**h)** 30000 €	**k)** 420 €	**n)** 6100 €	**q)** 8750 €
c) 600 €	**f)** 5000 €	**i)** 80000 €	**l)** 790 €	**o)** 4800 €	**r)** 9160 €

zu einem Zinssatz von 2 % [1,5 %; 3 %; 3,25 %; 4 %; 4,25 %; 3,75 %; 5 %]?

2. Herr Müller leiht sich bei einer Bank 5000 € zu einem Zinssatz von 6 %.
Wie viel Euro Zinsen muss er nach 1 Jahr [2 Jahren; 3 Jahren; 5 Jahren] zahlen, falls in diesem Zeitraum nichts zurückgezahlt wird?

3. Frau Meyer leiht sich bei einer Sparkasse 4000 € zu einem Zinssatz von 5,5 %.
Wie viel Euro Zinsen muss sie nach 1 Jahr [4 Jahren] zahlen?

4. Ein Konto wird mit 3600 € überzogen, d.h. man leiht sich diesen Betrag bei der Bank. Der Zinssatz beträgt 11,25 % [15,5 %].
Berechne die Zinsen.

a) 1 Jahr	**e)** $\frac{2}{3}$ Jahr	**i)** 11 Monate	**m)** 19 Tage
b) $\frac{3}{4}$ Jahr	**f)** 5 Monate	**j)** 10 Monate	**n)** 42 Tage
c) $\frac{1}{2}$ Jahr	**g)** 1 Monat	**k)** 22 Tage	**o)** 30 Tage
d) $\frac{1}{3}$ Jahr	**h)** 7 Monate	**l)** 241 Tage	**p)** 1 Tag

Bestimmen des Zeitfaktors:
22 Tage = $\frac{22}{360}$ Jahre
$i = \frac{22}{360}$

5. Für einen Autokauf leiht sich Frau Heine 3400 €, die sie mit 5 % verzinsen muss.
Wie viel Euro muss sie nach 7 Monaten zurückzahlen?

6. Berechne die Zinsen.

Kapital	3 500 €	7 850 €	5 200 €	720,75 €	6 500 €	7 850 €	429,75 €
Zinssatz	1,5 %	2,2 %	2 %	11,25 %	12 %	15,75 %	12,5 %
Zeit	1.7. bis 30.9.	1.1. bis 31.10.	1.3. bis 31.12.	1.3. bis 15.6.	3.5. bis 17.7.	16.4. bis 21.9.	27.4. bis 5.11.

Berechnung des Zinssatzes

Beispiel: Gegeben: Kapital $K = 2500$ €

Zeit 4 Monate $\left(\text{Zeitfaktor } i = \frac{4}{12} = \frac{1}{3}\right)$

Zinsen $Z = 12{,}50$ €

Gesucht: Zinssatz p %

Ansatz: $2500\text{ €} \xrightarrow{\cdot\, p\,\%} \text{Jahreszinsen } Z_1 \xrightarrow{\cdot\, \frac{1}{3}} 12{,}50\text{ €}$

Rechnung: 1. Schritt: Jahreszinsen $Z_1 = 12{,}50\text{ €} \cdot \frac{3}{1} = 37{,}50\text{ €}$

2. Schritt: Zinssatz $p\,\% = 37{,}50\text{ €} : 2500\text{ €} = 0{,}015 = 1{,}5\,\%$

Ergebnis: Der Zinssatz beträgt 1,5 %.

7. Bei welchem Zinssatz bringen 6 000 € in einem Jahr

a) 240 € Zinsen; **c)** 180 € Zinsen; **e)** 90 € Zinsen; **g)** 210 € Zinsen;
b) 360 € Zinsen; **d)** 120 € Zinsen; **f)** 195 € Zinsen; **h)** 150 € Zinsen?

8. Herr Demer hat auf seinem Sparkonto am Jahresanfang ein Guthaben von 5 200 €. Am Ende des Jahres erhält er 156 € Zinsen. Wie hoch ist der Zinssatz?

9. Herr Borg hat ein Sparkonto mit einem Guthaben von 3 500 €; dafür erhält er 52,50 € Jahreszinsen. Frau Borg hat auf ihrem Sparkonto ein Guthaben von 4 200 €; dafür bekommt sie 84 € Jahreszinsen. Vergleiche die Zinssätze.

10. Ein Sparkonto, auf dem sich zum 1. Januar 2 380 € befanden, zeigte nach genau einem Jahr ein Haben von 2 437,12 € an.
Wie hoch war der Zinssatz?

11. Bei welchem Zinssatz bringen

a) 600 € in 7 Monaten 14 € Zinsen; **c)** 900 € in 40 Tagen 5 € Zinsen;
b) 400 € in 2 Monaten 2 € Zinsen; **d)** 800 € in 21 Tagen 1,40 € Zinsen?

12. Herr Ziegler zahlt ein Darlehen von 9 000 € nach $\frac{1}{2}$ Jahr zurück. Die Zinsen betragen 270 €.
Wie hoch ist der Zinssatz?

13. Tim benötigt für den Kauf eines Mopeds 600 € Darlehen. Er zahlt vierteljährlich 8,25 € Zinsen.
Berechne den Zinssatz.

14. Heike legt am Jahresanfang ein Sparkonto mit 840 € an. Nach 11 Monaten hebt sie den gesamten Betrag einschließlich Zinsen ab. Sie erhält 855,40 €.
Wie hoch ist der Zinssatz?

15. In einer Zeitungsanzeige steht: „Suche 8 000 €, zahle nach 7 Monaten 8 500 € zurück."
Mit welchem Zinssatz will der Inserent das Geld verzinsen?

Berechnung des Kapitals

Beispiel: Gegeben: Zinssatz $p\ \% = 2{,}5\ \%$

Zeit $\frac{3}{4}$ Jahr $\left(\text{Zinsfaktor } i = \frac{3}{4}\right)$

Zinsen $Z = 112{,}50$ €

Gesucht: Kapital K

Ansatz: $\text{Kapital K} \xrightarrow{\cdot 2{,}5\ \%} \text{Jahreszinsen } Z_1 \xrightarrow{\cdot \frac{3}{4}} 112{,}50\ €$

Rechnung: 1. Schritt: Jahreszinsen $Z_1 = 112{,}50\ € \cdot \frac{4}{3} = 150\ €$

2. Schritt: Kapital $K = 150\ € \cdot \frac{100}{2{,}5} = 6000\ €$

Ergebnis: Das Kapital beträgt 6000 €.

16. Welches Kapital bringt in einem Jahr bei

a) 3 %iger Verzinsung 22,50 € Zinsen;
b) 2 %iger Verzinsung 48 € Zinsen;
c) 2,5 %iger Verzinsung 122,50 € Zinsen;
d) 3 %iger Verzinsung 40,50 € Zinsen;
e) 3,75 %iger Verzinsung 304,75 € Zinsen;
f) 3,25 %iger Verzinsung 378,53 € Zinsen?

17. Welches Kapital bringt bei

a) 2 %iger Verzinsung in $\frac{1}{4}$ Jahr $\left[\frac{1}{3}\text{ Jahr}; \frac{3}{4}\text{ Jahr}\right]$ 15 € Zinsen?
b) 3 %iger Verzinsung in 2 Monaten [5 Monaten; 7 Monaten] 30 € Zinsen?
c) 1,5 %iger Verzinsung in 4 Monaten [11 Monaten; 8 Monaten] 75 € Zinsen?
d) 2,5 %iger Verzinsung in 20 Tagen [80 Tagen; 140 Tagen] 5 € Zinsen?

18. Ein Kaufmann nimmt ein Darlehen zu 6,5 % auf. Vierteljährlich zahlt er 487,50 € Zinsen. Wie hoch ist das Darlehen?

19. Zum Bau eines Hauses nimmt Frau Harm ein Darlehen zu 6,7 % auf. Sie muss monatlich 670 € Zinsen zahlen. Wie hoch ist das Darlehen?

Berechnung der Zeit

Beispiel: Gegeben: Kapital $K = 5400$ €

Zinssatz $p\ \% = 2\ \%$

Zinsen $Z = 27$ €

Gesucht: Zeitfaktor i

Ansatz: $5400\ € \xrightarrow{\cdot 2\ \%} \text{Jahreszinsen } Z_1 \xrightarrow{\cdot i} 27\ €$

Rechnung: 1.Schritt: Jahreszinsen $Z_1 = 5400\ € \cdot \frac{2}{100} = 108\ €$

2.Schritt: Zeitfaktor $i = 27\ € : 108\ € = 0{,}25 = \frac{1}{4}$

Ergebnis: Die Zeit beträgt $\frac{1}{4}$ Jahr, also 3 Monate.

20. Michael hat auf seinem Sparkonto 1440 €. Der Zinssatz beträgt 1,5 %. Nach wie viel Monaten bekommt er 12,60 € Zinsen?

21. Frau Blume hat 5000 € zu 8,5 % verliehen. Nach wie viel Tagen erhält sie 300 € Zinsen?

22. Herr Müller hat 6000 € zu 4 % angelegt, Herr Fleischer 3000 € zu 3 %. Die Zinsen werden jährlich ausgezahlt. Zu welcher Zeit hat Herr Fleischer soviel Zinsen erhalten wie Herr Müller in zwei Jahren?

23. Nach wie viel Monaten wurden die Zinsen ausgezahlt?

Kapital	7500 €	1800 €	6900 €	8400 €	4380 €
Zinssatz	2 %	3 %	2,5 %	1,5 %	3,25 %
Zinsen	50 €	27 €	115 €	73,50 €	94,90 €

4.2 Zinseszinsrechnung

Grundschema der Zinseszinsrechnung

Die Zinsen werden am Ende eines jeden Jahres dem Kapital hinzugefügt und dann weiter mitverzinst. Das Kapital K_n nach n Jahren berechnet man wie folgt:

$\cdot q^n$ (Anfangskapital K_0 → Kapital nach n Jahren K_n)

Anfangskapital K_0 $\xrightarrow{\cdot q}$ Kapital nach 1 Jahr K_1 $\xrightarrow{\cdot q}$ Kapital nach 2 Jahren K_2 $\xrightarrow{\cdot q}$ … $\xrightarrow{\cdot q}$ Kapital nach n Jahren K_n

Bei einem Zinssatz von p % ist der Zinsfaktor $q = 1 + \frac{p}{100}$.

Zinseszinsformel: $\mathbf{K_n = K_0 \cdot q^n}$

Berechnung des Endkapitals

Beispiel: Gegeben: Kapital K = 2500 €
Zinssatz p % = 3,25 %

Gesucht: Kapital nach 4 Jahren

Ansatz: $2500\,€ \xrightarrow{\cdot 1{,}0325^4} K_4$ bzw. $K_4 = 2500\,€ \cdot 1{,}0325^4$

Rechnung: $K_4 = 2500\,€ \cdot 1{,}0325^4 = 2841{,}19\,€$

Ergebnis: Das Kapital nach 4 Jahren beträgt 2841,19 €.

1. Berechne das Endkapital nach 2 Jahren.

Anfangskapital K_0	800 €	1200 €	1650 €	2340 €	1910 €	2745 €
Zinssatz p %	2,5 %	1,5 %	2 %	3,25 %	2,75 %	3 %

2. Berechne das Endkapital.

Anfangskapital K_0	3500 €	2117 €	728 €	1107 €	4890 €	3705 €
Zinssatz p %	4,5 %	4 %	4,25 %	3 %	3,5 %	6,75 %
Zeit	8 Jahre	5 Jahre	7 Jahre	4 Jahre	6 Jahre	13 Jahre

3. Michael hat 5000 € geerbt. Das Geld wird auf ein Sparbuch eingezahlt und mit 4 % verzinst. Wie groß ist das Guthaben nach 5 Jahren?

4. Auf welchen Betrag wachsen 1000 € zu 5 % mit Zinseszinsen in 20 [40] Jahren an?

5. Lauras Eltern wollen ihr geerbtes Geld von 25000 € für 3 Jahre fest anlegen. Sie vergleichen zwei Angebote:
(1) Zinssatz: 4 % mit Auszahlung der Zinsen am Jahresende.
(2) Zinssatz: 1. Jahr: 3 %; 2. Jahr: 3,75 %; 3. Jahr: 5 % mit Auszahlung der Zinsen nach 3 Jahren (Zinseszins).
Welches Angebot würdest du empfehlen?

5 Proportionale Zuordnungen

5.1 Dreisatz bei proportionalen Zuordnungen

Proportionale Zuordnungen
Für proportionale Zuordnungen gilt:
Zum Doppelten (Dreifachen usw.) einer Größe gehört das Doppelte (Dreifache usw.) der zugeordneten Größe.
Zur Hälfte (zum dritten Teil usw.) einer Größe gehört die Hälfte (der dritte Teil usw.) der zugeordneten Größe.

Beispiel: Für ein indonesisches Reisgericht für 4 Personen benötigt man u.a. 120 g Langkornreis.
Wie viel g Reis benötigt man für 7 Personen?

	Personen	Reismenge		
	4	120 g		Für 4 Personen benötigt man 120 g.
: 4			: 4	
	1	30 g		Für 1 Person benötigt man 30 g.
· 7			· 7	
	7	210 g		Für 7 Personen benötigt man 210 g.

Ergebnis: Für 7 Personen benötigt man 210 g Reis.

1. Für das indonesische Reisgericht für 4 Personen benötigt man ferner 320 g Hühnerbrust [200 g Paprika].
Wie viel g Hühnerbrust [Paprika] braucht man für 7 Personen?

2. Fülle die Tabelle aus. Die Zuordnung soll proportional sein.

a)

Länge (m)	Preis (€)
6	168
3	
15	
5	
1	
10	

b)

Weglänge (km)	Zeit (min)
5	60
10	
2	
8	
16	
4	

c)

Gewicht (kg)	Preis (€)
5	3,40
20	
4	
8	
24	
12	

3. **a)** Für 3 kg Bananen werden 5,97 € gezahlt. Wie teuer sind 5 kg Bananen?
b) Für 2 kg Äpfel werden 5,94 € gezahlt. Wie teuer sind 5 kg Äpfel?
c) Für 6 kg Strauchtomaten werden 16,08 € gezahlt. Wie teuer sind 4 kg Tomaten?

4. Zum Streichen einer 10 m^2 großen Wandfläche benötigt man 3 kg Farbe.
Wie viel kg Farbe benötigt man für eine 45 m^2 große Wandfläche?

5. Ein Pkw verbraucht (durchschnittlich) auf der Autobahn 7 ℓ Benzin für 100 km.
Wie viel km kann er auf der Autobahn mit einem Tankinhalt von 56 ℓ Benzin zurücklegen?

6. Für 7 Tapetenrollen zahlt man 83,65 €. Wie viel Euro kosten 11 Rollen derselben Sorte?

7. Für 5 m Gartenschlauch zahlt man 5,25 €. Wie viel kosten 12 m?

8. Für 12 Schulhefte (A4) zahlt man 6,60 €. Wie viele Hefte bekommt man für 3,85 €?

9. 22 m^2 eines Daches sollen neu eingedeckt werden. Für 25 m^2 rechnet man 350 Dachziegel. Wie viele Dachziegel werden benötigt?

10. Von 5 kg Möhren erhält man beim Pressen 3 ℓ Saft. Wie viel kg Möhren benötigt man für 10 ℓ Saft?

11. An einer Tankstelle kosten 45 ℓ Benzin 74,25 €.
a) Wie viel Euro kosten 50 ℓ, 40 ℓ, 30 ℓ, 55 ℓ Benzin?
b) Wie viel Liter Benzin erhält man für 30 €, 50 €, 60 €?

12. Frau Holz zahlt 1,26 € für 6 Eier.
a) Wie viel Euro kosten 10 Eier?
b) Wie viele Eier bekommt man für 3,15 €?

13. 6 Flaschen Apfelsaft kosten 6,96 €.
a) Wie viel Euro kosten 20 Flaschen Apfelsaft?
b) Wie viele Flaschen Apfelsaft bekommt man für 17,40 €?

14. Aus 6 kg Johannisbeeren erhält man 4 ℓ Saft.
a) Wie viel Liter Saft erhält man aus 25 kg Johannisbeeren?
b) Wie viel kg Johannisbeeren benötigt man, um 10 ℓ Saft zu bekommen?

15. In einer Kantine werden in 5 Tagen 150 kg Kartoffeln verbraucht.
a) Wie viel kg Kartoffeln werden in 9 Tagen benötigt?
b) Wie lange reichen 330 kg Kartoffeln?

16. Die Mieten in einem Häuserblock werden nach der Wohnfläche berechnet. Herr Meier zahlt für seine 60 m^2 große Wohnung 330 € Miete.
a) Wie hoch ist in diesem Häuserblock die Miete für eine Wohnung mit 85 m^2 Wohnfläche?
b) Frau Lange zahlt 396 € Miete. Wie groß ist ihre Wohnung?

17. Familie Möller hat im Urlaub für 14 Tage Übernachtung mit Frühstück in einem Gästehaus 770 € gezahlt.
a) Wie viel Euro muss man dann für 21 Tage zahlen?
b) Wie lange kann man in diesem Gästehaus Urlaub machen, wenn man für Übernachtung mit Frühstück nur 550 € zur Verfügung hat?

18. Frau Soll hat für 15 Flaschen Wein einer bestimmten Sorte 67,50 € gezahlt.
a) Wie teuer sind 24 Flaschen von dieser Sorte?
b) Wie viele Flaschen Wein von dieser Sorte erhält man für 54 €?

19. In 12 Stunden umkreist ein Satellit die Erde 6-mal.
a) Wie oft umkreist er die Erde in 30 Stunden?
b) In welcher Zeit umkreist der Satellit die Erde 20-mal?

20. Ein Webstuhl stellt 40 m Stoff in 8 Stunden her.
a) Wie viel m Stoff stellt er in 12 Stunden her?
b) Wie viele Stunden benötigt der Webstuhl, um 100 m Stoff herzustellen?

21. Metzger Schmelz bietet 500 g Rinderschmorbraten für 6,90 € an.
a) Wie viel Euro kosten 750 g Schmorbraten?
b) Wie viel g Schmorbraten erhält man für 17,25 €?

22. Lukas Vater tankt 70 ℓ Diesel für 98,00 €.

a) Wie viel kosten an dieser Tankstelle 56 ℓ; 48 ℓ; 35 ℓ Diesel?

b) Wie viel Liter Diesel erhält man für 85 €; 64 €; 50 €?

23. Fünf Schulhefte wiegen 900 g.

a) Wie viel kg wiegen 31 Schulhefte?

b) Wie viele Schulhefte wiegen 4,320 kg?

24. Ein Flugzeug legt eine Strecke von 2700 km in ungefähr 3 Stunden zurück.

a) Wie weit fliegt es in 5 Stunden?

b) Wie lange braucht es für eine 4050 km lange Strecke?

25. Für 80 € erhält man 122 Schweizer Franken.

a) Wie viele Franken erhält man für 500 €?

b) Wie viel Euro erhält man für 1372,50 Franken?

26. a) 1 kg gekochter Schinken kostet 21,50 €.
Wie viel Euro kosten $\frac{3}{4}$ kg [$1\frac{1}{2}$ kg; $3\frac{1}{4}$ kg] Schinken?

b) $\frac{3}{4}$ kg Kalbfleisch kosten 19,80 €.
Wie viel Euro kosten $1\frac{1}{4}$ kg [$1\frac{1}{2}$ kg; $2\frac{1}{4}$ kg]?

c) $1\frac{1}{4}$ kg Putenschnitzel kosten 15,90 €.
Wie viel Euro muss man für $2\frac{3}{4}$ kg [$\frac{3}{4}$ kg; $1\frac{1}{2}$ kg] zahlen?

	Gewicht (kg)	Preis (€)	
	$\frac{3}{4}$	12,60	
$:\frac{3}{4}$			$:\frac{3}{4}$
	1	16,80	
$\cdot 2\frac{1}{2}$			$\cdot 2\frac{1}{2}$
	$2\frac{1}{2}$	42,00	

27. a) 1 m Glattkantbretter kosten 3,75 €.
Wie viel Euro kosten 0,9 m [3,5 m; 6,4 m; 8,7 m]?

b) Ein 1,2 m langes Stahlrohr wiegt 4,3 kg.
Wie viel wiegt ein 0,7 m [1,5 m; 2,9 m] langes Stahlrohr?

c) 0,75 m^2 Kork-Fertigparkett kosten 14,95 €.
Wie teuer sind 2,5 m^2 [12,5 m^2; 14,3 m^2] Korkparkett?

	Gewicht (kg)	Preis (€)	
	0,75	7,20	
: 0,75			: 0,75
	1	9,60	
· 2,5			· 2,5
	2,5	24,00	

28. Eine Käsesorte wird zum Preis von 1,20 € für 100 g angeboten.

a) Frau Schäfer kauft 310 g. Wie viel Euro muss sie zahlen?

b) Herr Hirt zahlt 3,95 €. Wie viel g wiegt sein Stück?

29. 100 g Rotbarschfilet kosten 2,49 €.

a) Wie viel Euro kosten 420 g [525 g; 275 g] Rotbarschfilet?

b) Wie viel g Rotbarschfilet erhält man für 4,48 € [6,23 €]?

30. Ein quaderförmiger Block aus Gold (a = 17 cm; b = 12 cm; c = 9 cm) wiegt 35,435 kg.
Wie viel wiegt ein solcher Block mit den Maßen a = 8 cm, b = 6 cm, c = 4 cm?

31. Auf einer Packung Walnusseis ist eine Nährwerttabelle abgebildet.

a) Welche Nährwerte hat eine
(1) 900 mℓ-Packung;
(2) 2000 mℓ-Packung?

b) Eine Kugel Walnusseis hat ein Volumen von 65 mℓ.
Welche Nährwerte hat sie?

c) 900 mℓ Speiseeis wiegen 500 g.
Stelle eine Nährwerttabelle für 100 g Walnusseis auf.

Nährwerte pro 100 mℓ	
Brennwert	134 kcal
Eiweiß	2,4 g
Kohlenhydrate	15,4 g
Fett	6,9 g
Ballaststoffe	0,4 g
Natrium	0,03 g

5.2 Dreisatz bei antiproportionalen Zuordnungen

Antiproportionale (umgekehrt proportionale) Zuordnungen

Für antiproportionale Zuordnungen gilt:

Zum Doppelten (Dreifachen usw.) einer Größe gehört die Hälfte (der dritte Teil usw.) der zugeordneten Größe.

Zur Hälfte (zum dritten Teil usw.) einer Größe gehört das Doppelte (das Dreifache usw.) der zugeordneten Größe.

Beispiel: Für eine Fahrt erhält eine Klasse aus der Elternspende einen Fahrtzuschuss.
Wenn alle 30 Schüler mitfahren, erhält jeder 15 €. Nun fahren aber nur 25 Schüler mit.
Wie viel Euro erhält dann jeder?

	Schülerzahl	Fahrtzuschuss	
	30	15 €	
: 6			· 6
	5	90 €	
· 5			: 5
	25	18 €	

Ergebnis: Jeder Schüler erhält 18 €.

1. Fülle die Tabelle aus. Die Zuordnung soll antiproportional (umgekehrt proportional) sein.

a)

Schülerzahl	Fahrtzuschuss (€)
25	36
5	
20	
40	

b)

Länge (cm)	Breite (cm)
45	16
9	
18	
36	

c)

Stückzahl	Flächeninhalt (m^2)
18	8
6	
12	
4	

2. Die Lebensmittelvorräte in einem Basislager einer Expedition reichen bei 16 Mitgliedern 18 Tage.
Wie lange reichen dieselben Vorräte bei 12 [18] Mitgliedern?

3. Der Hafervorrat eines Reitstalls reicht bei 12 Pferden für 20 Tage.
Wie lange reicht derselbe Vorrat bei 10 [16] Pferden?

4. Lisa hat für ihre Urlaubsreise Taschengeld gespart. Wenn sie täglich 8 € ausgibt, reicht das Geld für 18 Tage. Wie lange reicht das Geld, wenn sie täglich 6 € [12 €] ausgibt?

5. Ein Gehweg soll gepflastert werden. 6 Arbeiter benötigen dazu 20 Stunden.
Wie lange brauchen 8 [4] Arbeiter?

6. Ein Graben wird von 8 Baggern in 21 Tagen ausgehoben.
Wie lange hätten 7 [14] Bagger gearbeitet?

7. Der Kartoffelvorrat von Familie Schäfer reicht 36 Wochen bei einem wöchentlichen Verbrauch von 5 kg.

a) Wie lange reicht der Vorrat, wenn wöchentlich 6 kg Kartoffeln benötigt werden?

b) Wie hoch ist der wöchentliche Verbrauch, wenn der Vorrat 45 Wochen reicht?

8. Drei Lastwagen fahren den Erdaushub eines Baugeländes ab. Jeder Wagen muss 36-mal fahren.

a) Wie oft muss jeder fahren, wenn vier Lastwagen eingesetzt werden?

b) Jeder Wagen fuhr 12-mal. Wie viele Wagen standen zur Verfügung?

6 Positive und negative rationale Zahlen

6.1 Anordnung rationaler Zahlen

Zahlengerade – Anordnung der rationalen Zahlen

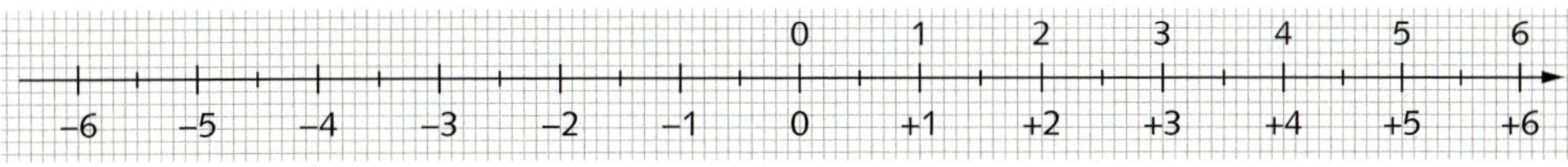

Auf der Zahlengeraden liegt die kleinere von zwei Zahlen stets links.
Beispiele: $-4 < +1$; $-6 < -2$; $-2{,}5 < 0$; $0 < +1\frac{1}{2}$

Zahl und Gegenzahl (entgegengesetzte Zahl) liegen auf der Zahlengeraden symmetrisch zu 0.
Beispiele: –3 *ist Gegenzahl zu* +3; +3 *ist Gegenzahl zu* –3
+5 *ist Gegenzahl zu* –5; –5 *ist Gegenzahl zu* +5

1. Vergleiche und setze für □ das jeweils zutreffende Zeichen < bzw. >.
a) –9 □ 7; –12 □ –9; +25 □ +11; 0 □ –12; –10 □ –100
b) –2,8 □ +3,4; –4,9 □ –4,8; –6,7 □ 0; +4,5 □ –2,5; –8,7 □ + 0,2
c) –5,24 □ –2,35; 12,39 □ –19,51; 0 □ –0,15; +8,75 □ 7,58; –9,75 □ +0,75

2. Ordne die Zahlen nach der Größe. Beginne mit der kleinsten Zahl.
a) –6; +5; –12; 0; –1; –2
b) –7,3; +5,2; –1,25; 0; +3,85; –5,3

3. Bestimme die Gegenzahl (entgegengesetzte Zahl) zu
a) 12; –36; 0; –8,7; 112; –150
b) –7,8; 5,3; –34,8; –57,1; 94,9; –145,8

6.2 Rechnen mit rationalen Zahlen

Addieren rationaler Zahlen

(1) Summanden mit gleichen Vorzeichen

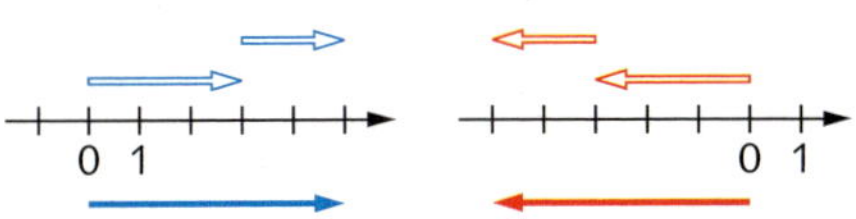

(+3) + (+2) = +5 (–3) + (–2) = –5

Man addiert die Beträge.
Das Ergebnis hat das gemeinsame Vorzeichen.

(2) Summanden mit verschiedenen Vorzeichen

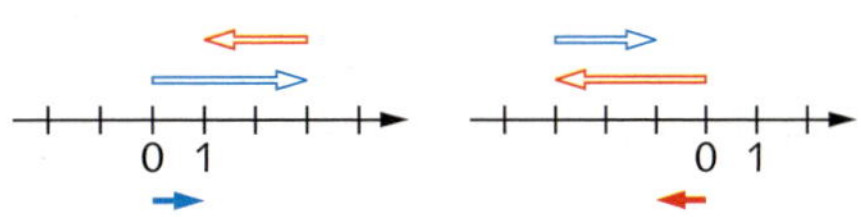

(+3) + (–2) = +1 (–3) + (+2) = –1

Man subtrahiert vom größeren Betrag den kleineren. Das Ergebnis hat das Vorzeichen der Zahl mit dem größeren Betrag.

1.
a) (–9) + (–5)
(–9) + (+7)
(+7) + (–11)
(–7) + (+9)

b) (–22) + (+17)
(+38) + (–58)
(–27) + (–47)
(–72) + (+95)

c) (–138) + (–56)
(–63) + (+157)
(–169) + (+95)
(+58) + (–134)

d) (–124) + (–256)
(–375) + (+194)
(+407) + (–618)
(–226) + (+256)

2. **a)** $(-3{,}5) + (+4{,}1)$ **b)** $(+82{,}3) + (-96{,}4)$ **c)** $(-58{,}43) + (+27{,}38)$ **d)** $\left(+2\frac{1}{2}\right) + \left(-1\frac{3}{4}\right)$

$(-9{,}3) + (+7{,}2)$ $(-64{,}0) + (+86{,}1)$ $(+81{,}45) + (-72{,}05)$ $\left(+8\frac{3}{4}\right) + \left(-7\frac{1}{4}\right)$

$(-7{,}8) + (-5{,}4)$ $(-43{,}4) + (-75{,}7)$ $(-65{,}87) + (-27{,}15)$ $\left(-\frac{3}{8}\right) + \left(-\frac{14}{16}\right)$

$(+8{,}4) + (-4{,}9)$ $(+87{,}9) + (-27{,}3)$ $(+38{,}89) + (-60{,}47)$ $\left(-\frac{5}{6}\right) + \left(+\frac{2}{3}\right)$

3. **a)** $(-76) + (+57) + (-91) + (+19)$ **c)** $(-134) + (-89) + (-56) + (-314)$

b) $(+82) + (-71) + (-54) + (+33)$ **d)** $(-17{,}8) + (+23{,}9) + (+53{,}4) + (-78{,}4)$

Subtrahieren rationaler Zahlen

Man subtrahiert eine rationale Zahl, indem man ihre Gegenzahl (entgegengesetzte Zahl) addiert.

Beispiele: $(+5) - (+9) = (+5) + (-9) = -4$; $(+5) - (-9) = (+5) + (+9) = +14$

4. **a)** $(-8) - (+5)$ **b)** $(-38) - (+23)$ **c)** $(-164) - (-94)$ **d)** $(+675) - (+474)$

$(-5) - (-7)$ $(-43) - (-19)$ $(+81) - (-156)$ $(+345) - (-419)$

$(+6) - (-8)$ $(-56) - (-24)$ $(+111) - (+57)$ $(-615) - (+271)$

$(+8) - (-3)$ $(+74) - (-86)$ $(-75) - (+137)$ $(-687) - (-219)$

5. **a)** $(-5{,}4) - (+3{,}8)$ **b)** $(-13{,}5) - (+15{,}6)$ **c)** $(+67{,}14) - (-76{,}91)$ **d)** $\left(-5\frac{1}{2}\right) - \left(-1\frac{3}{4}\right)$

$(-5{,}6) - (-7{,}8)$ $(-36{,}9) - (-27{,}3)$ $(+58{,}43) - (-29{,}76)$ $\left(-\frac{7}{8}\right) - \left(-\frac{3}{4}\right)$

$(+6{,}1) - (-8{,}3)$ $(-51{,}3) - (+19{,}3)$ $(-76{,}57) - (-96{,}17)$ $\left(+4\frac{1}{3}\right) - \left(-5\frac{2}{3}\right)$

$(+6{,}1) - (-3{,}8)$ $(+26{,}7) - (-56{,}4)$ $(-56{,}63) - (-36{,}84)$ $\left(-1\frac{3}{4}\right) - \left(+2\frac{5}{8}\right)$

6. **a)** $(-19) - (+27) + (-31) - (-46)$ **c)** $(+156) - (-257) + (-219) - (-98)$

b) $(-68) + (-56) - (-26) - (+41)$ **d)** $(+46{,}8) + (-51{,}4) - (+76{,}3) - (-84{,}3)$

Verkürzte Schreibweise:

Bei einer positiven Zahl darf man Vorzeichen und Klammer weglassen.

Bei einer negativen Zahl darf man die Klammer nur weglassen, wenn diese Zahl am Anfang steht.

Beispiele: $(-5) + (+8) = -5 + 8$; $(-5) + (-8) = (-5) - (+8) = -5 - 8$

7. **a)** $-13 - 24$ **b)** $-81 - 92$ **c)** $3{,}7 - 7{,}2$ **d)** $-3{,}5 - 7{,}4 + 8{,}7$

$-30 + 48$ $-57 - 54$ $-7{,}2 - 8{,}4$ $-1{,}7 - 4{,}2 - 6{,}3$

$46 - 87$ $-41 + 63$ $-7{,}6 + 8{,}4$ $4{,}5 - 12{,}4 - 5{,}8$

$-56 + 26$ $-76 + 51$ $-6{,}9 - 9{,}6$ $-7{,}4 + 1{,}9 - 4{,}4$

8. **a)** $-4 + 10 - 36 + 28 - 8$ **b)** $-58 - 65 + 83 - 77$ **c)** $-4{,}5 - 7{,}3 + 10{,}5$

$18 - 50 - 15 + 39 + 3$ $-23 - 47 + 37 - 60$ $14{,}7 - 21{,}3 - 4{,}7$

$-300 + 198 - 250 + 17 - 30$ $46 - 82 + 66 + 24$ $-2{,}4 - 4{,}7 - 6{,}1$

$-415 - 314 + 94 - 112 + 9$ $-64 - 81 - 19 + 104$ $-17{,}5 - 34{,}7 + 91{,}4$

9. Setze für ▢ das passende Zeichen >, < bzw. = ein.

a) $(+24) + (-18)$ ▢ $+24$ **c)** 0 ▢ $(-15) + (-15)$ **e)** $(-0{,}7) + (7{,}2)$ ▢ $+7{,}2$

b) $(-2{,}9) + (-0{,}8)$ ▢ $-2{,}9$ **d)** 0 ▢ $(-3{,}2) + (+3{,}2)$ **f)** $(-0{,}66) + \left(+\frac{2}{3}\right)$ ▢ 0

Multiplizieren rationaler Zahlen

(1) Beide Faktoren haben gleiche Vorzeichen.

$(+3)\cdot(+2)=+6;\quad(-3)\cdot(-2)=+6$

Man multipliziert die Beträge.
Das Ergebnis hat das Vorzeichen +.
Plus mal plus ergibt plus.
Minus mal minus ergibt plus.

(2) Beide Faktoren haben verschiedene Vorzeichen.

$(+3)\cdot(-2)=-6;\quad(-3)\cdot(+2)=-6$

Man multipliziert die Beträge.
Das Ergebnis hat das Vorzeichen –.
Plus mal minus ergibt minus.
Minus mal plus ergibt minus.

10.
a) $(+7)\cdot(-3)$; $(-7)\cdot(+3)$; $(-7)\cdot(-3)$; $(+7)\cdot(+3)$
b) $(-11)\cdot(-5)$; $(+11)\cdot(-5)$; $(+5)\cdot(-11)$; $(+5)\cdot(+11)$
c) $(+35)\cdot(-3)$; $(-14)\cdot(-5)$; $(-26)\cdot(-4)$; $(+12)\cdot(+7)$
d) $(-56)\cdot(-78)$; $(-54)\cdot(+34)$; $(+37)\cdot(-26)$; $(-21)\cdot(-68)$
e) $(+19)\cdot(-25)$; $(-23)\cdot(-14)$; $(-36)\cdot(+71)$; $(-56)\cdot 0$

11.
a) $(-3{,}2)\cdot 4$; $14\cdot(-0{,}5)$; $(-0{,}4)\cdot(-5)$
b) $(-1{,}5)\cdot(-0{,}7)$; $(-0{,}3)\cdot 0{,}3$; $0{,}4\cdot(-1{,}6)$
c) $(-2{,}4)\cdot 0{,}03$; $1{,}3\cdot(-0{,}5)$; $(-1{,}9)\cdot(-3{,}41)$
d) $845\cdot(-0{,}26)$; $(-84)\cdot(-1{,}2)$; $(-14{,}1)\cdot 0{,}15$

12.
a) $4{,}75\cdot(-11{,}8)$; $(-3{,}6)\cdot(-5{,}45)$; $(-7{,}25)\cdot 12{,}25$
b) $47{,}8\cdot(-27{,}4)$; $(-5{,}7)\cdot(-8{,}94)$; $(-4{,}58)\cdot(+7{,}66)$
c) $\frac{3}{5}\cdot\left(-\frac{7}{8}\right)$; $\left(-\frac{4}{5}\right)\cdot\frac{7}{8}$; $\left(-\frac{3}{4}\right)\cdot\left(-\frac{7}{8}\right)$
d) $\left(-\frac{27}{28}\right)\cdot\left(-\frac{14}{45}\right)$; $\left(+\frac{12}{65}\right)\cdot\left(-\frac{45}{36}\right)$; $\left(-\frac{33}{45}\right)\cdot\left(+\frac{27}{44}\right)$

13.
a) $(-4)^2$; $(-5)^3$
b) $(-3)^4$; $(-2)^5$
c) $(-1)^9$; $(-1)^{14}$
d) $(-0{,}6)^2$; $(-0{,}2)^3$
e) $(-1{,}2)^3$; $(-1{,}5)^3$
f) $(-0{,}5)^3$; $(-0{,}3)^4$
g) $\left(-\frac{3}{4}\right)^2$; $\left(-\frac{1}{2}\right)^5$

Dividieren rationaler Zahlen

Man dividiert zwei rationale Zahlen, indem man die Beträge dividiert und dann das Vorzeichen wie bei der Multiplikation bestimmt.

Beachte bei Brüchen: Durch eine rationale Zahl wird dividiert, indem man mit dem Kehrwert (Reziproken) der Zahl multipliziert.

Beispiele: $(-21):(-7)=+3$; $(-3{,}5):7=-0{,}5$; $\frac{5}{8}:\left(-\frac{2}{3}\right)=\frac{5}{8}\cdot\left(-\frac{3}{2}\right)=-\frac{15}{16}$

14.
a) $(-121):11$; $(-64):(-8)$; $56:(-7)$
b) $(-75):(-15)$; $(-144):9$; $152:(-8)$
c) $234:(-18)$; $(-806):(-26)$; $(-630):35$
d) $(-5980):65$; $4592:(-56)$; $(-5742):(-58)$

15.
a) $(-1{,}6):(-4)$; $3{,}6:(-12)$; $(-0{,}54):9$
b) $(-7{,}2):(-0{,}8)$; $(-4{,}5):0{,}05$; $0{,}48:0{,}3$
c) $\left(-\frac{7}{10}\right):\frac{5}{3}$; $\frac{3}{4}:\left(-\frac{3}{5}\right)$; $\left(-\frac{3}{5}\right):\left(-\frac{7}{9}\right)$
d) $\left(-\frac{24}{25}\right):\frac{16}{35}$; $\left(-\frac{18}{39}\right):\left(-\frac{45}{26}\right)$; $\frac{15}{32}:\left(-\frac{25}{16}\right)$

16.
a) $(-72):(-8)$; $(-72)\cdot(-8)$; $(-72)+(-8)$; $(-72)-(-8)$
b) $42\cdot(-7)$; $42+(-7)$; $42:(-7)$; $42-(-7)$
c) $(-45)+9$; $(-45)-9$; $(-45):9$; $(-45)\cdot 9$
d) $(-2{,}4)+(-0{,}6)$; $(-2{,}4)\cdot(-0{,}6)$; $(-2{,}4):(-0{,}6)$; $(-2{,}4)-(-0{,}6)$
e) $\frac{3}{4}:\left(-\frac{2}{3}\right)$; $\frac{3}{4}\cdot\left(-\frac{2}{3}\right)$; $\frac{3}{4}+\left(-\frac{2}{3}\right)$; $\frac{3}{4}-\left(-\frac{2}{3}\right)$

6.3 Berechnen von Termen – Vorrangregeln

Vorrangregeln für das Berechnen von Termen
(1) Das Innere einer Klammer wird zuerst berechnet.
(2) Bei verschachtelten Klammern wird die innere Klammer zuerst berechnet.
(3) Wo keine Klammer steht, geht Punktrechnung vor Strichrechnung.
(4) Das Berechnen einer Potenz geht noch vor Punkt- und Strichrechnung.
(5) Sonst wird von links nach rechts gerechnet.

1. **a)** $(-9{,}4 - 7{,}2) \cdot (-2{,}3)$
$(12{,}4 + 8{,}2) : (-2)$
$(6{,}9 - 9{,}6) : 0{,}3$
$(-14{,}5 + 19{,}1) \cdot 5{,}7$
$(-12{,}4 + 7{,}9) \cdot (-1{,}2)$

b) $-9{,}4 - 7{,}2 \cdot (-2{,}3)$
$12{,}4 + 8{,}2 : (-2)$
$6{,}9 - 9{,}6 : 0{,}3$
$-14{,}5 + 19{,}1 \cdot 5{,}7$
$-12{,}4 + 7{,}9 \cdot (-1{,}2)$

Klammern zuerst
$17{,}2 + 5 \cdot (7{,}9 - 3{,}4)$
$= 17{,}2 + 5 \cdot 4{,}5$ Punkt vor Strich
$= 17{,}2 + 22{,}5$
$= 39{,}7$

2. **a)** $[(-9)-(+12)] \cdot (-8)$
$(-9)-(+12) \cdot (-8)$

b) $(-7) \cdot (-6) + (-15)$
$(-7) \cdot (-6)-(-15)$

c) $(12{,}5 - 21{,}4) \cdot (-2{,}5)$
$12{,}5 - 21{,}4 \cdot (-2{,}5)$

d) $6{,}1 \cdot (-5{,}3 - 4{,}2)$
$6{,}1 \cdot (-5{,}3)-4{,}2$

e) $[30 + (-12)] : (-6)$
$30 + (-12) : (-6)$

f) $[-45 - (-18)] : (-9)$
$-45 - (-18) : (-9)$

3. **a)** $8{,}4 - 6 \cdot 1{,}5^2$
$7 \cdot 1{,}4^2 - 5{,}92$
$-3{,}1 + 8{,}1 \cdot (-2{,}5)^2$
$-9{,}4 - (-6) \cdot (3{,}5)^2$
$5{,}7 - (-4) \cdot (-1{,}5)^2$

b) $(8{,}4 - 3{,}7)^2 + 8{,}21$
$14{,}9 - (-5{,}2 + 2{,}8)^2$
$-25{,}1 - (-6{,}1 + 4{,}3)^2$
$6{,}4 + (0{,}5 \cdot (-3))^2$
$8{,}7 - (-(-5)^2 \cdot (-2))^2$

$3{,}5 + 6 \cdot (-0{,}5)^2$ Potenz zuerst
$= 3{,}5 + 6 \cdot 0{,}25$
$= 3{,}5 + 1{,}5$
$= 5$

4. **a)** $(8{,}6 - 1{,}4)^2 - 5{,}8 : (-2)$
$7{,}2 : 1{,}2 + 3^2 \cdot 4{,}3$
$5{,}4 \cdot 2^3 - 6 \cdot (-1{,}2 + 7{,}8)$

b) $-12[-5 - (2 - 7)] + 3$
$[-60 + (-8 - 2)^2] : (-8)$
$[-480 : (-8 \cdot 5)] : (-3)$

c) $-0{,}45 - [1{,}56 + (0{,}7 \cdot 2)^2]$
$5{,}6 : [(-1{,}2) : (-8{,}8 + 9{,}1)]$
$2{,}4^2 + [(-4{,}1 - 3{,}8) + 5 \cdot 2{,}2]$

d) $3{,}25 - [-3{,}6 + (2{,}5 \cdot (-1{,}5))^2]$
$-8{,}4 + [(-2) \cdot 1{,}8 - (1{,}7)^2]^2$
$(-2{,}5) \cdot [(-7{,}3 + 2{,}4) \cdot (-2)-1{,}9^2]$

Man kann jeden Quotienten als Bruch schreiben und umgekehrt. Ein Bruchstrich wirkt wie Klammern um den Zähler und um den Nenner.

Beispiel: $\frac{2{,}5 \cdot (-8)}{-7 + 11} = \frac{-20}{4} = (-20) : 4 = -5$

5. Schreibe mit einem Bruchstrich. Berechne auch.

a) $(-9) : 5$ **b)** $(-8{,}5) : 1{,}5$ **c)** $(-8 + 3) : (-7)$ **d)** $(-1{,}2 + 4{,}8) : 0{,}9$ **e)** $(-150) : (-4 + 6)$ **f)** $(-4{,}9) : [-0{,}5 + (-3)]$ **g)** $[-7 + (-2)] : [13 - (-2)]$ **h)** $[-1{,}6 + 7{,}2] : [-0{,}2 \cdot (-0{,}7)]$

6. Berechne.

a) $\frac{(-36) + 63}{-9}$ **b)** $\frac{(-8) \cdot (-7)}{-12 + 4}$ **c)** $\frac{(-3)^2 - (-5)^2}{(-0{,}5) \cdot (-8)}$ **d)** $\frac{-\frac{48}{27}}{\frac{60}{18}}$ **e)** $\frac{-\frac{24}{65}}{-4}$

7 Umformen ganzrationaler Terme

7.1 Wertgleiche Terme – Termumformung

Wertgleichheit von Termen
Die Terme $2 \cdot a + 2 \cdot b$ und $2 \cdot (a + b)$ sind verschieden aufgebaut, aber sie sind *wertgleich*, d. h. für *jede* Einsetzung von Zahlen a und b erhält man bei beiden Termen *denselben* Wert.

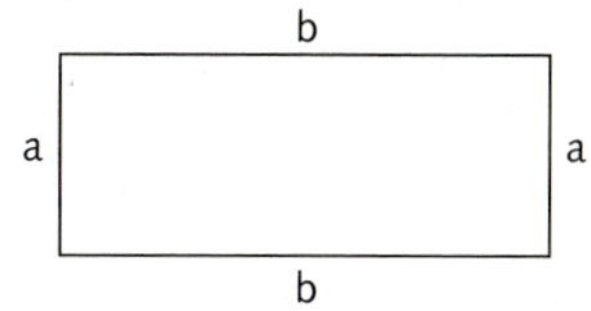

a	b	$2 \cdot a$	$2 \cdot b$	$2 \cdot a + 2 \cdot b$	$a + b$	$2 \cdot (a + b)$
2	3	4	6	10	5	10
0,5	2,5	1	5	6	3	6
0	4	0	8	8	4	8
–5	7	–10	14	4	2	4
–3	–1	–6	–2	–8	–4	–8

Wertgleiche Terme verbindet man mit einem Gleichheitszeichen: $2 \cdot a + 2 \cdot b = 2 \cdot (a + b)$.
Bei einer **Termumformung** wird ein Term in einen wertgleichen Term umgeformt.

1. Die beiden Terme sind wertgleich. Prüfe dies – wie in der Tabelle – an 5 Zahlenbeispielen.
a) $x + x + x + x;\ 4 \cdot x$ **b)** $3 \cdot c + 8 \cdot c;\ 11 \cdot c$ **c)** $a \cdot (a - 1) - (1 - a);\ a^2 - 1$

2. Zu welchem der folgenden Terme ist $2 \cdot a + b$ wertgleich? Prüfe dies an 5 Zahlenbeispielen.
(1) $a + 2 \cdot b$ (2) $a + a + b$ (3) $a + b + b$ (4) $a + b + a$ (5) $b + a + a$

3. Gegeben ist ein Quader mit den Kantenlängen a, b und c. Stelle zwei verschiedene, aber gleichwertige Terme für die Berechnung der Gesamtkantenlänge auf.

7.2 Produkte und Potenzen

Produkt als Summe aus gleichen Summanden
$a + a + a = 3 \cdot a$; $b + b + b + b + b + c + c = 5 \cdot b + 2 \cdot c$
Malpunkte dürfen weggelassen werden, wenn keine Missverständnisse möglich sind:
3a statt $3 \cdot a$; 5b + 2c statt $5 \cdot b + 2 \cdot c$; aber *nicht* $3\frac{1}{2}$ statt $3 \cdot \frac{1}{2}$

1. Vereinfache die Terme.

a) $a + a + a + a$
$x + x$
$r + r + r + r + r$
$z + z + z + z + z + z + z$

b) $a + a + b + b + b$
$x + x + x + x + y + y + y$
$y + x + x + x$
$c + c + c + c + d$

c) $a + b + b + b + a$
$r + r + s + r + s + s$
$x + y + y + x + x + y + x$
$c + c + d + c + d + d + c + c$

2. Schreibe ausführlich als Summe.
a) 5c **b)** 8d **c)** 7z **d)** 2x + 5y **e)** 6a + 7b **f)** 2r + 4s + 5t

Multiplizieren eines Produktes mit einer Zahl
Man multipliziert ein Produkt mit einer Zahl, indem man nur *einen Faktor* mit der Zahl multipliziert.

Beispiel: $5 \cdot 3a = 5 \cdot (3 \cdot a) = (5 \cdot 3) \cdot a = 15a$

Dividieren eines Produktes durch eine Zahl
Man dividiert ein Produkt durch eine Zahl, indem man nur *einen Faktor* durch die Zahl dividiert.

Beispiel: $6x : 2 = 6x \cdot \frac{1}{2} = 3x$

3. Vereinfache die Terme.

a) $9 \cdot 7x$; $4 \cdot 11a$; $13 \cdot 5z$
b) $5y \cdot 6$; $15b \cdot 4$; $8z \cdot 11$
c) $3 \cdot 4a \cdot 5$; $7 \cdot 5x \cdot 6$; $1 \cdot 9z \cdot 4$
d) $8 \cdot 20cd$; $7 \cdot 12xy$; $6st \cdot 8$
e) $13ab \cdot 9$; $6 \cdot bc \cdot 7$; $12 \cdot 3ef \cdot 2$

4. **a)** $\frac{1}{2} \cdot 4a$; $\frac{2}{3} \cdot 9x$; $\frac{4}{5} \cdot 10bc$
b) $\frac{3}{5} \cdot \frac{1}{2}c$; $\frac{7}{10} \cdot \frac{3}{4}z$; $\frac{6}{7} \cdot \frac{2}{3}rs$
c) $0{,}4 \cdot 3y$; $1{,}2 \cdot 4a$; $0{,}15 \cdot 6cd$
d) $0{,}3 \cdot 0{,}7x$; $1{,}2 \cdot 0{,}5a$; $0{,}15 \cdot 0{,}4de$
e) $0{,}3a \cdot 1{,}5$; $2{,}4x \cdot 0{,}2$; $0{,}25xy \cdot 1{,}5$

5. Vereinfache die Terme. Beachte: $-4a = (-4) \cdot a$.

$7 \cdot (-3a) = 7 \cdot (-3) \cdot a = (-21) \cdot a = -21a$

a) $5 \cdot (-8x)$; $7 \cdot (-12a)$; $11 \cdot (-4z)$
b) $(-6) \cdot 5y$; $(-3) \cdot 9s$; $(-12) \cdot 8a$
c) $(-4) \cdot (-7a)$; $(-12) \cdot (-4x)$; $(-13) \cdot (-7z)$

6. Vereinfache die Terme. Beachte: $-x = (-1) \cdot x$.

$7a \cdot 4b = (7 \cdot 4) \cdot (a \cdot b) = 28ab$

a) $3x \cdot 8y$; $9a \cdot 12b$; $r \cdot 15s$
b) $12c \cdot 40d$; $17y \cdot 9z$; $15a \cdot 8d$
c) $4x \cdot 6y \cdot 5$; $2a \cdot 5b \cdot 7$; $3c \cdot 9d \cdot e$
d) $\frac{4}{7}a \cdot \frac{3}{2}b$; $\frac{1}{2}x \cdot \frac{5}{6}z$; $\frac{2}{3}c \cdot \frac{7}{9}a$
e) $0{,}3r \cdot 1{,}2s$; $1{,}5 \cdot 0{,}4b$; $0{,}4y \cdot 0{,}2$
f) $3a \cdot (-4b)$; $(-x) \cdot (-5y)$; $(-4c) \cdot 5d$
g) $4a \cdot (-b) \cdot (-5c)$; $(-2x) \cdot 3y \cdot (-4z)$; $(-5r) \cdot (-3s) \cdot (-7t)$

7. Vereinfache die Terme.

a) $8x : 4$; $12y : 3$; $48z : 12$
b) $-15z : 5$; $-24x : 8$; $-72a : 9$
c) $36b : (-6)$; $56z : (-8)$; $144y : (-12)$
d) $-32x : (-4)$; $-15c : (-3)$; $-26z : (-13)$
e) $42x : (-7)$; $-63y : (-9)$; $-66z : 11$

Potenz als Produkt aus gleichen Faktoren
$a \cdot a \cdot a \cdot a \cdot a = a^5$; $\quad x \cdot x \cdot x \cdot y \cdot y = x^3 \cdot y^2$

8. Schreibe jeweils als Potenz.

a) $x \cdot x \cdot x$; $b \cdot b \cdot b \cdot b \cdot b$; $r \cdot r \cdot r \cdot r \cdot r \cdot r$
b) $a \cdot a \cdot b \cdot b \cdot b$; $r \cdot r \cdot r \cdot r \cdot s \cdot s \cdot s$; $c \cdot c \cdot c \cdot d$
c) $a \cdot a \cdot b \cdot a \cdot b \cdot b$; $x \cdot y \cdot y \cdot y \cdot y \cdot x \cdot x$; $r \cdot r \cdot s \cdot t \cdot t \cdot s \cdot r \cdot t$

9. Schreibe ausführlich als Produkt.

a) a^4 **b)** u^7 **c)** x^{10} **d)** $y^3 \cdot x^5$ **e)** $a^5 \cdot b^2$ **f)** $u^2 \cdot v^5 \cdot w^4$

Multiplikation von Potenzen
Man multipliziert Potenzen mit gleicher Basis, indem man die Hochzahlen (Exponenten) addiert.

Beispiel: $x^2 \cdot x^3 = (x \cdot x) \cdot (x \cdot x \cdot x)$
$= x \cdot x \cdot x \cdot x \cdot x$
$= x^5$

10.

a) $a^2 \cdot a^5$; $a^4 \cdot a^5$; $b^3 \cdot b$; $r^7 \cdot r^8$

b) $3 \cdot x^3 \cdot x^2$; $7 \cdot y^5 \cdot y$; $a^8 \cdot 4 \cdot a^2$; $z \cdot 5 \cdot z^6$

c) $4a^3 \cdot 3a^7$; $7x^4 \cdot 4x^2$; $9c \cdot 6c^6$; $6z^2 \cdot 8z^5$

d) $\frac{2}{3}z^2 \cdot \frac{3}{4}z^3$; $\frac{7}{5}a \cdot \frac{3}{2}a^4$; $\frac{6}{7}c^3 \cdot \frac{3}{5}c^9$; $\frac{5}{6}x^7 \cdot \frac{8}{15}x^4$

e) $0{,}3b^4 \cdot 1{,}2b^2$; $1{,}5a^3 \cdot 0{,}7a^3$; $0{,}6x^5 \cdot 0{,}5x^6$; $4z^7 \cdot 1{,}3z^2$

f) $7a^2 \cdot (-4a^5)$; $(-9r^4) \cdot (6r^3)$; $(-3x^2) \cdot (-4x^5)$; $5b^5 \cdot (-5b^5)$

g) $a^3 \cdot b^4 \cdot a^5$; $x \cdot y^3 \cdot x^5$; $7z^2 \cdot 5x \cdot 3z^4$; $7b \cdot (-4c) \cdot (2b^8)$

h) $2ab \cdot 9ab$; $3x^2 \cdot 8xy$; $4u^2v^2 \cdot 7u^4v$; $3x \cdot 2xy^4 \cdot x^2y$

11.

a) $(3x)^2$; $(4y)^2$; $(7z)^2$; $(11a)^2$

b) $(-2a)^2$; $(-5x)^2$; $(-6z)^2$; $(-12b)^2$

c) $\left(\frac{1}{2}y\right)^2$; $\left(\frac{2}{3}a\right)^2$; $\left(\frac{4}{5}z\right)^2$; $\left(\frac{7}{6}b\right)^2$

d) $(ab)^2$; $(xy)^2$; $(rs)^2$; $(a^2)^2$

$(5a)^2 = (5a) \cdot (5a)$
$= 5 \cdot 5 \cdot a \cdot a$
$= 25a^2$

12. Ergänze passend.

a) $\square \cdot 9x = 54x$

b) $54y : \square = y$

c) $\square : 7 = 6z$

d) $7 \cdot \square = 35a$

e) $\square \cdot 3ab^3 = a^3b^2$

f) $4xy^2 \cdot \square = 8x^3y^3$

7.3 Zusammenfassen gleichartiger Glieder

Zusammenfassen gleichartiger Glieder
Man addiert (subtrahiert) gleichartige Glieder, indem man die Zahlfaktoren (Koeffizienten) addiert (subtrahiert).

Beispiele: $3a + 4a = a + a + a + a + a + a + a$
$= 7a$
$5a - 2a = a + a + a + a + a - a - a$
$= a + a + a$
$= 3a$

1.

a) $3a + 4a$; $9x + 5x$; $7r + 6r$; $13u + 12u$; $8b + b$

b) $12a - 5a$; $9b - 3b$; $19r - 11r$; $7x - 7x$; $7c - c$

c) $4x + 7x + 5x$; $9a + 3a + 7a$; $12u - 3u + 8u$; $22b + 11b - 13b$; $30z - 12z - 9z$

d) $5c + 8c - 9c + 4c$; $13x + 5x - x - 6x$; $18a - 7a + 7a - 5a$; $27b - 6b - 5b - 4b$; $42y - 5y - 15y + 8y$

2.

$5x + 12y + 6x = 11x + 12y$

a) $8a + 5a + 2b$; $7y + 9x + 5x$; $14u + 7v + 7u$; $6r + 11 - 2r$; $3r + 4r - 5s$

b) $7x - 2x + 4y$; $9r - 2s - 2r$; $13a + 13b - 7b$; $18z + 14z - 7$; $21c - 12d - 9c$

c) $4x + 7x + 5y + 9y$; $16a + 13b - 6a - 7b$; $80e + 35e - 45f + 11$

3. **a)** $\frac{2}{7}x + \frac{6}{7}x$

$\frac{11}{8}u - \frac{3}{8}u$

$3{,}7a + 9{,}2a$

$12{,}4z - 3{,}7z$

b) $\frac{3}{8}b + \frac{1}{2}b + \frac{1}{8}c$

$\frac{3}{2}y + \frac{1}{2}z - \frac{1}{4}y$

$4{,}2u - 1{,}9u + 2{,}8v$

$5{,}7a - 2{,}3a - 4{,}6b$

c) $\frac{4}{5}r + \frac{5}{2}r + \frac{7}{8}s + \frac{3}{4}s$

$\frac{3}{4}z + 3\frac{1}{2}z + 2\frac{1}{3}x - \frac{2}{3}x$

$7\frac{1}{5}a + 7\frac{5}{6}b - 2\frac{3}{10}a - 2\frac{5}{12}b$

$4\frac{1}{3}u + \frac{3}{4}v + \frac{2}{3}v - 2\frac{5}{6}u$

$\frac{3}{8}a + \frac{7}{8}a$
$= \left(\frac{3}{8} + \frac{7}{8}\right) \cdot a$
$= \frac{10}{8}a = \frac{5}{4}a$

4. **a)** $9x - 17x$

$5z - 12z$

$-7b + 15b$

$-8y + 17y$

$-6a - 4a$

b) $8a - 12a + a$

$23x - 17x - 14x$

$-7y - 11y - 13y$

$-19b - 6b + 7b$

$-37r + 17r - 16r$

c) $0{,}7x - 1{,}2x - 5x$

$-3{,}4a + 1{,}3a - 0{,}9a$

$6y - 18y + 8z$

$-14r + 6r - 10s$

$8b - 12a + 5a - 11b$

$7a - 11a$
$= (7 - 11) \cdot a$
$= (-4) \cdot a$
$= -4a$

5. **a)** $4a^2 + 5a^2$

$7x^3 + x^3$

$12y^2 - 7y^2$

$7r^2 - 12r^2$

b) $5xy + 3xy$

$19ab^2 + 7ab^2$

$13rs - 19rs$

$2{,}1x^2y^3 - 0{,}8x^2y^3$

c) $7a^2 + 5a^2 - 3a^2$

$14xy + 6xy - 9xy$

$7r^2 - 11r^2 - 6r^2$

$\frac{3}{4}ab^2 + \frac{11}{4}ab^2 - \frac{3}{8}ab^2$

d) $7(a + b) + 4(a + b)$

$17(b + c) - 9(b + c)$

$23(r - s) + 11(r - s)$

$25(x - y) - 7(x - y)$

e) $3x^2 + 9x^2 + 12y^2 + 5y^2$

$14xy - 8xy + 18rs - 6rs$

$4{,}2a^2 + 1{,}5a^2 + 5{,}3b^2 - 2{,}7b^2$

$12{,}3a^2b - 8{,}4a^2b + 19{,}4cd^2 - 7{,}5cd^2$

(1) $9ab - 2ab + 5ab = 12ab$
(2) $11x^2y + 9x^2y - 7x^2y = 13x^2y$
(3) $7(x + y) + 8(x + y) = 15(x + y)$

6. **a)** $461x + 133x - 555x + 567x + 257x + 268x$

b) $325z^2 + 714y^2 + 900 + 218z^2 + 300 + 427z^2$

c) $2{,}3ab + 0{,}5cd + 3y^2 + cd + 0{,}7ab + 1{,}5y^2$

d) $53{,}3xy^2 + 3{,}75a^2c^2 + 14{,}7a^2c^2 + 48{,}2xy^2$

7. Multipliziere erst, fasse dann zusammen.

a) $x^2x^3 + 3x \cdot x^4 - 2x^5 + 2x \cdot (-4)x^4$

b) $7a^3a^4 + 5a^4a^3 + 4a^2a^5 + 11a \cdot a^6$

c) $6r \cdot 2s + 2sr + (-3)r \cdot (-5)s$

d) $(a^2b)(bc^2) + (ab^2)(ac^2) + 3(ab)(abc^2)$

7.4 Auflösen und Setzen von Klammern in einem Produkt

Auflösen und Setzen von Klammern in einem Produkt

Man multipliziert jedes Glied der Klammer mit dem Faktor.
Die Zeichen + und – werden nach der Vorzeichenregel gesetzt.

(1) $a \cdot (b + c) = a \cdot b + a \cdot c$

$5 \cdot (3x + 2y) = 5 \cdot 3x + 5 \cdot 2y$
$= 15x + 10y$

(2) $a \cdot (b - c) = a \cdot b - a \cdot c$

$3x \cdot (5y - 7z) = 3x \cdot 5y - 3x \cdot 7z$
$= 15xy - 21xz$

1. Multipliziere aus.

a) $7(a + b)$

$5(4 + c)$

$9(x + 4)$

$3(a - b)$

$15(3 - y)$

b) $(a + b) \cdot 5$

$(3 + v) \cdot 4$

$(w + 7) \cdot 3$

$(x - y) \cdot 4$

$(7 - a) \cdot 11$

c) $x(a + b)$

$z(x + y)$

$(c + d) \cdot s$

$y(c - d)$

$a(x - y)$

d) $a(1 + b)$

$x(y + 2)$

$z(y + 0)$

$x(1 - y)$

$a(b - 0)$

e) $(-3) \cdot (x + y)$

$(-2) \cdot (a + b)$

$(-5) \cdot (c - d)$

$(-4) \cdot (3 - x)$

$\frac{3}{4} \cdot (r + s)$

2.

a) $5(4x + 3)$; $(4 + 5a) \cdot 7$; $4(3a - 7)$; $(5 - 7c) \cdot 8$; $(-3)(7z + 5)$; $(-6)(8c - 2)$

b) $9(3a + 4b)$; $(7x + 5y) \cdot 11$; $12(3r - 7s)$; $(6c - 8d) \cdot 10$; $(-5)(4x + 7y)$; $(-4)(11a - 12b)$

c) $x(7a + 5)$; $c(3a + 14b)$; $(6x + 4) \cdot z$; $(7r + 5s) \cdot u$; $a(15b - 3)$; $b(12c - 13d)$

d) $2a(3x + 4y)$; $(7y + z) \cdot 6x$; $5x(2a - 4b)$; $(9r - 3s) \cdot 7b$; $(-2x)(y + 20z)$; $(-15a)(4b - c)$

3.

a) $7(x + y + z)$; $9(x - y + z)$; $(-3) \cdot (a - b + 4)$; $(r - s - 4) \cdot 9$

b) $12(2x + 3y + 4z)$; $8(5a - 9b + 10c)$; $(-6)(7x - 9y - 3)$; $(r + 7s - 8t) \cdot 12$

c) $x(4a + 7b + 8c)$; $(3u + 5v + 2w) \cdot 7x$; $11c(4r + 5s - t)$; $5a(12x - 13y - 14z)$

d) $\frac{2}{3}\left(\frac{9}{14}a + \frac{15}{26}b\right)$; $\frac{4}{5}\left(\frac{10}{7}x - \frac{7}{12}y\right)$; $\frac{3}{4}a(12r + 16s)$; $\frac{5}{9}x\left(\frac{6}{25}x - \frac{18}{25}y\right)$

4.

a) $7x^2(17x - 3y + 5z)$; $3a(6a^2 + 4b^2 + 12c^2)$; $4r(9r + 7s - 5t)$; $(12x^2 - 11y^2 - 13z^2) \cdot 5y$

b) $8ab(9a + 7b - 12)$; $11pq(4p - 9q + 5pq)$; $7xy(5x + 8y + 3z)$; $(3a^2 - 7b^2 - 4c^2)2abc$

c) $(-3x)(4a + 6b - 3c)$; $(10x - 12y - 13z) \cdot (-2a)$; $(-5a) \cdot (a + 4b + 12c)$; $(-7rs) \cdot (11r^2 - 12rs - 13s^2)$

5. Löse die Klammern auf, fasse dann zusammen.

$6(2a + 3b) + 4(5a - 7b)$
$= 6 \cdot 2a + 6 \cdot 3b + 4 \cdot 5a - 4 \cdot 7b$
$= 12a + 18b + 20a - 28b$
$= 32a - 10b$

a) $9a + 15(7a + 5b)$; $7(4x - 9y) + 10x$; $3(7c + 12d) - 8d$; $35s + 6(3r - 5s)$

b) $7x^2 + 3x(2x - 5y)$; $2a(4b + 6c) - 3ab$; $9r(6s - 5r) + 8r^2$; $5z^2 + 4(7y + 2z^2)$

c) $6(a + b) + 4(a - b)$; $15(x + y) + 12(y - x)$; $a(b - c) + b(3 - a)$; $x(y + z) + x(y - z)$

d) $x(4a - 6) + 4x(6 - a)$; $5x(8y + 11z) + 4y(9x - 5z)$; $8r(2s + 3t) + (7s - 3t) \cdot 4r$; $7(5a^2 + 3b^2) + 8a(4a - 5b)$

e) $3a(7x - 5) + 2a(4 - 3x)$; $6a(13b - 18c) + 7b(11a + 14c)$; $7a(3b - 8c) + (4c - 9b) \cdot 11a$; $6x(4x - 5x^2) + 8(7x^2 - 9x)$

Ausklammern eines gemeinsamen Faktors

$a \cdot b + a \cdot c = a(b + c)$

(1) $4xy + 5xz = x \cdot 4y + x \cdot 5z = x(4y + 5z)$

(2) $7x^2 + x = x \cdot 7x + x \cdot 1 = x(7x + 1)$

6. Klammere einen gemeinsamen Faktor aus.

a) $5x + 5y$; $1{,}2a + 1{,}2b$; $\frac{7}{3}r + \frac{7}{3}s$; $8x - 8y$; $3{,}2u - 3{,}2v$

b) $8a + 8bc$; $5xy - 5z$; $2{,}1cd + 2{,}1e^2$; $1{,}5 - 1{,}5z$; $\frac{1}{2}x^2 + \frac{1}{2}$

c) $5x + xy$; $7a - ab$; $ab + a^2$; $ab - ac$; $u^2 - uv$

d) $x + 3xy$; $a^2 - 4ab$; $6xy - 7yz$; $x^2y + 1{,}5y^2$; $\frac{2}{3}uv - \frac{1}{5}u$

e) $\frac{3}{7}y - \frac{3}{7}z$; $7u + 7$; $2{,}4x + x^2$; $u^2 + u$; $5xy - 6xz$

7. Klammere so weit wie möglich aus.

a) $7xy + 7xz$; $0{,}5a^2 - 0{,}5ab$; $\frac{3}{5}cd - \frac{3}{5}c$; $12xy + xyz$; $5a^2b - 3ab^2$

b) $3ab + 12bc$; $18xy - 9yz$; $24uv + 36vw$; $15a^2 - 25ab$; $24xy^2 + 18yz^2$

c) $20abc + 24ab$; $45a^2b - 36ab^2$; $48xyz - 72yz$; $24u^3v^2 + 18u^2v^2$; $\frac{3}{10}x^2 - \frac{9}{10}xy$

d) $ax + bx + cx$; $3a^2 + 7ab - 8ab^2$; $44ay^2 - 55by + 66cy^2$; $10u^2 - 25uv - 35u^3v^2$; $12a^3bx^2 - 30abx - 6ab^2x^2$

7.5 Auflösen und Setzen einer Minusklammer

Auflösen einer Minusklammer

Steht ein Minuszeichen vor einer Klammer, so heißt die Klammer **Minusklammer.**

Das Minuszeichen vor einer Klammer kann als Multiplikation mit (–1) aufgefasst werden. Man löst eine Minusklammer auf, indem man jedes Glied der Klammer mit (–1) multipliziert.

(1) $-(2a + 3b) = (-1) \cdot (2a + 3b)$
$= (-1) \cdot 2a + (-1) \cdot 3b$
$= -2a + (-3b)$
$= -2a - 3b$

(2) $-(3x - 5y) = (-1) \cdot (3x - 5y)$
$= (-1) \cdot 3x - (-1) \cdot 5y$
$= -3x - (-5y)$
$= -3x + 5y$

1.
a) $-(4 + a)$; $-(b - 3)$; $-(-x + 5)$; $-(-a + 7)$
b) $-(a + b)$; $-(x - y)$; $-(-r + s)$; $-(-c - d)$
c) $-(3x + 7y)$; $-(12u - 13v)$; $-(-5a + 3b)$; $-(-2c - 4d)$
d) $-(3ab + 11cd)$; $-(8a^2 - 13b^2)$; $-(-7x^2 + 8xy)$; $-(-6rs - 9r^2)$
e) $-(4a + 5b - 7c)$; $-(17x - 9y - 12z)$; $-(-8r + 9s - 6t)$; $-(-4c - 5d - 7e)$

Subtraktionsregel

Subtrahieren bedeutet das Addieren der Gegenzahl (entgegengesetzten Zahl).

Die Gegenzahl erhält man durch Multiplikation mit (–1).

(1) $a - (b + c) = a + (-1) \cdot (b + c)$
$= a + (-b - c)$
$= a - b - c$

(2) $5a - (7b - 3c) = 5a + (-1) \cdot (7b - 3c)$
$= 5a + (-7b + 3c)$
$= 5a - 7b + 3c$

2.
a) $x - (y + z)$; $a - (b - c)$; $z - (6 - y)$; $r - (-s - t)$; $x - (-7 + y)$
b) $4a - (a - b)$; $7x - (-x + 3y)$; $9u - (-u - v)$; $c - (8 + 3c)$; $6r - (5s - 8r)$
c) $9x - (4y + 5x)$; $7a - (12a - 6b)$; $11r - (-5r + 8s)$; $17u - (-7u + 3v)$; $23c - (-9d + 8c)$
d) $12 - (4 - x + y)$; $a - (4a + b - 3c)$; $13x - (-y + 4x + 7)$; $8r - (4s - 7t - 5r)$; $29c - (-7d - 3c - 5e)$

3.
a) $(x - y) - (x + y)$; $(r + s) - (r - s)$; $(c - d) - (c - d)$; $(x - y) - (-x - y)$
b) $(5 - x) - (x - 7)$; $(2a - 4) - (3a + 7)$; $-(8 - s) + (s - 8)$; $-(4x - 7) - (10 - 3x)$
c) $(9x - 4y) - (5x + 8y)$; $(21a + 13b) - (-5a + 7b)$; $-(4{,}8r + 2{,}4s) + (1{,}6s - 2{,}7r)$; $\left(\frac{3}{4}u - \frac{4}{5}v\right) - \left(-\frac{1}{2}u - \frac{6}{5}v\right)$

4. Löse erst die Klammern auf und fasse dann zusammen.

a) $75x - (18x - 9y) - (3y - 4x)$
b) $45a + (41a + 39b) - (8b + 52a)$
c) $72u - (26v - 18u) - (56u - 71v)$
d) $6{,}4a + (2{,}6b - 3{,}8c) - (1{,}9b - 5{,}3c + 2{,}5a)$
e) $8{,}7a^2 - (5{,}5b^2 - 1{,}3a^2) + (9{,}5b^2 + 7{,}6c^2)$
f) $(50x + 69y) - (60y + 37x) + (53x - 9y)$
g) $(58a + 83b) - (43a - 37b) - (67b + 100a)$
h) $\left(\frac{1}{4}u + \frac{1}{2}v + \frac{1}{8}w\right) + \left(3\frac{1}{5}u - \frac{2}{5}v\right) - \left(\frac{3}{4}u - 5\frac{1}{6}w\right)$
i) $(21{,}6a + 19{,}7b) - (5{,}1c - 9{,}7b) - (10{,}4a - 11{,}1b - 14{,}9c)$
j) $(8{,}5x + 10{,}7y + 21{,}4z) - (3{,}6x - 0{,}4y - 9{,}7z) - (0{,}1x - 0{,}9y - 3{,}1z)$
k) $(7{,}5r - 4{,}3s - 9{,}1t) - (-5{,}2s + 3{,}8r - 2{,}4t) - (8{,}7t - 1{,}9s + 6{,}6r)$
l) $\left(\frac{3}{4}a + \frac{2}{3}b - \frac{4}{5}c\right) + \left(\frac{1}{3}b - \frac{5}{4}a + \frac{3}{5}c\right) - \left(-\frac{1}{5}c - \frac{5}{3}b - \frac{7}{4}a\right)$

Setzen einer Minusklammer

Das Setzen einer Minusklammer kann als Ausklammern des Faktors (–1) aufgefasst werden.

$5a - 3b = (-1) \cdot (-5a) + (-1) \cdot 3b$
$= (-1)(-5a + 3b)$
$= -(-5a + 3b)$

5. Setze den Term in eine Minusklammer.

	a)	b)	c)	d)	e)
	$-4 - x$	$-a + b$	$x - a$	$-3a - 2b$	$4a + 5b - 6z$
	$-a - b$	$-3 + x$	$r - s$	$-4x + 5y$	$x - 3{,}4 + y$
	$-7y - 4$	$-6z + 2$	$8a - 5$	$7r - s$	$-\frac{2}{3}u + \frac{1}{5}v - \frac{5}{6}w$
	$-5z - 3y$	$-8y + 5z$	$6y - 7z$	$c - 6d$	$-0{,}2a + 0{,}7b - 1{,}5c$

7.6 Auflösen von zwei Klammern in einem Produkt

Auflösen von zwei Klammern in einem Produkt

Jedes Glied der einen Klammer wird mit jedem Glied der anderen Klammer multipliziert. Die Zeichen + und – werden nach der Vorzeichenregel bestimmt.

$(a + b) \cdot (c + d) = a \cdot c + a \cdot d + b \cdot c + b \cdot d$

1. Löse die Klammern auf.

a)	b)	c)	d)
$(a + b)(c - d)$	$(a + 3)(b + 8)$	$(3a - 2)(4b + 8)$	$(5a + 3b)(4c + 7d)$
$(a - b)(c - d)$	$(b + 5)(c - 3)$	$(4x - 5)(7z + 7)$	$(12u + 8v)(6x - 4y)$
$(x + y)(y + z)$	$(x - 8)(y - 4)$	$(11u + 6)(9 - 5v)$	$(5r - 2s)(3u + 4v)$
$(x + y)(y - z)$	$(y - 7)(4 - z)$	$(9y - 4)(5z - 1)$	$(3a - 4b)(5c - 6d)$
$(x - y)(y - z)$	$(-a - 6)(11 - b)$	$(2a - 10)(-b - 13)$	$(4a + 6b)(-2x - 7y)$

2. Löse erst die Klammern auf, fasse dann zusammen.

a) $(a - 4)(a + 5)$
$(z + 7)(z - 6)$
$(x - 8)(x - 9)$
$(10 - b)(7 + b)$
$(1 - x)(x - 1)$

b) $(a + 3b)(a + b)$
$(3x + 2y)(x + 4y)$
$(4u + 5v)(3u - 9v)$
$(7a - 3b)(4a - 6b)$
$(-x - 2y)(-x + y)$

$(3a + 4b)(6a - 3b)$
$= 3a \cdot 6a - 3a \cdot 3b + 4b \cdot 6a - 4b \cdot 3b$
$= 18a^2 - 9ab + 24ab - 12b^2$
$= 18a^2 + 15ab - 12b^2$

c) $(3y + 7z)(5z + 4y)$
$(4a + 5b)(9a - 3b)$
$(6r - 7s)(4r + 3s)$
$(8u - 4v)(11v - 12u)$
$\left(\frac{1}{2}x - \frac{3}{2}y\right)\left(\frac{5}{4}x + \frac{3}{4}y\right)$

d) $(8a^2 + 3b)(5a^2 - 11b)$
$(6x^2 - 8y)(7x^2 - 9y)$
$(9u^2 - 7v^2)(5u^2 + 8v^2)$
$(15r^2 + 11s^2)(7r^2 + 2s^2)$
$\left(\frac{2}{3}a^2 - \frac{1}{4}b^2\right)\left(\frac{3}{5}b^2 - \frac{5}{6}a^2\right)$

e) $(7x^2 - 4y)(5x + 8y^2)$
$(4r^2 + 2s^2)(9r - 6s)$
$(3a^2 - 7b^2)(5b^2 - 4a^2)$
$(12u^2 - 13v^2)(8u^2 + 5v^2)$
$(0{,}3z - 1{,}2y^2)(0{,}7z^2 - 1{,}2y)$

3.

a)	b)	c)
$(a + b)(a^2 - ab + b^2)$	$(5a - 6b + 3c)(7a - 5c)$	$(2a + 3b - 5c)(15a - 12b)$
$(a - b)(a^2 - ab + b^2)$	$(10u - 5v + 8)(20u - 13v)$	$(6x^2 + 5x - 9)(3x^2 - 7x)$
$(2a + 3b)(5a - 6b + 1)$	$(a^2 + 4a - 2)(2a + 3)$	$(2y^2 + 3y - 4)(5y^2 - 7y)$
$(3x + 2y)(9x - 2y - 3z)$	$(2x^2 - 6x - 7)(4x^2 - 5)$	$(4 - 3b - 5b^2)(2 + 3b)$

4. **a)** $(7a + 4b)(6a - 5b) + (a - b)(3a - 2b)$
b) $(x + y)(x - 2y) - (16x + 20y)(5x + 9y)$
c) $(3u + 4v)(9u + 6v) + (7u - 6v)(4v - u)$
d) $(8s - 2r)(4r + s) - (9r + 11s)(12r - 3s)$
e) $(4a + 3c)(a - 3c) + (2a + 4c)(14a - 13c)$
f) $(4y - 3z)(2y - 5z) - (3y + 7z)(4y - 3z)$
g) $(6s - 7t)(11t - 3s) - (4s - 8t)(2t - 5s)$
h) $(2u^2 - 3v^2)(9u + 8v) + (6u - 7v)(-4u^2)$

5. Klammere gemeinsame Faktoren aus.

$2x(a + b) - 3y(a + b) = (a + b)(2x - 3y)$

a) $5(7x - 3y) + 3a(7x - 3y)$
$6a(u - 3) - 4b(u - 3)$
$2x(x - 2) + x^2(x - 2)$
$3c(2a + 3b) - 4d(2a + 3b)$

b) $a(2a + b) - 3ab(2a + b)$
$12x^2(x - y) - 2x(x - y)$
$a^2(-2b + c) + 3b^2(-2b + c)$
$3t(3u - 5v) + 7t^2(3u - 5v)$

c) $3(a - 4) - (a - 4)^2$
$(x + y)^3 - (x + y)^2$
$x^2(x - y) + y^2(y - x)$
$5c^2(a - b)^2 + (a - b)$

6. Schreibe als Produkt.

$2x + xy + 2z + yz$
$= x(2 + y) + z(2 + y)$
$= (2 + y)(x + z)$

a) $3a + 3b + xa + xb$
b) $9ab + 3b + 6a + 2$
c) $5y - 2xy - 20 + 8x$
d) $2a^3 - 3a^2b + 6ab - 9b^2$
e) $2u^3 + 9v^2 - 3u^2v - 6uv$
f) $8r^2 - 6rs + 4rs - 3s^2$

7.7 Anwendungen der binomischen Formeln

Binomische Formeln

(1) $(a + b)^2 = a^2 + 2ab + b^2$

(2) $(a - b)^2 = a^2 - 2ab + b^2$

(3) $(a + b)(a - b) = a^2 - b^2$

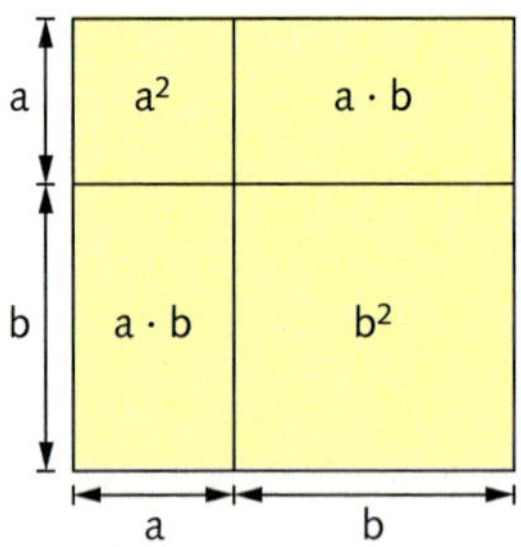

1. **a)** $(x + y)^2$
$(x - y)^2$
$(x + y)(x - y)$

b) $(c + d)^2$
$(c - d)^2$
$(c + d)(c - d)$

c) $(e + f)^2$
$(e - f)^2$
$(e - f)(e + f)$

d) $(r + s)^2$
$(r - s)^2$
$(r - s)(r + s)$

2. Wende die binomischen Formeln an.

$(a + b)^2 = a^2 + 2 \cdot a \cdot b + b^2$
$(x + 5)^2 = x^2 + 2 \cdot x \cdot 5 + 5^2$
$= x^2 + 10x + 25$

a) $(b + 7)^2$
$(u - 2)^2$
$(r - 3)(r + 3)$
$\left(z - \frac{1}{2}\right)^2$

b) $(6 + y)^2$
$(4 - d)^2$
$(7 + c)(7 - c)$
$\left(\frac{3}{4} - a\right)^2$

3. Wende die binomischen Formeln an.

$(a + b)^2 = a^2 + 2 \cdot a \cdot b + b^2$
$(3x + 2y)^2 = (3x)^2 + 2 \cdot 3x \cdot 2y + (2y)^2$
$= 9x^2 + 12xy + 4y^2$

a) $(3a + b)^2$
$(7x - y)^2$
$(5r - 6)(5r + 6)$
$\left(\frac{1}{2}r - \frac{3}{4}\right)^2$

b) $(5a + 6b)^2$
$(9y - 7z)^2$
$(7a + 8b)^2$
$\left(\frac{1}{3}x + \frac{1}{5}y\right)^2$

c) $(7 - 5a)^2$
$(12 + 3x)^2$
$(9 + 2z)(9 - 2z)$
$\left(\frac{2}{3} - \frac{3}{2}y\right)^2$

d) $(5r - 4s)^2$
$(10u + 7v)(7v - 10u)$
$(4r + 3s)(4r - 3s)$
$(0{,}3u - 0{,}4v)(0{,}3u + 0{,}4v)$

e) $(11x - 12y)(11x + 12y)$
$(7r - 3s)^2$
$\left(4a + \frac{1}{2}b\right)^2$
$(1{,}2c - 1{,}5d)^2$

4.

a) $(-4+x)^2$, $(a+(-7))^2$, $(-3-z)^2$, $(-5+a)^2$, $(-y-z)^2$

b) $(-3x+2y)^2$, $(-4a-5b)^2$, $(7r+(-3)s)^2$, $(-5c+6d)^2$, $(6y-7z)^2$

c) $(-6u-3v)^2$, $(-4z+2y)^2$, $(9a-(-8)b)^2$, $(-5c-6d)^2$, $(-9x+2y)^2$

$$(-3+a)^2 = (-3)^2 + 2\cdot(-3)\cdot a + a^2$$
$$= 9 \quad - \quad 6a \quad + a^2$$

5.

a) $(a+b)^2-c^2$, $(a-b)^2-c^2$, $u^2-(v+w)^2$, $x^2-(y-z)^2$, $a^2+(b-c)^2$, $r^2+(s+t)^2$

b) $9a^2+(x-3y)^2$, $1+(r+2s)^2$, $7x^2-(a-5b)^2$, $3-(u+7v)^2$, $4u+(2a-3b)^2$, $6y-(-x+4z)^2$

c) $(a-b)^2+(c+d)^2$, $(a+b)^2+(c-d)^2$, $(a-b)^2-(c+d)^2$, $(a+b)^2-(c-d)^2$, $(a-b)^2-(c-d)^2$, $(a-b)^2+(c-d)^2$

d) $(3a-2b)^2-(7c+5d)^2$, $(6x+5y)^2+(4r-8s)^2$, $(6r-7s)^2+(a-2b)^2$, $(9a+8b)^2-(11x+12y)^2$, $(5x-4y)^2-(6a-7b)^2$, $(7c+6d)^2+(8a-9b)^2$

6. Wende erst binomische Formeln an. Fasse dann zusammen.

a) $(a+3)^2-(a-1)^2$, $(5x-3y)^2+(2x+y)^2$, $(3r-4s)^2-(5s-2r)^2$, $(5a+6b)^2+(7b+4a)^2$

b) $(13r+11s)^2-(15r-20s)^2$, $(8a+3b)^2-(2+5a)(2-5a)$, $(7x-6y)(7x+6y)+(5x-9y)^2$, $(12u-14v)^2+(13u-11v)^2$

c) $(9x-7y)^2-(2x+3y)(2x-3y)$, $(12u+5v)(12u-5v)+(3u-8v)^2$, $(11a-12b)^2+(9a-8b)^2$, $(9x-5y)^2-(15y-16x)^2$

d) $(6a-7b)^2+(9b+12a)^2-(4b-8a)^2$, $(5x+9y)(5x-9y)-(12y-13x)(12y+13x)$, $(8r+11s)^2-(20r-25s)^2-(3s-7r)^2$, $(17c-19d)^2-(8c+7d)^2+(2c-9d)(2c+9d)$

7. Faktorisiere mithilfe der dritten binomischen Formel.

$$a^2 - b^2 = (a+b)(a-b)$$
$$16x^2-25y^2 = (4x)^2-(5y)^2 = (4x+5y)(4x-5y)$$

a) r^2-s^2, u^2-v^2, c^2-d^2, y^2-z^2, b^2-a^2

b) b^2-9, d^2-1, $1-a^2$, $81-x^2$, $36-y^2$

c) $0{,}36-a^2$, $x^2-1{,}44$, $r^2-\frac{81}{25}$, $\frac{9}{16}-c^2$, $0{,}81-z^2$

d) a^2-4b^2, $9x^2-v^2$, z^2-16x^2, $u^2-\frac{4}{9}w^2$, $y^2-\frac{25}{36}x^2$

e) $81x^2-64y^2$, $225a^2-169b^2$, $25r^2-16s^2$, $0{,}09u^2-0{,}49v^2$, $144c^2-121d^2$

8. Faktorisiere. Wende dazu die erste oder zweite binomische Formel an.

$$a^2 + 2\cdot a\cdot b + b^2 = (a+b)^2$$
$$x^2+12x+36 = x^2+2\cdot x\cdot 6+6^2 = (x+6)^2$$

a) $u^2+2uv+v^2$, $c^2-2cd+d^2$, $a^2+2a\cdot 8+64$, $z^2-2z\cdot 12+144$, $y^2-2y\cdot 7+49$, $36-2\cdot 6b+b^2$, $25+2\cdot 5u+u^2$, $r^2-2\cdot 9r+81$, $9+2\cdot 3x+x^2$

b) $x^2+10x+25$, $r^2-8r+16$, z^2+6z+9, $y^2-14y+49$, $a^2+12a+36$, $81-18z+z^2$, $\frac{4}{9}+\frac{4}{3}c+c^2$, $c^2-14c+49$, $4+4d+d^2$

c) $9a^2+6ab+b^2$, $64y^2-16yz+z^2$, $x^2+8xz+16z^2$, $r^2-16rs+64s^2$, $4z^2-4yz+y^2$, $36r^2+12rs+s^2$, $a^2-10ab+25b^2$, $c^2+6cd+9d^2$, $49y^2-14yx+x^2$

d) $36a^2-48ab+16b^2$, $16r^2+24rs+9s^2$, $49x^2-70xy+25y^2$, $81x^2-144xy+64y^2$, $4a^2+40ab+100b^2$, $36r^2+36rs+9s^2$, $0{,}16a^2+0{,}48ab+0{,}36b^2$, $25c^2+80cd+64d^2$, $144z^2-360zy+225y^2$

8 Lösen linearer Gleichungen und Ungleichungen

8.1 Umformungsregeln für Gleichungen

Additions- und Subtraktionsregel
Addiert oder subtrahiert man auf beiden Seiten der Gleichung dieselbe Zahl, so ändert sich die Lösungsmenge nicht.

$$x - 7 = 13 \quad | +7 \;\; (-7)$$
$$x - 7 + 7 = 13 + 7$$
$$x = 20$$
$$L = \{20\}$$

Multiplikations- und Divisionsregel
Multipliziert (dividiert) man beide Seiten einer Gleichung mit derselben Zahl (durch dieselbe Zahl) ungleich 0, so ändert sich die Lösungsmenge nicht.

$$5x = 35 \quad | :5 \;\; (\cdot 5)$$
$$5x : 5 = 35 : 5$$
$$x = 7$$

1. Welche Regel ist bei der Umformung angewendet worden?

a) $x - 6 = 18$
$x = 24$

b) $x + 5 = 17$
$x = 12$

c) $3x = 27$
$x = 9$

d) $\frac{1}{5}x = 4$
$x = 20$

2. Bestätige die Umformungsregeln anhand folgender Tabelle. Setze 0, 1, 2, 3, 4 für x ein.

x	$2 \cdot x = 6$	w | f	$2 \cdot x + 1 = 6 + 1$	w | f	$2 \cdot x - 3 = 6 - 3$	w | f	$8 \cdot x = 24$
0	$2 \cdot 0 = 6$	f	$2 \cdot \square + 1 = 6 + 1$		$2 \cdot \square - 3 = 6 - 3$		$8 \cdot \square = 24$
1	$2 \cdot \square = 6$		$2 \cdot \square + 1 = 6 + 1$		$2 \cdot \square - 3 = 6 - 3$		$8 \cdot \square = 24$
2	$2 \cdot \square = 6$		$2 \cdot \square + 1 = 6 + 1$		$2 \cdot \square - 3 = 6 - 3$		$8 \cdot \square = 24$

8.2 Lineare Gleichungen ohne Klammern

$3x - 7 = 8$	$\| +7$
$3x - 7 + 7 = 8 + 7$	$\|$ Termumformung (T)
$3x = 15$	$\| :3$
$3x : 3 = 15 : 3$	$\|$ T
$x = 5$	
Lösungsmenge: $L = \{5\}$	

1. Bestimme die Lösungsmenge. Mache auch die Probe.

a) $x + 7 = 10$
$x + 11 = 11$
$x + 25 = 9$
$x + 0{,}6 = 1{,}3$
$x + \frac{1}{8} = \frac{3}{8}$
$x + \frac{2}{3} = \frac{1}{6}$

b) $x - 6 = 18$
$x - 13 = -25$
$x - 5 = -5$
$x - 2\frac{1}{2} = 5\frac{3}{4}$
$x - 12{,}5 = 45{,}7$
$x - \frac{5}{6} = \frac{1}{3}$

2.

a) $4x = 48$
$7x = -56$
$-6x = 42$
$-11x = -88$
$0{,}9x = 8{,}1$

b) $\frac{1}{6}x = 3$
$\frac{1}{7}x = -5$
$-\frac{1}{3}x = 7$
$-\frac{1}{4}x = -12$
$\frac{1}{5}x = \frac{7}{10}$

c) $y - 7 = 19$
$z + 3 = 42$
$5u = -55$
$\frac{1}{2}v = \frac{3}{4}$
$-4r = -32$

d) $a + 9 = 4$
$\frac{2}{3}z = \frac{4}{5}$
$-\frac{7}{9}y = -\frac{14}{3}$
$r - 3{,}4 = -1{,}1$
$\frac{3}{4}x = -\frac{5}{8}$

3. **a)** $3x + 11 = 20$ **b)** $9x - 7 = 11$ **c)** $8x + 9 = 41$ **d)** $15 + 7x = 15$ **e)** $6x - 5 = 31$ **f)** $17 - 2x = 27$
g) $5x + 43 = 13$ **h)** $4x - 56 = -16$ **i)** $19 - 4x = -9$ **j)** $\frac{1}{2}x + 6 = 10$ **k)** $-8x + 30 = 6$ **l)** $\frac{1}{5}x - 5 = -12$
m) $10 - \frac{1}{3}x = 6$ **n)** $5 - 12x = 5$ **o)** $-5x - 3 = 7$ **p)** $11x + 8 = 19$ **q)** $\frac{1}{3}x - 3 = 0$ **r)** $17 - 9x = 26$
s) $8x + 17 = 21$ **t)** $15 - 4x = 12$ **u)** $3x - 7 = -9$ **v)** $-3x + 12 = 13$ **w)** $5x - 3 = 1$ **x)** $6x + 11 = 16$

4. **a)** $7 - y = 3$ **b)** $15 - z = 0$ **c)** $2y - 5 = 17$ **d)** $72 - 8b = 64$ **e)** $11 - 3r = 2$ **f)** $4a - 19 = 5$ **g)** $7\frac{3}{4} - u = 1\frac{1}{2}$ **h)** $3{,}3 - v = 1{,}6$

5. Bestimme die Lösungsmenge.

$10x = 5x + 40$	$\mid -5x$	*Probe:*	$10 \cdot 8 = 5 \cdot 8 + 40$ (w?)
$10x - 5x = 5x + 40 - 5x$	$\mid$ T	$10 \cdot 8$	$5 \cdot 8 + 40$
$5x = 40$	$\mid :5$	80	$40 + 40$
$5x : 5 = 40 : 5$			80
$x = 8$			
$L = \{8\}$			

a) $2x + 7x = 45$
b) $13x + 2x = 60$
c) $2{,}9x + 1{,}4x = 21{,}5$
d) $5x - 3x = 18$
e) $1\frac{3}{4}x + \frac{1}{2}x = 18$
f) $11x = 4x + 35$
g) $9x = 39 - 4x$
h) $17x = 75 - 8x$
i) $45x = 16x - 87$
j) $8x + 3 = 5x + 24$
k) $11x + 6 = 5x + 54$
l) $21x + 17 = 2x + 72 + 8x$
m) $44x - 38 = 64 - 7x$
n) $37y - 168 = 48y - 245$
o) $8x + 2 - 5x = 12 - 3x + 14$
p) $7x + 18 + 20x = 93 + 16x - 4x$
q) $2{,}4x + 31{,}5 = 0{,}5x + 69{,}5$
r) $12\frac{5}{6}x + 18\frac{1}{2} = 3\frac{1}{3}x + 28$
s) $2{,}3x - 2{,}2 = 4{,}5x - 6{,}6$
t) $4{,}9x - 1{,}8 = 2{,}34x - 1{,}16$
u) $2{,}2z - 6{,}1 = 1{,}2z - 6{,}1$

8.3 Lineare Gleichungen mit Klammern

1. Bestimme die Lösungsmenge. Mache auch die Probe.

$8(6 - 2x) + 41 = 9$	$\mid$ Klammern auflösen
$48 - 16x + 41 = 9$	$\mid$ zusammenfassen
$89 - 16x = 9$	$\mid -89$
$-16x = -80$	$\mid :(-16)$
$x = 5$	
$L = \{5\}$	

a) $16x + 19 = 5(4 + 3x)$
b) $13x + 10 = 2(6x + 7)$
c) $3(17 + 8x) = 70x - 87$
d) $5(2x + 17) = 7x + 112$
e) $25 + 13(x + 4) = 4x + 122$
f) $15x + 7(8 + 3x) = 15x + 182$
g) $5(2x + 15) - 9x = 69$
h) $3(7 - 2x) + 7x = 20$
i) $13x + 4(5 - 3x) = 18$
j) $7x + (x + 8) \cdot 3 = 4x$
k) $(3x + 2) \cdot 2 - 6x = 4$
l) $(5x - 3) \cdot 4 - 8x = 0$
m) $(12x + 7) \cdot 3 + 5x = 7$
n) $(2 - 3x) \cdot 8 + 4x = 6$
o) $(15x - 2) \cdot 3 + 6x = -23$
p) $4(y - 3) - 2y = 5(3y + 1)$
q) $7(2z + 1) + 5z = 3(8z - 3)$
r) $18 + 5(3x - 2) = 2(7x + 1)$
s) $(13x - 5) \cdot 5 + 21 = (3 + 8x) \cdot 8$
t) $12a + 6(4 - 7a) = 9(2a + 4)$
u) $4x - 15(x - 1) = 2(6 - 3x)$
v) $(4x - 3) \cdot 5 - 6x = -4(5 + 9x)$
w) $7x - (2x - 9) = 44$
x) $25x - (8 - 9x) = 128$
y) $5x + 8 = 3(x - 1) + (2x + 10)$
z) $6(x - 1) = 7(x - 1) - (x - 1)$

2. **a)** $12 - (5 - x) = 10$
b) $18 - (16 - x) = 1$
c) $11x - 6(2x - 1) = 14$
d) $14x - (8 + 3x) \cdot 5 = 0$
e) $3(9x - 5) - 7(4x - 3) = 8$
f) $5(7x + 15) - 2(17x + 25) = 20$
g) $3(5 - 16x) - 7(9 - 7x) = 0$
h) $6(5 + 6x) - (5x + 6) \cdot 7 = 3$
i) $23x - 7(3x - 2) = x + 2$
j) $26x - 5(5x + 10) = x - 50$
k) $85x - (5 + 9x) \cdot 9 = 3x - 5$
l) $6(5x - 4) - 3(10x + 2) = 10$
m) $18 + 5(3x - 2) = 2(7x + 1)$
n) $(13x - 5) \cdot 5 = (3 + 8x) \cdot 8 - 21$
o) $5(9x - 8) - (8 + 3x) \cdot 15 = 13$
p) $5(x + 9) - 7(x - 9) = 11(x - 2)$

$32 + 9x = x - (2x + 8)$	| Minusklammern auflösen
$32 + 9x = x - 2x - 8$	| zusammenfassen
$32 + 9x = -x - 8$	| + x
$32 + 10x = -8$	| − 32
$10x = -40$	| : 10
$x = -4$	
$L = \{-4\}$	

q) $8(x - 1) - 3(x - 8) = 2(5 + x)$
r) $3(2x + 5) - 4(x - 5) = x + 5$
s) $5(7x - 6) - 9(8x - 3) = 2(8 - 9x)$
t) $7(z - 5) - 6(2 - 3z) = 12(z + 1)$
u) $(12y + 3) \cdot 4 - (9 - 7y) \cdot 5 = 8(3y - 5)$
v) $6(5a - 1) - 13(2a + 5) = 2(7 - 2a)$
w) $5(2c + 3) - 12(6 - c) = 11(4c + 7)$

3. **a)** $100 + (x - 1) + (2x - 3) + (3x - 4) = 101 + (5x + 5)$
b) $(13x - 1) + (14x + 2) - (12x - 3) = (8x - 1) + (6x + 8)$
c) $2(3x - 12) - 6(5x - 37) + 3(7x + 16) = 10(2x + 4) + 2(6x - 37)$
d) $13 - (7x - 9) + (23x - 11) - (18x + 19) = 3x - (2x + 13)$
e) $525 - 3(2x - 3) + 3x = 7(3x - 21) + 42(3x - 1) - 4(x + 5) + 13$
f) $2 - 5(9x - 4) + 3(1 - 5x) + 12x - 6(x - 4) - 2(5 - 6x) = 46$
g) $25y - 1{,}5(4y - 7) - 2(5y + 8) = 30{,}5 + 2{,}5(2y - 8)$
h) $12(8z + 7) - 5(16z - 3) = 18(4z + 3) + 31$
i) $4{,}8(1{,}5a - 0{,}8) + 1{,}2(3{,}5a - 1{,}3) - 5(4{,}8a - 3{,}6) = 0$

4. **a)** $(x + 5)(x - 4) = x^2 - 15$
b) $(8 - x)(x + 7) = 52 - x^2$
c) $(x - 3)(x + 2) = x^2 - 5$
d) $(x + 6)(x + 2) = x^2 + 7x + 15$
e) $(x - 4)(x - 7) = x^2 - 10x + 30$
f) $(x - 1)(x + 6) = x^2 + 4x + 4$
g) $(x + 3)(x + 5) - (x + 1)(x + 6) - 8 = 0$
h) $(x - 8)(x + 14) + 1 = (x + 3)(x + 2)$
i) $(x + 10)(x - 7) - (x + 1)(x + 3) = 2$

$(x + 7)(x - 4) = x^2 + 2$	| Klammern auflösen
$x^2 - 4x + 7x - 28 = x^2 + 2$	| zusammenfassen
$x^2 + 3x - 28 = x^2 + 2$	| $- x^2$
$3x - 28 = 2$	| + 28
$3x = 30$	| : 3
$x = 10$	
$L = \{10\}$	

5. **a)** $(x - 3)^2 = x^2 - 3(x + 1)$
b) $(x + 1)^2 = x^2 + x + 6$
c) $x^2 + 1 = (x - 1)^2 + 3$
d) $(x + 2)^2 - (x - 4)^2 = 11x - 8$
e) $(x - 3)^2 + (x + 1)^2 + (3x - 5) = 2x^2$
f) $(x^2 - 4) + (2x - 1)^2 + (3x + 5) = 5x^2$
g) $(z - 4)^2 - (z + 8)^2 + 23z + 45 = 0$
h) $(a + 5)^2 - (a + 6)^2 + a + 14 = 0$

6. **a)** $(x + 1)^2 + (x + 4)^2 = (x + 2)^2 + (x + 3)^2 - 2x$
b) $(z + 4)^2 - (z + 2)^2 + 2z = (z + 5)^2 - (z + 3)^2$
c) $2(y - 1)^2 - (y + 1)^2 = (y - 7)^2$
d) $(4x + 3)^2 + (3x + 5)^2 = (5x + 6)^2 + 10$
e) $(2z - 3)^2 + (6z + 1)^2 = (4z - 2)^2 + 2(12z^2 - 13)$
f) $(2y + 1)^2 - (3y - 2)^2 - 3 = (y - 3)^2 - (4y - 1)^2 + 10y^2$
g) $(x + 5)(x - 5) + (x - 2)^2 = (x + 5)^2 + (x^2 + 52)$
h) $9z(z + 5) - (3z + 2)(3z - 2) = (2z - 7)^2 - (2z + 5)(2z - 5) + 3$

8.4 Anwenden linearer Gleichungen

1. Addiert man 2,6 zum 11-fachen einer Zahl, so erhält man ebensoviel, wie wenn man 2,8 vom Doppelten der gesuchten Zahl subtrahiert.

2. Addiert man zu 76 das 7-fache einer Zahl, so ist das Ergebnis das 26-fache der gesuchten Zahl.

3. Subtrahiert man von 93 das 8-fache einer um 2 vermehrten Zahl, so erhält man 37.

4. Addiert man 2 zu einer Zahl und dividiert diese Summe durch 8, so erhält man dasselbe, wie wenn man 4 von der gesuchten Zahl subtrahiert und diese Differenz durch 6 dividiert.

5. In 16 Jahren wird eine Mutter doppelt so alt wie ihre Tochter Laura sein. Beide sind heute zusammen 40 Jahre alt. Wie alt sind sie?

6. Frank ist um 20 Jahre älter als sein Neffe Julian. In 8 Jahren hat Julian $\frac{3}{7}$ des Alters von Frank. Bestimme das Alter von Frank und Julian.

7. Der Umfang eines Rechtecks beträgt 30 cm. Die kürzere Seite ist um 3 cm kürzer als die längere Seite. Was kannst du über die Länge der längeren Seite aussagen?

8. Der Umfang eines gleichschenkligen Dreiecks beträgt 29 cm. Die Basis ist um 4 cm kürzer als jeder Schenkel. Wie lang sind die Dreiecksseiten?

9. In einem gleichschenkligen Dreieck ist jeder Schenkel $2\frac{1}{2}$ cm länger als die Basis. Der Umfang beträgt 27,5 cm. Wie lang ist die Basis?

10. Von den beiden Winkeln eines Nebenwinkelpaares ist der eine viermal so groß wie der andere. Wie groß sind die beiden Winkel?

11. In einem gleichschenkligen Dreieck ist der Winkel zwischen den beiden Schenkeln viermal so groß wie ein Basiswinkel. Wie groß sind die Innenwinkel des Dreiecks?

12. Verkürzt man die Seiten eines Quadrats um 3 cm, so vermindert sich der Flächeninhalt um 27cm^2. Wie lang waren die Seiten des Quadrats ursprünglich?

13. In einem Dreieck ist die Höhe um 3 cm länger als die zugehörige Seite. Der Flächeninhalt des Dreiecks wird um 4 cm^3 größer, wenn man die Seite um 1 cm verkürzt, die Höhe jedoch um 4 cm verlängert. Welche Längen haben Seite und zugehörige Höhe?

14. Ein Quader hat drei verschiedene Kantenlängen. Die mittlere Kantenlänge ist halb so lang wie die längste. Die kürzeste Kantenlänge ist um 7 cm kürzer als die längste. Die gesamte Kantenlänge des Quaders beträgt 111 cm.
Wie groß sind die einzelnen Kantenlängen des Quaders?

15. Lara lässt in einem Fotoladen 28 Bilder ausdrucken. Zu den Druckkosten kommt noch eine Grundgebühr von 1,95 € hinzu. Lara zahlt insgesamt 12,87 €.
Wie hoch sind die Druckkosten für ein Bild?

16. Frank kauft 8 Flaschen Mineralwasser für 0,68 € pro Flasche, ferner 6 Flaschen Apfelsaft. Insgesamt zahlt er 13,06 €. Wie viel kostet eine Flasche Apfelsaft?

8.5 Produktgleichungen

Gleichungen vom Typ $T_1 \cdot T_2 = 0$ heißen **Produktgleichungen.** Beim Lösen solcher Gleichungen verwendet man den Satz:

Ein Produkt ist gleich 0, wenn *mindestens* ein Faktor 0 ist, sonst nicht.

Beispiel: $(x+5)(3x-5)=0$

$x+5=0$ *oder* $3x-5=0$

$x=-5$ oder $x=\frac{5}{3}$

$L=\left\{-5; \frac{5}{3}\right\}$

1. Bestimme die Lösungsmenge.

a) $(x-6)(x-1)=0$
 $(x+3)(x-2)=0$
 $(y+4)(y+7)=0$

b) $(z-2{,}5)(z-3{,}4)=0$
 $(x-4{,}1)(x+5{,}8)=0$
 $(y+6{,}2)(y+9{,}4)=0$

c) $x(x-11)=0$
 $z(z+15)=0$
 $(x-8{,}3)\cdot x=0$

2. **a)** $(4x-12)(x+1)=0$
 $(3z+9)(8-z)=0$
 $(y+7)(21+3y)=0$

b) $(3x+15)(8x-32)=0$
 $(5y+20)(6y+18)=0$
 $(2z+3)(3z-2)=0$

c) $(3-7x)(6x+5)=0$
 $z(8z-20)=0$
 $(15-6y)\cdot y=0$

3. Gib eine Gleichung an, die folgende Lösungsmenge besitzt.

a) $\{3; 7\}$ **b)** $\{-2; 9\}$ **c)** $\{-5; 5\}$ **d)** $\{-6; 0\}$ **e)** $\{1{,}2; -2{,}9\}$

4. Bestimme die Lösungsmenge. Beachte dabei: Du musst zunächst eine Termumformung wie rechts durchführen.

$x^2+8x=0$
 $x(x+8)=0$
 $x=0$ *oder* $x+8=0$
 $x=0$ *oder* $x=-8$
 $L=\{-8; 0\}$

a) $x^2-3x=0$
 $z^2+5z=0$
 $6y-y^2=0$

b) $6y^2-18y=0$
 $15x^2+5x=0$
 $21z-7z^2=0$

c) $5x-7x^2=0$
 $-4z-5z^2=0$
 $9y^2+11y=0$

5. Bestimme die Lösungsmenge. Beachte dabei: Du musst zunächst eine Termumformung wie rechts vornehmen.

$x^2-25=0$
 $(x-5)(x+5)=0$
 $x=5$ *oder* $x=-5$
 $L=\{-5; 5\}$

a) $z^2-4=0$
 $x^2-36=0$
 $9-y^2=0$

b) $x^2-0{,}09=0$
 $y^2-2{,}25=0$
 $z^2-\frac{16}{25}=0$

c) $3x^2-48=0$
 $5y^2-20=0$
 $\frac{1}{4}z^2-16=0$

6 Bestimme die Lösungsmenge.

a) $x^2+6x+9=0$
 $z^2-8z+16=0$
 $y^2-12y+36=0$

b) $z^2-3z+2{,}25=0$
 $x^2+1{,}2x+0{,}36=0$
 $z^2-\frac{8}{5}z+\frac{16}{25}=0$

c) $3x^2+12x+12=0$
 $\frac{1}{4}z^2-2z+4=0$
 $4x^2-4x+1=0$

7. Bestimme die Lösungsmenge.

a) $(x+3)(x+4)=12$
 $(x-2)(x-3)=6$

b) $(x-5)(x+3)+15=0$
 $(x+6)(x-1)+6=0$

c) $(2x+3)(3x-5)=-15$
 $(4x-5)(5x-7)=35$

8. Ergänze, sodass die Gleichung die angegebene Lösungsmenge hat.

a) $(5x+20)(3x+\square)=0$; $\{-4; 3\}$ **b)** $(7x+\square)(-3x-15)=0$; $\{-5; 2\}$

8.6 Lineare Ungleichungen

Additions- und Subtraktionsregel

Addiert oder subtrahiert man auf beiden Seiten einer Ungleichung dieselbe Zahl, so ändert sich die Lösungsmenge nicht.

$x - 3 < 12 \quad | +3$ (Umkehrung: -3)

$x - 3 + 3 < 12 + 3$

$x < 15$

$L = \{x \mid x < 15\}$

Multiplikations- und Divisionsregel

(1) Multipliziert (dividiert) man beide Seiten einer Ungleichung mit derselben *positiven* Zahl (durch dieselbe *positive* Zahl), so ändert sich die Lösungsmenge nicht.

$4x > 48 \quad | :4$ (Umkehrung: $\cdot 4$)

$4x : 4 > 48 : 4$

$x > 12$

$L = \{x \mid x > 12\}$

(2) Multipliziert (dividiert) man beide Seiten einer Ungleichung mit derselben *negativen* Zahl (durch dieselbe *negative* Zahl), so ändert sich die Lösungsmenge nicht, wenn man außerdem die Ungleichheitszeichen umdreht.

$-3x < 27 \quad | :(-3)$ (Umkehrung: $\cdot (-3)$)

$(-3x) : (-3) > 27 : (-3)$

$x > -9$

$L = \{x \mid x > -9\}$

1. a) $x + 8 > 12$; $x + 4 < 7$; $x + 5 < 1$; $a + 9 > 6$
b) $x - 7 < 3$; $x - 12 > 6$; $x - 3 > -5$; $z - 6 < -4$
c) $4x < 24$; $8x > 96$; $5x < -35$; $7y > -56$
d) $\frac{1}{2}x > 15$; $\frac{1}{4}x > -11$; $\frac{1}{3}x < 13$; $\frac{1}{8}c < -9$
e) $-3x < 36$; $-\frac{1}{5}x > 4$; $-6x < -42$; $-\frac{1}{6}r > -8$

2. a) $2x + 5 > 17$
b) $4x + 2 < 18$
c) $3{,}2x + 4 > 13{,}6$
d) $3x + \frac{1}{2} > 6\frac{1}{4}$
e) $4x - 6 < 14$
f) $5x - 6 > 14$
g) $9x - 13 > 14$
h) $6 - 11x < 50$
i) $3 - 4x > 7$
j) $12x - 2 < 6$
k) $\frac{1}{4}x + 7 > 8$
l) $10 - \frac{1}{4}y > 11$
m) $-3z + 8 < 29$
n) $4a + 13 > 16$
o) $5 - 3x < -4$

$3x - 7 < 11$	$\mid +7$
$3x - 7 + 7 < 11 + 7$	$\mid$ T
$3x < 18$	$\mid :3$
$3x : 3 < 18 : 3$	$\mid$ T
$x < 6$	
$L = \{x \mid x < 6\}$	

3. a) $5x + 2x < 21$
b) $8x + 3x < 44$
c) $2{,}4x + 0{,}7x > 62$
d) $4\frac{1}{3}x + 2\frac{1}{3}x > 13\frac{1}{3}$
e) $11x < 66 + 5x$
f) $5x + 24 > -7x$
g) $7x + 11 < 5x + 15$
h) $18z - 10 < 3z + 5$
i) $12y - 15 > 40 + 7y$
j) $5x + 7 < 8x - 4$
k) $3z - 6 > 9z + 7$
l) $2y - 5 < 7y - 8$

4. a) $5(7 - 2x) + 22x < 59$
b) $8(3x - 5) - 25x > 5$
c) $5x + 3(5 - 2x) > 12$
d) $13x + 2(7 - 6x) > 11$
e) $4(7x - 8) - 3(13 + 9x) > 2$
f) $(3x + 2) \cdot 2 - 6x < 4$

$5(x - 3) + 8(x + 1) > 45$	| Klammern auflösen
$5x - 15 + 8x + 8 > 45$	| zusammenfassen
$13x - 7 > 45$	$\mid +7$
$13x > 52$	$\mid :13$
$x > 4$	
$L = \{x \mid x > 4\}$	

5. a) $23 - (5 - x) < 12$
b) $23 - (5 + x) > 12$
c) $7 > 11 - (15 + x)$
d) $\frac{3}{4} - \left(\frac{1}{2} - x\right) < \frac{1}{2}$
e) $12x - 7(x + 2) < 36$
f) $75 - 12(13 - 5x) > 39$

9 Umformen gebrochenrationaler Terme (Bruchterme)

9.1 Bruchterme

Terme wie $\frac{7}{x-3}$, $\frac{x+3}{x(x+2)}$, $\frac{2x+y}{x-y}$ heißen **Bruchterme** (kurz: *Brüche*).

Bruchterme sind definiert, falls der Nenner ungleich 0 ist.

Der Term $\frac{7}{x-3}$ ist für $x \neq 3$ definiert, weil dann der Nenner ungleich 0 ist.

Der Term $\frac{x+3}{x(x+2)}$ ist definiert für $x \cdot (x+2) \neq 0$, also für $x \neq 0$ und $x \neq -2$.

Der Term $\frac{2x+y}{x-y}$ ist definiert für $x \neq y$.

1. Schreibe alle Quotienten als Bruch.

a) $(a : 7) \cdot (b : 4)$ **b)** $(a + 3) : (b - 4)$ **c)** $(x : 3) : (y : 5)$

$a : (b + c) = \frac{a}{b+c}$

2. Schreibe alle Brüche als Quotienten.
Beachte: Bruchstrich ersetzt Klammern.

a) $\frac{x}{8} + \frac{y}{7}$ **b)** $\frac{5(x+y)}{7(x-y)}$ **c)** $\frac{x^2+y^2}{7}$ **d)** $\frac{a+b}{x-y}$

$\frac{x+y}{z} = (x + y) : z$

3. Gib eine (möglichst) einfache Bedingung dafür an, dass der Term definiert ist.

a) $\frac{8}{a+5}$ **c)** $\frac{0{,}5}{x+y}$ **e)** $\frac{x^2}{x(y-x)}$ **g)** $\frac{x^2-2xy+y^2}{x^2+2xy+y^2}$ **i)** $\frac{z}{z^2-25}$

b) $\frac{-7}{2y-4}$ **d)** $\frac{4y+3x}{3x-3y}$ **f)** $\frac{3r}{(r-s)^2}$ **h)** $\frac{a}{a^2-b^2}$ **j)** $\frac{a-b}{a^2-ab}$

9.2 Kürzen und Erweitern von Bruchtermen

Erweitern bedeutet Zähler und Nenner eines Bruches mit derselben (von 0 verschiedenen) Zahl zu multiplizieren:

$\frac{a}{b} = \frac{a \cdot c}{b \cdot c}$ (für $b \neq 0$, $c \neq 0$)

Kürzen bedeutet Zähler und Nenner eines Bruches durch dieselbe (von 0 verschiedene) Zahl zu dividieren:

$\frac{a}{b} = \frac{a : c}{b : c}$ (für $b \neq 0$, $c \neq 0$)

1. Erweitere den Bruch $\frac{x}{y}$ mit

a) 5; **b)** y; **c)** $-x$; **d)** 2x; **e)** y^2; **f)** 2xy; **g)** $x + y$.

$\frac{x}{y} \overset{\cdot 7}{=} \frac{7x}{7y}$ $(y \neq 0)$

2. Erweitere den Bruch $\frac{3a}{7b}$ mit **a)** 6; **b)** -5; **c)** b; **d)** 20a; **e)** $4b^2$; **f)** $6a^2b$.

3. Erweitere den Bruch $\frac{7r+4s}{5r-3s}$ mit **a)** 7; **b)** 4r; **c)** 9s; **d)** $2r - s$; **e)** $3r + 4s$.

4. Bringe $\frac{a}{b}$ auf den Nenner **a)** 3b; **b)** $7b^2$; **c)** $9a^2b$; **d)** $3b(a - b)$.

5. Bringe $\frac{3x}{7y}$ auf den Nenner **a)** 28y; **b)** 35y; **c)** $7y^2$; **d)** $28x^2y$; **e)** $49x^2y^2$.

6. Bringe $\frac{6x-7y}{3x-2y}$ auf den Nenner **a)** $9x - 6y$; **b)** $a(3x - 2y)$; **c)** $x^2(3x - 2y)$.

7. Bringe den Bruch auf den Nenner $27x^2 - 27y^2$.

a) $\frac{x+y}{x-y}$ b) $\frac{x-y}{x+y}$ c) $\frac{4xy}{3x^2-3y^2}$ d) $\frac{5y^2}{9(x^2-y^2)}$ e) $\frac{7x^3}{3x+3y}$

8. Mache die Brüche gleichnamig.

a) $\frac{3x}{a}$; $\frac{7a}{5}$ b) $\frac{7y}{2z}$; $\frac{9x}{5z}$ c) $\frac{5x}{8r^2}$; $\frac{11y}{12r^2}$ d) $\frac{13}{2xy^2}$; $\frac{5}{2x^2y}$ e) $\frac{2x}{9a^2b}$; $\frac{4y}{15ab^2}$

9. Kürze den Bruch so weit wie möglich.

$\frac{24x^2y}{36xy^2} = \frac{2x}{3y}$
$(x \neq 0, y \neq 0)$
Kürzungszahl: 12xy

a) $\frac{8x}{12y}$ b) $\frac{11a}{3a}$ c) $\frac{6y}{y}$

d) $\frac{3z}{-z}$ e) $\frac{9a}{12ab}$ f) $\frac{10rs}{-15rt}$

g) $\frac{5a^2}{2a}$ h) $\frac{-8y^2z^2}{6yz^2}$ i) $\frac{21xyz}{42xyz^2}$

j) $\frac{6a^2b^2c}{15abc}$ k) $\frac{6{,}5r^2s}{2{,}6rs^2}$ l) $\frac{27x^2yz^2}{45xy^2z}$

10. a) $\frac{xy(a-b)}{3yx(r+s)}$ b) $\frac{3(a+b)}{5(a+b)}$

c) $\frac{6(x-y)}{7(x-y)}$ d) $\frac{4(a-b)}{5(b-a)}$

e) $\frac{12(x+y)^2}{18(x+y)}$ f) $\frac{10(a-b)^2}{15(b-a)}$

g) $\frac{3(4r-6s)}{7(4r-6s)}$ h) $\frac{45a^2(x+y)}{5a(x+y)}$

i) $\frac{ab^2(x-y)}{ab^2(x-y)}$ j) $\frac{14xr^2a(y-3z)}{35x^2ra^2(y-3z)}$

11. Kürze. Hier muss vorher ausgeklammert werden.

$\frac{6ax+18ay}{3bx+9by} = \frac{6a(x+3y)}{3b(x+3y)} = \frac{2a}{b}$
$(b \neq 0, x+3y \neq 0)$
Kürzungszahl: $3(x+3y)$

a) $\frac{4a-4b}{12}$ b) $\frac{20}{5x+5y}$ c) $\frac{27}{18r-9s}$ d) $\frac{24c+30d}{18}$ e) $\frac{20ab+35ac}{15a}$

f) $\frac{3a^2}{8a^2b^2-5a^2}$ g) $\frac{2x}{x^2+xy}$ h) $\frac{ab^2-a^2b}{5ab}$ i) $\frac{21xyz+77y^2z}{7(3x+11y)}$ j) $\frac{35ab-100a}{5(7b-20)}$

k) $\frac{z^2+z}{z^2-z}$ l) $\frac{2c+6d}{8c+24d}$ m) $\frac{9a-36b}{3a-12b}$ n) $\frac{az+bz}{ay+by}$ o) $\frac{7x-14}{28x-56}$

p) $\frac{8a^3-40a^2}{6a^2-30a}$ q) $\frac{40xy-24x^2}{27x^2-45xy}$ r) $\frac{ab^2-b^2}{a^2b-ab}$

12. Kürze. Hier muss vorher eine binomische Formel angewandt werden.

$\frac{x^2+2xy+y^2}{y(x+y)} = \frac{(x+y)^2}{y(x+y)} = \frac{x+y}{y}$ $(y \neq 0, x \neq -y)$

a) $\frac{a+3}{a^2+6a+9}$ b) $\frac{x^2-10x+25}{x-5}$ c) $\frac{z^2-16}{2(z+4)}$

d) $\frac{b^2-36}{b^2-12b+36}$ e) $\frac{a^2-b^2}{a^2-2ab+b^2}$ f) $\frac{x^2-y^2}{y-x}$

g) $\frac{yz-5z}{y^2-10y+25}$ h) $\frac{11x^2-22xy+11y^2}{11(x-y)^2}$

i) $\frac{13a^2-26a+13}{39(a-1)}$ j) $\frac{25x^2-25y^2}{5x-5y}$

9.3 Addition und Subtraktion von Bruchtermen

Addieren (Subtrahieren) gleichnamiger Brüche

Man addiert (subtrahiert) gleichnamige Brüche, indem man die Zähler addiert (subtrahiert) und den gemeinsamen Nenner beibehält.

$\frac{a}{c} + \frac{b}{c} = \frac{a+b}{c}$ (für $c \neq 0$); $\frac{a}{c} - \frac{b}{c} = \frac{a-b}{c}$ (für $c \neq 0$)

Ungleichnamige Brüche werden zunächst gleichnamig gemacht.

$\frac{4a}{5x^2} - \frac{7a}{5x^2} + \frac{5a}{5x^2} = \frac{4a-7a+5a}{5x^2} = \frac{2a}{5x^2}$ $(x \neq 0)$

1. a) $\frac{5x}{9} + \frac{6x}{9}$

$\frac{41a}{11} - \frac{12a}{11}$

$\frac{23z}{7} + \frac{19z}{7} - \frac{8z}{7}$

$\frac{37r^2}{15} - \frac{8r^2}{15} - \frac{9r^2}{15}$

$\frac{29x^3}{21} + \frac{5x^3}{21} - \frac{44x^3}{21}$

b) $\frac{9}{x} - \frac{11}{x} - \frac{7}{x}$

$\frac{45}{a^2} - \frac{22}{a^2} - \frac{7}{a^2}$

$\frac{17}{3z} + \frac{29}{3z} - \frac{13}{3z}$

$\frac{31}{xy} + \frac{14}{xy} - \frac{27}{xy}$

$\frac{5}{x^3} - \frac{2}{x^3} - \frac{7}{x^3}$

c) $\frac{3b}{5a} - \frac{b}{5a} + \frac{7b}{5a}$

$\frac{3y^2}{12z} - \frac{5y^2}{12z} - \frac{7y^2}{12z}$

$\frac{6s}{-3r} + \frac{12s}{-3r} + \frac{3s}{-3r}$

d) $\frac{6x}{9y} + \frac{8x}{9y} - \frac{5x}{9y}$

$\frac{9y}{7a^2} + \frac{8y}{7a^2} - \frac{22y}{7a^2}$

$\frac{23z^2}{6c^2} - \frac{7z^2}{6c^2} - \frac{4z^2}{6c^2}$

2. a) $\frac{x+y}{4}+\frac{x-y}{4}$ b) $\frac{12a-5b}{3}+\frac{7a+4b}{3}$ c) $\frac{2a+b}{4x}-\frac{a-3b}{4x}$

$\frac{a+b}{3}-\frac{a-b}{3}$ $\frac{18r+19s}{4}-\frac{14r+15s}{4}$ $\frac{5x}{9rs}-\frac{2x-7y}{9rs}$

$\frac{z+7}{-2}+\frac{3}{-2}-\frac{z-5}{-2}$ $\frac{5z}{11}-\frac{2z-3}{11}+\frac{7-3z}{11}$ $\frac{9y-5z}{13a}-\frac{7y-9z}{13a}-\frac{y-2z}{13a}$

$\frac{5r+s}{-5}-\frac{r+s}{-5}+\frac{r-5s}{-5}$ $\frac{(x+y)^2}{15}+\frac{(x-y)^2}{15}-\frac{x^2-y^2}{15}$ $\frac{5x+9y}{3z^2}+\frac{3x-4y}{3z^2}-\frac{7x+5y}{3z^2}$

$\frac{a+3b}{7}-\frac{2a-5b}{7}-\frac{7b-4a}{7}$ $\frac{(a-1)^2}{5}-\frac{(a+1)^2}{5}-\frac{a^2-1}{5}$ $\frac{7r+5s}{4ab}-\frac{9s-6r}{4ab}+\frac{11r+8s}{4ab}$

3. a) $\frac{30}{x+y}+\frac{18}{x+y}$ b) $\frac{8x}{z-5}-\frac{4+3x}{z-5}$

$\frac{13}{a-b}-\frac{19}{a-b}$ $\frac{8a+3b}{a+b}+\frac{3a-b}{a+b}$

$$\frac{6x}{a-b}-\frac{9x}{a-b}=\frac{6x-9x}{a-b}=\frac{-3x}{a-b}=-\frac{3x}{a-b}\quad (a-b)\neq 0$$

4. a) $\frac{11}{3r-s}+\frac{7}{3r-s}$ b) $\frac{2x^2-5z}{a^2-b^2}-\frac{x^2-10z}{a^2-b^2}$ c) $\frac{8a+6b}{x^2-y^2}-\frac{7a-5b}{x^2-y^2}+\frac{a+10b}{x^2-y^2}$

$\frac{12}{3a+2b}-\frac{5}{3a+2b}$ $\frac{7r+3s}{5x-7y}+\frac{4s-10r}{5x-7y}$ $\frac{37r^2-8r-1}{r-1}+\frac{5-7r^2-14r}{r-1}-\frac{3-20r+29r^2}{r-1}$

5. a) $\frac{x}{3}-\frac{y}{5}$ b) $\frac{7}{x}+\frac{5}{y}$

$$\frac{5a}{8x}+\frac{9b}{4y}=\frac{5ay}{8xy}+\frac{9b\cdot 2x}{8xy}=\frac{5ay+18bx}{8xy}\quad (x\neq 0,\ y\neq 0)$$

$\frac{a}{7}+\frac{b}{2}$ $\frac{3}{a^2}-\frac{2}{b^2}$

$\frac{3x}{4}+\frac{4y}{3}-\frac{5z}{8}$ $\frac{6}{x}-\frac{8}{y}+\frac{9}{z}$ c) $\frac{2x}{3y}+\frac{3y}{2z}+\frac{4z}{5x}$ d) $\frac{a}{x^2}+\frac{b}{2x}-\frac{c}{8x}$

$\frac{4r}{12}-\frac{5s}{18}+\frac{7t}{36}$ $\frac{2}{5a}-\frac{3}{4b}+\frac{4}{3c}$ $\frac{3x}{18bc}-\frac{4y}{9ac}+\frac{7z}{8ab}$ $\frac{9r}{2y^3}-\frac{8s}{3y^2}-\frac{7t}{9y}$

6. a) $\frac{x-y}{2}+\frac{x+4}{3}$ b) $\frac{2a+1}{a}+\frac{2a+3}{b}$ c) $\frac{2b-3c}{25b}-\frac{c+b}{15c}$

$\frac{9a-4b}{3}-\frac{2a+5b}{4}$ $\frac{3x+2y}{x}-\frac{4x-5y}{y}$ $\frac{5(a-x)}{12ax}+\frac{3(b+y)}{27by}$

$\frac{9r-8s}{12}+\frac{5s-4r}{16}-\frac{r-s}{8}$ $\frac{9a-8b}{a}-\frac{4a^2-9b^2}{ab}-\frac{3a-5b}{b}$ $\frac{4x+3z}{3y}-\frac{3y+2z}{2x}+\frac{5x-7y}{4z}$

$\frac{2y+1}{8}-\frac{3y-5}{3}+\frac{4y-7}{12}$ $\frac{9y-4z}{x}-\frac{5z+8x}{y}+\frac{7x-6y}{z}$ $\frac{5r-6s}{4a}-\frac{9s+7r}{8a^2}-\frac{11r+8s}{6a^3}$

7. a) $\frac{2}{x+y}+\frac{3}{x-y}$ c) $\frac{2x+3y}{3a-3b}+\frac{3x+4y}{2a-2b}$

$\frac{2}{r+5}-\frac{1}{r-7}$ $\frac{4r-5s}{3r-s}-\frac{3r+s}{4r+5s}$

b) $\frac{5x}{3y+4z}+\frac{5}{3y}$

$\frac{9c}{c-5}-\frac{8c}{c+5}$

$$\frac{2x+3y}{x-y}-\frac{6x-5y}{x+y}=\frac{(2x+3y)(x+y)}{(x-y)(x+y)}-\frac{(6x-5y)(x-y)}{(x+y)(x-y)}$$
$$=\frac{(2x^2+2xy+3xy+3y^2)-(6x^2-6xy-5xy+5y^2)}{x^2-y^2}$$
$$=\frac{2x^2+2xy+3xy+3y^2-6x^2+6xy+5xy-5y^2)}{x^2-y^2}$$
$$=\frac{-4x^2+16xy-2y^2}{x^2-y^2}\quad (x\neq y,\ x\neq -y)$$

8. a) $\frac{1}{a+1}-\frac{1}{a+2}+\frac{1}{a+3}$ b) $\frac{3a}{x+y}-\frac{2axy}{x^2-y^2}-\frac{5a}{x-y}$ c) $\frac{3a-b}{a+1}+\frac{2a+b}{a-1}-\frac{b-a}{a+3}$

$\frac{1}{x-y}+\frac{3}{x+y}-\frac{2}{x^2-y^2}$ $\frac{5r}{r+2}-\frac{4r}{r+1}+\frac{3r}{r+4}$ $\frac{z-3}{z+3}-\frac{z-4}{z+4}+\frac{3-2z}{z^2+7z+12}$

9. a) $x+\frac{y}{3}+\frac{z}{3}$ b) $\frac{(a+b)^2}{4ab}+1$

$$8x+\frac{y^2}{2x}=\frac{8x\cdot 2x}{2x}+\frac{y^2}{2x}=\frac{16x^2+y^2}{2x}\quad (x\neq 0)$$

$a-\frac{b}{x}+\frac{c}{x}$ $\frac{x^2+y^2}{x-y}-(x+y)$

$15a-\frac{13ab}{7b}+\frac{21ab}{7b}$ $\frac{r^2+rs+s^2}{r-s}-(r+s)$ c) $2+\frac{5a}{3a+2b}$ d) $x-\frac{(x+y)^2}{4x}$

9.4 Multiplikation von Bruchtermen

Regel über die Multiplikation von Brüchen
Brüche werden multipliziert, indem man Zähler mit Zähler und Nenner mit Nenner multipliziert:
$\frac{a}{b} \cdot \frac{c}{d} = \frac{a \cdot c}{b \cdot d}$ (für $b \neq 0$, $d \neq 0$)

$\frac{9a}{5b} \cdot \frac{25ab}{12c} = \frac{9a \cdot 25ab}{5b \cdot 12c} = \frac{3a \cdot 5a}{4c} = \frac{15a^2}{4c}$ $(b \neq 0, c \neq 0)$

1. a) $\frac{2}{7} \cdot \frac{3}{x}$; $\frac{5}{x} \cdot \frac{2}{y}$; $\frac{a}{7} \cdot \frac{8}{c}$; $\frac{y}{x} \cdot \frac{y}{x}$; $\frac{a}{b} \cdot \left(-\frac{x}{y}\right)$; $\left(-\frac{r}{s}\right)\frac{y}{z}$

b) $\frac{2x}{3y} \cdot \frac{y}{x}$; $\frac{3x}{5y} \cdot \frac{7a}{9b}$; $\frac{9a}{11b} \cdot \frac{5a}{12b}$; $\frac{14xy}{15rs} \cdot \frac{10as}{7by}$; $\frac{5a^2}{y} \cdot \left(-\frac{z}{2a}\right)$; $\left(-\frac{6x}{z}\right)\left(\frac{z^2}{9x^2}\right)$

c) $\frac{a}{b} \cdot \left(-\frac{c}{d}\right) \cdot \frac{b}{f}$; $\frac{4a}{3b^2} \cdot \frac{5b}{16a^2} \cdot \frac{2}{35ab}$; $\frac{3a}{8b} \cdot \frac{6b^2}{9a^2} \cdot \frac{2a}{5b}$; $\frac{x}{10} \cdot \frac{6y^2}{z} \cdot \frac{5z^2}{9y}$

d) $\frac{44s}{27r^2} \cdot \frac{3r}{5s^2} \cdot \frac{15tu}{11rs}$; $\frac{2a^2}{3x^2y} \cdot \frac{5xy}{6ab} \cdot \frac{9a^2b}{10x^2y^2}$; $\frac{a^2b^2c^3}{x^4y^2z^3} \cdot \frac{x^5y^3z^4}{ab^5c^3} \cdot \frac{b^2c^4}{xyz}$; $\frac{-x^2}{12y} \cdot \frac{-2xy}{3z^2} \cdot \frac{9yz}{-x^4}$

$\left(\frac{5x}{7}\right)^2 = \frac{5x}{7} \cdot \frac{5x}{7} = \frac{25x^2}{49}$

2. a) $\left(\frac{a}{4}\right)^2$; $\left(\frac{3}{x}\right)^2$; $\left(\frac{-c}{5}\right)^2$

b) $\left(\frac{3a}{b}\right)^2$; $\left(\frac{-x}{5z}\right)^2$; $\left(\frac{2r}{7s}\right)^2$

c) $\left(\frac{4xy}{9a}\right)^2$; $\left(\frac{6xy}{-7ab}\right)^2$; $\left(\frac{4rs}{9yz}\right)^2$

d) $\left(\frac{-5ab}{-7rs}\right)^2$; $\left(\frac{-7xy}{3rs}\right)^2$; $\left(\frac{5az}{-2bx}\right)^2$

e) $\left(\frac{-8cd}{3uv}\right)^2$

$\frac{a+b}{x-y} \cdot \frac{a-b}{x+y} = \frac{(a+b)\cdot(a-b)}{(x-y)\cdot(x+y)} = \frac{a^2-b^2}{x^2-y^2}$ $(x \neq y, x \neq -y)$

3. a) $\frac{3}{x+y} \cdot \frac{x+y}{5}$; $\frac{8x}{a+b} \cdot \frac{9a+9b}{84y^2}$; $\frac{7a}{x+y} \cdot \frac{x^2-y^2}{5ab}$; $\frac{a-b}{a+b} \cdot \frac{a^2+ab}{a^2-b^2}$

b) $\frac{3a+6b}{15c} \cdot \frac{21d}{a+2b}$; $\frac{9a-63b}{ab} \cdot \frac{cd}{7b-a}$; $\frac{24}{x^2+2xy+y^2} \cdot \frac{x+y}{16}$; $\frac{a^3-9a}{a^3b-ab^3} \cdot \frac{a^2b+ab^2}{a+3}$

c) $\frac{4a-3b}{x-3y} \cdot \frac{5x-15y}{36a-27b}$; $\frac{1-a^2}{x^2-y^2} \cdot \frac{x-y}{1-a}$

d) $\frac{x^2-2x}{x^2-3x} \cdot \frac{(x-3)^2}{x^2-4}$; $\frac{49r^2-1}{(a-b)^2} \cdot \frac{a^2-b^2}{7r-1}$

4. Kürze, bevor du rechnest. Wende, wenn möglich, eine binomische Formel an.

$\frac{3a}{5b} \cdot 7b = \frac{3a \cdot 7b}{5b} = \frac{3a \cdot 7}{5} = \frac{21a}{5}$ $(b \neq 0)$

a) $\frac{5}{a^2} \cdot 7$; $\frac{3x}{11} \cdot 6$; $4 \cdot \frac{2a}{3b}$

b) $\frac{4a}{12z} \cdot 60z^2$; $\frac{3x}{16y} \cdot (-4z)$; $12b^2 \cdot \left(-\frac{8a}{11b}\right)$

c) $\frac{7a}{x+y} \cdot (x+y)^2$; $\frac{3(a-b)}{11(a+b)} \cdot 33(a+b)^2$; $(x+3) \cdot \frac{y^2z}{x^2-9}$

d) $\frac{2x+3y}{2x-3y} \cdot (4x^2-9y^2)$; $\frac{2ab}{45(a^2-b^2)} \cdot 9(a+b)$; $8(25y^2-4z^2) \cdot \frac{3(5y+2z)}{5y-2z}$

5. a) $\left(\frac{3x}{7a} - \frac{3y}{5a^2} - \frac{4z}{21}\right) \cdot 35a^2$; $\left(\frac{5}{3x} + \frac{3}{y} + \frac{7}{2z}\right) \cdot 12xyz$

b) $15xyz \cdot \left(\frac{x}{3y} - \frac{y}{5z} - \frac{z}{6x}\right)$; $\left(\frac{a}{3a-3b} - \frac{b}{2a-2b}\right) \cdot 6(a^2-b^2)$

c) $\left(\frac{x}{2x-3y} + \frac{y}{2x-3y}\right) \cdot (4x^2-9y^2)$; $(5r+4s) \cdot \left(\frac{3rs}{25r^2-16s^2} - \frac{5t}{25r^2-16s^2}\right)$

d) $\frac{20x^2}{3y^2} \cdot \left(\frac{9y^2}{8x^2} - \frac{6y^2}{25x} + 3\right)$; $\left(\frac{5a}{12xy} - \frac{13b}{16xy} - \frac{14c}{3xz}\right) \cdot \frac{48xyz}{35a}$

6. a) $\left(\frac{x}{3} + \frac{y}{3}\right)\left(\frac{9}{x} - \frac{8}{y}\right)$; $\left(\frac{a}{2} + \frac{b}{3}\right)\left(\frac{1}{a} - \frac{1}{b}\right)$

b) $\left(\frac{a^2}{8} + \frac{a}{6} - \frac{1}{3}\right)\left(\frac{24}{a^2} - \frac{9}{a}\right)$; $\left(\frac{z^3}{27y} - \frac{z^2}{2y^2} - \frac{5z}{6y^3}\right)\left(\frac{54}{z^2} + \frac{4}{z}\right)$

c) $\left(\frac{1}{a} + \frac{1}{b}\right)^2$; $\left(\frac{a}{3} - \frac{b}{5}\right)^2$

9.5 Division von Bruchtermen

Regel über die Division von Brüchen
Durch einen Bruch wird dividiert, indem man mit dem Kehrwert (Reziproken) des Bruches multipliziert.
Den Kehrwert eines Bruches erhält man durch Vertauschen von Zähler und Nenner:
$\frac{a}{b} : \frac{c}{d} = \frac{a}{b} \cdot \frac{d}{c} = \frac{a \cdot d}{b \cdot c}$ $(b \neq 0, c \neq 0, d \neq 0)$

1. **a)** $\frac{x}{2} : \frac{3}{5}$; $\frac{2}{3} : \frac{y}{7}$; $\frac{3}{r} : \frac{5}{s}$; $\frac{a}{x} : \frac{y}{2}$

b) $\frac{2a}{3b} : \frac{c}{6}$; $\frac{2x}{3y} : \frac{5a}{11b}$; $\frac{6a}{7x} : \frac{12a}{21x}$; $\frac{12ab}{65rs} : \frac{24b}{91r}$

c) $\frac{a^2}{b^2} : \frac{a}{b}$; $\frac{4x^2}{5y^2} : \frac{3x}{2y}$; $\frac{6a^3b^2}{11x^2y^3} : \frac{9a^2b}{55xy^2}$; $\frac{51x^3y^2}{26rs^2} : \frac{34x^5y^7}{91r^4s^5}$

$\frac{3x^2}{2y^2} : \frac{5x}{7y} = \frac{3x^2}{2y^2} \cdot \frac{7y}{5x} = \frac{3x^2 \cdot 7y}{2y^2 \cdot 5x} = \frac{21x}{10y}$
$(y \neq 0, x \neq 0)$

d) $\frac{4}{(x+y)^2} : \frac{2}{x+y}$; $\frac{3c}{a^2-b^2} : \frac{5d}{a+b}$

2. **a)** $7 : \frac{a}{b}$; $9 : \frac{2z}{3}$; $11 : \frac{3r}{4s}$; $12 : \frac{4x}{5y}$

b) $x : \frac{3}{7}$; $y : \frac{4}{x}$; $a : \frac{b}{c}$; $r : \frac{2r}{4s}$

c) $27a : \frac{9}{13}$; $21x : \frac{7x}{y}$; $24z : \frac{18z}{5y}$; $36r : \frac{12r}{7s}$

d) $8a^2b : \frac{16b}{a}$; $r^3s^4 : \frac{r^3s^3}{t}$; $70x^6y^5z^4 : \frac{14x^4y^3z^2}{3}$; $9x^2y^3 : \frac{3xy^2}{5}$

$6x : \frac{3x^2}{5y} = \frac{6x}{1} : \frac{3x^2}{5y}$
$= \frac{6x}{1} \cdot \frac{5y}{3x^2}$
$= \frac{6x \cdot 5y}{1 \cdot 3x^2}$
$= \frac{10y}{x}$
$(x \neq 0, y \neq 0)$

3. **a)** $(x-y)^2 : \frac{7}{x+y}$ **b)** $(a+b) : \frac{a^2-b^2}{3c}$ **c)** $(r+s)^2 : \frac{r^2-s^2}{r^2+s^2}$

4. **a)** $\frac{16a}{11b} : 8$; $\frac{27x}{7y} : 18$; $\frac{6z^2}{4x} : 15$; $\frac{5r}{7s^2} : 4s$

b) $\frac{7x^2}{5y} : x$; $\frac{12a^2b}{5c} : 4a$; $\frac{25r^2s^2}{7t} : 5r$; $\frac{18x^2y}{3z} : 6y$

c) $\frac{x^2}{3} : xy$; $\frac{72xy}{11z} : 24ax$; $\frac{11a^2b}{7} : 3ab$; $\frac{15xy^2}{4z} : 10xy$

d) $\frac{20a^3b^2}{9c} : 15a^2b^2$; $\frac{24r^3s^3}{13} : 18r^2s^2$; $\frac{65x^4y^6}{7z^2} : 39x^2y^4$; $\frac{48y^5z^3}{5x^2} : 32y^2z$

$\frac{14a^2}{5b} : 7a = \frac{14a^2}{5b} : \frac{7a}{1}$
$= \frac{14a^2}{5b} \cdot \frac{1}{7a}$
$= \frac{14a^2 \cdot 1}{5b \cdot 7a}$
$= \frac{2a}{5b}$
$(a \neq 0, b \neq 0)$

5. **a)** $\frac{5x(a+b)}{4} : (a+b)$ **b)** $\frac{34(a+b)^2}{d} : 17(a+b)$ **c)** $\frac{14(x+y)}{z} : 7(x^2-y^2)$

6. **a)** $\left(\frac{1}{x} : \frac{1}{y}\right) : \frac{1}{z}$ **b)** $\left(\frac{a}{b} : \frac{c}{d}\right) : \frac{e}{f}$ **c)** $\frac{a}{b} : \left(\frac{c}{d} : \frac{e}{f}\right)$ **d)** $\left(\frac{1}{a} : \frac{1}{a^2}\right) : \frac{1}{a^3}$ **e)** $\left(\frac{3x}{2y} : \frac{5y}{6x}\right) : \frac{3x^2}{8y^2}$ **f)** $\frac{4x^2y}{5z^3} : \left(\frac{6x^3}{z} : \frac{30x^3y}{7z^4}\right)$ **g)** $\left(\frac{xyz}{a} : x\right) : y$ **h)** $\left(\frac{ab}{c} : 2a\right) : 3b$

7. **a)** $\left(\frac{24ab}{39x} - \frac{96ac}{25y} + \frac{60bc}{17z}\right) : 12ab$ **b)** $\left(\frac{15a^3}{28xy} - \frac{20a^2}{21x^2}\right) : \left(-\frac{5a}{7x}\right)$ **c)** $(22xy + 33xz - 55yz) : \frac{11xyz}{23a}$

8. **a)** $\frac{4}{(x-y)^2} : \frac{2}{x+y}$ **b)** $\frac{3a}{a^2-b^2} : \frac{5c}{a+b}$ **c)** $\frac{4-z^2}{x^2-1} : \frac{2+z}{x-1}$ **d)** $\frac{x^2-4x}{5-x} : \frac{3x-12}{x-5}$ **e)** $\frac{(a+5)^2}{a-2} : \frac{a+5}{a^2-4}$

9. Beachte: Einen Doppelbruch kann man auch als Quotient schreiben.

a) $\frac{a+\frac{a}{5}}{a}$ **b)** $\frac{x}{1+\frac{1}{x}}$ **c)** $\frac{1}{z+\frac{1}{z}}$ **d)** $\frac{a-\frac{b}{c}}{d}$ **e)** $\frac{x+\frac{2}{3}}{\frac{x}{6}}$ **f)** $\frac{1}{x-\frac{x}{y}}$ **g)** $\frac{a+\frac{a}{b}}{\frac{a}{2b}}$ **h)** $\frac{\frac{a}{b}-\frac{c}{2b}}{\frac{d}{4b}}$

10 Bruchgleichungen und Bruchungleichungen

10.1 Lösen von Bruchgleichungen, die auf lineare Gleichungen führen

Die Gleichungen $\frac{x}{3} + \frac{x}{5} = 8$, $\frac{8}{x} + \frac{1}{2x} = 10$, $\frac{3}{3x+4} + 1 = \frac{x+5}{x+2}$ heißen **Bruchgleichungen**, weil auf mindestens einer Seite des Gleichheitszeichens ein Bruchterm auftritt.

$\frac{x+1}{2} + \frac{x-1}{3} = 5$	$\mid \cdot 6$	Multiplikation mit einem gemeinsamen Nenner. Ziel: „Brüche weg!"
$3(x+1) + 2(x-1) = 30$	$\mid$ T	(Klammern auflösen)
$3x + 3 + 2x - 2 = 30$	$\mid$ T	(zusammenfassen)
$5x + 1 = 30$	$\mid -1$	
$5x = 29$	$\mid :5$	
$x = \frac{29}{5} = 5\frac{4}{5}$		
$L = \left\{5\frac{4}{5}\right\}$		

1. **a)** $\frac{x}{12} = 7$ **b)** $\frac{z}{3} = 14$ **c)** $\frac{5x}{8} = 15$ **d)** $\frac{4y}{5} = -20$ **e)** $\frac{7x}{8} = \frac{49}{64}$ **f)** $-\frac{3u}{7} = \frac{33}{35}$ **g)** $\frac{x}{3} + 4 = 12$ **h)** $11 - \frac{2z}{7} = 15$ **i)** $\frac{x+8}{12} = 2$ **j)** $\frac{2y+14}{15} = 16$

2. **a)** $\frac{x}{2} - \frac{x}{5} = 12$ **b)** $\frac{x}{3} - \frac{x}{4} = 3$ **c)** $\frac{x}{4} - \frac{x}{6} = \frac{1}{2}$ **d)** $\frac{3x}{8} - \frac{x}{6} = 5$ **e)** $\frac{9z}{14} + \frac{4z}{21} = 35$ **f)** $\frac{3y}{8} - \frac{2y}{5} = \frac{3}{4}$ **g)** $\frac{4x}{3} + \frac{2}{3} = 5x - \frac{1}{4}$ **h)** $\frac{5x}{6} + \frac{3}{10} = \frac{2x}{5} - 1$ **i)** $\frac{9y}{10} - \frac{4y}{5} = \frac{3y}{4} - 13$ **j)** $\frac{x}{2} + \frac{x}{3} + \frac{x}{8} = 23$ **k)** $\frac{x}{2} - \frac{2x}{5} - \frac{2x}{15} = 21$ **l)** $\frac{x}{4} + \frac{2}{3} = \frac{x}{5} + 5$ **m)** $\frac{16}{9} - \frac{4a}{3} = \frac{10a}{12} - 4$ **n)** $\frac{5z}{3} - 1 = \frac{7z}{5}$ **o)** $\frac{9y}{2} + \frac{7}{2} = 14y - 6$ **p)** $\frac{5r}{2} - \frac{r}{18} - \frac{r}{12} = 17$

3. **a)** $\frac{x+4}{6} - \frac{x}{10} = 2$ **b)** $\frac{x}{3} + \frac{x-5}{7} = 5$ **c)** $\frac{x}{6} - \frac{x-8}{8} = 2$ **d)** $\frac{x+2}{24} = \frac{x-3}{16}$ **e)** $\frac{7x+3}{5} = \frac{5x+23}{10}$ **f)** $\frac{22x-7}{12} = \frac{8x+7}{5}$ **g)** $\frac{x-3}{6} - \frac{x+2}{8} = 6$ **h)** $\frac{5x+12}{6} - \frac{7x-9}{15} = 7$ **i)** $\frac{6y+1}{6} + \frac{23+3y}{8} = 2$ **j)** $\frac{x-9}{3} + \frac{3x-4}{4} = \frac{2x+3}{3}$ **k)** $\frac{7x-5}{2} - \frac{3x+5}{5} = \frac{5x-3}{2}$ **l)** $\frac{3z-19}{5} = \frac{35-z}{4} + \frac{2z-25}{3}$

4. Löse das Zahlenrätsel mithilfe einer Gleichung.

a) Addiert man die Hälfte, den dritten und den fünften Teil einer Zahl, so erhält man 62.

b) Subtrahiert man den fünften Teil einer Zahl von dem sechsten Teil der Zahl, so erhält man 2.

c) Addiert man die Hälfte, den dritten und den fünften Teil einer Zahl, so erhält man die um 2 vermehrte Zahl.

5. Anja, Julia und Laura sollen sich 2 200 € so teilen, dass Julia die Hälfte und Laura den dritten Teil des Anteils von Anja erhält.
Wie viel erhält jedes Mädchen?

In der Bruchgleichung $\frac{5}{x-1} = \frac{6}{x+2}$ tritt die Variable x im Nenner auf.
Der Term $\frac{5}{x-1}$ ist für x = 1 und der Term $\frac{6}{x+2}$ für x = −2 *nicht* definiert.
Die Zahlen 1 und −2 scheiden also von vornherein als Lösungen aus. Wir führen die Umformung daher unter der folgenden einschränkenden Bedingung durch:
Sei $x \neq 1$ und $x \neq -2$.

$\frac{5}{x-1} = \frac{6}{x+2}$	$\mid \cdot (x-1)(x+2)$	Multiplikation mit einem gemeinsamen Nenner. Ziel: „Brüche weg!"
$\frac{5(x-1)(x+2)}{x-1} = \frac{6(x-1)(x+2)}{x+2}$	$\mid T$	(Kürzen)
$5(x+2) = 6(x-1)$	$\mid T$	(Ausmultiplizieren)
$5x + 10 = 6x - 6$	$\mid -6x$	
$-x + 10 = -6$	$\mid -10$	
$-x = -16$	$\mid \cdot (-1)$	
$x = 16$		
$L = \{16\}$		

6. **a)** $\frac{1}{x} + 5 = 7$ **b)** $\frac{3}{z} - 8 = 12$ **c)** $\frac{22}{x} - \frac{3}{5} = \frac{1}{2}$
d) $\frac{6}{y} - \frac{1}{2} = \frac{1}{4}$ **e)** $\frac{5}{2x} - \frac{5}{6} = \frac{2}{x}$ **f)** $\frac{3}{4x} - \frac{1}{3} = \frac{2}{3x}$
g) $\frac{4}{5u} + \frac{1}{10} = \frac{5}{6u}$ **h)** $\frac{1}{x} - \frac{1}{3} = \frac{1}{12x} + \frac{9}{8}$ **i)** $\frac{1}{y} + \frac{1}{3y} = \frac{4}{9}$
j) $\frac{3}{2a} + \frac{5}{3a} = \frac{7}{4}$ **k)** $\frac{1}{4} + \frac{7}{2x} = \frac{12}{2x} + \frac{3}{8}$ **l)** $\frac{1}{8} - \frac{12}{x} = \frac{3}{4} - \frac{7}{x}$

7. **a)** $\frac{12}{x+2} = 1$ **b)** $\frac{15}{x-3} = 4$ **c)** $\frac{4}{7z-5} = \frac{1}{11}$
d) $\frac{5}{x+8} = \frac{1}{x}$ **e)** $\frac{3}{5y+7} = \frac{1}{2y}$ **f)** $\frac{4}{11x-65} = \frac{3}{5x}$
g) $\frac{5}{x+2} = \frac{4}{x+1}$ **h)** $\frac{13}{3x+5} = \frac{16}{5x-3}$ **i)** $\frac{3}{5+y} = \frac{2}{5-y}$
j) $\frac{x}{x-3} = \frac{x+12}{x}$ **k)** $\frac{4x}{3x+5} = \frac{8x-5}{6x}$ **l)** $\frac{2x-3}{4x-9} = \frac{5x+6}{10x}$

8. **a)** $\frac{2}{x} - \frac{1}{x-1} = \frac{1}{x+2}$ **b)** $\frac{6}{x} - \frac{5}{x-2} = \frac{1}{x-1}$
c) $\frac{1}{y-2} + \frac{1}{y+1} = \frac{2}{y-1}$ **d)** $\frac{3}{x+1} + \frac{4}{x-1} = \frac{7}{x-2}$
e) $\frac{3}{3z-1} + \frac{4}{2z+1} = \frac{12}{4z+1}$ **f)** $\frac{2}{4x+5} + \frac{1}{2x-3} = \frac{5}{5x-2}$

9. **a)** $\frac{x}{x+7} + \frac{x-4}{x-5} = 2$ **b)** $\frac{x-7}{x+7} + \frac{x+10}{x-3} = 2$ **c)** $\frac{z-10}{z-7} = 2 - \frac{z+3}{z-3}$
d) $\frac{x+11}{x+8} + \frac{2x+15}{x+10} = 3$ **e)** $\frac{5x+2}{x-2} - \frac{x-6}{x+6} = 4$ **f)** $\frac{4y-1}{y-1} + \frac{2y+9}{y+3} = 6$
g) $\frac{x}{x-4} - \frac{x}{x+4} = \frac{40}{x^2-16}$ **h)** $\frac{z+1}{z-2} - \frac{z-1}{z+2} = \frac{18}{z^2-4}$ **i)** $\frac{2x-3}{2x+3} - \frac{2x+3}{2x-3} = \frac{48}{4x^2-9}$

10. Löse nach x auf.
a) $\frac{x}{a} + f = c$ **b)** $\frac{x-c}{d} = 1$
c) $\frac{ax-b}{c} = \frac{dx-e}{f}$ **d)** $\frac{ax+bc}{b} + \frac{dx-e}{f} = c$
e) $\frac{1}{x} + \frac{1}{ax} + \frac{1}{bx} = c$ **f)** $\frac{a}{x} + \frac{2}{bx} + \frac{3}{cx} = d$

11. Wie heißt die Zahl? Löse das Zahlenrätsel mithilfe einer Gleichung.
a) Dividiert man eine um 5 vermehrte Zahl durch die um 5 verminderte Zahl, so erhält man 5.
b) Vermindert man Zähler und Nenner des Bruches $\frac{5}{7}$ um dieselbe Zahl, so erhält man $\frac{4}{5}$.

10.2 Lösen von Bruchungleichungen

$\frac{x+2}{x-3} > 0$ ist eine **Bruchungleichung**.

Einschränkende Bedingung: $x \neq 3$.

Multiplizieren wir beide Seiten mit $x - 3$, so müssen wir zwei Fälle unterscheiden:

1. Fall: $x - 3 > 0$, also $x > 3$:

Bei Multiplikation mit $x - 3$ dreht sich dann das Größer-Zeichen nicht um.

$$\frac{x+2}{x-3} > 0 \quad | \cdot (x-3)$$

$$\frac{(x+2)(x-3)}{x-3} > 0 \quad | \text{ Kürzen}$$

$$x + 2 > 0 \quad | -2$$

$$x > -2$$

Wegen der Voraussetzung $x > 3$ gilt also insgesamt: $x > 3$.

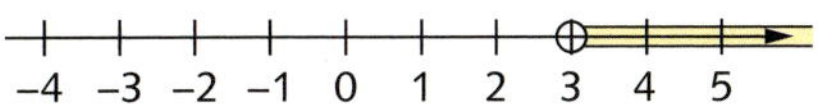

2. Fall: $x - 3 < 0$, also $x < 3$:

Bei der Multiplikation mit $x - 3$ dreht sich dann das Größer-Zeichen um.

$$\frac{x+2}{x-3} > 0 \quad | \cdot (x-3)$$

$$\frac{(x+2)(x-3)}{x-3} < 0 \quad | \text{ Kürzen}$$

$$x + 2 < 0 \quad | -2$$

$$x < -2$$

Zusammen mit der Voraussetzung $x < 3$ erhält man: $x < -2$.

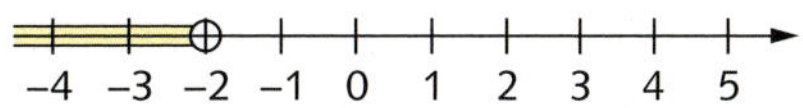

Die Lösungsmenge von $\frac{x+2}{x-3} > 0$ ist die Vereinigung der Lösungsmengen beider Fälle:

$L = \{x \mid x > 3\} \cup \{x \mid x < -2\} = \{x \mid x > 3$ *oder* $x < -2\}$

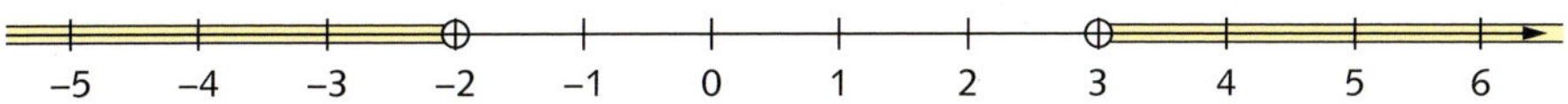

1. **a)** $\frac{5x+4}{3} > 12$ **b)** $\frac{7x-5}{4} < 7$ **c)** $\frac{13x-14}{4} < \frac{5-x}{3}$ **d)** $\frac{7x-4}{11} > \frac{5x+3}{2}$ **e)** $\frac{2x+13}{6} < \frac{2-x}{8}$ **f)** $\frac{7z+5}{10} > \frac{5z-9}{15}$

2. **a)** $\frac{1}{x} + 4 > 9$ **b)** $\frac{4}{x} - 3 < -6$ **c)** $7 + \frac{2}{z} < 11$ **d)** $\frac{3}{x} - \frac{4}{x} < 5$ **e)** $\frac{5}{y} + \frac{7}{y} > 4$ **f)** $\frac{2}{3x} - \frac{5}{3x} < -8$ **g)** $\frac{4}{5z} + \frac{2}{3z} < 5$ **h)** $\frac{1}{2x} - \frac{4}{3x} > -7$

3. **a)** $\frac{x-2}{x+3} < 0$ **b)** $\frac{x+4}{x-7} < 0$ **c)** $\frac{x+5}{x-2} > 0$ **d)** $\frac{x-1}{x-4} > 0$ **e)** $\frac{2x-6}{x+2} > 3$ **f)** $\frac{3x+12}{x-1} < -2$ **g)** $\frac{7-4x}{2x+6} < 5$ **h)** $\frac{7x+3}{5x-15} > 1$

4. **a)** $\frac{x}{x-1} > \frac{3x}{x-1}$ **b)** $\frac{2x+4}{x+3} < \frac{7x+4}{x+3}$ **c)** $\frac{3x+7}{2x-6} > \frac{11-4x}{2x-6}$ **d)** $\frac{x+3}{2x} < \frac{x-3}{x}$

5. **a)** $\frac{7}{x-1} < \frac{5}{x+2}$ **b)** $\frac{1}{3x-9} < \frac{5}{4+2x}$ **c)** $\frac{2}{2-y} > \frac{3}{2y-1}$ **d)** $\frac{6}{2-3z} > \frac{3}{2+3z}$

6. **a)** $\frac{5x-6}{2x+8} < \frac{5x}{8+2x}$ **b)** $\frac{3x}{1-x} < \frac{3x-1}{2-x}$ **c)** $\frac{3x}{3x+4} < \frac{x+1}{x+2}$ **d)** $\frac{x-1}{x+2} > \frac{x+2}{x-1}$

7. Um welche Zahlen kann es sich handeln?

a) Addiert man den Quotienten aus 4 und einer Zahl zu dem Quotienten aus 6 und dieser Zahl, so ist das Ergebnis größer als 2.

b) Dividiert man 2 durch eine um 5 verminderte Zahl, so ist das Ergebnis kleiner als 2.

11 Lineare Funktionen

11.1 Proportionale Funktionen

Funktionen mit Gleichungen wie $y = 2x$, $y = -2x$, $y = x$, $y = \frac{1}{2}x$, $y = -\frac{1}{2}x$, allgemein mit $y = mx$, heißen **proportionale Funktionen.**
Der Graph einer proportionalen Funktion ist eine Gerade durch den Koordinatenursprung.
Um die Gerade zu zeichnen, braucht man neben dem Ursprung (0 | 0) nur noch einen weiteren Punkt (im Beispiel P(4 | 2)), den man z. B. mit der Funktionsgleichung bestimmen kann.

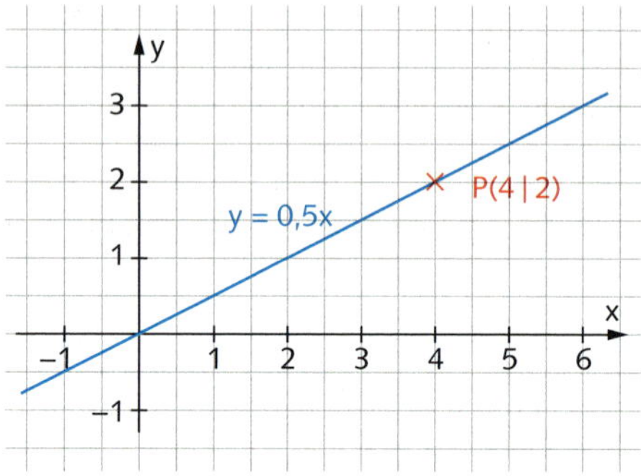

1. a) Gegeben ist die proportionale Funktion mit $y = 1{,}5x$. Welche der Punkte $P_1(-4 \mid -6)$, $P_2(3 \mid 5)$, $P_3(2{,}5 \mid 3{,}75)$, $P_4(-1{,}2 \mid 1{,}8)$ liegen auf dem Graphen?

b) Gegeben ist die proportionale Funktion $y = -0{,}5x$. Die Punkte A(2 | ▢), B(▢ | 4), C(▢ | −5), D(−1,5 | ▢) liegen auf dem Graphen. Bestimme die fehlenden Koordinaten.

2. Ermittle die Gleichung der proportionalen Funktion, deren Graph durch den angegebenen Punkt geht.
a) $P_1(1{,}5 \mid 4{,}5)$ **b)** $P_2(-3{,}5 \mid 8{,}75)$ **c)** $P_3(-5 \mid -6)$ **d)** $P_4(4 \mid -3)$

Für eine proportionale Funktion mit der Gleichung $y = m \cdot x$ gilt:
Wenn man x um 1 erhöht, erhöht sich der Funktionswert um ein m.
Der Faktor m gibt die **Steigung** (Anstieg) der Geraden an.

Ist die Steigung m positiv, so steigt die Gerade an (von links nach rechts).

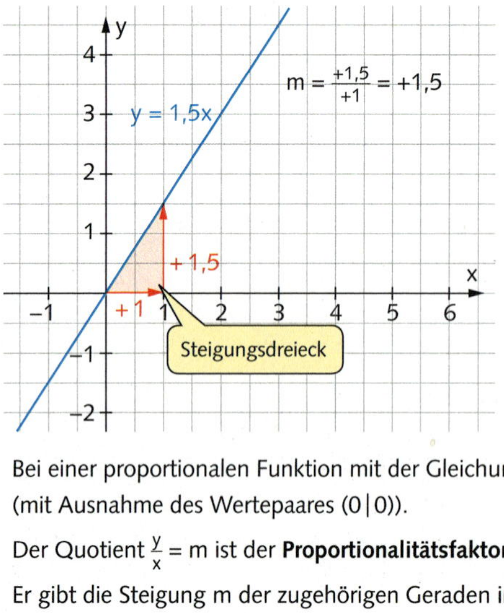

Ist die Steigung m negativ, so fällt die Gerade (von links nach rechts).

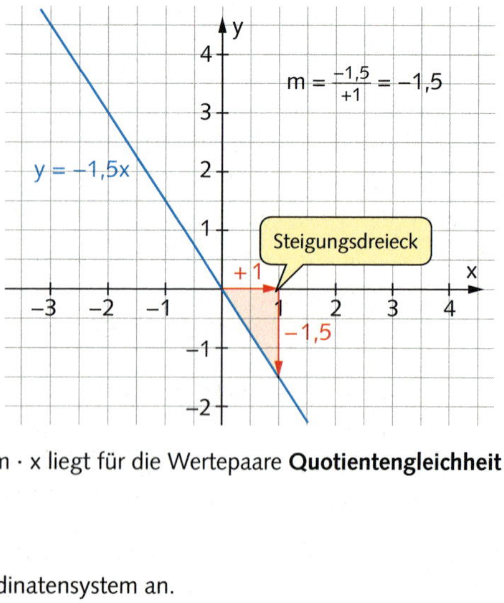

Bei einer proportionalen Funktion mit der Gleichung $y = m \cdot x$ liegt für die Wertepaare **Quotientengleichheit** vor (mit Ausnahme des Wertepaares (0 | 0)).

Der Quotient $\frac{y}{x} = m$ ist der **Proportionalitätsfaktor**.

Er gibt die Steigung m der zugehörigen Geraden im Koordinatensystem an.

In Sachkontexten gibt der Proportionalitätsfaktor bzw. die Steigung m des Graphen an, um wie viel eine Größe y pro Einheit zunimmt.

Beispiel (Verkauf von Äpfeln): $y = 1{,}50 \cdot x$ — y: Verkaufspreis in €; x: Gewicht (Masse) der Äpfel in kg

Der Verkaufspreis nimmt pro kg um 1,50 € zu.

3. Zeichne den Graphen der proportionalen Funktion mit $y = mx$.

a) $y = 2x$; $y = -2x$ **b)** $y = x$; $y = -x$ **c)** $y = 1{,}5x$; $y = -1{,}5x$ **d)** $y = 0{,}7x$; $y = -0{,}7x$

Wahl geeigneter Steigungsdreiecke zum Zeichnen des Graphen

Beispiel: $y = \frac{3}{4}x$

Gehe vom Ursprung O(0|0) aus zunächst 4 Schritte nach *rechts* und wegen $4 \cdot \frac{3}{4} = 3$ dann 3 Schritte nach *oben*. Du erhältst den Punkt P(4|3).
Zeichne die Gerade durch P und den Ursprung O(0|0).
Auf diese Weise erhältst du den Graphen der Funktion.

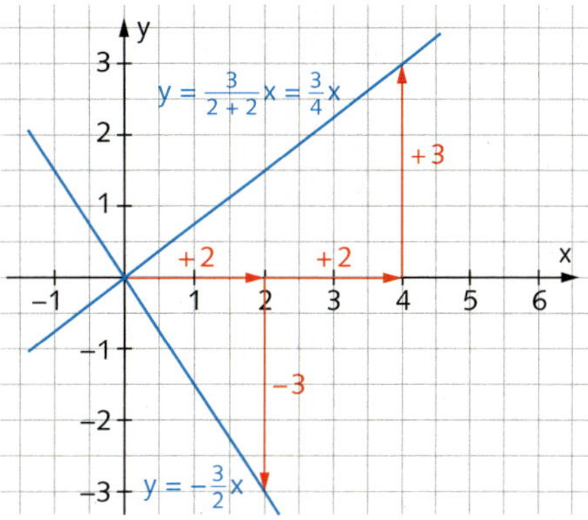

Beispiel: $y = -1{,}5x$

Bei einer negativen Steigung kannst du entsprechend verfahren. Gehe vom Ursprung O(0|0) aus zunächst 2 Schritte nach *rechts* und wegen $2 \cdot (-1{,}5) = -3$ dann 3 Schritte nach *unten*.
Auf diese Weise erhältst du den Graphen der Funktion.
Du erhältst den Punkt Q(2|−3).
Zeichne die Gerade durch Q und den Ursprung O(0|0).

4. Zeichne die Gerade zu der proportionalen Funktion.

a) $y = \frac{1}{4}x$ **c)** $y = -\frac{1}{5}x$ **e)** $y = 0{,}3x$ **g)** $y = \frac{5}{2}x$

b) $y = \frac{4}{5}x$ **d)** $y = -\frac{2}{3}x$ **f)** $y = -1{,}2x$ **h)** $y = -\frac{5}{3}x$

5. Bestimme die Funktionsgleichung für folgende Sachverhalte:

a) 1 Liter Superbenzin kostet 1,62 €
b) 1 kg Schweinefleisch kostet 6,80 €
c) 1 kg Kaffee kostet 9,20 €
d) 1 kg Mehl kostet 0,75 €
e) aus 1 kg Äpfeln erhält man 0,25 ℓ Most
f) 1 cm^3 Glas wiegt 2,8 g
g) 100 mℓ Speiseeis enthalten 6,9 g Fett

6. Entscheide, ob die Wertetabelle zu einer proportionalen Funktion gehört.

a)

x	y
2,0	7,00
2,5	8,75
5,0	17,50
12,5	43,75

b)

x	y
−4,0	−10,00
−1,5	−3,75
3,0	8,50
11,5	28,75

c)

x	y
−3,5	5,25
−1,2	1,80
0,7	−1,05
5,1	−7,65

d)

x	y
−2,2	−1,54
−1,1	−0,77
0,9	0,63
1,8	1,16

11.2 Lineare Funktionen

Funktionen mit Gleichungen wie $y = 2x - 3$, $y = -3x + 1$, $y = 5x$, $y = 2$, allgemein mit $y = mx + n$, heißen **lineare Funktionen**.

Beispiel (Wassertarif):
x: Wasservolumen in m^3
y: Kosten in €

$$y = 4{,}50\,x + 28$$

Die Kosten nehmen pro m^3 Wasser um 4,50 € zu.

Grundgebühr 28 €

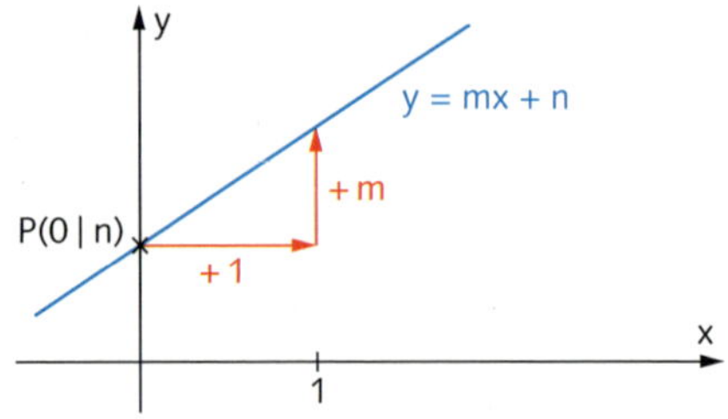

Für $n = 0$ erhält man die proportionale Funktion mit der Gleichung $y = mx$. Die proportionale Funktion ist eine *besondere* lineare Funktion.

Für $m = 0$ erhält man die **konstante Funktion** mit $y = n$.
Hier wird jedem x derselbe y-Wert n zugeordnet.
Beispiel: $y = 0 \cdot x + 1{,}5$
$y = 1{,}5$

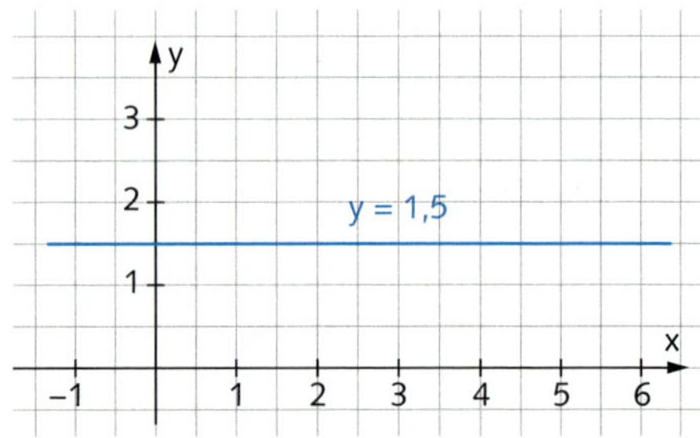

1. **a)** Gegeben ist die lineare Funktion mit $y = 12x - 18$. Welche der Punkte $P_1(2 \mid 6)$, $P_2(3 \mid 8)$, $P_3(-1 \mid -30)$, $P_4(1{,}5 \mid -1)$ liegen auf dem Graphen?

b) Gegeben ist die lineare Funktion mit $y = \frac{1}{4}x + 3$. Die Punkte $P_1(8 \mid \square)$, $P_2(-2 \mid \square)$, $P_3(\square \mid -8)$, $P_4(\square \mid -1{,}5)$ liegen auf dem Graphen. Bestimme die fehlenden Koordinaten.

Der **Graph einer linearen Funktion** ist eine Gerade. Man erhält sie, indem man den Graphen zu $y = m \cdot x$ um n Einheiten in Richtung der y-Achse verschiebt:
– nach oben, falls $n > 0$,
– nach unten, falls $n < 0$.
Die Gerade schneidet die y-Achse im Punkt $P(0 \mid n)$. Deshalb nennt man n den **y-Achsenabschnitt** (Ordinatenabschnitt) (im Beispiel $n = 1{,}5$).
Um die Gerade zu zeichnen, braucht man neben dem y-Achsenabschnitt nur noch einen weiteren Punkt (im Beispiel $A(5 \mid 4)$). Der Faktor m gibt die Steigung der Geraden und die Änderung pro Einheit an.

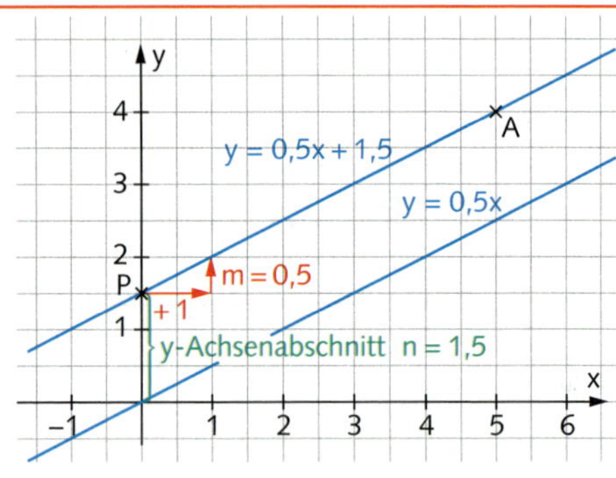

In Sachkontexten beschreibt m, wie sich die Größe y pro Einheit ändert; n gibt den Grundwert an.

2. Zeichne den Graphen der linearen Funktion.

a) $y = 3x + 1$
b) $y = -3x + 1$
c) $y = x - 4$
d) $y = -x + 3$
e) $y = -4x + 1{,}5$
f) $y = 4x - 2{,}5$
g) $y = 1{,}5x + 1{,}2$
h) $y = -1{,}5x - 0{,}5$

3. Die lineare Funktion hat die Gleichung:

a) $y = 2{,}5x - 1$ **b)** $y = 0{,}7x + 2$ **c)** $y = -1{,}5x + 3$ **d)** $y = -1{,}5x - 1{,}5$

In welchem Punkt schneidet die Gerade die y-Achse [x-Achse]? Geht die Gerade durch den Punkt $P(4 \mid -3)$ [$Q(-2 \mid -6)$]? Löse die Aufgabe, ohne die Gerade zu zeichnen.

4. Bestimme die Gleichung der linearen Funktion.

a) Ausdruck eines Bildes: 0,30 €; Grundgebühr: 1,50 €

b) Stromkosten: 0,237 €/kWh; Grundgebühr: 94,00 €

c) Kerosinverbrauch: 0,0032 t/km; Tankfüllung: 21,6 t

Zeichnen des Graphen einer linearen Funktion mithilfe von Steigung m und Achsenabschnitt n

1. Fall: $m > 0$

Beispiel: $y = 2x - 1$

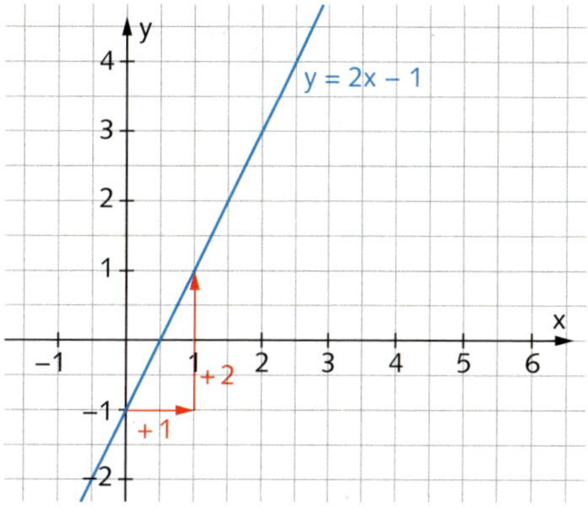

(1) Markiere auf der y-Achse die Stelle –1.

(2) Gehe von dieser Stelle um 1 nach rechts und dann um 2 nach oben.

2. Fall: $m < 0$

Beispiel: $y = -2x + 3$

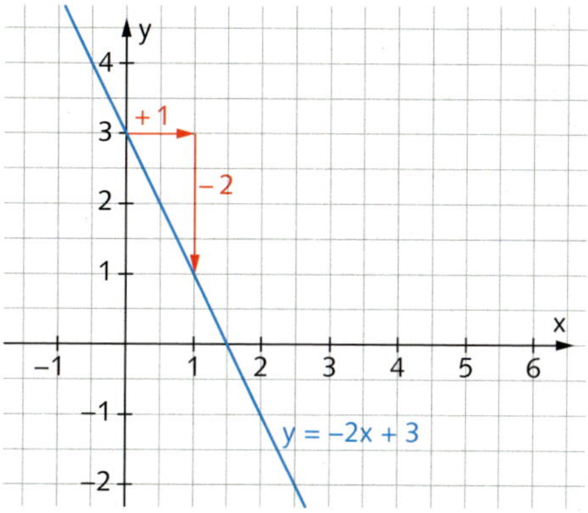

(1) Markiere auf der y-Achse die Stelle 3.

(2) Gehe von dieser Stelle um 1 nach rechts und dann um 2 nach unten.

Wegen $\frac{m}{1} = \frac{2m}{2} = \frac{3m}{3} = \frac{4m}{4} = \ldots$ kann man beim Zeichnen der Geraden statt

1 nach rechts und m nach oben bzw. unten auch

2 nach rechts und $2 \cdot m$ nach oben bzw. unten oder

3 nach rechts und $3 \cdot m$ nach oben bzw. unten usw.

gehen.

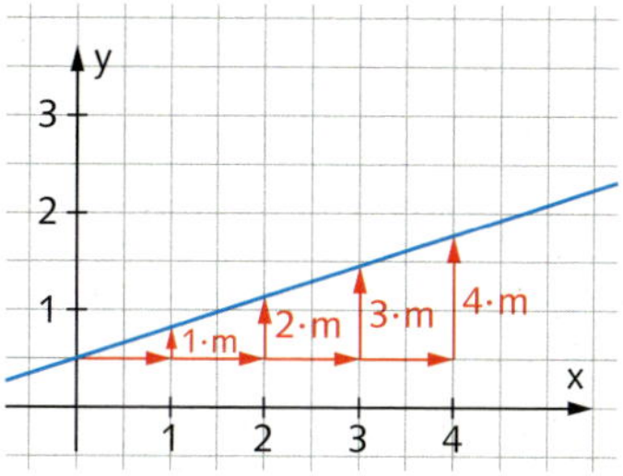

Beispiel: $y = \frac{3}{4}x + \frac{1}{2}$

(1) Markiere auf der y-Achse die Stelle $\frac{1}{2}$.

(2) Gehe von dieser Stelle um 4 nach rechts und dann um $4 \cdot \frac{3}{4}$, also um 3 nach oben.

Beachte: $\frac{\frac{3}{4}}{1} = \frac{\frac{3}{4} \cdot 4}{4} = \frac{3}{4}$

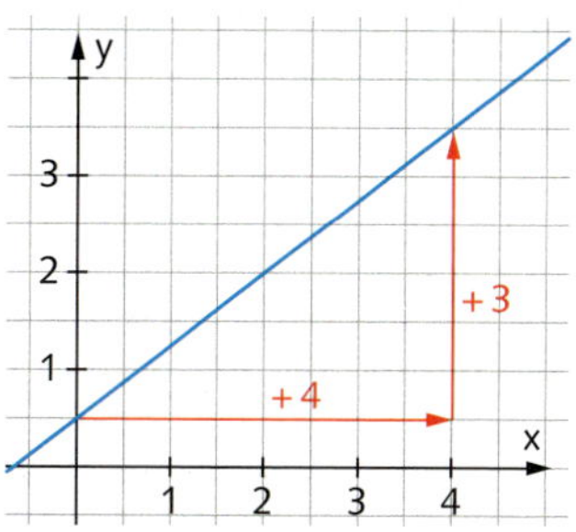

5. Zeichne den Graphen der linearen Funktion mithilfe von Steigung und y-Achsenabschnitt.

a) $y = -\frac{3}{4}x + 3$ **d)** $y = \frac{4}{5}x - 3$ **g)** $y = -\frac{4}{5}x + \frac{3}{2}$ **j)** $y = -\frac{3}{5}x + \frac{5}{2}$

b) $y = -\frac{2}{3}x + 4$ **e)** $y = -\frac{1}{2}x + 3$ **h)** $y = \frac{2}{5}x - \frac{1}{2}$ **k)** $y = \frac{4}{3}x - \frac{3}{2}$

c) $y = \frac{1}{2}x - 2$ **f)** $y = -\frac{1}{3}x + 2$ **i)** $y = \frac{3}{2}x + \frac{1}{2}$ **l)** $y = -\frac{5}{2}x + \frac{7}{2}$

6. Lies aus der Zeichnung die Steigung und den y-Achsenabschnitt ab. Gib dann die Zuordnungsvorschrift der zugehörigen linearen Funktion an.

a)

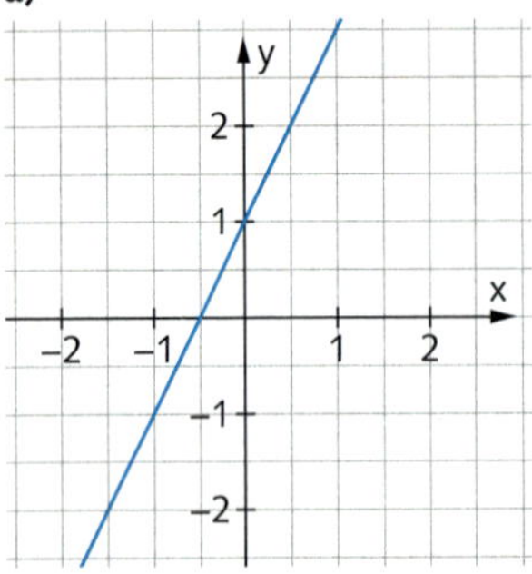

b)

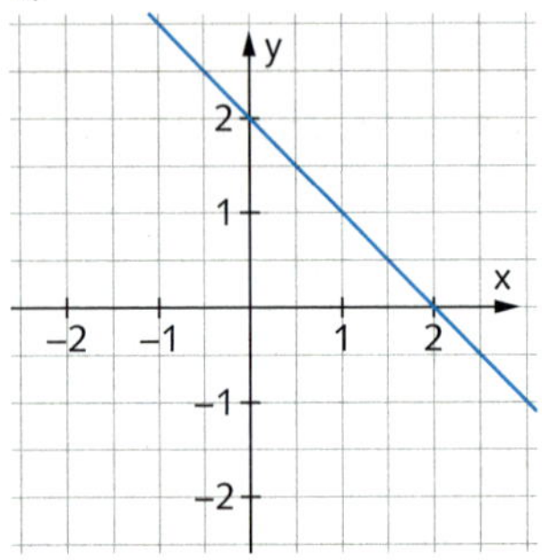

c)

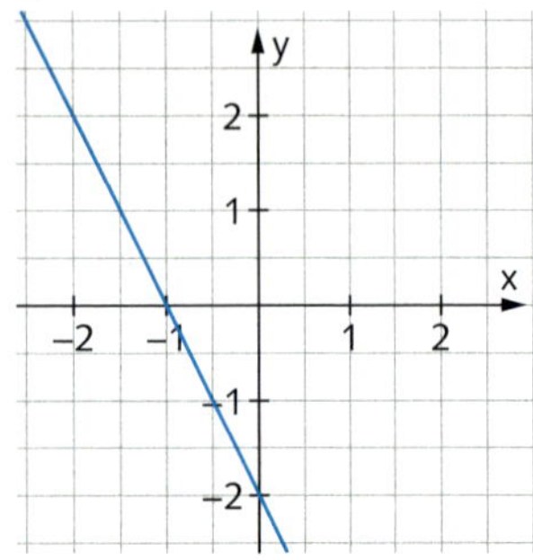

d)

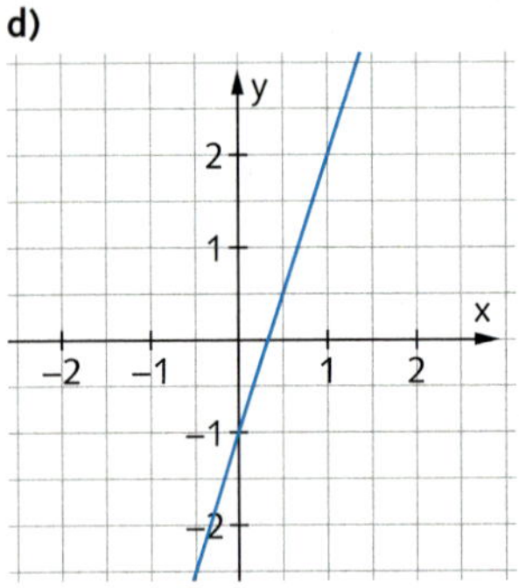

e)

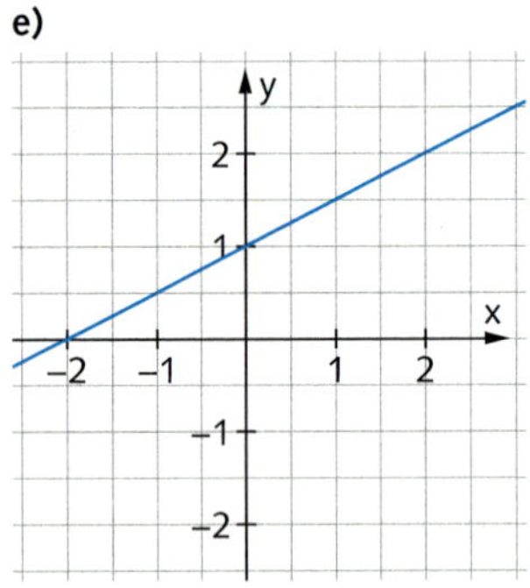

f)

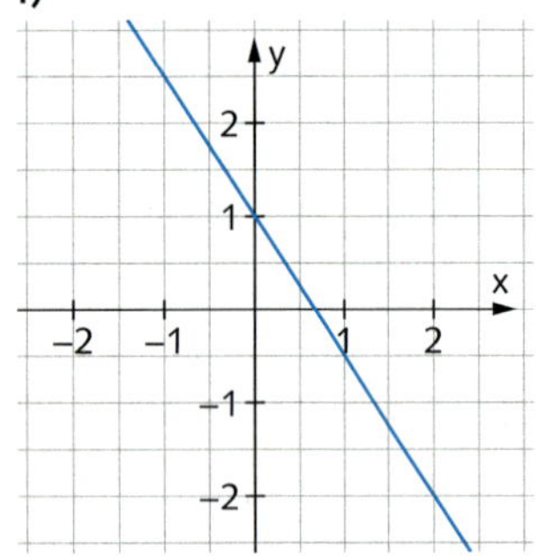

11.3 Nullstellen von Funktionen

Die Stelle, an der der x-Wert einer Funktion den Funktionswert 0 annimmt, nennen wir **Nullstelle** der Funktion.
An der Nullstelle hat der Graph einer linearen Funktion einen gemeinsamen Punkt mit der x-Achse.
Die Nullstelle einer linearen Funktion mit der Gleichung $y = mx + n$ ist die Lösung der Gleichung $0 = mx + n$.

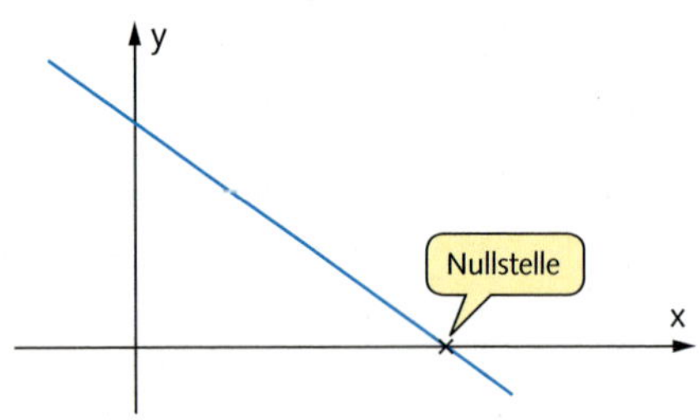

Beispiel: $y = -\frac{2}{3}x + 2$

Nullstelle: $0 = -\frac{2}{3}x + 2$

$\frac{2}{3}x = 2$

$x = 3$

Der gemeinsame Punkt mit der x-Achse ist also P(3 | 0).

1. Bestimme die Nullstellen der linearen Funktion.
   a) $y = 2x + 5$ **b)** $y = -3x + 6$ **c)** $y = -2x - 8$ **d)** $y = \frac{2}{3}x - \frac{4}{5}$ **e)** $y = 0{,}8x + 6{,}4$

2. Der Tank eines Autos fasst 80 ℓ Benzin. Der Verbrauch beträgt durchschnittlich 0,118 ℓ pro km.
   a) Stelle die Gleichung der Funktion *zurückgelegte Wegstrecke (in km) → Benzinverbrauch (ℓ)* auf.
   b) Der Tank ist voll. Nach wie viel km ist voraussichtlich der Tank leer?

11.4 Aufstellen der Gleichung einer Geraden

Bestimmen der Gleichung einer linearen Funktion, deren Graph durch zwei gegebene Punkte verläuft

(1) Berechne die Steigung m mithilfe des Quotienten:

$m = \frac{y_2 - y_1}{x_2 - x_1}$

(2) Setze den Wert für die Steigung m und die Koordinaten eines Punktes in die Funktionsgleichung ein und berechne dann den y-Achsenabschnitt n.

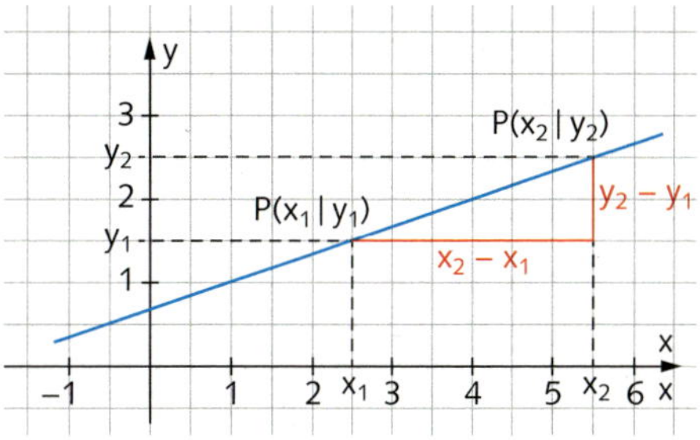

Beispiel: Die Gerade g verläuft durch die Punkte $P_1(-2 \mid 3)$ und $P_2(3 \mid -1)$.

(1) $m = \frac{-1 - 3}{3 - (-2)} = \frac{-4}{5} = -\frac{4}{5}$

(2) $y = mx + n$

$-1 = -\frac{4}{5} \cdot 3 + n$

$n = \frac{7}{5}$

$y = -\frac{4}{5}x + \frac{7}{5}$

1. Die Gerade g ist Graph einer linearen Funktion und verläuft durch die Punkte P_1 und P_2. Ermittle die Funktionsgleichung.
   a) $P_1(3 \mid 4)$, $P_2(6 \mid 7)$
   b) $P_1(-5 \mid 2)$, $P_2(3 \mid 6)$
   c) $P_1(-1 \mid -4)$, $P_2(-2 \mid -5)$
   d) $P_1(1{,}5 \mid -0{,}6)$, $P_2(-0{,}5 \mid 0{,}3)$

2. Eine Kerze brennt gleichmäßig ab. Nach 2 Stunden ist sie 17 cm lang, nach 5 Stunden noch 8,0 cm.
   a) Ermittle die Gleichung der Funktion *Brenndauer (in h) → Länge der Kerze (in cm)*.
   b) Wie lang war die Kerze ursprünglich? Um wie viel wird die Kerze pro Stunde kürzer?
   c) Nach wie viel Stunden ist die Kerze abgebrannt?

3. Die jährlichen Wasserkosten setzen sich aus einer Grundgebühr (in €/Jahr) und einem Verbrauchspreis (in $\frac{€}{m^3}$) zusammen. Familie Schneider hat im letzten Jahr 156 m^3 Wasser verbraucht und dafür 358,55 € bezahlt, ihre Nachbarn 298,35 € bei einem Wasserverbrauch von 128 m^3.
   Bestimme die Gleichung der linearen Funktion, mit der man die jährlichen Wasserkosten berechnen kann. Welche Bedeutung haben y-Achsenabschnitt n und Steigung m?

4. Taxikosten setzen sich aus einem Grundpreis (in €) und einem Preis für die gefahrenen Kilometer (in $\frac{€}{km}$) zusammen. Frau Land ist mit einem Taxi 13 km weit gefahren und hat 25,10 € bezahlt. Auf dem Rückweg mit demselben Taxi musste sie einen Umweg fahren und hat für die Strecke von 15 km 28,50 € bezahlt.
   Bestimme die Gleichung der linearen Funktion, mit der man die Taxikosten berechnen kann.
   Welche Bedeutung haben y-Achsenabschnitt n und Steigung m?

12 Systeme linearer Gleichungen

12.1 Lineare Gleichungen mit zwei Variablen

Gleichungen wie $6x + 2y = 3$, $-2x + 0{,}5y = 1$, $-u + 4v = -7$, allgemein $ax + by = c$ mit $a \neq 0$ oder $b \neq 0$, heißen **lineare Gleichungen mit zwei Variablen**.

Die Lösungen solcher Gleichungen sind *Zahlenpaare*.

Beispiel: $(2 \mid 3)$ ist eine Lösung der Gleichung $4x - 5y = -7$.
Dabei steht 2 für x und 3 für y.
Die Lösungsmenge lautet:
$L = \{(x \mid y) \mid 4x - 5y = -7\}$; sie ist unendlich.
Der Graph einer linearen Gleichung mit zwei Variablen ist eine Gerade.

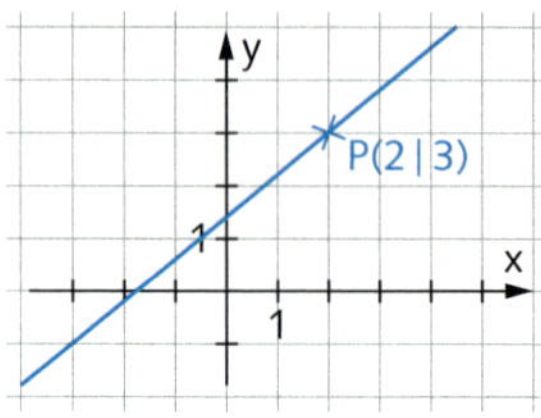

Sonderfälle:

(1) $0 \cdot x + by = c$ mit $b \neq 0$

Beispiel: $0 \cdot x + 2y = 6$, also $y = 3$

Der Graph ist eine Parallele zur x-Achse.

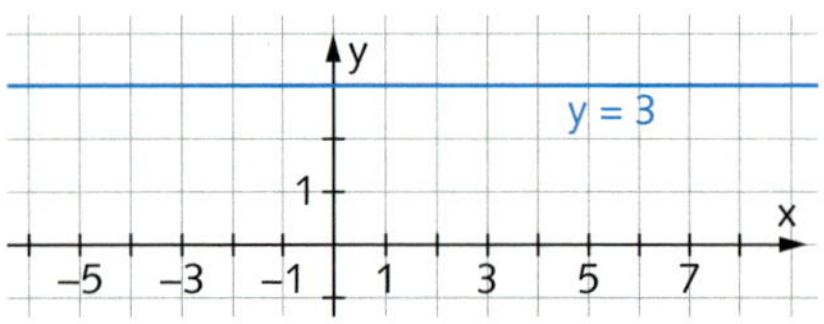

(2) $ax + 0 \cdot y = c$ mit $a \neq 0$

Beispiel: $3x + 0 \cdot y = 6$, also $x = 2$

Der Graph ist eine Parallele zur y-Achse.

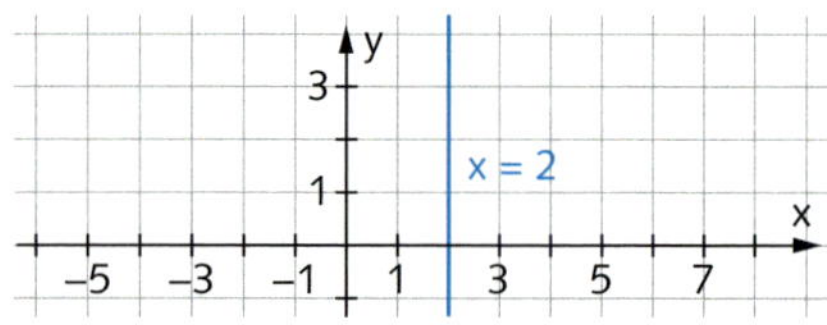

1. Gib fünf Lösungspaare an.

a) $2x + 3y = 5$
b) $-3x + 2y = 7$
c) $5x - 4y = 3$
d) $4x + 6y = -8$
e) $-x - y = 1$
f) $-x + 8y = 0$
g) $5x - y = 15$
h) $-2x - 6y = 18$
i) $2x = 10$
j) $7y = 14$

$4x + 2y = 6$
Wir lösen nach y auf:
$y = -2x + 3$
Wir wählen $x = 4$; dann ist $y = -2 \cdot 4 + 3 = -5$.
$(4 \mid -5)$ ist ein Lösungspaar.

Zeichnen des Graphen einer linearen Gleichung mit zwei Variablen

$3y + 6x = 9$

Wir lösen die Gleichung nach y auf, das bedeutet, wir bringen sie auf die Form $y = mx + b$:

$y = -2x + 3$

Hier ist -2 die Steigung der Geraden und 3 der Achsenabschnitt (auf der y-Achse).

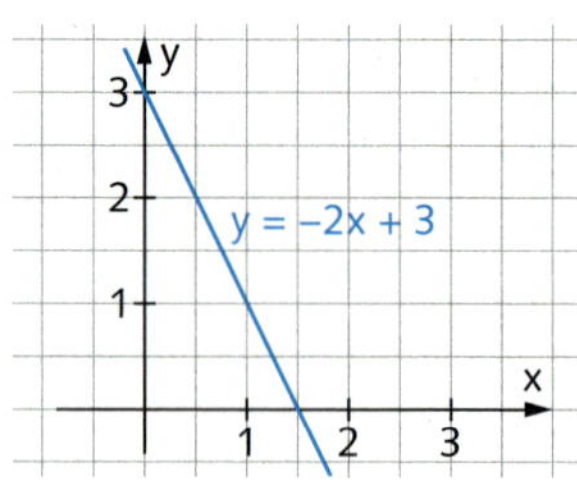

2. Zeichne den Graphen der Gleichung.

a) $3x - y = 6$
b) $9x - 3y = -4$
c) $2x - y = 0$
d) $-2x + 3y = 12$
e) $-3x - 4y = 12$
f) $5x + 2y = 4$
g) $\frac{1}{2}x - \frac{1}{4}y = -1$
h) $\frac{3}{4}x + \frac{1}{8}y = \frac{1}{10}$

3. Zeichne den Graphen der Gleichung.

a) $2y = -6$ **b)** $3x = 12$ **c)** $-4x = 12$ **d)** $-5y = 25$ **e)** $2y = 7$ **f)** $4x = -10$

12.2 Systeme von zwei linearen Gleichungen mit zwei Variablen

$\left| \begin{array}{l} -x + 2y = 2 \\ 2x - \ \ y = 3 \end{array} \right|$ ist ein **System von zwei linearen Gleichungen mit zwei Variablen.**

Beide Gleichungen sind durch *und* verbunden.
Die Lösungsmenge eines Systems ist also die Schnittmenge der Lösungsmengen der einzelnen Gleichungen.
Jede der linearen Gleichungen bestimmt eine Gerade.
Der Lösungsmenge des Systems entspricht die Schnittmenge der beiden Geraden.
Zum Beispiel: $L = \left\{\left(\frac{8}{3} \mid \frac{7}{3}\right)\right\}$

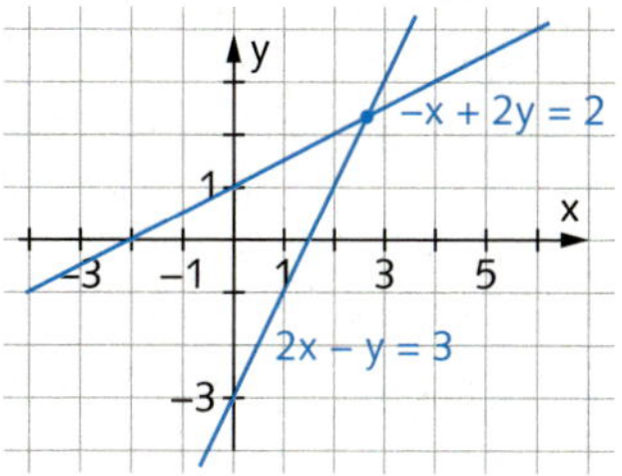

Für die beiden Geraden eines linearen Gleichungssystems gilt genau einer der drei Fälle:

(1) Die beiden Geraden haben genau einen gemeinsamen Punkt, d. h. das System hat *genau eine Lösung*.

(2) Die beiden Geraden sind zueinander parallel und haben keinen gemeinsamen Punkt, d. h. das System hat *keine Lösung*.

(3) Die beiden Geraden fallen zusammen, d. h. das System hat *unendlich viele Lösungen*.

(1)

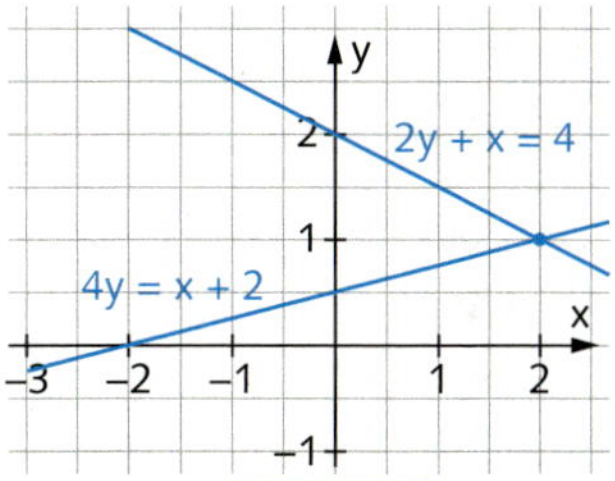

$L = \{(2 \mid 1)\}$

(2)

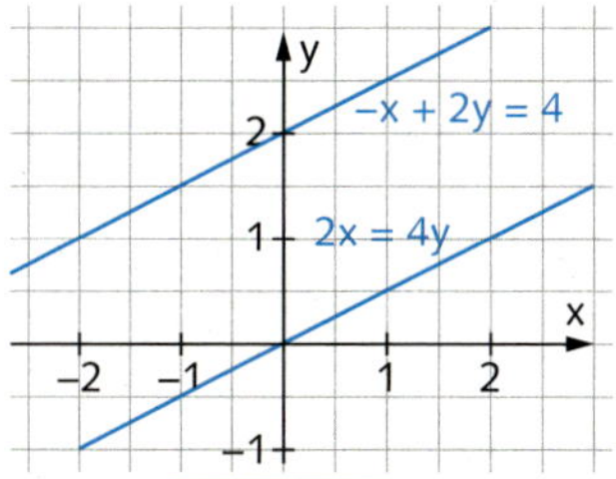

$L = \{\ \}$

(3)

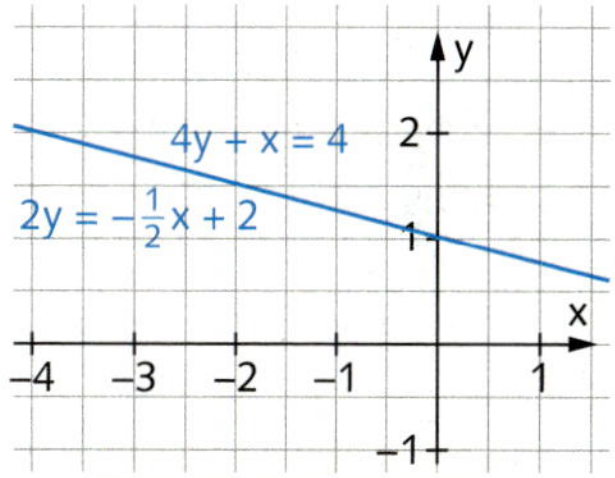

$L = \{(x \mid y) \mid y = -\frac{1}{4}x + 1\}$

1. Zeichne die beiden Geraden des Gleichungssystems. Bestimme dann seine Lösungsmenge.

a) $\left| \begin{array}{r} x + y = 3 \\ y = 2 \end{array} \right|$

b) $\left| \begin{array}{l} x - y = 6 \\ y - 1 = 0 \end{array} \right|$

c) $\left| \begin{array}{l} x + y = 2 \\ x \qquad = 3 \end{array} \right|$

d) $\left| \begin{array}{l} x - y = 1 \\ x + 4 = 0 \end{array} \right|$

e) $\left| \begin{array}{l} x + y = 3 \\ x - y = 3 \end{array} \right|$

f) $\left| \begin{array}{l} 3x - 2y = 5 \\ 2x - 3y = 0 \end{array} \right|$

g) $\left| \begin{array}{l} 2x + 3y = 6 \\ 4x + 6y = 18 \end{array} \right|$

h) $\left| \begin{array}{r} x - 2y = 10 \\ 2x - 4y = 20 \end{array} \right|$

i) $\left| \begin{array}{l} 3x - 4y = 24 \\ 5x + 2y = 14 \end{array} \right|$

j) $\left| \begin{array}{r} 2y - 2x = 4 \\ y - 2x = -1 \end{array} \right|$

k) $\left| \begin{array}{r} 3y - 3x = -6 \\ y + \ \ x = 6 \end{array} \right|$

l) $\left| \begin{array}{l} 3x + \ \ y = 7 \\ 2x + 2y = 2 \end{array} \right|$

m) $\left| \begin{array}{l} 2x + y + 3 = 0 \\ x + 3y - 6 = 0 \end{array} \right|$

n) $\left| \begin{array}{l} 4x + \ \ y - 11 = 0 \\ 3x + 3y - 15 = 0 \end{array} \right|$

o) $\left| \begin{array}{l} 6y + 2x + 15 = 0 \\ 3y + 8x + \ \ 3 = 0 \end{array} \right|$

p) $\left| \begin{array}{r} -4x + 10y + 15 = 0 \\ 3x + \ \ 5y + \ \ 5 = 0 \end{array} \right|$

12.3 Rechnerische Verfahren zur Lösung linearer Gleichungssysteme

Gleichsetzungsverfahren

Ziel: Aus einer der beiden Gleichungen soll eine Variable entfernt werden.

(1) $\left|\begin{array}{l} y = -\frac{3}{2}x + 6 \\ y = -\frac{5}{4}x + \frac{11}{2} \end{array}\right|$

Zu (1): Wir behalten die erste Gleichung bei; die beiden rechten Seiten der Gleichung setzen wir gleich.

(2) $\left|\begin{array}{l} y = -\frac{3}{2}x + 6 \\ -\frac{3}{2}x + 6 = -\frac{5}{4}x + \frac{11}{2} \end{array}\right|$

Zu (2): Wir stellen in der zweiten Gleichung x frei:

$$\begin{array}{rll} -\frac{3}{2}x + 6 = -\frac{5}{4}x + \frac{11}{2} & |\cdot 4 & \\ -6x + 24 = -5x + 22 & |+5x & \\ -x + 24 = 22 & |-24 & |\cdot(-1) \\ x = 2 & & \end{array}$$

(3) $\left|\begin{array}{l} y = -\frac{3}{2}x + 6 \\ x = 2 \end{array}\right|$

Zu (3): Wir setzen 2 für x in die erste Gleichung ein:

$y = -\frac{3}{2} \cdot 2 + 6 = -3 + 6 = 3$

(4) $\left|\begin{array}{l} y = 3 \\ x = 2 \end{array}\right|$

$L = \{(2 \mid 3)\}$

1. Löse nach dem Gleichsetzungsverfahren.

a) $\left|\begin{array}{l} y = -x + 8 \\ y = x - 2 \end{array}\right|$

b) $\left|\begin{array}{l} y = 2x - 3 \\ y = 3x - 8 \end{array}\right|$

c) $\left|\begin{array}{l} x = 3y + 7 \\ x = 5y + 15 \end{array}\right|$

d) $\left|\begin{array}{l} x = \frac{1}{2}y - 3 \\ x = \frac{1}{7}y - \frac{1}{7} \end{array}\right|$

e) $\left|\begin{array}{l} y - 2x = -8 \\ y = -x - 17 \end{array}\right|$

f) $\left|\begin{array}{l} 4y - x = 2 \\ 3y - x = 3 \end{array}\right|$

g) $\left|\begin{array}{l} 3x + y = 73 \\ 2x - y = 32 \end{array}\right|$

h) $\left|\begin{array}{r} 2x + 4y = 2 \\ x + 2y = 3 \end{array}\right|$

Einsetzungsverfahren

Ziel: Aus einer der Gleichungen soll eine Variable entfernt werden.

(1) $\left|\begin{array}{l} 5x + 4y = 22 \\ y = -\frac{3}{2}x + 6 \end{array}\right|$

Zu (1): Wir behalten die zweite Gleichung bei. Die rechte Seite der zweiten Gleichung setzen wir für y in die erste Gleichung ein.

(2) $\left|\begin{array}{l} 5x + 4\left(-\frac{3}{2}x + 6\right) = 22 \\ y = -\frac{3}{2}x + 6 \end{array}\right|$

Zu (2): Wir stellen in der ersten Gleichung x frei:

$$\begin{array}{rll} 5x + 4\left(-\frac{3}{2}x + 6\right) = 22 & |\,T & \\ 5x - 6x + 24 = 22 & |\,T & \\ -x + 24 = 22 & |-24 & |\cdot(-1) \\ x = 2 & & \end{array}$$

(3) $\left|\begin{array}{l} x = 2 \\ y = -\frac{3}{2}x + 6 \end{array}\right|$

Zu (3): Wir setzen 2 für x in die zweite Gleichung ein:

$y = -\frac{3}{2} \cdot 2 + 6 = -3 + 6 = 3$

(4) $\left|\begin{array}{l} x = 2 \\ y = 3 \end{array}\right|$

$L = \{(2 \mid 3)\}$

2. Löse nach dem Einsetzungsverfahren.

a) $\left|\begin{array}{l} 9x - y = 41 \\ y = 3x - 11 \end{array}\right|$

b) $\left|\begin{array}{l} 3x - 18y = 45 \\ x = 3y \end{array}\right|$

c) $\left|\begin{array}{l} 8x - 7y = 31 \\ y = 11 - 4x \end{array}\right|$

d) $\left|\begin{array}{l} 15x + 13y = 17 \\ x = 5y + 7 \end{array}\right|$

e) $\left|\begin{array}{r} 10x - 7y = 44 \\ 7y = 3x - 23 \end{array}\right|$

f) $\left|\begin{array}{l} 6x + 11y = 34 \\ 6x = 5y + 2 \end{array}\right|$

g) $\left|\begin{array}{r} 4x + 5y = -1 \\ x - y = 11 \end{array}\right|$

h) $\left|\begin{array}{r} 15x + 4y = 90 \\ x + 4y = 6 \end{array}\right|$

Additionsverfahren

Ziel: Aus einer der beiden Gleichungen soll eine Variable entfernt werden.

(1) $\left|\begin{array}{l} 3x + 2y = 12 \\ 5x + 4y = 22 \end{array}\right|$

Zu (1): Wir multiplizieren die erste Gleichung mit (–2).

(2) $\left|\begin{array}{l} -6x - 4y = -24 \\ 5x + 4y = 22 \end{array}\right|$

Zu (2): Wir behalten die zweite Gleichung bei; wir addieren beide Seiten der Gleichung und stellen x frei:

$$\begin{array}{rl} -6x - 4y = -24 & \\ 5x + 4y = 22 & \Big\} + \\ \hline -x \quad = -2 & | \cdot (-1) \\ x = 2 & \end{array}$$

(3) $\left|\begin{array}{l} x = 2 \\ 5x + 4y = 22 \end{array}\right|$

Zu (3): Wir setzen 2 für x in die zweite Gleichung ein und stellen y frei:

$$\begin{array}{rl} 5 \cdot 2 + 4y = 22 & \\ 10 + 4y = 22 & | - 10 \quad | : 4 \\ y = 3 & \end{array}$$

(4) $\left|\begin{array}{l} x = 2 \\ y = 3 \end{array}\right|$

$L = \{(2 \mid 3)\}$

3. Löse nach dem Additionsverfahren.

a) $\left|\begin{array}{l} x + 6y = 47 \\ x + 5y = 40 \end{array}\right|$
b) $\left|\begin{array}{l} 7x + y = 10 \\ 3x + y = 6 \end{array}\right|$
c) $\left|\begin{array}{l} x + 5y = 49 \\ x + y = 17 \end{array}\right|$
d) $\left|\begin{array}{l} 4x + y = 48 \\ 3x + y = 38 \end{array}\right|$
e) $\left|\begin{array}{l} 4x + 3y = 57 \\ 7x + 3y = 69 \end{array}\right|$
f) $\left|\begin{array}{l} 2x - 3y = 100 \\ 2x + y = 156 \end{array}\right|$

g) $\left|\begin{array}{l} 3x + 3y = -36 \\ x + 3y = -20 \end{array}\right|$
h) $\left|\begin{array}{l} 4x - y = 37 \\ 4x + y = 43 \end{array}\right|$
i) $\left|\begin{array}{l} 7x + 3y = 100 \\ 3x - y = 20 \end{array}\right|$
j) $\left|\begin{array}{l} 2x + 5y = 1 \\ 6x + 7y = 3 \end{array}\right|$
k) $\left|\begin{array}{l} 8x + 15y = 70 \\ 2x + 3y = 15 \end{array}\right|$
l) $\left|\begin{array}{l} 24x + 7y = 27 \\ 8x - 33y = 115 \end{array}\right|$

m) $\left|\begin{array}{l} 5x - 4y = 6 \\ 8x - 7y = 0 \end{array}\right|$
n) $\left|\begin{array}{l} 2x + 3y = 41 \\ 3x + 2y = 39 \end{array}\right|$
o) $\left|\begin{array}{l} 5x + 7y = 17 \\ 7x - 5y = 9 \end{array}\right|$
p) $\left|\begin{array}{l} 11x + 12y = 100 \\ 9x + 8y = 80 \end{array}\right|$
q) $\left|\begin{array}{l} 5x + 3y + 2 = 0 \\ 3x + 2y + 1 = 0 \end{array}\right|$
r) $\left|\begin{array}{l} 21x + 8y + 66 = 0 \\ 23y - 28x + 13 = 0 \end{array}\right|$

s) $\left|\begin{array}{l} 10x + 7y + 4 = 0 \\ 6x + 5y + 2 = 0 \end{array}\right|$
t) $\left|\begin{array}{l} x = 3y - 19 \\ y = 3x - 23 \end{array}\right|$
u) $\left|\begin{array}{l} \frac{1}{3}x + \frac{1}{4}y = 6 \\ 3x - 4y = 4 \end{array}\right|$
v) $\left|\begin{array}{l} \frac{3}{4}x - 2y = 1 \\ \frac{1}{3}x - y = 0 \end{array}\right|$
w) $\left|\begin{array}{l} 2x - \frac{5}{3}y = 4 \\ 3x - \frac{7}{2}y = 0 \end{array}\right|$
x) $\left|\begin{array}{l} \frac{1}{2}x = \frac{1}{3}y + 1 \\ \frac{1}{4}x = \frac{4}{3}y - 10 \end{array}\right|$

4. Löse mit einem der drei Verfahren.

a) $\left|\begin{array}{l} 3x + 4y = 53 \\ 4x + 2y = 44 \end{array}\right|$
b) $\left|\begin{array}{l} 8r - 11s = 26 \\ 8r - 5s = 38 \end{array}\right|$
c) $\left|\begin{array}{l} 11u + 5v = 59 \\ 8u + 10v = 62 \end{array}\right|$

d) $\left|\begin{array}{l} 8x - 3y = -3 \\ 6x + 2y = 2 \end{array}\right|$
e) $\left|\begin{array}{l} 5a + 9b = 42 \\ 10a + 3b = 39 \end{array}\right|$
f) $\left|\begin{array}{l} 25p + 32q = 43 \\ 5p - 8q = 23 \end{array}\right|$

g) $\left|\begin{array}{l} 3x + 9y = 30 \\ 3y + x = 10 \end{array}\right|$
h) $\left|\begin{array}{l} 13a - 8b = 28 \\ 9a + 12b = 72 \end{array}\right|$
i) $\left|\begin{array}{l} 15r + 28s = 157 \\ 20r + 21s = 144 \end{array}\right|$

j) $\left|\begin{array}{l} 4x + 2y = 6 \\ 3x + 6y = 9 \end{array}\right|$
k) $\left|\begin{array}{l} 35p - 18q = 69 \\ 25p - 27q = 21 \end{array}\right|$
l) $\left|\begin{array}{l} 7s - 3t = 11 \\ 5s + 8t = 18 \end{array}\right|$

5. **a)** $\left|\begin{array}{l} \frac{4x + 7y}{5} = \frac{5y + 1}{2} \\ \frac{3x + 10}{8} = \frac{5y + 1}{3} \end{array}\right|$
b) $\left|\begin{array}{l} \frac{2x - 3}{3y - 4} = \frac{15}{14} \\ \frac{4x + 3}{9y - 2} = \frac{3}{4} \end{array}\right|$
c) $\left|\begin{array}{l} \frac{11y - 2x}{8y + 3} = \frac{18}{19} \\ \frac{6y - 5}{10y - 3x} = \frac{1}{2} \end{array}\right|$
d) $\left|\begin{array}{l} \frac{4s + 21}{7s + 3t} = \frac{25}{16} \\ \frac{3s + 5t}{7t - 9} = \frac{3}{2} \end{array}\right|$

12.4 Systeme von drei linearen Gleichungen mit drei Variablen

Ziel: Ein System von mehr als zwei linearen Gleichungen mit mehr als zwei Variablen wird zunächst so umgeformt, dass es in Dreiecksgestalt ist (siehe Gleichungssysteme). Durch Einsetzen von unten nach oben erhält man schließlich Gleichungen mit jeweils einer Variablen.

(1) $\left|\begin{array}{l} x + y + z = 12 \\ 2x + 3y + 4z = 31 \\ 3x + y + 5z = 34 \end{array}\right|$

Zu (1): Wir behalten die 1. Gleichung bei.
Statt der 2. und 3. Gleichung mit drei Variablen ermitteln wir mithilfe des Additionsverfahrens neue Gleichungen mit nur zwei Variablen, z. B. x und z:

$$\begin{array}{ll} \text{1. Gleichung:} & 2x + 2y + 2z = 24 \\ \text{2. Gleichung:} & -2x - 3y - 4z = -31 \\ \hline & -y - 2z = -7 \end{array} \quad +$$

$$\begin{array}{ll} \text{1. Gleichung:} & 3x + 3y + 3z = 36 \\ \text{3. Gleichung:} & -3x - y - 5z = -34 \\ \hline & 2y - 2z = 2 \end{array} \quad +$$

(2) $\left|\begin{array}{l} x + y + z = 12 \\ -y - 2z = -7 \\ 2y - 2z = 2 \end{array}\right|$

Zu (2): Wir behalten die ersten beiden Gleichungen bei und ermitteln aus der 2. und 3. Gleichung eine Gleichung mit nur einer Variablen:

$$\begin{array}{ll} \text{2. Gleichung:} & -2y - 4z = -14 \\ \text{3. Gleichung:} & 2y - 2z = 2 \\ \hline & -6z = -12 \quad |:(-6) \\ & z = 2 \end{array} \quad +$$

Dreiecksgestalt

(3) $\left|\begin{array}{l} x + y + z = 12 \\ -y - 2z = -7 \\ z = 2 \end{array}\right|$

Zu (3): Wir haben nun ein gestaffeltes System erhalten, in dem von Gleichung zu Gleichung eine Variable weniger vorkommt. Man löst dieses System von unten her auf.

(4) $\left|\begin{array}{l} x + y + z = 12 \\ y = 3 \\ z = 2 \end{array}\right|$

Zu (4): In die 2. Gleichung setzen wir 2 für z ein:

$$\begin{aligned} -y - 4 &= -7 \quad |+4 \\ -y &= -3 \quad |\cdot(-1) \\ y &= 3 \end{aligned}$$

(5) $\left|\begin{array}{l} x = 7 \\ y = 3 \\ z = 2 \end{array}\right|$

L = {(7 | 3 | 2)}

Zu (5): In die 1. Gleichung setzen wir 3 für y und 2 für z ein:

$$\begin{aligned} x + 3 + 2 &= 12 \\ x + 5 &= 12 \quad |-5 \\ x &= 7 \end{aligned}$$

1. **a)** $\left|\begin{array}{l} x + y - z = 17 \\ x - y + z = 13 \\ -x + y + z = 7 \end{array}\right|$

b) $\left|\begin{array}{l} x + y + z = 9 \\ x + 2y + 4z = 10 \\ x + 3y + 9z = 17 \end{array}\right|$

c) $\left|\begin{array}{l} 9a + 5b + 4c = 21 \\ 6a + 3b - 5c = 7 \\ 3a - 10b + 6c = 35 \end{array}\right|$

d) $\left|\begin{array}{l} 7x + 6y + 7z = 100 \\ x - 2y + z = 0 \\ 3x + y - 2z = 0 \end{array}\right|$

e) $\left|\begin{array}{l} x + y + z = 3 \\ 2x + 4y + 8z = 2 \\ 3x + 9y + 27z = -12 \end{array}\right|$

f) $\left|\begin{array}{l} x + y + 2z = 34 \\ x + 2y + z = 33 \\ 2x + y + z = 32 \end{array}\right|$

g) $\left|\begin{array}{l} 3x + 3y + z = 17 \\ 3x + y + 3z = 15 \\ x + 3y + 3z = 13 \end{array}\right|$

h) $\left|\begin{array}{l} 2x + 3y + 4z = 16 \\ 4x + 9y - z = 58 \\ x + 6y + 2z = 34 \end{array}\right|$

i) $\left|\begin{array}{l} 4x + 3y + 2z = 10 \\ 5x + 6y - 7z = 4 \\ 10x - 2y - 3z = 7 \end{array}\right|$

12.5 Anwenden linearer Gleichungssysteme

1. Die Summe zweier Zahlen ist 960, ihre Differenz 300. Welche Zahlen sind gesucht?

2. Multipliziert man die erste von zwei Zahlen mit 5 und die zweite mit 7, so ist ihre Summe 100. Multipliziert man die erste mit 7, die zweite mit 5, so ist ihre Summe 116.
Welche Zahlen sind gesucht?

3. Kürzt man einen Bruch, so erhält man $\frac{3}{4}$. Vermindert man den Zähler und den Nenner des ungekürzten Bruchs um 6, so erhält man gekürzt $\frac{5}{7}$.
Wie heißt der ungekürzte Bruch?

4. Ein Vater ist jetzt 15-mal so alt wie sein Sohn. Zwei Jahre später wird er nur noch 8-mal so alt sein wie dieser. Wie alt sind beide?

5. In einer Familie hat jeder Sohn ebenso viele Brüder wie Schwestern. Hingegen hat jede Tochter doppelt so viele Brüder wie Schwestern. Wie viele Kinder hat die Familie?

6. Die Summe der Längen zweier Strecken beträgt 40 cm, ihre Differenz 16 cm. Wie lang sind die Strecken?

7. Verlängert man die eine Seite eines Rechtecks um 3 cm, die andere um 2 cm, so wächst der Flächeninhalt um 29 cm^2. Verkürzt man aber die erste Seite um 2 cm, die letzte um 1 cm, so nimmt der Flächeninhalt um 11 cm^2 ab.
Wie lang und wie breit ist das Rechteck?

8. In einem gleichschenkligen Dreieck mit 55 cm Umfang verhält sich die Länge eines Schenkels zur Länge der Basis im Verhältnis 4 : 3.
Wie lang sind die Seiten?

9. In einem gleichschenkligen Dreieck ist der Winkel an der Spitze dreimal so groß wie ein Basiswinkel.
Wie groß sind die Winkel im Dreieck?

10. Ein Wasserbehälter kann durch 2 Röhren gefüllt werden. Sind beide Röhren gleichzeitig offen, so füllen sie in 15 Minuten den 6. Teil des Behälters. Ist hingegen die erste Röhre 12 Minuten, die zwei 20 Minuten offen, so wird $\frac{1}{5}$ des Behälters gefüllt.
a) Welche Zeit benötigt jede Röhre einzeln, um den Behälter zu füllen?
b) Wie lange brauchen beide Röhren zusammen, wenn diese durchgängig geöffnet sind?

11. Die Summe dreier Zahlen, die sich 2 : 3 : 4 verhalten, ist 999. Wie heißen die Zahlen?

12. Frank zahlt einmal für 2 kg Zucker und 7 kg Mehl 12,50 €, ein andermal für 5 kg Mehl und 3 kg Kaffee 34,50 €, und ein drittes Mal für 2 kg Kaffee und 5 kg Zucker 23,00 €.
Was zahlt Frank für 1 kg von jeder Ware?

13. Drei Maurer sollen eine Mauer errichten. Maurer A und Maurer B werden, wenn sie zusammenarbeiten, in 12 Tagen fertig, Maurer B und Maurer C in 20 Tagen, Maurer A und Maurer C in 15 Tagen. Wie lange braucht jeder allein und wie lange brauchen alle drei Maurer zusammen, um die Arbeit zu verrichten?

14. Von einem Trapez ist die Mittellinie 12 cm lang.
a) Die eine Grundseite ist um 5 cm länger als die andere. Wie lang sind die Grundseiten?
b) Die Differenz der Grundseiten ist 6,5 cm. Bestimme die Länge der Grundseiten.

13 Quadratwurzeln – Rechnen mit Quadratwurzeln

13.1 Quadratwurzelbegriff

$$x^2 = a \quad (a \geq 0)$$
$$x = \sqrt{a}$$

Gegeben ist eine Zahl $a \geq 0$.
Unter der **Quadratwurzel aus a**, in Zeichen $\sqrt{a}$, versteht man diejenige nichtnegative Zahl, deren Quadrat a ergibt.
Die Zahl unter dem Wurzelzeichen heißt **Radikand**.
Das Bestimmen der Quadratwurzel heißt *Wurzelziehen* (Radizieren).

Beispiele:

$\sqrt{16} = 4$, denn $4^2 = 16$ $\sqrt{6{,}25} = 2{,}5$, denn $2{,}5^2 = 6{,}25$ $\sqrt{1} = 1$, denn $1^2 = 1$

$\sqrt{144} = 12$, denn $12^2 = 144$ $\sqrt{\frac{9}{16}} = \frac{3}{4}$, denn $\left(\frac{3}{4}\right)^2 = \frac{9}{16}$ $\sqrt{0} = 0$, denn $0^2 = 0$

Quadratwurzeln wie $\sqrt{2}$, $\sqrt{3}$, $\sqrt{5}$ lassen sich nicht durch einen gewöhnlichen Bruch bzw. durch einen abbrechenden (endlichen) oder periodischen Dezimalbruch darstellen. Sie lassen sich durch nichtabbrechende (unendliche), nicht periodische Dezimalbrüche beschreiben. Es handelt sich nicht um rationale, sondern um irrationale Zahlen.

Rationale Zahlen zusammen mit irrationalen Zahlen sind *reelle* Zahlen.

Beachte: $\sqrt{-4}$ ist nicht erklärt, weil man keine (reelle) Zahl finden kann, deren Quadrat negativ ist.

Zusammenhang zwischen Wurzelziehen und Quadrieren
Es gilt für alle reellen Zahlen a: $\sqrt{a^2} = |a|$
Es gilt für alle reellen Zahlen $a \geq 0$: (1) $\sqrt{a^2} = a$ (2) $\left(\sqrt{a}\right)^2 = a$.

Das Quadrieren wird durch das Wurzelziehen, und das Wurzelziehen durch das Quadrieren rückgängig gemacht.

1. Berechne die Wurzeln.

a) $\sqrt{81}$ **d)** $\sqrt{169}$ **g)** $\sqrt{625}$ **j)** $\sqrt{576}$ **m)** $\sqrt{900}$ **p)** $\sqrt{6400}$
b) $\sqrt{100}$ **e)** $\sqrt{36}$ **h)** $\sqrt{400}$ **k)** $\sqrt{324}$ **n)** $\sqrt{2500}$ **q)** $\sqrt{10000}$
c) $\sqrt{25}$ **f)** $\sqrt{49}$ **i)** $\sqrt{441}$ **l)** $\sqrt{225}$ **o)** $\sqrt{4900}$ **r)** $\sqrt{1000000}$

2. **a)** $\sqrt{\frac{1}{4}}$ **c)** $\sqrt{\frac{49}{100}}$ **e)** $\sqrt{\frac{9}{64}}$ **g)** $\sqrt{0{,}04}$ **i)** $\sqrt{1{,}21}$ **k)** $\sqrt{2{,}56}$
b) $\sqrt{\frac{16}{25}}$ **d)** $\sqrt{\frac{36}{81}}$ **f)** $\sqrt{\frac{144}{225}}$ **h)** $\sqrt{0{,}25}$ **j)** $\sqrt{1{,}96}$ **l)** $\sqrt{0{,}01}$

3. **a)** $\left(\sqrt{41}\right)^2$; $\left(\sqrt{13}\right)^2$; $\left(\sqrt{0{,}4}\right)^2$; $\left(\sqrt{3{,}8}\right)^2$; $\left(\sqrt{12{,}7}\right)^2$; $\left(\sqrt{101}\right)^2$
b) $\sqrt{17^2}$; $\sqrt{3{,}8^2}$; $\sqrt{0{,}2^2}$; $\sqrt{103^2}$; $\sqrt{61^2}$; $\sqrt{17{,}6^2}$; $\sqrt{0{,}03^2}$; $\sqrt{\left(\frac{17}{18}\right)^2}$

4. **a)** $\sqrt{25a^2}$ **c)** $\sqrt{49y^2}$ **e)** $\sqrt{0{,}09x^2}$ **g)** $\sqrt{a^2b^2}$
b) $\sqrt{81b^2}$ **d)** $\sqrt{144z^2}$ **f)** $\sqrt{\frac{4}{36}r^2}$ **h)** $\sqrt{16x^2y^2}$ **i)** $\sqrt{(x+y)^2}$ **j)** $\sqrt{16(a-b)^2}$

$\sqrt{9x^2} = 3x \quad (x \geq 0)$

5. **a)** $\sqrt{x^2 + 2xy + y^2}$ **c)** $\sqrt{4x^2 + 12x + 9}$
b) $\sqrt{a^2 + 8a + 16}$ **d)** $\sqrt{9b^2 - 24bc + 16c^2}$

$\sqrt{x^2 - 2xy + y^2} = \sqrt{(x-y)^2} = x - y$
$(x - y \geq 0)$

13.2 Multiplizieren und Dividieren von Quadratwurzeln

(1) Für $a \geq 0, b \geq 0$ gilt: $\sqrt{a} \cdot \sqrt{b} = \sqrt{ab}$

(2) Für $a \geq 0, b > 0$ gilt: $\frac{\sqrt{a}}{\sqrt{b}} = \sqrt{\frac{a}{b}}$

1. **a)** $\sqrt{2} \cdot \sqrt{32}$ **c)** $\sqrt{1000} \cdot \sqrt{4{,}9}$ **e)** $\sqrt{\frac{2}{3}} \cdot \sqrt{216}$
b) $\sqrt{80} \cdot \sqrt{1{,}8}$ **d)** $\sqrt{\frac{1}{3}} \cdot \sqrt{75}$ **f)** $\sqrt{0{,}3} \cdot \sqrt{2{,}7}$

$\sqrt{3} \cdot \sqrt{27} = \sqrt{3 \cdot 27} = \sqrt{81} = 9$

2. **a)** $\sqrt{9 \cdot 36}$ **c)** $\sqrt{1{,}21 \cdot 100}$ **e)** $\sqrt{0{,}16 \cdot 0{,}09}$
b) $\sqrt{144 \cdot 81}$ **d)** $\sqrt{1{,}69 \cdot 64}$ **f)** $\sqrt{2{,}89 \cdot 4{,}41}$

$\sqrt{25 \cdot 16} = \sqrt{25} \cdot \sqrt{16} = 5 \cdot 4 = 20$

3. **a)** $\sqrt{147} : \sqrt{3}$ **c)** $\sqrt{448} : \sqrt{7}$ **e)** $\sqrt{56} : \sqrt{3{,}5}$
b) $\sqrt{405} : \sqrt{5}$ **d)** $\sqrt{1452} : \sqrt{12}$ **f)** $\sqrt{160} : \sqrt{2{,}5}$

$\sqrt{72} : \sqrt{2} = \sqrt{72 : 2} = \sqrt{36} = 6$

4. **a)** $\sqrt{\frac{36}{49}}$ **c)** $\sqrt{\frac{25}{121}}$ **e)** $\sqrt{\frac{169}{400}}$ **g)** $\sqrt{\frac{1{,}21}{1{,}69}}$ **i)** $\sqrt{\frac{0{,}09}{0{,}16}}$
b) $\sqrt{\frac{64}{9}}$ **d)** $\sqrt{\frac{196}{225}}$ **f)** $\sqrt{\frac{1{,}44}{2{,}25}}$ **h)** $\sqrt{\frac{2{,}56}{3{,}61}}$ **j)** $\sqrt{\frac{0{,}0009}{0{,}0016}}$

$\sqrt{\frac{25}{81}} = \frac{\sqrt{25}}{\sqrt{81}} = \frac{5}{9}$

5. Vereinfache soweit wie möglich. Alle Variablen stehen für positive Zahlen.
a) $\sqrt{3x} \cdot \sqrt{27x}$; $\sqrt{8a} \cdot \sqrt{18a}$; $\sqrt{0{,}3r} \cdot \sqrt{1{,}2r}$
b) $\sqrt{z} \cdot \sqrt{z^3}$; $\sqrt{3b} \cdot \sqrt{12b^3}$; $\sqrt{6xy} \cdot \sqrt{24xy}$
c) $\sqrt{16a^2}$; $\sqrt{100x^2}$; $\sqrt{64a^2b^2}$; $\sqrt{x^2y^2z^2}$
d) $\sqrt{36r^4s^2}$; $\sqrt{49a^2b^4c^6}$; $\sqrt{25x^4y^2z^8}$
e) $\sqrt{a^3} : \sqrt{a}$; $\sqrt{72x^2} : \sqrt{2}$; $\sqrt{75z^3} : \sqrt{3z}$
f) $\sqrt{\frac{x^2}{y}} : \sqrt{y}$; $\sqrt{r \cdot s} : \sqrt{\frac{r}{s}}$; $\sqrt{xy^2z^3} : \sqrt{xz}$
g) $\sqrt{\frac{2}{a}} \cdot \sqrt{\frac{a^3}{32}}$; $\sqrt{\frac{12}{a^3}} \cdot \sqrt{\frac{a}{3}}$; $\sqrt{\frac{75x^3y}{32a}} \cdot \sqrt{\frac{a^3y}{6x}}$
h) $\sqrt{\frac{5z}{18x^3y}} \cdot \sqrt{\frac{45xy^3}{8z^5}}$; $\sqrt{\frac{x}{y}} \cdot \sqrt{\frac{y}{z}} \cdot \sqrt{\frac{z}{x}}$

$\sqrt{2y} \cdot \sqrt{32y} = \sqrt{64y^2} = 8y$
$\sqrt{32a^3} : \sqrt{2a} = \sqrt{32a^3 : 2a} = \sqrt{16a^2} = 4a$

Teilweises Wurzelziehen

(3) $\sqrt{a^2b} = a\sqrt{b}$ für $a \geq 0, b \geq 0$

(4) $\sqrt{\frac{b}{a^2}} = \frac{\sqrt{b}}{a} = \frac{1}{a}\sqrt{b}$ für $a > 0, b \geq 0$

6. Vereinfache durch teilweises Wurzelziehen.
a) $\sqrt{75}$; $\sqrt{27}$; $\sqrt{24}$; $\sqrt{125}$; $\sqrt{108}$; $\sqrt{98}$
b) $\sqrt{\frac{7}{81}}$; $\sqrt{\frac{5}{49}}$; $\sqrt{\frac{8}{121}}$; $\sqrt{\frac{32}{169}}$; $\sqrt{0{,}5}$; $\sqrt{2{,}4}$
c) $\sqrt{16x}$; $\sqrt{5x^2}$; $\sqrt{50a^2}$; $\sqrt{28x^2y}$; $\sqrt{5a^2b^4}$
d) $\sqrt{\frac{a}{36}}$; $\sqrt{\frac{10}{x^2}}$; $\sqrt{\frac{72}{b^2}}$; $\sqrt{\frac{45x}{y^2}}$; $\sqrt{\frac{25a^3}{9b^2}}$; $\sqrt{\frac{11z^3}{x^2y^4}}$
e) $\sqrt{\frac{8x^4}{y^3}}$; $\sqrt{\frac{7a^2}{b^2}}$; $\sqrt{\frac{36r}{s^2}}$; $\sqrt{\frac{9x}{49y}}$; $\sqrt{\frac{81xy^2}{5r^4s^3}}$

$\sqrt{50} = \sqrt{25 \cdot 2} = \sqrt{25} \cdot \sqrt{2} = 5\sqrt{2}$
$\sqrt{\frac{3}{25}} = \sqrt{3} : \sqrt{25} = \frac{1}{5}\sqrt{3}$
$\sqrt{49xy^2} = 7y\sqrt{x}$ $(y \geq 0, x \geq 0)$

7. **a)** $\sqrt{16a - 16b}$ **b)** $\sqrt{81x + 81y}$ **c)** $\sqrt{5x^2 + 10xy + 5y^2}$ **d)** $\sqrt{7a^2 - 14ab + 7b^2}$

8. Vereinfache den Term.
a) $(\sqrt{9x} + \sqrt{49x}) \cdot \sqrt{x}$ **c)** $(\sqrt{r+1} + \sqrt{r-1})^2$
b) $(\sqrt{ab} - b)\sqrt{a}$ **d)** $(a + \sqrt{b})(a - \sqrt{b})$

$(\sqrt{x} - y) \cdot \sqrt{x} = \sqrt{x} \cdot \sqrt{x} + y \cdot \sqrt{x}$
$= x - y\sqrt{x}$
$(x \geq 0)$

14 Quadratische Gleichungen – Wurzelgleichungen

14.1 Quadratische Gleichungen

Gleichungen wie $x^2 = 5$, $x^2 - 6x + 3 = 0$, $2x^2 + 3x = 7$ heißen **quadratische Gleichungen**.

Lösen von reinquadratischen Gleichungen der Form $x^2 = r$

$x^2 = \frac{25}{36}$	$x^2 = 11$	$x^2 = -4$
$x = \frac{5}{6}$ *oder* $x = -\frac{5}{6}$	$x = \sqrt{11}$ *oder* $x = -\sqrt{11}$	Das Quadrat einer Zahl kann nicht negativ sein.
$L = \left\{\frac{5}{6}; -\frac{5}{6}\right\}$	$L = \left\{\sqrt{11}; -\sqrt{11}\right\}$	$L = \{ \}$

1. Bestimme die Lösungsmenge.

a) $x^2 = 81$ **c)** $x^2 = 19$ **e)** $x^2 = -25$ **g)** $x^2 = \frac{196}{81}$ **i)** $x^2 = 1\frac{15}{49}$ **k)** $x^2 = 6{,}25$

b) $x^2 = 121$ **d)** $x^2 = 0$ **f)** $x^2 = \frac{64}{49}$ **h)** $x^2 = -\frac{9}{25}$ **j)** $x^2 = 0{,}81$ **l)** $x^2 = 0{,}04$

2. **a)** $5x^2 = 180$ **c)** $3x^2 = 36$ **e)** $4x^2 = -24$ **g)** $\frac{1}{4}x^2 = 400$ **i)** $2x^2 = 100$

b) $12x^2 = 972$ **d)** $\frac{2}{5}x^2 = 70$ **f)** $3x^2 = \frac{1}{48}$ **h)** $7x^2 = 4{,}48$ **j)** $7x^2 = 0$

3. **a)** $x^2 - 64 = 0$ **c)** $x^2 - \frac{9}{49} = 0$ **e)** $x^2 + 13 = 40$ **g)** $5x^2 - 1{,}25 = 0$

b) $x^2 + 9 = 0$ **d)** $x^2 - 15 = 34$ **f)** $3x^2 - 17 = 91$ **h)** $12x^2 + 4 = 100$

4. **a)** $12x^2 = 49 + 3x^2$ **b)** $22y^2 - 5 = 6y^2 - 5$ **c)** $x(x - 30) = 2(32 - 15x)$

Lösen von gemischtquadratischen Gleichungen der Form $(x + d)^2 = r$

Beispiel: $(x + 3)^2 = 25$

Man kann diese Gleichung wie eine reinquadratische Gleichung lösen, wenn man sich nur $(x + 3)$ anstelle von x denkt:

$x + 3 = \sqrt{25}$ *oder* $x + 3 = -\sqrt{25}$

$x + 3 = 5$ *oder* $x + 3 = -5$

$x = 2$ *oder* $x = -8$

$L = \{2; -8\}$

5. Bestimme die Lösungsmenge.

a) $(x - 18)^2 = 625$ **b)** $(x + 7)^2 = 121$ **c)** $\frac{1}{2}(x - 3)^2 = 12{,}5$ **d)** $2(x + 5)^2 - 10{,}58 = 0$

6. Bestimme die Lösungsmenge. Wende zunächst eine binomische Formel an.

a) $x^2 - 10x + 25 = 36$ **c)** $x^2 + \frac{14}{8}x + \frac{49}{64} = \frac{121}{64}$ **e)** $x^2 + 18x + 81 = 0$

b) $x^2 + 14x + 49 = 225$ **d)** $x^2 - 12x + 36 = 13$ **f)** $x^2 - 24x + 144 = -9$

Lösen von gemischtquadratischen Gleichungen der Form $x^2 + px + q = 0$

Beispiel: $x^2 + 12x - 28 = 0$

Man formt die Gleichung zunächst so um, dass man den Term auf der linken Seite mithilfe einer binomischen Formel in ein Quadrat verwandeln kann.

$$x^2 + 12x - 28 = 0 \quad | +28$$
$$x^2 + 12x = 28 \quad | + \left(\tfrac{12}{2}\right)^2$$ (quadratische Ergänzung: Quadrat des halben Faktors von x)
$$x^2 + 12x + \left(\tfrac{12}{2}\right)^2 = 28 + \left(\tfrac{12}{2}\right)^2 \quad | \text{T}$$
$$x^2 + 12x + 6^2 = 28 + 36 \quad | \text{T (1. binomische Formel)}$$
$$(x+6)^2 = 64$$
$x + 6 = 8$ *oder* $x + 6 = -8$

$x = 2$ *oder* $x = -14$

$L = \{2; -14\}$

7. Bestimme die Lösungsmenge.

a) $x^2 + 2x = 63$
b) $x^2 + 6x = 91$
c) $x^2 - 11x + 10 = 0$
d) $x^2 - 7x - 30 = 0$
e) $x^2 - 4x + 20 = 0$
f) $x^2 - 17x + 60 = 0$
g) $x^2 + 2x - 1 = 0$
h) $x^2 - 40x + 111 = 0$
i) $x^2 - 6x + 4 = 0$
j) $x^2 - \frac{1}{2}x - \frac{1}{2} = 0$
k) $x^2 - \frac{3}{4}x + \frac{1}{8} = 0$
l) $x^2 - 3{,}4x + 2{,}8 = 0$
m) $x^2 + 12x + 35 = 0$
n) $x^2 + 10x + 24 = 0$
o) $x^2 + 18x + 17 = 0$

8. Bestimme die Lösungsmenge. Bringe die Gleichung zunächst auf die Normalform $x^2 + px + q = 0$.

$2x^2 - 12x + 10 = 0 \quad | :2$
$x^2 - 6x + 5 = 0$

a) $3x^2 - 22x + 35 = 0$
b) $91x^2 - 2x = 45$
c) $2x^2 + 4x + 3 = 0$
d) $15x^2 + 21 = 44x$
e) $3x^2 - 7x + 12 = 0$
f) $2x^2 + 3x - 35 = 0$
g) $14x^2 - 33 = 71x$
h) $\frac{1}{2}x^2 + 6x - 9 = 0$
i) $4x^2 - 8x - 19 = 0$
j) $25x^2 + 2 = 30x$
k) $\frac{4}{5}x^2 - 7x + 8 = 0$

9. Bestimme die Lösungsmenge.

a) $x^2 + x - 56 = 0$
b) $x^2 - 9x - 10 = 0$
c) $x^2 + 13x = -30$
d) $x^2 - 17x + 60 = 0$
e) $x^2 - 2x + 2 = 0$
f) $x^2 - 10x + 32 = 0$
g) $x^2 + x = 1$
h) $x^2 - 7x + 11\frac{1}{2} = 0$
i) $x^2 + \frac{3}{2}x = -\frac{1}{2}$
j) $x^2 + \frac{3}{4}x + \frac{1}{8} = 0$
k) $x^2 - \frac{1}{3}x = 8$
l) $x^2 + \frac{1}{7}x - 50 = 0$
m) $3x^2 + 22x + 35 = 0$
n) $91x^2 + 2x = 45$
o) $15x^2 - 21 = -26x$
p) $14x^2 = 33 - 71x$
q) $25x^2 + 2 = -30x$
r) $15x^2 + 527 = 178x$
s) $6x^2 + x = 15$
t) $6x^2 - 13x + 6 = 0$
u) $7x^2 + 25x = 12$
v) $6x^2 + 7x = 3$
w) $6x^2 + 5x = 56$
x) $20x^2 + x = 12$

10. Bestimme die Lösungsmenge, möglichst ohne quadratische Ergänzung.

$x^2 + 5x = 0$
$x(x + 5) = 0$
$x = 0$ *oder* $x + 5 = 0$
$x = 0$ *oder* $x = -5$
$L = \{0; -5\}$

a) $x^2 - 7x = 0$
b) $x^2 + 10x = 0$
c) $2x^2 - 13x = 0$
d) $\frac{1}{2}x^2 + 9x = 0$
e) $x^2 = 4x$
f) $x^2 = -7x$
g) $2x^2 = 9x$
h) $\frac{1}{2}x^2 + 3\frac{1}{2}x = 0$
i) $2{,}5x^2 - 10x = 0$

11. Bestimme die Lösungsmenge.

a) $3x = -\frac{3}{5}x^2$
b) $-\frac{3}{7}x^2 - 10\frac{1}{2}x = 0$
c) $4\frac{3}{4}x = -3\frac{1}{3}x^2$

Diskriminante – Anzahl der Lösungen einer quadratischen Gleichung

$$x^2 + px + q = 0 \qquad | -q$$

$$x^2 + px = -q \qquad | + \left(\frac{p}{2}\right)^2 \text{ (quadratische Ergänzung)}$$

$$x^2 + px + \left(\frac{p}{2}\right)^2 = -q + \left(\frac{p}{2}\right)^2 \qquad | \text{T (1. binomische Formel)}$$

$$\left(x + \frac{p}{2}\right)^2 = \left(\frac{p}{2}\right)^2 - q$$

Die Anzahl der Lösungen einer quadratischen Gleichung hängt vom Term $\left(\frac{p}{2}\right)^2 - q$ ab.
Dieser Term heißt *Diskriminante* (der Normalform).
Man muss eine *Fallunterscheidung* durchführen:

1. Fall:

$\left(\frac{p}{2}\right)^2 - q > 0$

$x + \frac{p}{2} = \sqrt{\left(\frac{p}{2}\right)^2 - q}$ *oder* $x + \frac{p}{2} = -\sqrt{\left(\frac{p}{2}\right)^2 - q}$

$x = -\frac{p}{2} + \sqrt{\left(\frac{p}{2}\right)^2 - q}$ *oder* $x = -\frac{p}{2} - \sqrt{\left(\frac{p}{2}\right)^2 - q}$

(zwei Lösungen)

$L = \left\{-\frac{p}{2} - \sqrt{\left(\frac{p}{2}\right)^2 - q};\ -\frac{p}{2} + \sqrt{\left(\frac{p}{2}\right)^2 - q}\right\}$

2. Fall:

$\left(\frac{p}{2}\right)^2 - q = 0$

$\left(x + \frac{p}{2}\right)^2 = 0$

$x + \frac{p}{2} = 0$

$x = -\frac{p}{2}$

(eine Lösung)

$L = \left\{-\frac{p}{2}\right\}$

3. Fall:

$\left(\frac{p}{2}\right)^2 - q < 0$

Das Quadrat einer Zahl ist stets nichtnegativ.

(keine Lösung)

$L = \{\ \}$

Lösungsformel für quadratische Gleichungen

Falls die Gleichung $x^2 + px + q = 0$ Lösungen besitzt, erhält man:

$x_1 = -\frac{p}{2} + \sqrt{\left(\frac{p}{2}\right)^2 - q};\ x_2 = -\frac{p}{2} - \sqrt{\left(\frac{p}{2}\right)^2 - q}$

12. Bestimme mithilfe der Diskriminante die Anzahl der Lösungen. Sofern Lösungen vorliegen, bestimme diese mithilfe der Lösungsformel.

a) $x^2 - 8x - 7 = 0$
b) $x^2 - 7x + 15 = 0$
c) $x^2 - 16x + 64 = 0$
d) $x^2 + 2x + 7 = 0$
e) $x^2 - 7x + 3 = 0$
f) $x^2 - 8x = -10$
g) $x^2 + 5x = 2$
h) $x^2 + 19x + 8 = 0$
i) $\frac{1}{2}x^2 + 6x + 18 = 0$
j) $2x^2 - 3x + 8 = 0$
k) $3x^2 - 15x + 7 = 0$
l) $4x^2 + 28x + 51 = 0$

13. Bestimme die Lösungsmenge.

a) $x^2 + 9x - 52 = 0$
$x^2 - 6x + 187 = 0$
b) $x^2 + 10{,}8x - 63 = 0$
$x^2 + 2{,}55x - 4{,}5 = 0$
c) $x^2 + 13x + 42{,}5 = 0$
$x^2 - 7x + 12{,}5 = 0$
d) $2x^2 - 3x - 104 = 0$
$9x^2 - 66x + 137 = 0$
e) $5y^2 + 14y + 9{,}8 = 0$
$3y^2 - 4{,}4y - 9{,}6 = 0$
f) $\frac{4}{9}z^2 - 2z + \frac{5}{2} = 0$
$\frac{5}{6}z^2 - 4z + \frac{24}{5} = 0$

14. Bringe die Gleichung jeweils zunächst auf die Normalform. Bestimme dann die Lösungsmenge. Überprüfe durch Einsetzen, sofern die Lösungsmenge nicht leer ist.

a) $(x - 5)(x + 7) = 45$
$(x - 8)(x + 8) = 80$
b) $(x - 8)(x - 3) = 1{,}4x$
$(x + 2)(x - 9) = -5{,}6x$
c) $(2x - 3)(3x - 2) = 5(x^2 - 6)$
$(5x + 2)(8 - 3x) = 4x(11 - 4x)$

15. Bestimme die Lösungsmenge.

a) $(7 - 2x)(7x - 9) = (3x - 5)(15 - 4x)$
$(5 - 2x)(3x - 4) = (2x - 12)(2x - 2)$
b) $(2x + 3)(20 - 3x) = (12 - x)(x - 1)$
$(3x + 7)(5x - 2) = (5x + 1)(8x - 3)$

Lösen von Bruchgleichungen, die auf quadratische Gleichungen führen

Beispiel: $\frac{10}{x} - \frac{3}{x-2} = 1$

Sei $x \neq 0$ und $x \neq 2$ (allgemeine Annahme).

$$\frac{10}{x} - \frac{3}{x-2} = 1 \qquad | \cdot x(x-2)$$
$$\frac{10x(x-2)}{x} - \frac{3x(x-2)}{x-2} = x(x-2) \qquad | \text{ T (Kürzen)}$$
$$10(x-2) - 3x = x(x-2) \qquad | \text{ T (Auflösen der Klammern)}$$
$$10x - 20 - 3x = x^2 - 2x \qquad | -x^2 + 2x$$
$$-x^2 + 9x - 20 = 0 \qquad | \cdot (-1)$$
$$x^2 - 9x + 20 = 0 \qquad | -20 + \left(\tfrac{9}{2}\right)^2$$
$$x^2 - 9x + \left(\tfrac{9}{2}\right)^2 = -20 + \left(\tfrac{9}{2}\right)^2 \qquad | \text{ T (2. binomische Formel)}$$
$$\left(x - \tfrac{9}{2}\right)^2 = \tfrac{1}{4}$$

$x - \frac{9}{2} = \frac{1}{2}$ *oder* $x - \frac{9}{2} = -\frac{1}{2}$

$x = \frac{10}{2} = 5$ *oder* $x = \frac{8}{2} = 4$

$L = \{4; 5\}$

16. Forme zunächst die Bruchgleichung um in die Normalform einer quadratischen Gleichung. Bestimme dann die Lösungsmenge (Probe!).

a) $\frac{8}{x-3} - \frac{7}{x} = 1$ **c)** $\frac{2}{x-2} + \frac{4}{x+2} = 1$ **e)** $\frac{2}{x+1} + \frac{3}{5-x} = 2$ **g)** $\frac{3}{1-2x} - \frac{10}{12x-1} = 1$

b) $\frac{9}{x+1} - \frac{8}{x} = -1$ **d)** $\frac{40}{x+3} - \frac{6}{x-3} = 2$ **f)** $\frac{10}{4-x} - \frac{15}{7-x} = 2$ **h)** $\frac{5}{1-3x} - \frac{6}{10x+2} = 2$

17. Bestimme die Lösungsmenge.

a) $\frac{x+4}{4} + \frac{3x+4}{8} = \frac{5x^2-32}{12}$ **b)** $\frac{2x^2-5}{9} - \frac{3x+10}{15} - \frac{1-3x}{3} = 0$

18. Bestimme die Lösungsmenge.

a) $\frac{5x}{3x+7} + \frac{2}{3+x} = 1$ **b)** $\frac{3}{7+5x} + \frac{3x}{x+3} - 1 = 0$ **c)** $\frac{x}{x+3} = \frac{2x}{3x+4} - \frac{1}{28}$

Eine Gleichung der Form $ax^4 + bx^2 + c = 0$ ($a \neq 0$), wie z. B. $3x^4 - 15x^2 + 12 = 0$, heißt **biquadratische Gleichung.** Man kann sie durch Substituieren auf eine quadratische Gleichung zurückführen, wenn man x^2 zum Beispiel durch z und damit x^4 durch z^2 ersetzt.

Beispiel: $x^4 - 13x^2 + 36 = 0$

Setze z für x^2 (und damit $x^4 = x^2 \cdot x^2 = z^2$)

$z^2 - 13z + 36 = 0$

Löse diese quadratische Gleichung:

$z = 9$ *oder* $z = 4$

Setze x^2 für z:

$x^2 = 9$ *oder* $x^2 = 4$

$x = 3$ *oder* $x = -3$ *oder* $x = 2$ *oder* $x = -2$

$L = \{-3; -2; 2; 3\}$

19. Bestimme die Lösungsmenge.

a) $x^4 + 5x^2 - 126 = 0$ **c)** $y^4 + 100y^2 = 20000$ **e)** $x^4 - 11x^2 = 1862$

b) $x^4 - 82x^2 + 81 = 0$ **d)** $z^4 - 30z^2 + 125 = 0$ **f)** $x^4 + 4x^2 = 117$

14.2 Wurzelgleichungen

Gleichungen wie $\sqrt{x} = 7$; $\sqrt{x} + 2 = 3$; $x + \sqrt{5x - 1} = 5$ nennt man **Wurzelgleichungen.**

(1) Lösen von Wurzelgleichungen, die auf lineare Gleichungen führen

Beispiel: $\sqrt{x} + 2 = 5$

Beim Freistellen von x stört die Wurzel.
Durch Quadrieren versucht man sie zu beseitigen.
Dies gelingt, wenn die Wurzel auf einer Seite allein steht.

$$\begin{aligned} \sqrt{x} + 2 &= 5 && \mid -2 \\ \sqrt{x} &= 3 && \mid \text{Quadrieren beider Seiten} \\ x &= 9 \\ L &= \{9\} \end{aligned}$$

Probe:

$\sqrt{9} + 2$	$= 5$ (w?)
LS: $\sqrt{9} + 2$ $= 3 + 2 = 5$	RS: 5

Die Probe ist notwendig; siehe unten.

(2) Lösen von Wurzelgleichungen, die auf quadratische Gleichungen führen

Beispiel:

$$\begin{aligned} x + \sqrt{5x - 1} &= 5 && \mid -x \\ \sqrt{5x - 1} &= 5 - x && \mid \text{Quadrieren} \\ 5x - 1 &= (5 - x)^2 && \mid \text{T} \\ 5x - 1 &= 25 - 10x + x^2 && \mid -25 - 5x \\ -26 &= -15x + x^2 \\ x^2 - 15x &= -26 && \mid +\left(\tfrac{15}{2}\right)^2 \\ x^2 - 15x + \left(\tfrac{15}{2}\right)^2 &= -26 + \left(\tfrac{15}{2}\right)^2 && \mid \text{T (2. binomische Formel)} \\ \left(x - \tfrac{15}{2}\right)^2 &= \tfrac{121}{4} \\ x - \tfrac{15}{2} = \tfrac{11}{2} \;&\textit{oder}\; x - \tfrac{15}{2} = -\tfrac{11}{2} \\ x = \tfrac{26}{2} = 13 \;&\textit{oder}\; x = \tfrac{4}{2} = 2 \end{aligned}$$

Probe:

$13 + \sqrt{5 \cdot 13 - 1}$	$= 5$ (w?)
LS: $13 + \sqrt{5 \cdot 13 - 1}$ $= 13 + \sqrt{64}$ $= 13 + 8$ $= 21$	RS: 5

13 ist keine Lösung.

$2 + \sqrt{5 \cdot 2 - 1}$	$= 5$ (w?)
LS: $2 + \sqrt{5 \cdot 2 - 1}$ $= 2 + \sqrt{9}$ $= 2 + 3$ $= 5$	RS: 5

2 ist Lösung.

$L = \{2\}$

Beachte: Das Quadrieren ist keine Äquivalenzumformung; es können Lösungen hinzukommen, die nicht zur Lösungsmenge der Wurzelgleichung gehören (siehe Beispiel). Man muss deshalb stets die Probe durchführen.

1. Bestimme die Lösungsmenge. Mache stets die Probe.

a) $\sqrt{x} = 6$ **b)** $\sqrt{x} = 7$ **c)** $\sqrt{x} = \frac{4}{9}$ **d)** $2\sqrt{x} = 15$ **e)** $\sqrt{x} = 1{,}2$ **f)** $\sqrt{x} = 2\frac{3}{5}$ **g)** $\sqrt{x} - 2 = 3$ **h)** $13 - \sqrt{x} = 9$ **i)** $3\sqrt{x} - 7 = 11$ **j)** $\sqrt{2x} + 5 = 13$ **k)** $6 + \sqrt{3x} = 18$ **l)** $10 - \sqrt{\frac{1}{2}x} = 7$

2. **a)** $\sqrt{3x - 5} + 4 = 5$ **b)** $5 - 3\sqrt{2x - 1} = 2$ **c)** $\sqrt{x + 5} = 3$ **d)** $\sqrt{7x + 2} = 4$ **e)** $\sqrt{2x + 1} = \frac{1}{2}$ **f)** $\sqrt{3 + \frac{1}{2}x} = 5$ **g)** $\sqrt{9x + 10} = 10$ **h)** $\sqrt{7x + 4} = 5$

3. a) $\sqrt{3x-5} = \sqrt{4x-7}$ c) $\sqrt{5x-7} = \sqrt{4x}$ e) $5\sqrt{x} - 7 = 3\sqrt{x} - 1$
   b) $\sqrt{1+7x} = \sqrt{3+5x}$ d) $3\sqrt{6x+7} = 7\sqrt{2x-5}$ f) $7\sqrt{3x} - 1 = 5\sqrt{3x} + 5$

4. Bestimme die Lösungsmenge. Mache auch die Probe.
   a) $30 - \sqrt{x} = x$ b) $3x - \sqrt{x} = 4$ c) $2x = \sqrt{3x} + 18$ d) $\sqrt{2x} - x = 5$

5. Bestimme die Lösungsmenge.
   a) $x + 3 = \sqrt{6x+25}$ c) $\sqrt{7x+4} + x = 8$ e) $\sqrt{x+1} + \frac{1}{4}x + 1 = 0$
   b) $x + 4 = \sqrt{8x+25}$ d) $3 + \sqrt{6x+1} = 2x$ f) $\sqrt{x-1} - \frac{1}{5}x = 1$

6. a) $\sqrt{x+3} + \sqrt{2x-3} = 6$ b) $\sqrt{2x+11} + \sqrt{2x-5} = 8$ c) $\sqrt{4x-3} + \sqrt{5x+1} = \sqrt{15x+4}$

14.3 Anwenden quadratischer Gleichungen

1. Multiplizieren wir eine Zahl mit einer um 20 größeren Zahl, so erhalten wir 96. Wie heißen die Zahlen?

2. Subtrahiert man 8 von einer gedachten Zahl und multipliziert diese Differenz mit der gedachten Zahl, so erhält man 240. Welche Zahl ist es?

3. Die Summe der Quadrate dreier aufeinander folgender Zahlen beträgt 677. Welche Zahlen sind es?

4. Teile eine Strecke a = 20 cm so in zwei Teile, dass das mit diesen Seitenlängen gebildete Rechteck 64 cm^2 groß ist.

5. Die Hypotenuse eines rechtwinkligen Dreiecks ist 17 cm lang. Seine Fläche beträgt 60 cm^2. Wie lang sind die beiden Katheten?

6. In einem rechtwinkligen Dreieck ist die Hypotenuse 145 cm lang; die Summe der Katheten beträgt 161 cm. Wie lang sind die Katheten?

7. Der Flächeninhalt eines gleichschenkligen Dreiecks beträgt 60 cm^2; ein Schenkel ist 13 cm lang. Wie lang ist die Basis?

8. Der Umfang eines Rechtecks beträgt 16 cm, der Flächeninhalt 15 cm^2. Wie lang sind die Seiten des Rechtecks?

9. Der Oberflächeninhalt einer quadratischen Pyramide beträgt 128 cm^2, die Körperhöhe 6 cm. Wie lang ist eine Grundkante des quadratischen Prismas?

10. Bei einer quadratischen Pyramide beträgt die Höhe h_s einer Seitenfläche 41 cm und der Oberflächeninhalt 2943 cm^2. Wie groß sind Grundkante, Höhe und Seitenkante?

11. Der Umfang eines Quadrats ist 256 cm. Wie lang ist seine Diagonale?

12. Ein Landwirt tauscht eine rechteckige Wiese mit den Seitenlängen 24 m und 96 m gegen eine gleichgroße quadratische Wiese ein. Diese soll eingezäunt werden. Wie lang ist der Zaun?

13. Ein Prisma mit quadratischer Grundfläche ist 6 cm hoch; die Oberfläche ist 128 cm^2 groß. Wie lang ist seine Grundkante?

15 Quadratische Funktionen

Eigenschaften der quadratischen Funktion mit $y = x^2$ ($x \in \mathbb{R}$) sowie der Normalparabel

(1) Der Punkt S(0 | 0) ist der *Scheitel* der Normalparabel; er fällt mit dem Koordinatenursprung zusammen.

(2) Die Normalparabel ist *symmetrisch* zur y-Achse.

(3) Für alle x mit $x \leq 0$ (linker Parabelast) ist die Funktion *streng monoton fallend*;
für alle x mit $x \geq 0$ (rechter Parabelast) *streng monoton steigend*;
der Scheitel ist der tiefste Punkt der Normalparabel.

(4) Der Wertebereich der Funktion ist die Menge aller reellen Zahlen y mit $y \geq 0$.

(5) $x_0 = 0$ ist die einzige Nullstelle der Funktion.

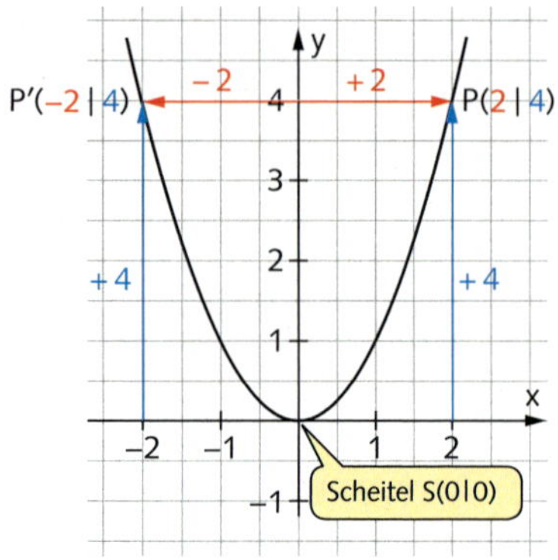

1. Zeichne die Normalparabel für $-3 \leq x \leq 3$.

a) Lies an der Normalparabel ab: $0{,}6^2$; $1{,}4^2$; $2{,}7^2$; $(-0{,}4)^2$; $(-1{,}6)^2$; $(-2{,}4)^2$.

b) Lies an der Normalparabel ab: An welchen Stellen x (für welche Argumente x) nimmt die quadratische Funktion mit $y = x^2$ den Wert 5 [4,5; 6; 7,5; 0,9; 0] an?

Eigenschaften der quadratischen Funktion mit $y = a \cdot x^2$ ($x \in \mathbb{R}$) sowie ihrer Parabel

(1) Der Graph der Funktion mit $y = ax^2$ entsteht aus der Normalparabel
- durch Streckung mit dem Faktor a parallel zur y-Achse, falls $a > 1$
- durch Stauchung mit dem Faktor a parallel zur y-Achse, falls $0 < a < 1$
- durch Spiegelung an der x-Achse und Streckung bzw. Stauchung parallel zur y-Achse, falls $a < 0$.

(2) Der Punkt S (0 | 0) ist der *Scheitel* der Parabel.

(3) Die Parabel ist *symmetrisch* zur y-Achse.

(4) Die Parabel ist nach oben geöffnet, falls $a > 0$.
Die Parabel ist nach unten geöffnet, falls $a < 0$.

(5) Die Wertemenge der Funktion ist die Menge aller y mit entweder $y \geq 0$, falls $a > 0$, oder $y \leq 0$, falls $a < 0$.

(6) $x_0 = 0$ ist die einzige Nullstelle der Funktion.

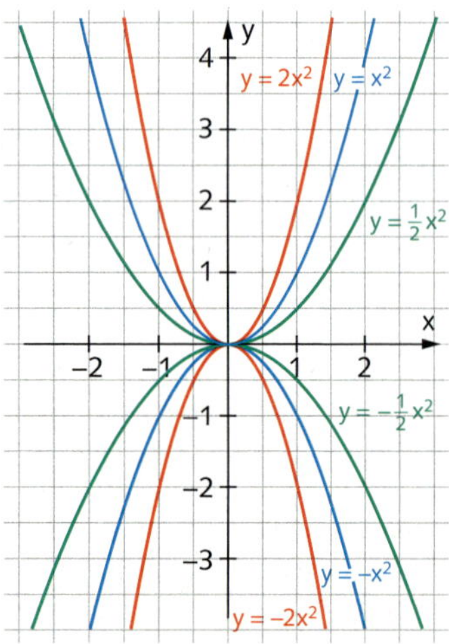

2. Welcher der Punkte $P_1(-3 \,|\, 6)$, $P_2(2 \,|\, -10)$, $P_3(1{,}5 \,|\, -2{,}25)$, $P_4(-1{,}2 \,|\, -1{,}08)$, $P_5(\frac{1}{2} \,|\, \frac{3}{4})$ liegt auf dem Graphen der quadratischen Funktion mit

a) $y = 3x^2$; **b)** $y = \frac{2}{3}x^2$; **c)** $y = -x^2$; **d)** $y = -2{,}5x^2$; **e)** $y = -\frac{3}{4}x^2$?

3. An welchen Stellen x nimmt die quadratische Funktion den Wert 15 [−10;0] an?

a) $y = 5x^2$ **b)** $y = \frac{1}{2}x^2$ **c)** $y = -2x^2$ **d)** $y = -\frac{1}{4}x^2$

Eigenschaften der quadratischen Funktion mit $y = x^2 + c$ ($x \in \mathbb{R}$) sowie ihrer Parabel

(1) Der Graph der Funktion mit $y = x^2 + c$ entsteht aus der Normalparabel durch Verschiebung um c Einheiten parallel zur y-Achse.

(2) Der Punkt $S(0\,|\,c)$ ist der *Scheitel* der Parabel.

(3) Die Parabel ist *symmetrisch* zur y-Achse.

(4) Die Wertemenge der Funktion ist die Menge aller reellen Zahlen mit $y \geq c$.

(5) Die Funktion hat
- zwei Nullstellen, falls $c < 0$
- eine Nullstelle, falls $c = 0$
- keine Nullstellen, falls $c > 0$.

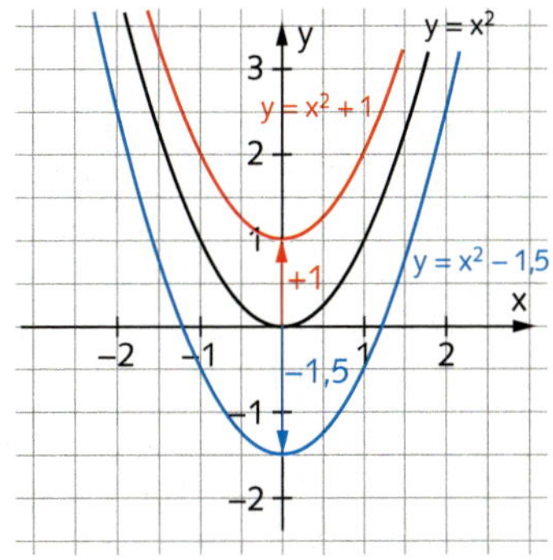

4. Bestimme – falls vorhanden – die Nullstellen der quadratischen Funktion mit

a) $y = x^2 - 3$;
b) $y = x^2 + 3$;
c) $y = x^2 - 6{,}25$;
d) $y = x^2 + 0{,}25$;
e) $y = x^2 + 1{,}5$;
f) $y = x^2 - 1$.

$y = x^2 - 9$
Gleichung für die Nullstellen:
$x^2 - 9 = 0$
$x = 3$ *oder* $x = -3$
Nullstellen: -3; 3

5. Der Graph der quadratischen Funktion entsteht aus der Normalparabel durch Verschieben in Richtung der y-Achse. Der Scheitel lautet:

a) $S(0\,|\,1{,}8)$
b) $S(0\,|\,-2{,}4)$

Wie lautet die Funktionsgleichung?

Eigenschaften der quadratischen Funktion mit $y = x^2 + px + q$ ($x \in \mathbb{R}$) sowie ihrer Parabel

(1) Die *Scheitelpunktform* der Funktionsgleichung lautet:
$y = (x - d)^2 + e$
Das bedeutet: Der Graph der quadratischen Funktion entsteht aus der Normalparabel durch Verschieben um d Einheiten parallel zur x-Achse und um e Einheiten parallel zur y-Achse.

(2) Der Scheitel S hat dann die Koordinaten $(d\,|\,e)$ mit $d = -\frac{p}{2}$ und $e = -\left(\frac{p}{2}\right)^2 + q$.

(3) Die Parabel ist symmetrisch zu der Parallelen zur y-Achse durch den Scheitel $S\,(d\,|\,e)$.

(4) Für alle $x \leq d$ fällt die Parabel monoton, für alle $x \geq d$ steigt sie monoton. Der Scheitel ist der tiefste Punkt der Parabel.

(5) Der Wertebereich ist die Menge der reellen Zahlen y mit $y \geq e$.

(6) Die quadratische Funktion hat
- zwei Nullstellen, falls $e < 0$,
- eine Nullstelle, falls $e = 0$,
- keine Nullstelle, falls $e > 0$.

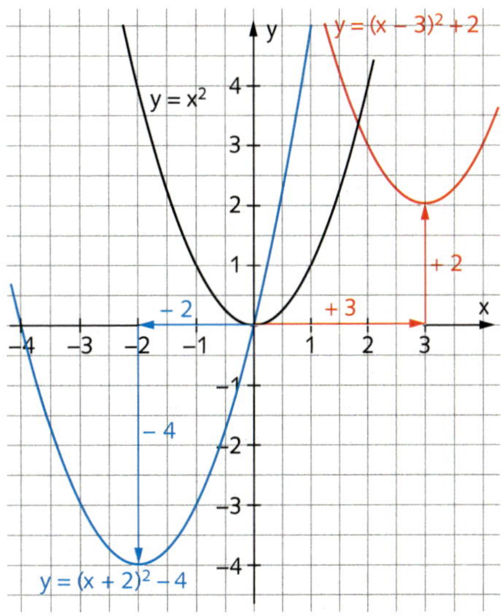

6. Von einer verschobenen Parabel ist der Scheitel S bekannt. Gib ihre Funktionsgleichung in der Form $y = x^2 + px + q$ an.

a) S(3 | –2) **b)** S(–3,5 | 1,5) **c)** S(0,5 | 3) **d)** S(–1,5 | –1) **e)** S(2,5 | –2,5)

7. Gib den Scheitel der Parabel und ihre Schnittpunkte mit den Koordinatenachsen an.

a) $y = x^2 + x - 2$ **b)** $y = x^2 - 4x + 5,5$ **c)** $y = x^2 + 3,5x + 3$

8. Von einer verschobenen Normalparabel sind zwei Punkte P_1 und P_2 bekannt. Stelle die Funktionsgleichung auf.

a) $P_1(1,5 | 8,25)$; $P_2(-1 | 2)$ **b)** $P_1(2 | -1)$; $P_2(-1,5 | 7,75)$

9. Zwei Parabeln haben die Gleichungen $y = x^2 - 3x + 4$ und $y = x^2 + 2x - 7$.
Berechne die Schnittpunkte.

10. Beschreibe, wie die Parabel aus der Normalparabel entstanden ist. Gib die Funktionsgleichung in der Form $y = x^2 + px + q$ an. Bestimme auch die Nullstellen.

a)

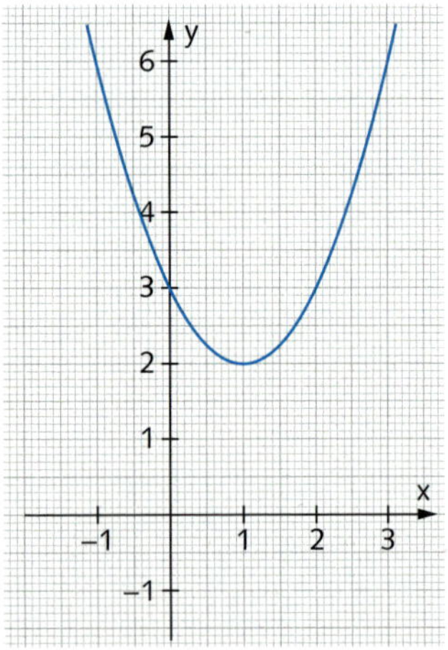

b)

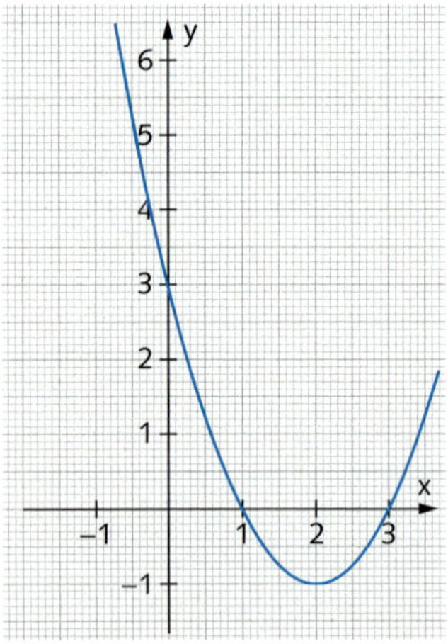

c)

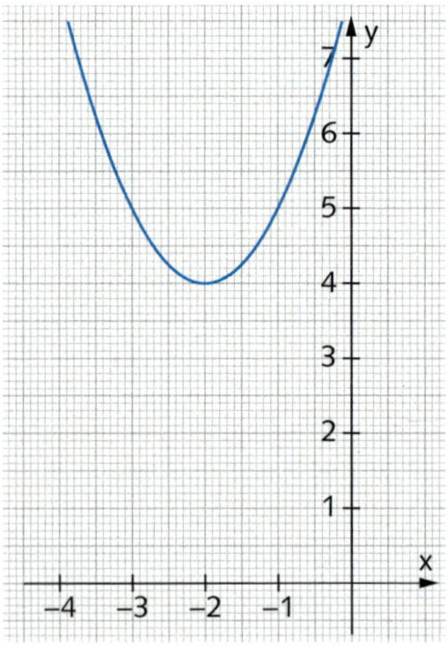

d)

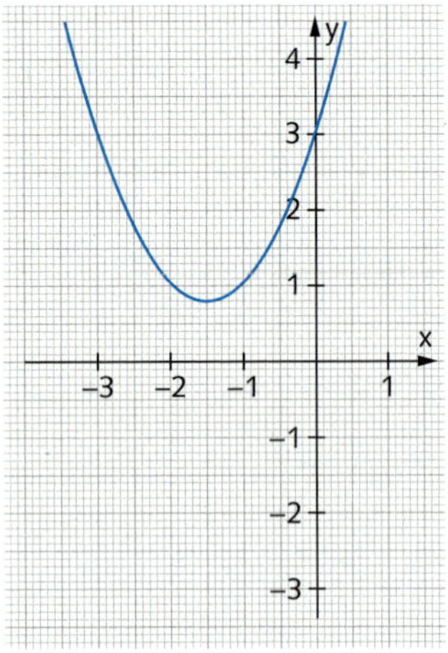

e)

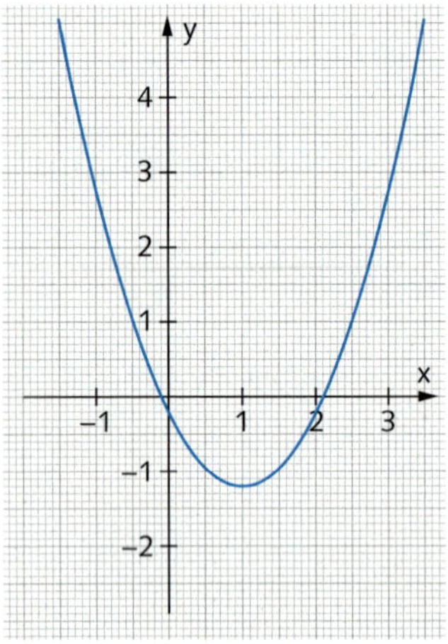

f)

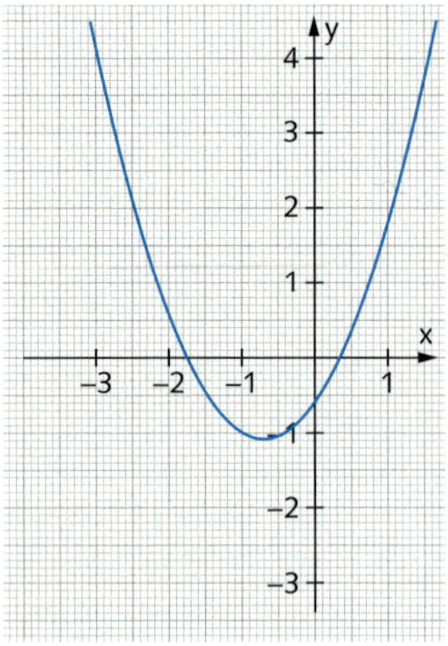

Eigenschaften der quadratischen Funktion mit $y = ax^2 + bx + c$ ($x \in \mathbb{R}$) sowie ihrer Parabel

(1) Die *Scheitelpunktform* der Funktionsgleichung lautet:

$y = a(x - d)^2 + e, \quad a \neq 0$

Das bedeutet: Der Graph der quadratischen Funktion entsteht aus der Normalparabel, indem man sie

- um d Einheiten parallel zur x-Achse verschiebt;
- parallel zur y-Achse mit dem Faktor a streckt bzw. staucht,
- um e Einheiten parallel zur y-Achse verschiebt.

(2) Der Scheitel S hat dann die Koordinaten (d | e) mit $d = -\frac{b}{2a}$, $e = \frac{4ac - b^2}{4a}$.

(3) Die Parabel ist symmetrisch zu der Parallelen zur y-Achse durch den Scheitel S(d | e).

(4) Der Graph ist nach oben geöffnet, falls a > 0, nach unten geöffnet, falls a < 0.

(1)

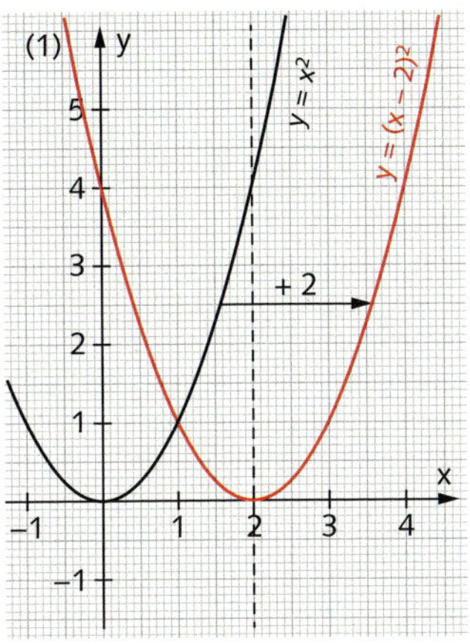

(2)

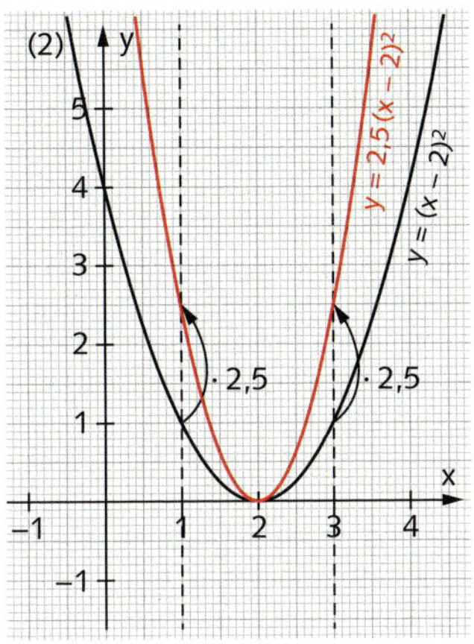

(3)

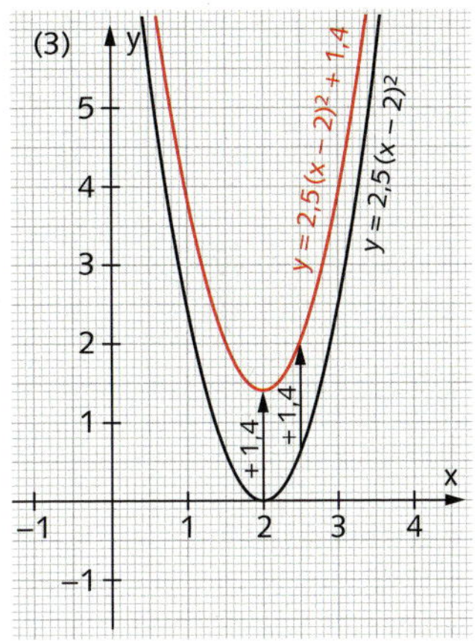

11. Die Normalparabel wird

a) um 2 Einheiten parallel zur x-Achse nach rechts verschoben, dann parallel zur y-Achse mit dem Faktor 1,5 gestreckt und schließlich um 1 Einheit parallel zur y-Achse nach unten verschoben.

b) um 3 Einheiten parallel zur x-Achse nach links verschoben, dann parallel zur y-Achse mit dem Faktor 2 gestreckt, nun an der x-Achse gespiegelt und schließlich um 4 Einheiten parallel zur y-Achse nach oben verschoben.

Gib die Koordinaten des Scheitels und die Gleichung der Symmetrieachse an. Ist die Parabel nach oben oder nach unten geöffnet?

Wie lautet die Gleichung der quadratischen Funktion in der Form $y = ax^2 + bx + c$? Bestimme – falls vorhanden – die Nullstellen. Zeichne den Graphen.

12. Gegeben ist die Gleichung einer quadratischen Funktion.

a) $y = \frac{1}{2}x^2 + x - 1{,}5$ **b)** $y = 2x^2 - 6x + 8$ **c)** $y = -2x^2 + 4x - 3$

Bestimme die Nullstellen der Funktion.

Gib die Gleichung der Scheitelpunktform an. Wie lauten die Koordinaten des Scheitelpunkts?

Stelle die Gleichung der Symmetrieachse auf. Ist die Parabel nach oben oder nach unten geöffnet?

Beschreibe, wie der Graph der quadratischen Funktion aus der Normalparabel entsteht.

In welchem Bereich steigt die Parabel, in welchem fällt sie?

Welchen Punkt hat die Parabel mit der y-Achse gemeinsam? Zeichne die Parabel.

16 Potenzen mit ganzzahligen Exponenten

16.1 Potenzen mit natürlichen Exponenten

$a^1 = a$

$a^2 = a \cdot a$

$a^3 = a \cdot a \cdot a$

$a^4 = a \cdot a \cdot a \cdot a$

$a^n = \underbrace{a \cdot a \cdot \ldots \cdot a}_{\text{n Faktoren}}$ (für $a \in \mathbb{R}$, $n \in \mathbb{N}^*$)

a^n — Exponent (Hochzahl): n; Basis (Grundzahl): a

Beispiele:

$4^5 = 4 \cdot 4 \cdot 4 \cdot 4 \cdot 4 = 1024$

$\left(\frac{3}{4}\right)^3 = \frac{3}{4} \cdot \frac{3}{4} \cdot \frac{3}{4} = \frac{27}{64}$

$(-3)^3 = (-3) \cdot (-3) \cdot (-3) = -27$

$\left(\sqrt{3}\right)^5 = \sqrt{3} \cdot \sqrt{3} \cdot \sqrt{3} \cdot \sqrt{3} \cdot \sqrt{3} = 9\sqrt{3}$

1. Berechne und vergleiche.

a) 3^5 und $3 \cdot 5$ **b)** 5^3 und $5 \cdot 3$ **c)** $(-2)^4$ und $(-2) \cdot 4$ **d)** $\left(\frac{2}{3}\right)^3$ und $\frac{2}{3} \cdot 3$

2. Berechne und vergleiche.

a) 5^2 und 2^5 **b)** 3^4 und 4^3 **c)** $(-4)^2$ und -4^2 **d)** 3^5 und $(-3)^5$

3. Berechne.

a) 8^2; 5^4; 2^8; 1^4; 0^6; 9^3; 4^3; 10^6; 3^6; 2^{10}; 6^3; 5^1

b) $\left(\frac{1}{2}\right)^3$; $\left(\frac{5}{9}\right)^2$; $\left(\frac{1}{10}\right)^4$; $\left(\frac{3}{5}\right)^3$; $\left(\frac{5}{3}\right)^4$; $\left(\frac{6}{7}\right)^2$; $\left(\frac{7}{6}\right)^3$; $\left(\frac{3}{4}\right)^5$; $\left(\frac{3}{2}\right)^6$

c) $0{,}2^3$; $0{,}6^2$; $0{,}4^3$; $0{,}02^2$; $0{,}01^3$; $0{,}04^4$; $1{,}2^2$; $1{,}5^2$; $4{,}8^1$; $3{,}2^2$; $0{,}3^4$

d) $(-2)^3$; $(-6)^2$; $(-3)^4$; $(-4)^5$; $(-1)^9$; $(-1)^{10}$; $\left(-\frac{1}{2}\right)^4$; $\left(-\frac{2}{3}\right)^5$; $(-0{,}2)^5$

e) $\left(\sqrt{2}\right)^5$; $\left(\sqrt{3}\right)^4$; $\left(\sqrt{7}\right)^3$; $\left(\sqrt{6}\right)^5$; $\left(\sqrt{2}\right)^{10}$; $\left(\sqrt{3}\right)^7$; $\left(\sqrt{5}\right)^5$; $\left(\sqrt{7}\right)^4$; $\left(\sqrt{8}\right)^1$

4. Schreibe als Potenz.

a) 32 **b)** 125 **c)** 64 **d)** 256 **e)** 1000 **f)** 1024 **g)** 625 **h)** 144

5. Berechne.

a) $5 + 4 \cdot 3^2$ **c)** $100 + 5 \cdot 15^2$ **e)** $12^2 + 5^3$ **g)** $2 \cdot 3^4 + 4 \cdot 3^2$

b) $50 - 4 \cdot 3^2$ **d)** $7 \cdot 4^3 - 30$ **f)** $6^3 - 11^2$ **h)** $23 \cdot 5^3 - 7 \cdot 9^2$

6. Berechne.

$$9 \cdot 2^3 + 7 \cdot 2^3 = (9 + 7) \cdot 2^3 = 16 \cdot 2^3 = 16 \cdot 8 = 128$$

a) $9 \cdot 2^3 - 7 \cdot 2^3$ **e)** $3 \cdot 6^2 + 7 \cdot 6^2 - 5 \cdot 6^2$

b) $11 \cdot 7^3 + 4 \cdot 7^3$ **f)** $10 \cdot \left(\frac{7}{2}\right)^2 + 15 \cdot \left(\frac{7}{2}\right)^2 - 23 \cdot \left(\frac{7}{2}\right)^2$

c) $5 \cdot 7^3 - 8 \cdot 7^3$ **g)** $0{,}5^4 + 8 \cdot 0{,}5^4 - 3 \cdot 0{,}5^4$

d) $28 \cdot \left(\frac{1}{2}\right)^4 - 15 \cdot \left(\frac{1}{2}\right)^4$ **h)** $17 \cdot \left(\frac{2}{3}\right)^3 - 19 \cdot \left(\frac{2}{3}\right)^3 + 11 \cdot \left(\frac{2}{3}\right)^3$

7. Vereinfache.

$$5a^7 + 3a^7 = (5 + 3)a^7 = 8a^7$$

a) $5x^2 - 3x^2$ **c)** $9b^3 - 7b^3$ **e)** $5x^5 + 17x^5 - 29x^5$

b) $9y^3 + 7y^3$ **d)** $4{,}5a^4 - 6{,}3a^4$ **f)** $3{,}5z^8 - 2{,}9z^8 + 7{,}4z^8$

8. Schreibe in Exponentenschreibweise.

a) 3 540 **b)** 28 500 **c)** 864 000 **d)** 1 230 000 **e)** 541 000 000 **f)** 298 000 000 000

1 480 000
= 1,48 · 1 000 000
= $1{,}48 \cdot 10^6$

9. Schreibe ausführlich.

a) $1{,}2 \cdot 10^3$ **b)** $9{,}6 \cdot 10^5$ **c)** $3{,}1 \cdot 10^2$ **d)** $7{,}45 \cdot 10^4$ **e)** $5{,}14 \cdot 10^3$ **f)** $6{,}38 \cdot 10^2$ **g)** $2{,}47 \cdot 10^6$ **h)** $4{,}18 \cdot 10^8$

$3{,}6 \cdot 10^4$
= 36 000

16.2 Potenzgesetze für natürliche Exponenten – Rechnen mit Potenzen

Potenzgesetz für die Multiplikation von Potenzen mit gleicher Basis (Grundzahl)

(P1): $a^m \cdot a^n = a^{m+n}$ (für $a \in \mathbb{R}$, $m \in \mathbb{N}^*$, $n \in \mathbb{N}^*$)

Man multipliziert Potenzen mit gleicher Basis (Grundzahl), indem man die Exponenten (Hochzahlen) addiert.

1. Wende das Potenzgesetz **(P1)** an.

$x^3 \cdot x^4 = x^{3+4} = x^7$

a) $5^2 \cdot 5^4$
b) $10^3 \cdot 10^2 \cdot 10$
c) $\left(\frac{2}{3}\right)^4 \cdot \left(\frac{2}{3}\right)^2$
d) $2{,}4^3 \cdot 2{,}4^4$
e) $(-2)^3 \cdot (-2)^5$
f) $z^4 \cdot z^8$
g) $a \cdot a^5$
h) $(-x)^4 \cdot (-x)^3$
i) $c^3 \cdot c^4 \cdot c^5$
j) $n^3 \cdot n \cdot n^6$
k) $5x^4 \cdot 7x^3$
l) $9y^{11} \cdot 5y^{11}$
m) $\frac{3}{2}v^5 \cdot \frac{9}{2}v^3$
n) $0{,}4b^6 \cdot 0{,}7b^4$
o) $4z^3 \cdot 3z^2 \cdot 6z^4$
p) $x^3 \cdot y^2 \cdot x^4 \cdot y^5$
q) $r^5 \cdot s^2 \cdot r^3 \cdot s^4$
r) $4a^3 \cdot 3a^2 \cdot 6b^4 \cdot 4b^2$
s) $1{,}5a^2 \cdot 8b^2 \cdot 0{,}5ab$

2. **a)** $(x + y)^2(x + y)^3$ **b)** $(a - b)^3(a - b)^5$ **c)** $7(y + z)^4(y + z)$ **d)** $a(x - y)^2(x - y)^3$

3.
a) $\frac{a^2b^7}{3} \cdot \frac{a^5b^{12}}{4}$
b) $\frac{x^3y}{2} \cdot \frac{x^4y^3}{5}$
c) $\frac{5r^2s^2}{4} \cdot 2rs$
d) $\frac{30a^3y^3}{7} \cdot 21a^2y^3$
e) $\frac{x^4y^5}{8} : \frac{5}{2x^3b^3}$
f) $\frac{r^2s}{3} : \frac{1}{rs}$
g) $\frac{a^3b^7}{c^3} \cdot \frac{a^2b^9}{c^6}$
h) $\frac{5x^9y^3}{7z^4} : \frac{10z^3}{28x^5y^7}$

4. Multipliziere aus.

$x^5 \cdot (3x^4 - 2x^3) = x^5 \cdot 3x^4 - x^5 \cdot 2x^3 = 3x^9 - 2x^8$

a) $2a^3(5a + 9a^2)$
b) $x^8(3x^2 - 5x^4)$
c) $2z^5(5z + 3z^2 + 0{,}5z^3)$
d) $4r^6(r^4 + 7r^2 - 9)$
e) $3a^2b^3c^5(7a^3b^2c^2 - 10ab^4c^5 + 12a^4b^6c^7)$
f) $1{,}2xy^5z(0{,}5x^2yz^5 - 0{,}8xy^2z^8 + 1{,}2xyz^7)$

5. Multipliziere aus.

a) $(a^2 + a + 1)(a - 1)$
b) $(z^2 - z + 1)(z + 1)$
c) $(25x^2 + 20xy + 16y^2)(5x - 4y)$
d) $(25x^2 - 20xy + 16y^2)(5x + 4y)$
e) $(4a^3b + 5a^2b^3)(4a^3b - 5a^2b^2)$
f) $\left(\frac{1}{2}x^3y - \frac{1}{3}x^2y^2 + \frac{1}{4}xy^3\right)(8x^3 + 3y^2)$

6. Multipliziere aus.

a) $b^{2m+5}(4b^{2+m} - 5b^{3m+1})$
b) $(u^m - u^{m+1} + u^{2m+1})(u^{2m+1} - u^{3m+2})$

7. Klammere aus.

$x^3 + x^5 = x^3 + x^3 \cdot x^2 = x^3(1 + x^2)$

a) $a^8 - a^6$; $x^4 - x^7$; $y^9 - y^3$
b) $12x^9 - 8x^2$; $15a^3 + 10a^9$; $24z - 36z^5$
c) $48y^6 - 30y^4 + 12y^2 + 6y$; $9b^4 + 27b^5 - 18b^2 - 45b^7$
d) $\frac{8}{9}x^5 + \frac{16}{81}x^4 - \frac{32}{27}x^2 - \frac{4}{3}x$; $\frac{2}{5}z^3 - \frac{4}{15}z^2 + \frac{8}{10}z^5 - \frac{12}{25}z^4$

Potenzgesetz für die Division von Potenzen mit gleicher Basis (Grundzahl)

(P1*): $\frac{a^m}{a^n} = a^{m-n}$ (für $a \in \mathbb{R} \setminus \{0\}$, $m, n \in \mathbb{N}^*$ mit $m > n$)

Man dividiert Potenzen mit gleicher Basis (Grundzahl), indem man die Exponenten (Hochzahlen) subtrahiert.

8. Wende das Potenzgesetz (P1*) an.

$x^7 : x^5 = x^{7-5} = x^2$ (für $x \neq 0$)

a) $\frac{11^9}{11^4}$
b) $\frac{7^{11}}{7^5}$
c) $\frac{5^{15}}{5^{12}}$
d) $\left(\frac{4}{5}\right)^{12} : \left(\frac{4}{5}\right)^7$
e) $\frac{2{,}4^8}{2{,}4^5}$
f) $\frac{(-2)^3}{(-2)^2}$
g) $\frac{a^{10}}{a^7}$
h) $\frac{x^{11}}{x}$
i) $\frac{(-b)^5}{(-b)^3}$
j) $\frac{(2b)^7}{(2b)^4}$
k) $\frac{(rs)^8}{(rs)^6}$
l) $\frac{(abc)^5}{(abc)^2}$
m) $\frac{(x+y)^{12}}{(x+y)^7}$
n) $\frac{(a-b)^{15}}{(a-b)^8}$
o) $\frac{36a^{18}}{18a^{12}}$
p) $\frac{27z^{15}}{9z^6}$
q) $\frac{36y^{20}}{54y^5}$
r) $\frac{38x^9y^8}{57x^7}$
s) $\frac{1{,}8r^9s^8}{2{,}7r^7s^2}$
t) $\frac{42a^{14}b^{12}}{72a^{11}b^3}$
u) $\frac{a^5(a+b)^4}{a^2(a+b)}$
v) $\frac{(x-y)^{13} \cdot z^{12}}{(x-y)^{10} \cdot z^7}$
w) $\frac{(x+y)^{12}(y-z)^{10}}{(y-z)^7(x+y)^6}$

9. **a)** $\frac{x^6}{y^5} \cdot \frac{y^7}{x^4}$
b) $\frac{5a^5}{b^3} \cdot \frac{b^5}{10a^4}$
c) $\frac{25x^6}{16z} \cdot \frac{28z^5}{15x^4}$
d) $\frac{5r^3s^4}{7x^5y^6} \cdot \frac{21x^6y^8}{10r^2s}$
e) $\frac{a^9}{b^{12}} : \frac{a^5}{b^{14}}$
f) $\frac{18x^9}{35z^3} : \frac{15x^4}{14z}$
g) $10a^5b^4 : \frac{15a^2b^2}{x^2y}$
h) $\frac{r^4s^5}{18} : r^2s$

10. **a)** $(a^6 - a^5 + a^4) : a^3$
b) $(x^8 + 3x^7 - x^3) : x^2$
c) $(y^6 - 5y^5 - y^8) : y^3$
d) $(28z^3 - 21z^4 - 42z^5) : 14z^2$
e) $(5r^7 - 3r^6 + 4r^5) : \frac{1}{2}r^4$
f) $(6a^5 + 9a^4 - 12a^3) : \frac{3}{2}a^3$
g) $(ax^5 - 2ax^4 - 3ax^3) : ax^2$
h) $(x^4y^5 - x^3y^4 + x^5y^3) : x^3y^2$
i) $(r^3s^4 - r^4s^3 + r^5s^5) : s^3r^3$

Potenzgesetz für das Potenzieren eines Produktes

(P2): $(a \cdot b)^n = a^n \cdot b^n$ (für $a \in \mathbb{R}$, $b \in \mathbb{R}$, $n \in \mathbb{N}^*$)

Man potenziert ein Produkt, indem man jeden Faktor potenziert.

11. Potenziere das Produkt.

$(4ab)^3 = 4^3a^3b^3 = 64a^3b^3$

a) $(6\sqrt{5})^2$
b) $(-2\sqrt{2})^7$
c) $(\sqrt{3} \cdot \sqrt{5})^4$
d) $(\sqrt{7} \cdot \sqrt{6})^3$
e) $(3a)^2$
f) $(2x)^5$
g) $(2xy)^7$
h) $(5ac)^4$
i) $\left(\frac{1}{2}uv\right)^3$
j) $(3xyz)^4$
k) $(-10xy)^3$
l) $\left(\frac{2}{5}ab\right)^2$
m) $(\sqrt{x} \cdot \sqrt{y})^6$
n) $(5(a+b))^2$
o) $(4(x-y))^3$
p) $(x(y+z))^2$
q) $(a(b-c))^2$
r) $(2r(s+t))^3$

12. **a)** $(4a)^3 \cdot (2ab)^4$
b) $(2r)^2 \cdot (3rs)^3$
c) $(7x)^3 \cdot (4xy)^2$
d) $(2ab)^5 \cdot (4ac)^2$

13. Wende das Potenzgesetz **(P2)** an.

$3^2 \cdot 5^2 = (3 \cdot 5)^2 = 15^2 = 225$

a) $2^3 \cdot 5^3$
b) $25^2 \cdot 16^2$
c) $8^3 \cdot 125^3$
d) $\left(\frac{1}{2}\right)^2 \cdot 8^2$
e) $\left(\frac{2}{3}\right)^2 \cdot 9^2$
f) $\left(\frac{1}{4}\right)^3 \cdot 20^3$
g) $25^4 \cdot \left(\frac{2}{5}\right)^4$
h) $\left(1\frac{1}{3}\right)^3 \cdot \left(1\frac{1}{2}\right)^3$
i) $0{,}5^4 \cdot 2^4 \cdot 5^4$
j) $\left(\frac{2}{3}\right)^3 \cdot \left(\frac{6}{7}\right)^3 \cdot \left(\frac{21}{4}\right)^3$
k) $(-2)^3 \cdot (-1)^3 \cdot (-5)^3$

14. **a)** $a^2 \cdot b^2$
b) $x^5 \cdot y^5$
c) $z^3 \cdot (-y)^3$
d) $(-a)^4 \cdot (-b)^4$
e) $(a+1)^3 \cdot (a-1)^3$
f) $(x-2)^4 \cdot (x+2)^4$
g) $(3a+b)^2 \cdot (3a-b)^2$

$x^5 \cdot y^5 = (x \cdot y)^5$

15. a) $\left(\frac{x+y}{a+b}\right)^4 \cdot \left(\frac{a-b}{x+y}\right)^4$ c) $\left(\frac{4a-6b}{5x-7y}\right)^3 \cdot \left(\frac{5x-7y}{2a-3b}\right)^3$ e) $\left(\frac{5r-7s}{7c+2d}\right)^2 \cdot \left(\frac{21c+6d}{5r-7s}\right)^2$

b) $\left(\frac{x-y}{a-b}\right)^5 \cdot \left(\frac{a-b}{x+y}\right)^5$ d) $\left(\frac{7r^2}{r^2-s^2}\right)^4 \cdot (r+s)^4$ f) $\left(\frac{2x+3z}{a-b}\right)^3 \cdot \left(\frac{2a-2b}{6x+9z}\right)^3$

Potenzgesetz für das Potenzieren eines Quotienten

(P2*): $\left(\frac{a}{b}\right)^n = \frac{a^n}{b^n}$ (für $a \in \mathbb{R}$, $b \in \mathbb{R} \setminus \{0\}$, $n \in \mathbb{N}^*$)

Man potenziert einen Quotienten, indem man Zähler und Nenner potenziert.

16. Potenziere den Quotienten.

$\left(\frac{2}{x}\right)^5 = \frac{2^5}{x^5} = \frac{32}{x^5}$ (für $x \neq 0$)

a) $\left(\frac{2}{5}\right)^3$ d) $\left(\frac{\sqrt{5}}{\sqrt{3}}\right)^6$ g) $\left(\frac{x}{3}\right)^3$ j) $\left(\frac{1}{4x}\right)^3$

b) $\left(\frac{4}{5}\right)^2$ e) $\left(\frac{2\sqrt{5}}{\sqrt{7}}\right)^4$ h) $\left(\frac{y}{5}\right)^4$ k) $\left(\frac{3x}{2y}\right)^4$ m) $\left(\frac{5c}{7d}\right)^2$ o) $\left(\frac{3r}{4xy}\right)^4$

c) $\left(\frac{\sqrt{2}}{3}\right)^4$ f) $\left(\frac{2\sqrt{3}}{3\sqrt{5}}\right)^3$ i) $\left(\frac{2a}{b}\right)^2$ l) $\left(\frac{3\sqrt{a}}{4\sqrt{b}}\right)^3$ n) $\left(\frac{2ab}{3xy}\right)^3$ p) $\left(\frac{a\sqrt{b}}{x\sqrt{y}}\right)^5$

17. Vereinfache.

a) $\left(\frac{1}{x}\right)^3 \cdot \left(\frac{1}{y}\right)^2$ b) $\left(\frac{2}{a}\right)^3 \cdot \left(\frac{3}{b}\right)^2 \cdot \left(\frac{1}{c}\right)^4$ c) $\left(\frac{3a}{4b}\right)^2 \cdot \left(\frac{2b}{9c}\right)^3$ d) $(2xy)^4 \cdot \left(\frac{3x}{8y}\right)^3$

18. Wende das Potenzgesetz **(P2*)** an.

$\frac{12^5}{6^5} = \left(\frac{12}{6}\right)^5 = 2^5 = 32$

a) $\frac{12^2}{4^2}$ d) $\frac{8^3}{32^3}$ g) $\frac{(-48)^2}{16^2}$ j) $\frac{\left(\frac{1}{4}\right)^3}{\left(\frac{5}{8}\right)^3}$

b) $\frac{27^3}{3^3}$ e) $\frac{20^4}{5^4}$ h) $\frac{16^3}{(-24)^3}$ k) $\frac{\left(-\frac{1}{3}\right)^2}{2^2}$ m) $\frac{\left(\frac{2}{3}\right)^4}{\left(\frac{5}{4}\right)^4}$ o) $\frac{(-4{,}8)^3}{(-1{,}6)^3}$

c) $\frac{100^4}{10^4}$ f) $\frac{120^5}{12^5}$ i) $\frac{(-75)^5}{(-25)^5}$ l) $\frac{5{,}1^7}{1{,}7^7}$ n) $\frac{1{,}3^5}{2{,}6^5}$ p) $\frac{1{,}5^2}{(-4{,}5)^2}$

19. Schreibe als Potenz.

$\frac{x^3}{27} = \frac{x^3}{3^3} = \left(\frac{x}{3}\right)^3$

a) $\frac{x^4}{16}$ b) $\frac{a^6}{64}$ c) $\frac{32}{z^5}$ d) $\frac{81c^4}{10\,000}$

20. Wende das Potenzgesetz **(P2*)** an.

$\frac{x^5}{y^5} = \left(\frac{x}{y}\right)^5$ (für $y \neq 0$)

a) $\frac{(45a)^3}{9^3}$ c) $\frac{(24z)^4}{(8z)^4}$ e) $\left(\frac{x}{y}\right)^7 : x^7$ g) $\frac{(a^2-b^2)^3}{(a+b)^3}$

b) $\frac{(17b)^2}{(4b)^2}$ d) $\frac{(ab)^{10}}{b^{10}}$ f) $\left(\frac{z}{2}\right)^8 : \left(\frac{z}{y}\right)^8$ h) $\frac{(3x-3y)^5}{(x-y)^5}$ i) $\frac{(4a+4b)^3}{(a+b)^3}$

Potenzgesetz für das Potenzieren einer Potenz

(P3): $(a^m)^n = a^{m \cdot n}$ (für $a \in \mathbb{R}$, $m \in \mathbb{N}^*$, $n \in \mathbb{N}^*$)

Man potenziert eine Potenz, indem man die Exponenten (Hochzahlen) multipliziert.

21. Berechne die Potenz.

$(2^3)^4 = 2^{3 \cdot 4} = 2^{12} = 4096$

a) $(3^2)^2$ c) $(10^2)^3$ e) $((-10)^4)^2$ g) $\left(\left(-\frac{1}{2}\right)^3\right)^3$

b) $(2^3)^2$ d) $((-2)^2)^3$ f) $\left(\left(\frac{1}{2}\right)^5\right)^2$ h) $\left(\left(\sqrt{2}\right)^4\right)^5$ i) $\left(\left(\frac{1}{\sqrt{2}}\right)^3\right)^4$

22. Schreibe als Potenz mit möglichst kleiner Basis (Grundzahl).

a) 36^5 b) 32^3 c) 1000^4 d) 81^2 e) 125^7

23. Wende das Potenzgesetz **(P3)** an.

$(a^3)^5 = a^{3 \cdot 5} = a^{15}$

a) $(x^4)^3$ **b)** $(z^3)^4$ **c)** $(g^5)^2$ **d)** $(b^5)^3$ **e)** $(a^7)^7$ **f)** $(c^6)^8$ **g)** $((-x)^2)^3$ **h)** $((-a)^2)^6$ **i)** $((a+b)^3)^5$

24.

$(x^2y^3)^5 = (x^2)^5 \cdot (y^3)^5 = x^{10} \cdot y^{15}$

a) $(3a^2)^4$ **b)** $(5x^3)^2$ **c)** $(2z^4)^5$ **d)** $(-2x^3)^4$ **e)** $(-4ab)^2$ **f)** $(-3a^2y)^3$ **g)** $(-x^2)^3$ **h)** $(-a^5)^4$ **i)** $(-z^7)^3$ **j)** $(a^2b^2)^3$ **k)** $(x^2y^3)^4$ **l)** $(r^3s^4)^7$ **m)** $(3u^2v^3)^2$ **n)** $(-4xy^2)^3$ **o)** $(a^2b^4c^4)^5$ **p)** $(-x^3y^5z^2)^7$

25. **a)** $\left(\frac{1}{3x^4}\right)^4$ **b)** $\left(\frac{3x^3}{2y^2}\right)^5$ **c)** $\frac{(a^6b^5)^4}{(a^3b^4)^5}$ **d)** $\frac{(x^3y)^4}{(5xy^2)^3}$ **e)** $\left(\frac{x^7}{y^4}\right)^5 \cdot \left(\frac{y}{x^3}\right)^4$ **f)** $\left(\frac{a^3b^3}{c^4}\right)^2 \cdot \left(\frac{c^5b^4}{a^2}\right)^3$ **g)** $\left(\frac{a^4b^2}{c^3}\right)^7 : \left(\frac{a^5b^5}{c^5}\right)^4$ **h)** $\left(\frac{4x^2y^4z^5}{3a^7b^6}\right) : (2x^2y^3z^4)^4$

26. **a)** $\left(\frac{3ab^2}{2c}\right)^6 + \left(\frac{2a^2b}{4c^2}\right)^3$ **b)** $\left(\frac{5y^2z}{4x^2}\right)^2 + \left(\frac{3yz^2}{2x}\right)^4$ **c)** $\left(\frac{s^2t^2}{2r}\right)^8 - \left(\frac{3s^3t^2}{r^2}\right)^4$ **d)** $\left(\frac{-r^2}{s^3t^2}\right)^2 + \left(\frac{r}{s^2t}\right)^3$ **e)** $\left(\frac{z}{x^2y}\right)^4 + \left(\frac{-z}{y^2x}\right)^2$ **f)** $\left(\frac{ab}{c^3d^2}\right)^2 - \left(\frac{ab}{c^2d^3}\right)^4$ **g)** $\left(\frac{-5x^2y}{2z}\right)^2 - \left(\frac{-2x^2y^3}{3z^2}\right)^3$ **h)** $\left(\frac{-4ab^2}{2c^2}\right)^3 - \left(\frac{-5a^2b^2}{3c}\right)^2$ **i)** $\left(\frac{r^2s^3}{uv^2}\right)^4 + \left(\frac{r^2s}{v^2u}\right)^3$

27. **a)** $(5x^2 - 4y^2)^2$ **b)** $(7a^3 + 6b^3)^2$ **c)** $(a^2b^3 - cd^4)^2$ **d)** $(2a^2b^3 + 3c^3d^4)^2$ **e)** $(5x^4y^5 - 7y^4x^5)^2$ **f)** $(6a^2b^4c^3 + 9a^5b^2c^6)^2$

28. **a)** $(a^3 - b^3)(a^3 + b^3)$ **b)** $(x^5 - y^3)(x^5 + y^3)$ **c)** $(2x^6 - 3y^5)(2x^6 + 3y^5)$

29. Vereinfache.

a) $\frac{a^5 + a^4}{a^3 + a^2}$ **b)** $\frac{x^7 - 2x^8}{x^3 - 4x^5}$ **c)** $\frac{36y^2 - 9y^4}{6y^4 - 3y^5}$

16.3 Potenzen mit Exponenten 0 und mit negativen Exponenten

Es soll gelten: (1) $a^0 = 1$ (für $a \in \mathbb{R}$) (2) $a^{-n} = \frac{1}{a^n}$ (für $a \in \mathbb{R} \setminus \{0\}, n \in \mathbb{N}$)

1. Berechne.

$4^0 = 1$

$\left(\frac{2}{3}\right)^0 = 1$

$(-3)^0 = 1$

$4^{-2} = \frac{1}{4^2} = \frac{1}{16}$

$\left(\frac{2}{3}\right)^{-4} = \frac{1}{\left(\frac{2}{3}\right)^4} = \frac{1}{\frac{16}{81}} = \frac{81}{16}$

$(-3)^{-4} = \frac{1}{(-3)^4} = \frac{1}{81}$

$\left(\sqrt{2}\right)^{-6} = \frac{1}{\left(\sqrt{2}\right)^6} = \frac{1}{8}$

a) 5^0; $(-7)^0$; $\left(\frac{3}{5}\right)^0$; $\left(\sqrt{2}\right)^0$; $\left(-\frac{3}{4}\right)^0$; $\frac{5^0}{6^0}$; $2 \cdot 7^0$

b) x^0; $(x \cdot y)^0$; $a^0 \cdot b^0$; $(x+y)^0$; $a^0 + b^0$; $(x^0)^0$

c) 2^{-3}; 3^{-2}; 5^{-2}; 10^{-4}; 11^{-1}; 2^{-10}; 3^{-4}

d) $(-2)^{-3}$; $(-3)^{-2}$; $(-5)^{-3}$; $(-3)^{-1}$; -2^{-4}; -10^{-6}

e) $\left(\frac{1}{2}\right)^{-3}$; $\left(\frac{4}{5}\right)^{-1}$; $\left(\frac{5}{2}\right)^{-4}$; $\left(\frac{1}{10}\right)^{-5}$; $\left(-\frac{2}{3}\right)^{-4}$; $\left(-\frac{1}{2}\right)^{-5}$

f) $\left(\sqrt{2}\right)^{-4}$; $\left(\sqrt{3}\right)^{-3}$; $\left(\sqrt{5}\right)^{-6}$; $\left(-\sqrt{2}\right)^{-3}$; $\left(-\sqrt{3}\right)^{-4}$

g) $2 \cdot 5^{-3}$; $7 \cdot (-4)^{-2}$; $(-3) \cdot (-2)^{-5}$; $(-3) \cdot (-5)^{-3}$

h) $\frac{1}{2^{-3}}$; $\frac{1}{2^{-5}}$; $\frac{1}{10^{-6}}$; $\frac{2^{-2}}{3^{-3}}$; $\frac{3^{-4}}{2^{-6}}$; $\frac{10^4}{5^{-3}}$

2. Schreibe mit negativem Exponenten (negativer Hochzahl).

$\frac{1}{8} = \frac{1}{2^3} = 2^{-3}$

$0{,}32 = \frac{32}{100} = \frac{2^5}{10^2} = 2^5 \cdot 10^{-2}$

a) $\frac{1}{4}$; $\frac{1}{9}$; $\frac{1}{16}$; $\frac{1}{32}$; $\frac{1}{1000}$; $\frac{1}{125}$; $\frac{1}{81}$; $\frac{1}{64}$; $\frac{1}{10}$; $\frac{1}{100}$

b) 0,001; 0,4; 0,032; 0,0016; 2,5; 0,64; 3,6; 0,081

3. Schreibe ohne negative Exponenten (Hochzahlen).

$x^{-3} = \frac{1}{x^3}$ (für $x \neq 0$)

a) y^{-2} **b)** a^{-5} **c)** $2 \cdot z^{-3}$ **d)** $a^2 \cdot b^{-3}$ **e)** $x^{-3} \cdot y^{-2}$ **f)** $r^{-4} \cdot s^5$ **g)** $\left(\frac{1}{a}\right)^{-3}$ **h)** $\left(\frac{x}{y}\right)^{-1}$ **i)** $\left(\frac{2}{r}\right)^{-4}$ **j)** $\frac{a^2}{b^{-3}}$ **k)** $\frac{x^{-3}}{y^5}$ **l)** $(x + y)^{-3}$ **m)** $2 + a^{-3}$ **n)** $x^{-2} - y^{-3}$

4. Schreibe ohne Bruchstrich. Verwende negative Exponenten (Hochzahlen).

$\frac{5}{a^2} = 5 \cdot a^{-2}$ (für $a \neq 0$)

a) $\frac{3}{x}$ **b)** $\frac{8}{y^2}$ **c)** $\frac{1}{z^3}$ **d)** $\frac{x}{y}$ **e)** $\left(\frac{x}{y}\right)^2$ **f)** $\frac{2}{3a}$ **g)** $\frac{5}{(xy)^4}$ **h)** $\frac{x}{y^2z^3}$ **i)** $\frac{a}{(z^2)^4}$ **j)** $\frac{4}{x+y}$ **k)** $\frac{2z}{(a-b)^2}$ **l)** $\frac{1}{z} - 3$ **m)** $\frac{5}{x} - \frac{4}{x^2}$ **n)** $\frac{2}{y^2} - \frac{4z}{y^5}$ **o)** $\frac{7}{a^3} + \frac{3}{a^5}$ **p)** $\frac{a}{x^2} + \frac{b}{x^4}$

5. Schreibe wie im Beispiel. Der Faktor vor der Zehnerpotenz soll eine Zahl zwischen 1 und 10 sein.

$0{,}037 = \frac{3{,}7}{100} = 3{,}7 \cdot 10^{-2}$

a) 0,0058 **b)** 0,0483 **c)** 0,00089 **d)** 0,00123 **e)** 0,0000073 **f)** 0,0000259 **g)** 0,00000071 **h)** 0,00000943 **i)** 0,0000000047 **j)** 0,00000000014

6. Schreibe als Dezimalbruch.

$4{,}3 \cdot 10^{-3} = \frac{4{,}3}{1000} = 0{,}0043$

a) $7 \cdot 10^{-2}$ **b)** $2{,}4 \cdot 10^{-3}$ **c)** $4{,}1 \cdot 10^{-5}$ **d)** $3{,}14 \cdot 10^{-4}$

16.4 Potenzgesetze für ganzzahlige Exponenten – Rechnen mit Potenzen

Die Potenzgesetze gelten auch für Potenzen mit ganzzahligen Exponenten (Hochzahlen). Die Basis (Grundzahl) muss jedoch von 0 verschieden sein.

Potenzgesetze für die Multiplikation und Division von Potenzen mit gleicher Basis

(P1): $a^m \cdot a^n = a^{m+n}$ (für $a \in \mathbb{R} \setminus \{0\}$, $m \in \mathbb{Z}$, $n \in \mathbb{Z}$)

(P1*): $\frac{a^m}{a^n} = a^{m-n}$ (für $a \in \mathbb{R} \setminus \{0\}$, $m \in \mathbb{Z}$, $n \in \mathbb{Z}$)

Potenzgesetze für das Potenzieren eines Produktes bzw. Quotienten

(P2): $(a \cdot b)^n = a^n \cdot b^n$ (für $a \in \mathbb{R} \setminus \{0\}$, $b \in \mathbb{R} \setminus \{0\}$, $n \in \mathbb{Z}$)

(P2*): $\left(\frac{a}{b}\right)^n = \frac{a^n}{b^n}$ (für $a \in \mathbb{R} \setminus \{0\}$, $b \in \mathbb{R} \setminus \{0\}$, $n \in \mathbb{Z}$)

Potenzgesetz für das Potenzieren einer Potenz

(P3): $(a^m)^n = a^{m \cdot n}$ (für $a \in \mathbb{R} \setminus \{0\}$, $m \in \mathbb{Z}$, $n \in \mathbb{Z}$)

1. Wende ein Potenzgesetz an.

$x^7 \cdot x^{-5} = x^{7+(-5)} = x^2$ (für $x \neq 0$)

a) $2^5 \cdot 2^{-2}$ **b)** $3^{-4} \cdot 3^6$ **c)** $5^{-2} \cdot 5^{-3}$ **d)** $3^{-2} \cdot 3^{-1}$ **e)** $7^{-3} \cdot 7$ **f)** $(-2)^3 \cdot (-2)^{-5}$ **g)** $(-3)^{-3} \cdot (-3)^{-2}$ **h)** $(-5)^{-7} \cdot (-5)^{-4}$ **i)** $a^5 \cdot a^{-7}$ **j)** $y^{-8} \cdot y^3$ **k)** $z \cdot z^{-1}$ **l)** $b^{-4} \cdot b^{-6}$ **m)** $2x^4 \cdot 3 \cdot x^{-7}$ **n)** $-3a^{-2} \cdot 4a^5$ **o)** $x^{-3} \cdot (-x^{-2})$

2. Vereinfache.

$\frac{x^{-5}}{x^{-2}} = x^{-5-(-2)} = x^{-3}$ (für $x \neq 0$)

a) $\frac{2^{-3}}{2^{-5}}$ **b)** $\frac{3}{3^{-2}}$ **c)** $\frac{2^4}{2^{-6}}$ **d)** $\frac{a^3}{a^{-5}}$ **e)** $\frac{z^{-4}}{z^6}$ **f)** $\frac{x^{-4}}{x^{-5}}$ **g)** $\frac{c^6}{c^{-2}}$ **h)** $\frac{r^0}{r^{-3}}$ **i)** $\frac{y^{-12}}{y^3}$ **j)** $\frac{b^{11}}{b^{15}}$ **k)** $\frac{(x+y)^{-3}}{(x+y)^{-5}}$ **l)** $\frac{(a-b)^2}{(a-b)^{-4}}$

3. Vereinfache.

a) $\frac{32x^5}{24x^7}$ **c)** $\frac{6r^2s^{-2}}{3r^5s}$ **e)** $\frac{2^2x^{-3}y^2}{2^{-4}x^2y^5}$ **g)** $\frac{55x^3y^5}{24r^2s^{-3}} : \frac{33x^2y^{-4}}{32r^{-2}s^{-2}}$

b) $\frac{21a^{-4}b^3}{35a^{-2}b^5}$ **d)** $\frac{0{,}16x^{-4}y^{-3}}{0{,}4x^2y^2}$ **f)** $\frac{15a^2b^{-3}}{16x^{-2}y^{-2}} \cdot \frac{8x^{-3}y^2}{27a^3b^2}$ **h)** $\frac{39a^4b^{-2}}{35x^2z^3} : \frac{52a^6b^4}{49x^{-2}z^{-3}}$

4. **a)** $(6a^{-2} - 4a^{-4} + 5a^3) \cdot 2a^{-6}$ **c)** $(60z^{-4} + 45z^6 - 90z^{-5}) : 15z^3$

b) $\left(\frac{1}{2}x^3 - \frac{3}{4}x^5 - \frac{2}{5}x^{-2}\right) \cdot 20x^{-4}$ **d)** $(88a^{-4} + 77a^2 - 22a^{-3}) : 11a^{-2}$

5. Wende ein Potenzgesetz an.

$a^{-5}b^{-5} = (ab)^{-5}$ (für $a \neq 0, b \neq 0$)

a) $4^{-2} \cdot 5^{-2}$ **c)** $25^{-2} \cdot \left(\frac{2}{5}\right)^{-2}$ **e)** $x^{-7} \cdot y^{-7}$

b) $12^{-1} \cdot 0{,}5^{-1}$ **d)** $\left(\frac{3}{4}\right)^{-4} \cdot \left(\frac{8}{3}\right)^{-4}$ **f)** $r^{-4} \cdot s^{-4}$ **g)** $(a + b)^{-3} \cdot (a - b)^{-3}$

6. Wende ein Potenzgesetz an.

$\frac{a^{-5}}{b^{-5}} = \left(\frac{a}{b}\right)^{-5}$ (für $a \neq 0, b \neq 0$)

a) $\frac{21^{-3}}{7^{-3}}$ **c)** $\frac{4^{-3}}{12^{-3}}$ **e)** $\frac{x^{-7}}{y^{-7}}$ **g)** $\frac{(xy)^{-1}}{x^{-1}}$

b) $\frac{12^{-5}}{6^{-5}}$ **d)** $\left(\frac{1}{2}\right)^{-4} : \left(\frac{1}{4}\right)^{-4}$ **f)** $\frac{(ab)^{-6}}{b^{-6}}$ **h)** $\frac{r^{-1}}{(rs)^{-2}}$ **i)** $\frac{(x^2 - y^2)^{-2}}{(x + y)^{-2}}$ **j)** $\frac{(a - b)^{-1}}{(a^2 - b^2)^{-1}}$

7.

$(a^3)^{-2} = a^{3 \cdot (-2)} = a^{-6}$ (für $a \neq 0$)

a) $(10^{-2})^3$ **e)** $(x^{-5})^3$ **i)** $((-2)^{-2})^3$
b) $(2^{-5})^2$ **f)** $(y^6)^{-2}$ **j)** $(3z^{-4})^{-3}$
c) $(10^3)^{-4}$ **g)** $(z^{-8})^{-3}$ **k)** $(2a^2)^{-5}$ **m)** $(a^2b^{-4})^5$ **o)** $(r^{-1}s^{-3})^{-2}$
d) $(2^{-6})^{-2}$ **h)** $(-a^{-2})^{-2}$ **l)** $(-x^{-3})^5$ **n)** $(x^{-2}y^{-3})^4$ **p)** $(y^{-2}z^0)^{-3}$

8. **a)** $3^7 \cdot 3^n$ **f)** $-3a^n \cdot 7a^{2n+3}$ **k)** $(a^6)^n$ **p)** $x^n \cdot y^n \cdot z^n$
b) $5^{m+2} \cdot 6^m$ **g)** $8x^m \cdot 4x^{2m-3}$ **l)** $(x^n)^{-8}$ **q)** $(-a)^5 \cdot b^5(-c)^5$
c) $x^m \cdot x^{3n}$ **h)** $z^{3k} \cdot z^{2k} \cdot z^k$ **m)** $(-z^{-4})^{2n}$ **r)** $2x^k \cdot 3y^k \cdot 5c^k$
d) $a \cdot a^{2k+n}$ **i)** $x^{3n-4} \cdot x^{4n-5} \cdot x^{5n-6}$ **n)** $(-a^4)^{2k+1}$ **s)** $a^{1-n} \cdot b^{1-n}$
e) $c^{3m-1} \cdot c^{m+1}$ **j)** $3a^{2n+3} \cdot a^{4-n}$ **o)** $(-b^m)^{-2n}$ **t)** $z^{n-3} \cdot (z^2)^{n-3}$

9. **a)** $\frac{a^{2n}}{a^n}$ **f)** $\frac{c^{n+m}}{c^{m-n}}$ **k)** $\frac{(ab)^k}{b^k}$ **p)** $\left(\frac{2a^3b^4}{5c^2d}\right)^n : \left(\frac{a^2b^3}{c}\right)^n$

b) $\frac{x^{4n}}{x^n}$ **g)** $\frac{y^{5m-3n}}{y^{2m-n}}$ **l)** $x^n : \left(\frac{y}{z}\right)^n$ **q)** $\left(\frac{12a^4b}{35c^4d}\right)^m \cdot \left(\frac{7c^2d^3}{6a^7b^2}\right)^m$

c) $\frac{z^n}{z^{n-3}}$ **h)** $\frac{r^{m+n}}{r^{2+m}}$ **m)** $\frac{a^k}{(5a)^k}$ **r)** $\frac{(a - b)^{n-1}}{(a^2 - b^2)^{n-1}}$

d) $\frac{b^3}{b^{n-1}}$ **i)** $\frac{(x + y)^{2n}}{(x + y)^{n-1}}$ **n)** $\frac{(-n^2)^m}{(-2n)^m}$ **s)** $\frac{(ab + ac)^n}{a^n}$

e) $\frac{a^{2k}}{a^{k+10}}$ **j)** $\frac{(a + b)^{k-1}}{(a + b)^{k-2}}$ **o)** $\left(\frac{x}{3}\right)^{-n} : \left(\frac{x}{y}\right)^{-n}$ **t)** $\frac{(x^2 - y^2)^{1-n}}{(x + y)^{1-n}}$

10. **a)** $(3a^{-2} + 4b^{-3})^2$ **c)** $(9r^5 + 7s^{-5})^2$ **e)** $(x^{-2}y^{-4} + xy^{-3})^2$
b) $(5x^{-4} - 2y^3)^2$ **d)** $(a^{-1}b - cd^{-2})^2$ **f)** $(2a^{-1}b^{-2} - 6a^{-3}b^{-1})^2$

11. **a)** $(6x^{-2} - 4x^{-4} + 5x^3) \cdot 2x^{-6}$ **d)** $(60z^{-4} + 45z^6 - 90z^{-5}) : 15z^3$

b) $(1{,}5a^{-7} + 2{,}3a^{-8} - 1{,}3a^{-4}) \cdot 2a^5$ **e)** $\left(\frac{3}{4}r^2 + \frac{2}{3}r^4 - \frac{3}{5}r^{-5}\right) : \frac{1}{2}r^{-3}$

c) $\left(\frac{1}{2}y^3 - \frac{3}{4}y^5 - \frac{2}{5}y^{-2}\right) \cdot 20y^{-4}$ **f)** $(0{,}39a^3 - 0{,}65a^{-5} - 0{,}91a^{-6}) : 0{,}13a^{-4}$

12. Vereinfache.

a) $(a + b)^{-4}(a + b)^2$ **b)** $\frac{(x - y)^{-3}}{(x^2 - y^2)^{-3}}$ **c)** $((r^2s^2)^{-3})^{-4}$ **d)** $6x^4y^5 : \frac{18x^2y^2}{x^2y}$

17 Wurzeln – Potenzen mit rationalen Exponenten

17.1 Begriff der n-ten Wurzel

Gegeben ist eine Zahl $a \geq 0$.
Unter der **n-ten Wurzel aus a**, in Zeichen: $\sqrt[n]{a}$, versteht man diejenige nichtnegative Zahl, die mit n potenziert a ergibt.
Die Zahl n heißt *Wurzelexponent*, die Zahl a unter dem Wurzelzeichen nennt man *Radikand*.

$\mathbf{x^n = a}$ $(a \geq 0)$

$\mathbf{x = \sqrt[n]{a}}$

Beispiele: $\sqrt[3]{125} = 5$, denn $5^3 = 125$ $\sqrt[6]{1} = 1$, denn $1^6 = 1$

$\sqrt[4]{16} = 2$, denn $2^4 = 16$ $\sqrt[5]{100000} = 10$, denn $10^5 = 100000$

1. Berechne.

a) $\sqrt[3]{8}$ **b)** $\sqrt[3]{27}$ **c)** $\sqrt[3]{216}$ **d)** $\sqrt[3]{1}$

e) $\sqrt[3]{0}$ **f)** $\sqrt[3]{1000}$ **g)** $\sqrt[3]{\frac{1}{8}}$ **h)** $\sqrt[3]{\frac{1}{64}}$

i) $\sqrt[3]{\frac{8}{27}}$ **j)** $\sqrt[3]{\frac{216}{125}}$ **k)** $\sqrt[3]{\frac{64}{1000}}$ **l)** $\sqrt[3]{0{,}001}$

m) $\sqrt[3]{0{,}008}$ **n)** $\sqrt[3]{0{,}125}$ **o)** $\sqrt[3]{0{,}064}$ **p)** $\sqrt[3]{0{,}343}$

q) $\sqrt[3]{8000}$ **r)** $\sqrt[3]{125000}$ **s)** $\sqrt[3]{27000}$ **t)** $\sqrt[3]{64000}$

2. Berechne.

a) $\sqrt[4]{625}$ **b)** $\sqrt[4]{1}$ **c)** $\sqrt[4]{81}$ **d)** $\sqrt[4]{0}$

e) $\sqrt[4]{10000}$ **f)** $\sqrt[4]{256}$ **g)** $\sqrt[4]{\frac{81}{256}}$ **h)** $\sqrt[4]{\frac{625}{16}}$

i) $\sqrt[4]{0{,}0081}$ **j)** $\sqrt[4]{0{,}0625}$ **k)** $\sqrt[5]{1}$ **l)** $\sqrt[5]{0}$

m) $\sqrt[5]{32}$ **n)** $\sqrt[5]{243}$ **o)** $\sqrt[5]{0{,}00001}$ **p)** $\sqrt[5]{0{,}00032}$

q) $\sqrt[9]{1}$ **r)** $\sqrt[8]{0}$ **s)** $\sqrt[6]{64}$ **t)** $\sqrt[10]{1024}$

Für alle $a \geq 0$ gilt: (1) $\left(\sqrt[n]{a}\right)^n = a$; (2) $\sqrt[n]{a^n} = a$

3. Vereinfache.

a) $\left(\sqrt[3]{100}\right)^3$ **b)** $\left(\sqrt[3]{348}\right)^3$ **c)** $\left(\sqrt[3]{2{,}5}\right)^3$

d) $\sqrt[3]{26^3}$ **e)** $\sqrt[3]{1{,}5^3}$ **f)** $\sqrt[3]{\left(\frac{3}{4}\right)^3}$

g) $\left(\sqrt[4]{12}\right)^4$ **h)** $\left(\sqrt[4]{\frac{2}{3}}\right)^4$ **i)** $\left(\sqrt[4]{0{,}2}\right)^4$

j) $\sqrt[4]{3^4}$ **k)** $\sqrt[4]{3{,}4^4}$ **l)** $\left(\sqrt[5]{19}\right)^5$

m) $\left(\sqrt[7]{3}\right)^7$ **n)** $\sqrt[5]{6^5}$ **o)** $\sqrt[6]{8^6}$

p) $\sqrt[7]{4^7}$ **q)** $\sqrt[8]{10^8}$ **r)** $\left(\sqrt[10]{\frac{1}{2}}\right)^{10}$

4. Vereinfache.

a) $\left(\sqrt[4]{x}\right)^4$; $\left(\sqrt[3]{a}\right)^3$; $\left(\sqrt[2]{r}\right)^2$

b) $\sqrt[6]{z^6}$; $\sqrt[5]{y^5}$; $\sqrt[4]{x^4}$

c) $\sqrt[3]{(a+b)^3}$; $\sqrt[4]{(x-y)^4}$; $\sqrt[5]{(2r+3s)^5}$

d) $\left(\sqrt[3]{ab}\right)^3$; $\left(\sqrt[2]{rs}\right)^2$; $\left(\sqrt[4]{xyz}\right)^4$

e) $\left(\sqrt[5]{x^2}\right)^5$; $\left(\sqrt[7]{y^3}\right)^7$; $\left(\sqrt[3]{z^{-2}}\right)^3$

17.2 Potenzen mit rationalen Exponenten

Es soll gelten: $a^{\frac{m}{n}} = \sqrt[n]{a^m}$ (für $m \in \mathbb{Z}$, $n \in \mathbb{N}^*$ und $a \in \mathbb{R}^*_+$)

Beispiele: $4^{\frac{3}{2}} = \sqrt[2]{4^3} = \sqrt[2]{64} = 8$ $\quad$ $8^{\frac{2}{3}} = \sqrt[3]{8^2} = \sqrt[3]{64} = 4$

$125^{\frac{1}{3}} = \sqrt[3]{125} = 5$ $\quad$ $8^{-\frac{2}{3}} = \sqrt[3]{8^{-2}} = \sqrt[3]{\frac{1}{64}} = \frac{1}{4}$

1. Schreibe mit dem Wurzelzeichen.

a) $5^{\frac{1}{2}}$ **b)** $4^{\frac{1}{3}}$ **c)** $\left(\frac{2}{3}\right)^{\frac{1}{4}}$ **d)** $3^{\frac{2}{3}}$ **e)** $2^{\frac{5}{6}}$ **f)** $2{,}5^{\frac{3}{4}}$ **g)** $3^{-\frac{1}{5}}$ **h)** $6^{-\frac{2}{3}}$ **i)** $7^{-\frac{6}{5}}$ **j)** $a^{\frac{1}{2}}$ **k)** $z^{\frac{1}{4}}$ **l)** $y^{-\frac{1}{3}}$ **m)** $c^{\frac{3}{4}}$ **n)** $y^{\frac{3}{5}}$ **o)** $a^{-\frac{2}{3}}$ **p)** $x^{0,4}$ **q)** $y^{1,2}$ **r)** $z^{-2,5}$ **s)** $(x+y)^{\frac{1}{5}}$ **t)** $(1-a)^{\frac{2}{3}}$ **u)** $(ab)^{-\frac{4}{5}}$

2. Schreibe als Potenz mit rationalen Exponenten (Hochzahlen).

a) $\sqrt{3}$ **b)** $\sqrt[3]{2}$ **c)** $\sqrt[4]{5}$ **d)** $\sqrt{5^3}$ **e)** $\sqrt[3]{2^4}$ **f)** $\sqrt[4]{5^3}$ **g)** $\sqrt[3]{a}$ **h)** $\sqrt[4]{b}$ **i)** $\sqrt{z}$ **j)** $\sqrt[3]{a^7}$ **k)** $\sqrt[6]{c^5}$ **l)** $\sqrt[4]{b^3}$ **m)** $\sqrt[4]{(x-y)}$ **n)** $\sqrt[3]{(a+b)^2}$ **o)** $\sqrt[6]{(r-s)^3}$ **p)** $\frac{1}{\sqrt[3]{x}}$ **q)** $\frac{1}{\sqrt[4]{a^3}}$ **r)** $\frac{1}{\sqrt{(x+y)^3}}$ **s)** $\sqrt[4]{x^n}$ **t)** $\sqrt[m]{a^3}$ **u)** $\frac{1}{\sqrt[3]{z^p}}$

3. Berechne.

a) $16^{\frac{1}{2}}$ **b)** $27^{\frac{1}{3}}$ **c)** $16^{\frac{1}{4}}$ **d)** $1^{\frac{1}{9}}$ **e)** $9^{\frac{1}{2}}$ **f)** $0{,}125^{-\frac{1}{3}}$ **g)** $8^{\frac{2}{3}}$ **h)** $4^{\frac{3}{2}}$ **i)** $625^{\frac{5}{4}}$ **j)** $32^{\frac{3}{5}}$ **k)** $9^{-\frac{3}{2}}$ **l)** $64^{1\frac{1}{3}}$ **m)** $0{,}36^{\frac{1}{2}}$ **n)** $0{,}49^{-\frac{1}{2}}$ **o)** $0{,}125^{\frac{2}{3}}$ **p)** $25^{1,5}$ **q)** $4^{-1,5}$ **r)** $16^{0,75}$

4. Berechne.

a) $\left(\frac{1}{9}\right)^{\frac{1}{2}}$ **b)** $\left(\frac{81}{16}\right)^{\frac{1}{4}}$ **c)** $\left(\frac{1}{27}\right)^{\frac{1}{3}}$ **d)** $\left(\frac{16}{81}\right)^{\frac{3}{2}}$ **e)** $\left(\frac{4}{49}\right)^{-\frac{3}{2}}$ **f)** $\left(\frac{27}{125}\right)^{\frac{2}{3}}$ **g)** $\left(\frac{32}{243}\right)^{\frac{1}{5}}$ **h)** $\left(\frac{25}{36}\right)^{\frac{1}{2}}$ **i)** $\left(\frac{8}{125}\right)^{\frac{1}{3}}$ **j)** $\left(\frac{9}{49}\right)^{\frac{3}{2}}$ **k)** $\left(\frac{27}{8}\right)^{-\frac{2}{3}}$ **l)** $\left(\frac{1}{121}\right)^{-\frac{3}{2}}$

5. Für welche x ist der Term definiert?

$(x-3)^{\frac{4}{3}}$
Definiert für $x - 3 > 0$, also für $x > 3$

a) $(x-1)^{\frac{3}{2}}$ **b)** $(x+2)^{\frac{2}{3}}$ **c)** $(x-4)^{\frac{3}{4}}$ **d)** $(x+3)^{\frac{2}{5}}$ **e)** $(3x+2)^{\frac{1}{2}}$ **f)** $(4x+1)^{\frac{3}{7}}$ **g)** $(2x-3)^{\frac{2}{5}}$ **h)** $(5x-2)^{\frac{1}{3}}$ **i)** $(3-5x)^{\frac{3}{5}}$ **j)** $(9-3x)^{\frac{4}{3}}$ **k)** $(5-2x)^{\frac{5}{3}}$

6. Unter welcher Bedingung ist der Term definiert?

$(x-3y)^{\frac{1}{2}}$
Definiert unter der Bedingung $x - 3y > 0$, also $x > 3y$

a) $(3x-y)^{\frac{2}{3}}$ **b)** $(7a+b)^{\frac{3}{4}}$ **c)** $(r+7s)^{\frac{3}{2}}$ **d)** $(a-2b)^{\frac{4}{3}}$ **e)** $(4x+5y)^{\frac{2}{7}}$ **f)** $(3a-4b)^{\frac{5}{3}}$ **g)** $(2r-5s)^{\frac{3}{5}}$ **h)** $(7c-3d)^{\frac{1}{3}}$ **i)** $(15x-20y)^{\frac{1}{4}}$ **j)** $(24a+36b)^{\frac{2}{5}}$ **k)** $(12r-18s)^{\frac{5}{2}}$

7. Forme in die Wurzelschreibweise um. Vergiss nicht die einschränkende Bedingung.

a) $(x+1)^{\frac{3}{4}}$ **b)** $(y-2)^{-\frac{3}{4}}$ **c)** $(3-z)^{\frac{2}{3}}$ **d)** $(3x+12)^{\frac{3}{2}}$ **e)** $(5x-10)^{-\frac{3}{2}}$

17.3 Potenzgesetze für rationale Zahlen als Exponenten

Die Potenzgesetze gelten auch für rationale Zahlen r und s als Exponenten (Hochzahlen), wobei die Basen (Grundzahlen) a und b *positive* Zahlen sind.

(P1): $a^r \cdot a^s = a^{r+s}$ **(P2):** $(a \cdot b)^r = a^r \cdot b^r$ **(P3):** $(a^r)^s = a^{r \cdot s}$

(P1*): $\frac{a^r}{a^s} = a^{r-s}$ **(P2*):** $\left(\frac{a}{b}\right)^r = \frac{a^r}{b^r}$

1. Wende Potenzgesetze an.

$x^{\frac{1}{3}} \cdot x^{\frac{3}{4}} = x^{\frac{1}{3}+\frac{3}{4}} = x^{\frac{4}{12}+\frac{9}{12}} = x^{\frac{13}{12}}$ $(x > 0)$

a) $7^{\frac{1}{2}} \cdot 7^{\frac{1}{4}}$
b) $6^{\frac{1}{2}} \cdot 6^{\frac{1}{3}}$
c) $5^{\frac{2}{3}} \cdot 5^{\frac{3}{4}}$
d) $a^{\frac{2}{3}} \cdot a^{\frac{1}{6}}$
e) $x^{\frac{2}{5}} \cdot x^{\frac{1}{10}}$
f) $z^{\frac{1}{2}} \cdot z^{-\frac{1}{8}}$
g) $c^{-\frac{3}{4}} \cdot c^{\frac{3}{8}}$
h) $y^{-\frac{2}{3}} \cdot y^{-\frac{3}{4}}$
i) $a^0 \cdot a^{-\frac{2}{5}}$
j) $x \cdot x^{\frac{2}{3}}$
k) $z^{\frac{1}{2}} \cdot \sqrt{z}$
l) $y^{-\frac{1}{2}} \cdot \sqrt{y}$
m) $a^{\frac{3}{4}} \cdot \sqrt[3]{a^5}$
n) $r^{-\frac{2}{3}} \cdot \sqrt[6]{r^5}$

2.
a) $x^2 \cdot y^{\frac{1}{2}} \cdot z \cdot x^{-\frac{1}{2}} \cdot y \cdot z^{-\frac{1}{3}}$
b) $r^{\frac{3}{4}} \cdot s^{-\frac{1}{3}} \cdot t^{\frac{2}{5}} \cdot r^{-\frac{1}{4}} \cdot s^{\frac{5}{6}} \cdot t^{-\frac{3}{5}}$
c) $a^{\frac{2}{3}} \cdot b^{-\frac{1}{2}} \cdot c^{-\frac{3}{4}} \cdot b^{\frac{5}{2}} \cdot c^{-\frac{1}{4}} \cdot a^{-\frac{1}{6}}$
d) $x^{-\frac{1}{2}} \cdot y^{\frac{1}{3}} \cdot x^{\frac{3}{4}} \cdot y^{-\frac{5}{6}} \cdot x^{-\frac{1}{8}} \cdot y^{\frac{1}{12}}$
e) $a^{-\frac{1}{5}} \cdot b^{\frac{2}{3}} \cdot b^{-\frac{4}{9}} \cdot a^{-\frac{3}{10}} \cdot b^{\frac{2}{18}} \cdot a^{-\frac{1}{15}}$
f) $r^{0,8} \cdot r^{-1,3} \cdot s^{0,7} \cdot r^{2,4} \cdot s^{1,5} \cdot r^{-0,9}$

3.

$a^{\frac{3}{4}} : a^{\frac{1}{2}} = a^{\frac{3}{4}-\frac{1}{2}} = a^{\frac{3}{4}-\frac{2}{4}} = a^{\frac{1}{4}}$ $(a > 0)$

a) $3^{\frac{1}{2}} : 3^{\frac{1}{4}}$
b) $4^{\frac{2}{3}} : 4^{\frac{1}{2}}$
c) $a^{\frac{1}{2}} : a^{\frac{1}{3}}$
d) $z^{\frac{1}{3}} : z^{\frac{1}{4}}$
e) $c^{\frac{7}{8}} : c^{\frac{3}{4}}$
f) $y^{\frac{3}{4}} : y^{-\frac{1}{8}}$
g) $z^{\frac{3}{4}} : \sqrt{z}$
h) $b^{\frac{5}{6}} : \sqrt[3]{b^4}$
i) $\sqrt[3]{r^2} : \sqrt{r}$
j) $\sqrt[6]{s} : \sqrt[3]{s^2}$
k) $\sqrt[6]{x^3} : \sqrt[3]{x^2}$
l) $\sqrt[4]{y^7} : \sqrt{y^3}$
m) $\sqrt[4]{a} : \sqrt[8]{a^3}$
n) $\sqrt{c^3} : \sqrt[4]{c^5}$

4.

$x^{\frac{2}{7}} \cdot y^{\frac{2}{7}} = (x \cdot y)^{\frac{2}{7}}$ $(x, y > 0)$

a) $8^{\frac{1}{2}} \cdot 2^{\frac{1}{2}}$
b) $32^{\frac{3}{4}} \cdot 8^{\frac{3}{4}}$
c) $a^{\frac{1}{3}} \cdot b^{\frac{1}{3}}$
d) $y^{\frac{1}{4}} \cdot z^{\frac{1}{4}}$
e) $x^{\frac{2}{3}} \cdot y^{\frac{2}{3}}$
f) $r^{\frac{3}{4}} \cdot s^{\frac{3}{4}}$
g) $12^{\frac{3}{2}} : 3^{\frac{3}{2}}$
h) $72^{\frac{2}{3}} : 9^{\frac{2}{3}}$
i) $x^{\frac{3}{5}} : y^{\frac{3}{5}}$
j) $a^{\frac{8}{7}} : b^{\frac{8}{7}}$
k) $c^{\frac{5}{3}} \cdot d^{\frac{5}{3}}$
l) $c^{\frac{7}{8}} : d^{\frac{7}{8}}$
m) $a^{\frac{5}{6}} \cdot b^{\frac{5}{6}}$
n) $a^{\frac{1}{6}} : b^{\frac{1}{6}}$

5.

$(a^{\frac{1}{3}})^{\frac{6}{5}} = a^{\frac{1}{3} \cdot \frac{6}{5}} = a^{\frac{2}{5}}$ $(a > 0)$

a) $(a^7)^{\frac{1}{2}}$
b) $(b^{15})^{\frac{1}{3}}$
c) $(x^3)^{\frac{1}{6}}$
d) $\left(z^{\frac{1}{4}}\right)^{12}$
e) $\left(r^{\frac{2}{3}}\right)^6$
f) $\left(y^{\frac{3}{4}}\right)^7$
g) $\left(a^{\frac{1}{2}}\right)^{\frac{2}{3}}$
h) $\left(b^{\frac{2}{3}}\right)^{\frac{3}{4}}$
i) $\left(z^{\frac{2}{5}}\right)^{\frac{5}{2}}$
j) $\left(a^{-\frac{1}{3}}\right)^5$
k) $\left(x^{\frac{3}{5}}\right)^{-10}$
l) $\left(z^{-\frac{1}{2}}\right)^3$
m) $\left(y^{-\frac{2}{3}}\right)^{-\frac{6}{5}}$
n) $\left(e^{-\frac{2}{5}}\right)^{\frac{5}{4}}$

6.

$x^{\frac{1}{4}} \cdot y^{\frac{3}{4}} = x^{\frac{1}{4}} \cdot (y^3)^{\frac{1}{4}} = (x \cdot y^3)^{\frac{1}{4}}$ $(x > 0, y > 0)$

a) $x^{\frac{3}{5}} \cdot y^{\frac{1}{5}}$
b) $z^{\frac{1}{3}} \cdot y^{\frac{2}{3}}$
c) $r^{\frac{5}{6}} \cdot s^{\frac{1}{6}}$
d) $a^{\frac{2}{5}} \cdot b^{\frac{3}{5}}$
e) $a^{\frac{1}{2}} \cdot b^{\frac{1}{4}}$
f) $r^{\frac{1}{2}} \cdot s^{\frac{1}{3}}$
g) $x^{\frac{1}{2}} \cdot y^{\frac{3}{4}}$
h) $r^{\frac{2}{3}} \cdot s^{\frac{4}{9}}$
i) $a^{\frac{3}{4}} \cdot b^{\frac{5}{8}}$
j) $x^{\frac{2}{5}} : y^{\frac{1}{5}}$
k) $a^{\frac{2}{3}} : b^{\frac{1}{3}}$
l) $r^{\frac{7}{8}} : s^{\frac{5}{8}}$
m) $a^{\frac{1}{2}} : b^{\frac{1}{4}}$
n) $x^{\frac{1}{2}} : z^{\frac{1}{2}}$

7. a) $(x^3 \cdot y^5)^{\frac{1}{15}}$ d) $\left(a^{\frac{3}{4}} \cdot b^{\frac{3}{5}}\right)^{\frac{10}{9}}$

$\left(a^{\frac{2}{3}} \cdot b^{\frac{3}{5}}\right)^{\frac{15}{4}} = \left(a^{\frac{2}{3}}\right)^{\frac{15}{4}} \cdot \left(b^{\frac{3}{5}}\right)^{\frac{15}{4}} = a^{\frac{5}{2}} \cdot b^{\frac{9}{4}}$ $(a > 0, b > 0)$

b) $\left(r^{\frac{1}{4}} \cdot s^{\frac{1}{3}}\right)^{12}$ e) $\left(x^{\frac{2}{5}} \cdot y^{-\frac{3}{2}}\right)^{-\frac{3}{4}}$

c) $\left(x^{10} \cdot y^{\frac{1}{3}}\right)^{-\frac{3}{10}}$ f) $(x^2 : y^3)^{\frac{1}{4}}$ g) $\left(a^{\frac{1}{3}} : y^{\frac{1}{2}}\right)^5$ h) $\left(r^{\frac{2}{3}} : s^{\frac{1}{6}}\right)^6$ i) $\left(c^{\frac{2}{3}} : d^{\frac{3}{4}}\right)^{-\frac{1}{2}}$

17.4 Wurzelrechnung

Wurzelgesetze

Setzt man in den Potenzgesetzen (P2), (P2*) und (P3) für rationale Exponenten (Hochzahlen) $r = \frac{1}{n}$ und $s = \frac{1}{m}$, so erhält man die Wurzelgesetze:

(W2): $\sqrt[n]{ab} = \sqrt[n]{a} \cdot \sqrt[n]{b}$ (für $a \geq 0, b \geq 0$)

Man zieht aus einem Produkt die Wurzel, indem man aus jedem Faktor die Wurzel zieht und die Ergebnisse multipliziert.

(W2*): $\sqrt[n]{\frac{a}{b}} = \frac{\sqrt[n]{a}}{\sqrt[n]{b}}$ (für $a \geq 0, b > 0$)

Man zieht aus einem Bruch die Wurzel, indem man aus Zähler und Nenner die Wurzel zieht und dann die Ergebnisse dividiert.

(W3): $\sqrt[m]{\sqrt[n]{a}} = \sqrt[m \cdot n]{a}$ (für $a \geq 0$)

Man zieht aus einer Wurzel die Wurzel, indem man die Wurzelexponenten multipliziert und dann die Wurzel zieht.

1. Wende Wurzelgesetze an.

$\sqrt[3]{5} \cdot \sqrt[3]{25} = \sqrt[3]{125} = 5$

a) $\sqrt{2} \cdot \sqrt{50}$ e) $\sqrt[3]{3} \cdot \sqrt[3]{9}$

b) $\sqrt{28} \cdot \sqrt{7}$ f) $\sqrt[3]{4} \cdot \sqrt[3]{16}$ i) $\sqrt{3} \cdot \sqrt{50} \cdot \sqrt{60}$ l) $\sqrt[4]{8} \cdot \sqrt[4]{8}$

c) $\sqrt{10} \cdot \sqrt{15}$ g) $\sqrt[3]{4} \cdot \sqrt[3]{54}$ j) $5\sqrt{5} \cdot 3\sqrt{2} \cdot 2\sqrt{40}$ m) $\sqrt[4]{7} \cdot \sqrt[4]{8}$

d) $\sqrt{\frac{3}{5}} \cdot \sqrt{\frac{6}{35}}$ h) $\sqrt[3]{\frac{1}{2}} \cdot \sqrt[3]{\frac{3}{5}}$ k) $\sqrt[3]{9} \cdot 5 \cdot \sqrt[3]{3}$ n) $\sqrt[5]{2} \cdot \sqrt[5]{16}$

2. a) $\sqrt{3a} \cdot \sqrt{a}$ f) $\sqrt[3]{2a} \cdot \sqrt[3]{12a^2}$

$\sqrt[3]{4a} \cdot \sqrt[3]{5a^2} = \sqrt[3]{20a^3} = a\sqrt[3]{20}$ $(a \geq 0)$

b) $4\sqrt{b} \cdot 3\sqrt{b}$ g) $\sqrt[3]{9a} \cdot \sqrt[3]{3a^2}$

c) $2\sqrt{5x} \cdot 3\sqrt{2x^3}$ h) $\sqrt[3]{25x^2} \cdot \sqrt[3]{50x^2}$ k) $\sqrt[3]{5x} \cdot \sqrt[3]{x^3} \cdot \sqrt[3]{15x^5}$

d) $4\sqrt{3x} \cdot 7 \cdot \sqrt{5x}$ i) $\sqrt{5x} \cdot \sqrt{x^3} \cdot \sqrt{15x^5}$ l) $\sqrt[3]{2z^2} \cdot 5\sqrt[3]{2z^3} \cdot 4\sqrt[3]{9z^4}$

e) $9\sqrt{7a} \cdot 6 \cdot \sqrt{21a}$ j) $2\sqrt[3]{a^5} \cdot 3 \cdot \sqrt[3]{a^7} \cdot 4\sqrt[3]{a^9}$ m) $\sqrt[4]{8a^3} \cdot \sqrt[4]{2a} \cdot \sqrt[4]{4a^5}$

3. a) $\left(\sqrt{8} + \sqrt{18} + \sqrt{50} + 2\sqrt{72}\right) \cdot \sqrt{2}$ c) $\left(7\sqrt[3]{2} - 5\sqrt[3]{6} - 3\sqrt[3]{5} + 4\sqrt[3]{20}\right) \cdot 3\sqrt[3]{2}$

b) $\left(5\sqrt{24} - 4\sqrt{32} + 3\sqrt{50} - 3\sqrt{54}\right) \cdot \sqrt{3}$ d) $\left(2\sqrt[3]{20} - 7\sqrt[3]{5} - 3\sqrt[3]{6} - 3\sqrt[3]{18}\right) \cdot 4\sqrt[3]{10}$

4. a) $(\sqrt{7} - \sqrt{3})(\sqrt{3} - \sqrt{2})$ d) $(5\sqrt{7} - 2\sqrt{5})(3\sqrt{7} - 10\sqrt{5})$

b) $(\sqrt{6} + \sqrt{3})(\sqrt{3} - \sqrt{2})$ e) $(\sqrt[3]{3} + \sqrt[3]{2})(\sqrt[3]{4} + \sqrt[3]{9})$

c) $(3\sqrt{2} - 2\sqrt{3})(7\sqrt{2} + 5\sqrt{3})$ f) $(\sqrt[3]{3} + \sqrt[3]{2})(2\sqrt[3]{9} - 3\sqrt[3]{4})$

5. a) $(\sqrt{18}+\sqrt{2})(\sqrt{18}-\sqrt{2})$ c) $(\sqrt{3}+\sqrt{2})^2$ e) $(1+\sqrt{2})^3$ g) $(\sqrt[3]{3}-\sqrt[3]{2})^3$
b) $(\sqrt{3}-\sqrt{2})(\sqrt{3}+\sqrt{2})$ d) $(\sqrt{3}-\sqrt{2})^2$ f) $(\sqrt{5}-1)^3$ h) $(\sqrt[3]{5}-\sqrt[3]{4})^3$

6. a) $(\sqrt{a}+\sqrt{b})^2$ c) $(a+\sqrt{b})^2$ e) $(\sqrt{x}+\sqrt{y})^2$ g) $(2\sqrt{x}+3\sqrt{y})^2$
b) $(\sqrt{x}-\sqrt{y})^2$ d) $(a-\sqrt{b})^2$ f) $(\sqrt{a}-\sqrt{b})^2$ h) $(5\sqrt{r}-7\sqrt{s})^2$

7. a) $\sqrt{4\cdot 16}$ e) $\sqrt[3]{27x^3}$ i) $\sqrt{81r^2s^2}$

$\sqrt[4]{16a^4b^8}=\sqrt[4]{16}\cdot\sqrt[4]{a^4}\cdot\sqrt[4]{b^8}=2ab^2\ (a\geq 0)$

b) $\sqrt[3]{27\cdot 64}$ f) $\sqrt[4]{64z^4}$ j) $\sqrt[3]{x^3y^3}$
c) $\sqrt[3]{64\cdot 125}$ g) $\sqrt{a^2b^2}$ k) $\sqrt[3]{125a^3b^6}$ m) $\sqrt[4]{25bx^4y^8}$ o) $\sqrt[5]{32a^5b^5}$
d) $\sqrt{81z^4}$ h) $\sqrt{x^2y^2z^2}$ l) $\sqrt[3]{27x^3y^9}$ n) $\sqrt[4]{81r^4s^8}$ p) $\sqrt[n]{a^nb^n}$

8. a) $\sqrt{4x^2}+\sqrt{9x^2}+\sqrt{16x^2}+\sqrt{25x^2}+\sqrt{36x^2}$ b) $\sqrt{81x^2y^2}+\sqrt[3]{125y^3z^3}+\sqrt[5]{32x^5y^5}+\sqrt[4]{81y^4z^4}$

9. a) $\frac{\sqrt{75}}{\sqrt{3}}$ e) $\frac{\sqrt[3]{7a^2}}{\sqrt[3]{a}}$ i) $\frac{\sqrt[3]{8a^4}}{\sqrt[3]{343a}}$

$\frac{\sqrt[3]{135a^4}}{\sqrt[3]{5a}}=\sqrt[3]{\frac{135a^4}{5a}}=\sqrt[3]{27a^3}=3a\ (a>0)$

b) $\frac{\sqrt[3]{250}}{\sqrt[3]{2}}$ f) $\frac{\sqrt[3]{z^8}}{\sqrt[3]{z^2}}$ j) $\frac{\sqrt{xy^2z^3}}{\sqrt{xz}}$
c) $\frac{\sqrt[5]{64}}{\sqrt[5]{2}}$ g) $\frac{\sqrt{6b}}{\sqrt{3b}}$ k) $\frac{\sqrt[3]{ax-ay}}{\sqrt[3]{x-y}}$ m) $\frac{\sqrt[3]{5x^2}}{\sqrt[3]{9y^2}}\cdot\frac{\sqrt[3]{12{,}5}}{\sqrt[3]{4y^{-2}}}$ o) $\frac{\sqrt[3]{b^5}}{\sqrt[3]{a^4}}:\frac{\sqrt[3]{b^2}}{\sqrt[3]{a}}$
d) $\frac{\sqrt{a^3}}{\sqrt{a}}$ h) $\frac{\sqrt[3]{uv}}{\sqrt[3]{uw}}$ l) $\frac{\sqrt[3]{x^2-y^2}}{\sqrt[3]{x-y}}$ n) $\frac{\sqrt[4]{12a^3}}{\sqrt[4]{6b^2}}\cdot\frac{\sqrt[4]{20a^2b^3}}{\sqrt[4]{3a}}$ p) $\frac{\sqrt{2x^2y^7}}{\sqrt{x^5y^5}}:\frac{\sqrt{12x^2y^4}}{\sqrt{42x^2y^3}}$

10. a) $\sqrt{\frac{25}{49}}$ e) $\sqrt[3]{3\frac{3}{8}}$ i) $\sqrt[4]{\frac{162x^6y^{-2}}{32x^2y^6}}$

$\sqrt[3]{\frac{125x^3y^6}{8a^6}}=\frac{\sqrt[3]{125x^3y^6}}{\sqrt[3]{8a^6}}=\frac{5xy^2}{2a^2}\ (x\geq 0,\ a>0)$

b) $\sqrt{1\frac{7}{9}}$ f) $\sqrt[4]{\frac{625}{16}}$ j) $\sqrt{\frac{196a^4b^2}{441x^2y^6z^2}}$
c) $\sqrt{5\frac{1}{16}}$ g) $\sqrt{\frac{16r^2}{81s^2}}$ k) $\sqrt[3]{\frac{64r^6s^3t^9}{8p^9q^6}}$ m) $\sqrt{\frac{x^2+y^2}{x^{-2}}}$ o) $\sqrt[3]{\frac{27(x+y)^3}{x^3+y^3}}$
d) $\sqrt[3]{\frac{27}{64}}$ h) $\sqrt[3]{\frac{27a^{-3}b}{343b^4}}$ l) $\sqrt[4]{\frac{16x^4y^8z^{16}}{625a^8b^4c^{12}}}$ n) $\sqrt[3]{\frac{a^3-b^3}{64c^3}}$ p) $\sqrt[4]{\frac{(a^4+b^4)\cdot 16c^4}{a^4}}$

11. a) $(4\sqrt{216}-3\sqrt{150}):\sqrt{6}$ c) $(\sqrt{9x}+\sqrt{25x}):\sqrt{x}$ e) $(a\sqrt{bx}-b\sqrt{cx}):\sqrt{x}$
b) $(3\sqrt{125}-3\sqrt{40}):\sqrt{5}$ d) $(\sqrt[3]{27y^2}-\sqrt[3]{8y^2}):\sqrt[3]{y^2}$ f) $(\sqrt{ab}+\sqrt{ac}):\sqrt{a}$

12. a) $\sqrt{\sqrt{16}}$ e) $\sqrt[3]{\sqrt{x^6}}$ i) $\sqrt[3]{\sqrt[4]{81x^{12}}}$

$\sqrt[3]{\sqrt{b}}=\sqrt[6]{b}\ (b\geq 0)$

b) $\sqrt{\sqrt{625}}$ f) $\sqrt[3]{\sqrt{a^{12}}}$ j) $\sqrt[3]{\sqrt[5]{8a^3b^9}}$
c) $\sqrt[3]{\sqrt{216}}$ g) $\sqrt{\sqrt[3]{4a^6y^{12}}}$ k) $\sqrt[3]{\sqrt{125u^6v^3}}$ m) $\sqrt[3]{2\sqrt{2}}$ o) $\sqrt[3]{\sqrt{x^3}}$
d) $\sqrt{\sqrt[3]{81}}$ h) $\sqrt[3]{\sqrt{r^4s^6}}$ l) $\sqrt[4]{\sqrt{256x^8y^{16}}}$ n) $\sqrt[3]{a^2\sqrt{a}}$ p) $\sqrt[4]{\sqrt[5]{y^4}}$

13. a) $\sqrt{\sqrt[3]{\sqrt{x^{12}}}}$ b) $\sqrt[3]{\sqrt{\sqrt[4]{a}}}$ c) $\sqrt[4]{\sqrt{\sqrt{x}}}$ d) $\sqrt{\sqrt[4]{\sqrt[3]{z^{48}}}}$ e) $\sqrt[3]{\sqrt[5]{\sqrt{c^{15}}}}$

14. a) $\left(\sqrt{a}-\frac{1}{\sqrt{a}}\right)^2$ b) $\left(\sqrt{\frac{a}{a+b}}-\sqrt{\frac{a}{a-b}}\right)^2$ c) $\sqrt[3]{a-b}:\sqrt[3]{\frac{a}{(a-b)^2}}$

15. a) $\sqrt[n]{\sqrt{x}}$ b) $\sqrt{\sqrt[n]{x}}$ c) $\sqrt[n]{\sqrt[3]{y}}$ d) $\sqrt[4]{\sqrt[n]{a}}$ e) $\sqrt[n]{\sqrt[n]{z^{2n}}}$

18 Logarithmen – Exponentialgleichungen

18.1 Begriff des Logarithmus

Gegeben sind zwei positive Zahlen a und b (wobei $b \neq 1$).
Unter dem **Logarithmus von a zur Basis b**, in Zeichen $\log_b a$, versteht man diejenige Zahl, mit der man die Basis b potenzieren muss, um die Zahl a zu erhalten.
Für $\log_{10} a$ schreibt man kurz log a.

$b^x = a$

$x = \log_b a$

Beispiele: $\log_2 8 = 3$, denn $2^3 = 8$ $\quad$ $\log_5 \frac{1}{25} = -2$, denn $5^{-2} = \frac{1}{25}$

$\log 100 = 2$, denn $10^2 = 100$ $\quad$ $\log_4 1 = 0$, denn $4^0 = 1$

$\log_3 81 = 4$, denn $3^4 = 81$ $\quad$ $\log_2 \sqrt[3]{16} = \frac{4}{3}$, denn $2^{\frac{4}{3}} = \sqrt[3]{16}$

1. Berechne.

a) $\log_6 36$ **b)** $\log_9 81$ **c)** $\log_5 25$ **d)** $\log_7 49$
e) $\log_{12} 144$ **f)** $\log_4 64$ **g)** $\log_2 128$ **h)** $\log_5 5$
i) $\log_3 27$ **j)** $\log_3 243$ **k)** $\log_4 256$ **l)** $\log_5 125$
m) $\log 1$ **n)** $\log 10$ **o)** $\log 100$ **p)** $\log 1\,000$
q) $\log_5 1$ **r)** $\log_7 1$ **s)** $\log 10^n$ **t)** $\log_b b^x$

2. **a)** $\log_4 \frac{1}{16}$ **b)** $\log_8 \frac{1}{64}$ **c)** $\log \frac{1}{100}$
d) $\log_2 \frac{1}{32}$ **e)** $\log_2 \frac{1}{128}$ **f)** $\log_3 \frac{1}{9}$
g) $\log_4 2$ **h)** $\log_9 3$ **i)** $\log_8 2$
j) $\log_3 \sqrt[3]{3}$ **k)** $\log_5 \sqrt{5}$ **l)** $\log_3 \sqrt[4]{3}$
m) $\log_b \sqrt[3]{b}$ **n)** $\log_c \frac{1}{c^3}$ **o)** $\log_d \frac{1}{d^n}$

3. Bestimme x.

$\log_2 x = 3$, denn $x = 2^3 = 8$

a) $\log_4 x = 3$ **b)** $\log_8 x = 2$ **c)** $\log_7 x = 2$ **d)** $\log x = 4$
e) $\log_2 x = 7$ **f)** $\log_2 x = 10$ **g)** $\log_5 x = 3$ **h)** $\log_4 x = 4$
i) $\log_5 x = 5$ **j)** $\log_2 x = 2$ **k)** $\log_2 x = 4$ **l)** $\log_4 x = \frac{1}{2}$
m) $\log_8 x = \frac{2}{3}$ **n)** $\log_2 x = -3$ **o)** $\log_4 x = -2$
p) $\log_3 x = 4$ **q)** $\log_3 x = -2$ **r)** $\log x = -6$

4. **a)** $3^{\log_3 27}$ **b)** $4^{\log_4 16}$ **c)** $8^{\log_8 4}$ **d)** $7^{\log_7 1}$ **e)** $5^{\log_5 4}$ **f)** $8^{\log_8 2}$ **g)** $9^{\log_9 5}$ **h)** $2^{\log_2 6}$ **i)** $6^{\log_6 10}$ **j)** $b^{\log_b n}$

5. Bestimme die Basis b, für die gilt:

a) $\log_b 25 = 2$; $\log_b 49 = 2$; $\log_b 81 = 4$; $\log_b 8 = 3$
b) $\log_b \sqrt{5} = \frac{1}{2}$; $\log_b \sqrt{10} = \frac{1}{2}$; $\log_b \sqrt[3]{7} = \frac{1}{3}$; $\log_b \sqrt[4]{6} = \frac{1}{4}$
c) $\log_b 7 = 1$; $\log_b 3 = 1$; $\log_b 5 = 1$; $\log_b 8 = 1$
d) $\log_b \sqrt{8} = \frac{3}{2}$; $\log_b \sqrt{27} = \frac{3}{2}$; $\log_b \sqrt[3]{25} = \frac{2}{3}$; $\log_b \sqrt[3]{36} = \frac{2}{3}$
e) $\log_b 81 = -2$; $\log_b 25 = -2$; $\log_b 27 = -3$; $\log_b 32 = -5$

6. Bestimme x.

a) $\log_2 (x - 3) = 3$ **b)** $\log_2 (x + 7) = 5$
c) $\log_3 (x + 2) = 2$ **d)** $\log_3 (2x + 1) = 4$
e) $\log (2y + 6) = 0$ **f)** $\log (4x + 8) = 2$
g) $\log_5 (3z - 8) = 2$ **h)** $\log_5 (4z + 1) = 3$

18.2 Logarithmengesetze

(L1): $\log_b(u \cdot v) = \log_b u + \log_b v$ (für $u \in \mathbb{R}_+^*$, $v \in \mathbb{R}_+^*$)
Ein Produkt wird logarithmiert, indem man die einzelnen Faktoren logarithmiert und die Ergebnisse addiert.

(L1*): $\log_b\left(\frac{u}{v}\right) = \log_b u - \log_b v$ (für $u \in \mathbb{R}_+^*$, $v \in \mathbb{R}_+^*$)
Ein Bruch wird logarithmiert, indem man Zähler und Nenner logarithmiert und die Ergebnisse subtrahiert.

(L2): $\log_b u^t = t \cdot \log_b u$ (für $u \in \mathbb{R}_+^*$, $t \in \mathbb{R}$)
Eine Potenz wird logarithmiert, indem man die Basis (Grundzahl) logarithmiert und das Ergebnis mit dem Exponenten (Hochzahl) multipliziert.

In den Aufgaben 2 bis 4 stehen die Variablen für positive Zahlen.

1. Vereinfache durch Zusammenfassen der Logarithmenterme.

$\log 8 + \log 125 = \log(8 \cdot 125) = \log 1000 = 3$

a) $\log 5 + \log 20$
b) $\log 350 + \log 2 - \log 7$
c) $\log 150 - \log 3 - \log 5$
d) $\log_2 320 - \log_2 10$
e) $\log_2 40 - \log_2 5$
f) $\log_2 48 + \log_2 3 - \log_2 9$

2. Wende Logarithmengesetze an.

$\log_a \frac{xy}{z} = \log_a xy - \log_a z = \log_a x + \log_a y - \log_a z$

a) $\log_a(x \cdot y)$
b) $\log_a(x \cdot y \cdot z)$
c) $\log_a x(y+z)$
d) $\log_a((u+v) \cdot (r+s))$
e) $\log_a \frac{x}{y}$
f) $\log_a \frac{x}{yz}$
g) $\log_a \frac{xy}{rs}$
h) $\log_a \frac{xyz}{r}$
i) $\log_a \frac{x+y}{z}$
j) $\log_a \frac{x+y}{r-s}$
k) $\log_a \frac{x(y+z)}{st}$
l) $\log_a \frac{x(y+z)}{r(s-t)}$
m) $\log_a \frac{1}{xy}$
n) $\log_a \frac{1}{x(y+z)}$

3. Wende Logarithmengesetze an.

$\log_a \sqrt{xy} = \log_a (xy)^{\frac{1}{2}} = \frac{1}{2}\log_a xy = \frac{1}{2}(\log_a x + \log_a y)$

a) $\log_a x^4$
b) $\log_a z^7$
c) $\log_a y^n$
d) $\log_a (x \cdot y)^2$
e) $\log_a \left(\frac{x}{y}\right)^2$
f) $\log_a x^3y^5$
g) $\log_a x^{-3}$
h) $\log_a \frac{1}{z^2}$
i) $\log_a \frac{x^4}{y^7}$
j) $\log_a \frac{1}{x^2y^3}$
k) $\log_a \frac{6x^3}{7z}$
l) $\log_a \sqrt{x}$
m) $\log_a \sqrt[4]{y}$
n) $\log_a \sqrt{\frac{x}{y}}$
o) $\log_a \sqrt[3]{\frac{xy}{z}}$
p) $\log_a \sqrt[4]{x^3}$
q) $\log_a \frac{1}{\sqrt[3]{x^2}}$
r) $\log_a (x+y)^2$
s) $\log_a (x-y)^{-2}$
t) $\log_a x\sqrt{y-z}$
u) $\log_a \frac{xy^2}{\sqrt[3]{x}}$
v) $\log_a \left(r^2 s^3 \sqrt[4]{u^3v^2}\right)$

4. Forme um.

$2\log_a x + 4\log_a y = \log_a x^2 + \log_a y^4 = \log_a(x^2 \cdot y^4)$

a) $\log_a x + \log_a y - \log_a z$
b) $3\log_a x + 5\log_a y - 3\log_a z$
c) $3\log_a x - \left(\frac{1}{2}\log_a y + \frac{1}{3}\log_a z\right)$
d) $2\log_a(x-y) + \frac{1}{2}\log_a(x+y)$
e) $\frac{1}{3}\log_a(x^2+y^2) - 3\log_a x$

5. Taschenrechner liefern nur Näherungswerte für Logarithmen zur Basis 10. Mithilfe der Formel rechts kann man Logarithmen beliebiger Basis auf Zehnerlogarithmen zurückführen. Bestimme:

$\log_b y = \frac{\log y}{\log b}$ $(y > 0, b > 0, b \neq 1)$

Beispiel:
$\log_{2,5} 8 = \frac{\log 8}{\log 2,5} \approx 2,27$

a) $\log_3 2$
b) $\log_3 7$
c) $\log_2 5$
d) $\log_2 12$
e) $\log_5 10$
f) $\log_5 15$
g) $\log_{0,2} 3,4$
h) $\log_{0,5} 6,8$

18.3 Lösen von Exponentialgleichungen

Zusammenhang zwischen dem Potenzieren und Logarithmieren

(1) Das Potenzieren macht das Logarithmieren rückgängig:

$b^{\log_b x} = x \quad$ für $x > 0,\ b > 0,\ b \neq 1$

(2) Das Logarithmieren macht das Potenzieren rückgängig:

$\log_b b^x = x \quad$ für $x \in \mathbb{R},\ b > 0,\ b \neq 1$

Gleichungen, bei denen die Lösungsvariable im Exponenten vorkommt, nennt man **Exponentialgleichungen.**

Beispiele: $2^x = 64$; $2^{x+2} = 1024$; $5^{2x+1} = 625$; $8 \cdot 3^{2x} = 40 \cdot 5^x$

Lösen von Exponentialgleichungen

(1) *durch Exponentenvergleich*:

$$\begin{aligned} 4^{2x} &= 16 \cdot 4^{x+1} \\ 4^{2x} &= 4^2 \cdot 4^{x+1} && \text{| Anwenden eines Potenzgesetzes} \\ 4^{2x} &= 4^{2+x+1} && \text{| Exponentenvergleich} \\ 2x &= 2 + x + 1 \\ 2x &= 3 + x \\ x &= 3 \end{aligned}$$

(2) *durch Logarithmieren beider Seiten*

$$\begin{aligned} 8^{x-1} &= 7 \cdot 5^x && \text{| Logarithmieren beider Seiten} \\ \log 8^{x-1} &= \log(7 \cdot 5^x) && \text{| Anwenden von Logarithmengesetzen} \\ (x-1)\log 8 &= \log 7 + x \cdot \log 5 \\ x \cdot \log 8 - \log 8 &= \log 7 + x \cdot \log 5 \\ x \cdot \log 8 - x \cdot \log 5 &= \log 7 + \log 8 \\ x(\log 8 - \log 5) &= \log 7 + \log 8 \\ x &= \frac{\log 7 + \log 8}{\log 8 - \log 5} = \frac{\log 56}{\log 1{,}6} \approx 8{,}56 \end{aligned}$$

(3) *durch Anwenden von Potenzgesetzen und Logarithmieren*

$$\begin{aligned} 6 \cdot 7^{2x} &= 24 \cdot 10^x && \text{| : 6 \quad | Anwenden eines Potenzgesetzes} \\ (7^2)^x &= 4 \cdot 10^x && \text{| : } 10^x \text{ | Anwenden eines Potenzgesetzes} \\ \left(\frac{7^2}{10}\right)^x &= 4 \\ 4{,}9^x &= 4 && \text{| Logarithmieren beider Seiten zur Basis 4,9} \\ \log_{4,9} 4{,}9^x &= \log_{4,9} 4 \\ x &= \log_{4,9} 4 \\ x &= \frac{\log 4}{\log 4{,}9} \approx 0{,}87 \end{aligned}$$

1. Bestimme die Lösung durch Exponentenvergleich.

a) $3^x = 81$ **b)** $16^x = 32$ **c)** $12^{2x-1} = 1$ **d)** $27 \cdot 3^x = 3^{2x-1}$ **e)** $8^{-x} = 32$ **f)** $27^x = \frac{1}{9}$ **g)** $36^{\frac{1}{2}} \cdot 6^x = 6^4$ **h)** $2^{4x-3} \cdot 4^{2x+1} = 8^x$

2. Bestimme die Lösungsmenge.

a) $5^x = 14$ **b)** $16^x = 48$ **c)** $3^{x-2} = 30$ **d)** $8^{\frac{1}{x}} = 0{,}5$ **e)** $1{,}75^x = 18$ **f)** $1{,}002^x = 2$ **g)** $3 \cdot 5^{2x} = 7^{x+4}$ **h)** $5 \cdot 8^{x+1} = 16^{x-1}$ **i)** $8 \cdot 12^{x-1} = 7 \cdot 10^{x-1}$ **j)** $17 \cdot 3^{x-5} = 4 \cdot 9^{2x}$ **k)** $2^{1-2x} = 7^{2+x}$ **l)** $2{,}08 \cdot 1{,}2^{x-1} = 1{,}6^{x+2}$

19 Potenzfunktionen – Wurzelfunktionen

Eigenschaften der Potenzfunktionen mit $y = x^n$ ($x \in \mathbb{R}$) mit natürlichen Exponenten

Gerader Exponent

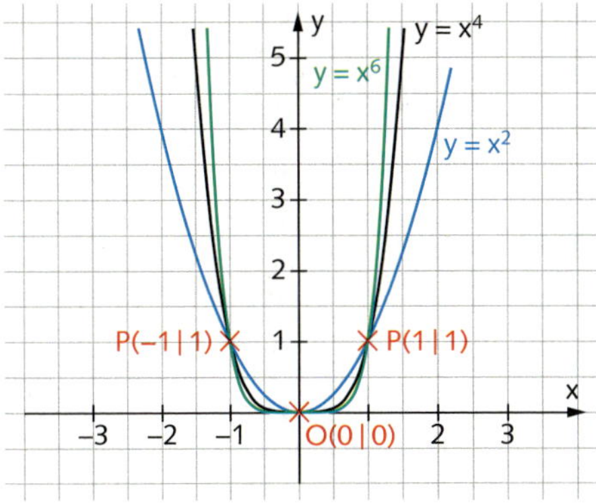

(1) Die Graphen der Potenzfunktionen mit der Gleichung **$y = x^n$** ($x \in \mathbb{R}$) mit *geradem* n sind *symmetrisch zur y-Achse*.
Sie haben die gemeinsamen Punkte O(0 | 0), P(1 | 1), Q(−1 | 1).

(2) Die Funktionen sind für $x \leq 0$ *streng monoton fallend* und für $x \geq 0$ *streng monoton steigend*.

(3) Der Wertebereich ist die Menge aller reellen Zahlen y mit $y \geq 0$.

(4) $x_0 = 0$ ist die einzige Nullstelle.

Ungerader Exponent

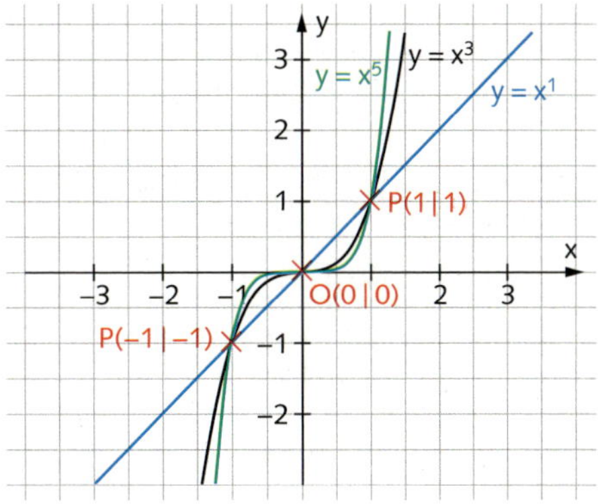

(1) Die Graphen der Potenzfunktionen mit der Gleichung **$y = x^n$** ($x \in \mathbb{R}$) mit *ungeradem* n sind *punktsymmetrisch zum Ursprung O*.
Die gemeinsamen Punkte sind O(0 | 0), P(1 | 1), R(−1 | −1).

(2) Die Funktionen sind überall *streng monoton steigend*.

(3) Der Wertebereich ist die Menge aller reellen Zahlen.

(4) $x_0 = 0$ ist die einzige Nullstelle.

1. **a)** Berechne die Funktionswerte der Funktion mit $y = x^3$ [$y = x^4$] an den Stellen (für die Argumente) 0,4; −0,4; 1,7; −1,7; 3,8; −3,8. Beachte die Symmetrie.

b) An welchen Stellen nimmt die Funktion mit $y = x^3$ [$y = x^4$] den Wert 3 [den Wert −2] an?

2. Stelle fest, welche der Punkte $P_1(2|8)$, $P_2(2|-8)$, $P_3(-2|8)$, $P_4(-2|-8)$, $P_5(3|81)$, $P_6(-3|81)$, $P_7(-3|-81)$ zum Graphen der Funktion mit $y = x^3$ [$y = x^4$] gehören.

Eigenschaften der Wurzelfunktionen mit $y = \sqrt[n]{x}$ ($x \in \mathbb{R}_+$)

(1) Die Wurzelfunktionen sind Umkehrfunktionen (inverse Funktionen) der Potenzfunktionen mit $x \in \mathbb{R}_+$.

(2) Alle Graphen haben die Punkte O(0 | 0) und P(1 | 1) gemeinsam.

(3) Die Funktionen mit $y = \sqrt[n]{x}$ sind *streng monoton steigend*.

(4) Der Wertebereich ist die Menge aller reellen Zahlen y mit $y \geq 0$.

(5) $x_0 = 0$ ist die einzige Nullstelle.

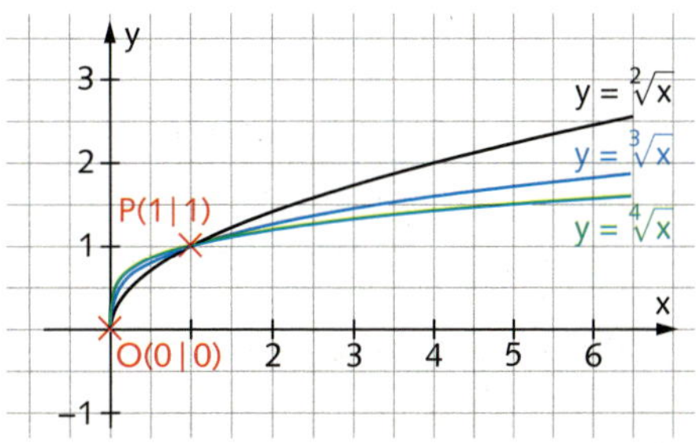

3. Gib die Funktionswerte der Funktion mit $y = \sqrt{x}$ [$y = \sqrt[3]{x}$] an den Stellen (für die Argumente) 0,7; 1,3; 4,5; 6,1 gerundet auf 2 Stellen nach dem Komma an.

4. An welchen Stellen nimmt die Funktion mit $y = \sqrt{x}$ [$y = \sqrt[3]{x}$] den Wert 1,5, den Wert 0,5 an?

5. Welche der angegebenen Punkte liegen auf dem Graphen der Wurzelfunktionen mit der Gleichung (1) $y = \sqrt{x}$, (2) $y = \sqrt[3]{x}$?

$P_1(27|3)$, $P_2(16|4)$, $P_3(27|-3)$, $P_4(64|4)$, $P_5(25|5)$, $P_6(\frac{1}{25}|0{,}2)$, $P_7(\frac{1}{27}|\frac{1}{3})$

Eigenschaften der Potenzfunktionen mit negativen ganzzahligen Exponenten

Gerader Exponent

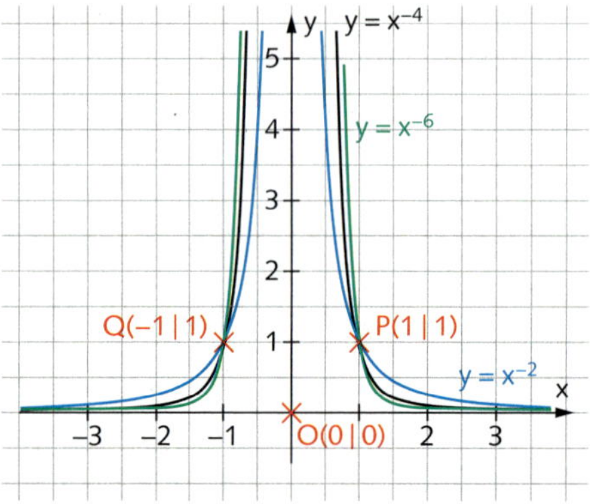

(1) Die Graphen der Potenzfunktionen mit $\mathbf{y = x^{-n}}$ ($x \in \mathbb{R}^*$) mit *geradem* n sind *symmetrisch zur y-Achse*. Sie haben die Punkte P(1 | 1) und Q(−1 | 1) gemeinsam.

(2) Die Funktionen sind für $x < 0$ *streng monoton steigend* und für $x > 0$ *streng monoton fallend*.

(3) Beide Koordinatenachsen sind *Asymptoten* des Graphen.

(4) Der Wertebereich ist die Menge aller reellen Zahlen y mit $y > 0$.

(5) Die Funktion hat keine Nullstellen.

Ungerader Exponent

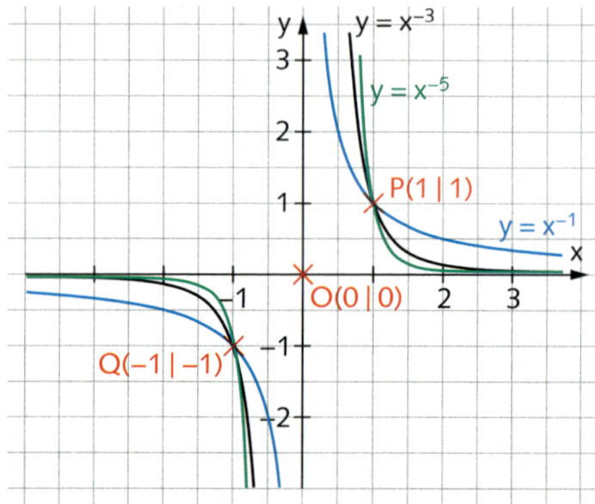

(1) Die Graphen der Potenzfunktionen mit $\mathbf{y = x^{-n}}$ ($x \in \mathbb{R}^*$) mit *ungeradem* n sind *punktsymmetrisch zum Ursprung*. Sie haben die Punkte P(1 | 1) und R(−1 | −1) gemeinsam.

(2) Die Funktionen sind für $x < 0$ und für $x > 0$ jeweils *streng monoton fallend*.

(3) Beide Koordinatenachsen sind *Asymptoten* des Graphen.

(4) Der Wertebereich ist die Menge aller reellen Zahlen y mit $y \neq 0$.

(5) Die Funktion hat keine Nullstellen.

6. Berechne die Funktionswerte der Funktion mit $y = x^{-1}$ [$y = x^{-2}$] an den Stellen (für die Argumente) $\frac{3}{4}$; $-\frac{3}{4}$; 1,5; −1,5; 4; −4. Beachte die Symmetrie.

7. An welchen Stellen nimmt die Funktion mit $y = x^{-1}$ [$y = x^{-2}$] den Wert 2, den Wert $\frac{1}{4}$, den Wert −2, den Wert $-\frac{1}{4}$ an?

8. Stelle fest, welche der Punkte

$P_1(2|\frac{1}{2})$, $P_2(2|-\frac{1}{2})$, $P_3(-2|-\frac{1}{2})$, $P_4(-2|\frac{1}{2})$, $P_5(3|\frac{1}{9})$, $P_6(-3|\frac{1}{9})$, $P_7(3|-\frac{1}{9})$

zum Graphen der Funktion mit $y = x^{-1}$ [$y = x^{-2}$] gehören.

9. Ordne der Größe nach. Beginne mit dem kleinsten Funktionswert.

a) $(-0{,}5)^{-1}$; $0{,}5^{-1}$; $4{,}3^{-1}$; $(-1{,}7)^{-1}$; $3{,}4^{-1}$; $(-3{,}8)^{-1}$ **b)** $4{,}7^{-2}$; $(-1{,}3)^{-2}$; $3{,}9^{-2}$; $(-3{,}6)^{-2}$; 10^{-2}

20 Exponentialfunktionen – Logarithmusfunktionen

20.1 Exponentialfunktionen – Exponentielles Wachstum

Eine Funktion mit der Gleichung $y = b^x$ (mit $b > 0$, $b \neq 1$) und $\mathbb{R}$ als Definitionsbereich heißt **Exponentialfunktion zur Basis b.**

Eigenschaften der Exponentialfunktionen

Für jede Exponentialfunktion mit $y = b^x$ mit beliebiger Basis $b \neq 1$ und $x \in \mathbb{R}$ gilt:

(1) Die Funktion ist
- für $b > 1$ *streng monoton steigend*;
- für $0 < b < 1$ *streng monoton fallend*.

(2) Der Graph liegt oberhalb der x-Achse. Der Wertebereich ist die Menge der positiven reellen Zahlen.

(3) Der Graph schmiegt sich
- für $b > 1$ dem negativen Teil der x-Achse an;
- für $0 < b < 1$ dem positiven Teil der x-Achse an.

Die x-Achse ist *Asymptote* des Graphen.

(4) Jedes Mal, wenn x um s wächst, wird der Funktionswert b^x mit dem Faktor b^s multipliziert (*Grundeigenschaft*).

(5) Alle Graphen haben den Punkt $P(0\,|\,1)$ und nur diesen Punkt gemeinsam.

(6) Die Graphen der Exponentialfunktionen mit $y = b^x$ und $y = \left(\frac{1}{b}\right)^x$ gehen durch Spiegelung an der y-Achse auseinander hervor.

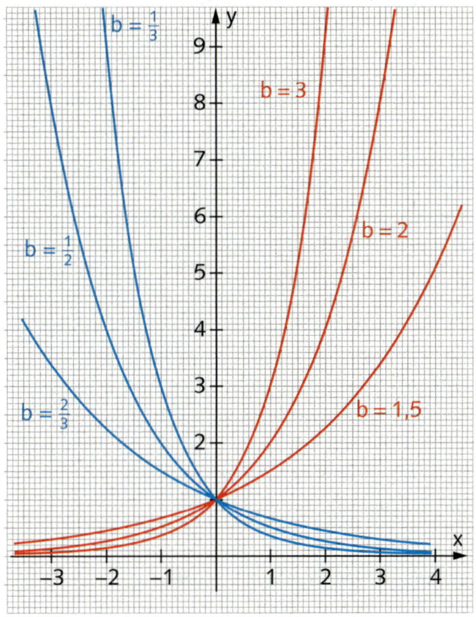

1. **a)** Lies an den Graphen der Funktionen zu $y = 3^x$ und zu $y = \left(\frac{1}{3}\right)^x$ (siehe Kasten) Näherungswerte für $3^{1,5}$; $\left(\frac{1}{3}\right)^{1,5}$; $3^{-0,5}$; $\left(\frac{1}{3}\right)^{-0,5}$; $3^{2,4}$; $\left(\frac{1}{3}\right)^{2,4}$; $3^{-2,7}$; $\left(\frac{1}{3}\right)^{-2,7}$ ab.
Kontrolliere die Ergebnisse mit dem Taschenrechner.

b) Lies am Graphen der Funktion zu $y = 3^x$ [$y = \left(\frac{1}{3}\right)^x$] Näherungswerte für Stellen x (Argumente x) ab, die zu den Funktionswerten 0,5; 1,5; 3; 6,1 gehören.

c) Lies Näherungswerte für die fehlende Koordinate der Punkte des Graphen zu $y = 3^x$ (siehe Kasten) ab:
$P_1(0,7\,|\;\;)$, $P_2(-0,7\,|\;\;)$, $P_3(1,9\,|\;\;)$, $P_4(-1,5\,|\;\;)$, $P_5(\;\;|\,0,5)$, $P_6(\;\;|\,5,4)$, $P_7(\;\;|\,7,8)$

2. Wie ändert sich der Funktionswert zu $y = 3^x$ zu $\left[y = \left(\frac{1}{3}\right)^x\right]$, wenn man x

a) um 1 vergrößert;
b) um 2 vergrößert;
c) um 4 vergrößert;
d) um 1 verkleinert;
e) um 4 verkleinert;
f) verdoppelt?

3. Der Graph der Exponentialfunktion mit $y = b^x$ geht durch den Punkt P. Bestimme die Basis b.

a) $P(3\,|\,64)$ **b)** $P(-2\,|\,25)$ **c)** $P(-3\,|\,0,064)$ **d)** $P(2\,|\,0,01)$

„Ein Wachstumsprozess verläuft exponentiell" bedeutet anders formuliert:
Die Zunahme bzw. die Abnahme kann durch eine Exponentialfunktion mit einem Funktionsterm der Form $f(x) = a \cdot b^x$ beschrieben werden.
Liegt ein exponentieller Zunahmeprozess vor, so ist die Basis b größer als 1; bei einem exponentiellen Abnahmeprozess liegt die Basis zwischen 0 und 1.

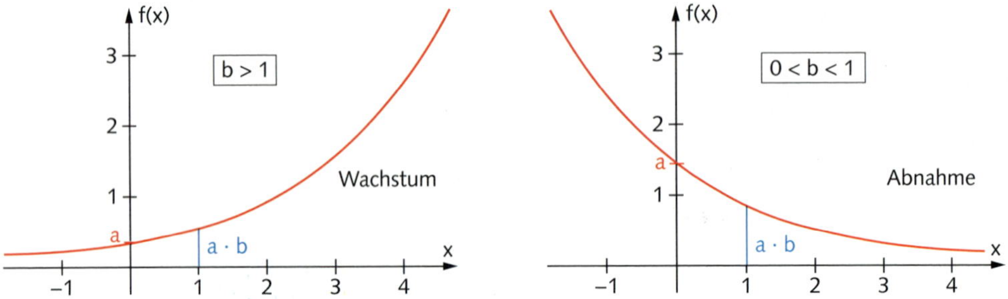

In dem Funktionsterm $f(x) = a \cdot b^x$ kann die Zahl a verschieden gedeutet werden:
- a kann als Streckfaktor aufgefasst werden.
- a ist die Ordinate (2. Koordinate) des Schnittpunktes S(0 | a) des Graphen mit der y-Achse.
- a ist der Anfangswert bei exponentiellen Zunahmeprozessen bzw. Abnahmeprozessen.

Beispiel: Eine Hefekultur wachse so, dass die Masse (in g)
(1) jede Stunde um 15 % zunimmt; (2) sich alle 3 Stunden verdoppelt.
Am Anfang sind 10 g Hefe vorhanden.
Zu (1): Der Funktionsterm lautet: $f(x) = 10 \cdot 1{,}15^x$ (y Masse in g; x Zeitdauer in h).
Zu (2): Nach 3 Stunden sind $2 \cdot 10$ g, also 20 g, vorhanden. Es muss gelten $20 = 10b^3$, also $b = \sqrt[3]{2} \approx 1{,}26$. Der Funktionsterm lautet: $f(x) = 10 \cdot 1{,}26^x$.

4. Auf einem See wachsen Seerosen. Sie nehmen eine Fläche von 5 m² ein. Die Rosen wachsen so, dass sich die von ihnen eingenommene Fläche jede Woche verdoppelt.
a) Gib eine Wachstumsformel an.
b) Welche Fläche nehmen die Rosen nach 12 Wochen ein?
c) Der See ist 3,5 ha groß. Nach wie viel Wochen ist er zugewachsen?
d) Mit welchem Faktor wächst die Seerose jeden Tag?

5. Laura erbt 15 000 € und legt das Geld zu Beginn eines Jahres mit 3,5 % p. a. an.
a) Gib das Kapital nach 15 Jahren an.
b) Nach wie viel Jahren ist das Kapital doppelt so hoch?

6. Ein Patient nimmt einmalig 6 mg eines Medikaments ein. Im Laufe eines Tages wird im Körper $\frac{1}{10}$ des Medikaments abgebaut.
a) Gib eine Formel an, die den exponentiellen Abnahmeprozess beschreibt.
b) Nach wie viel Tagen sind noch 3 mg, also die Hälfte des Medikaments im Körper?

7. Ein neuer Mittelklassewagen kostet 50 000 €. Sein Wert verringert sich alle zwei Jahre um 39 %.
a) Um wie viel Prozent verringert sich der Wert des Autos jedes Jahr?
b) Nach wie viel Jahren ist der Pkw nur noch 10 000 € wert?

8. Ermittle eine Funktionsgleichung für den folgenden Prozess.
a) Der Anfangsbestand beträgt 4 kg. Er nimmt alle 6 Stunden um 30 % zu.
b) Der Anfangsbestand beträgt 300 g. Er nimmt alle 12 Stunden um 50 % ab.

20.2 Logarithmusfunktionen

Eine Funktion mit der Gleichung $y = \log_b x$ ($b > 0$, $b \neq 1$) und $\mathbb{R}_+^*$ als Definitionsbereich heißt **Logarithmusfunktion zur Basis b**, wobei $b > 0$, $b \neq 1$.

Eigenschaften der Logarithmusfunktionen

Für jede Logarithmusfunktion mit $y = \log_b x$ mit $x \in \mathbb{R}_+^*$, $b > 0$, $b \neq 1$ gilt:

(1) Die Logarithmusfunktionen sind Umkehrfunktionen (inverse Funktionen) der Exponentialfunktionen.

(2) Die Funktion ist
- für $b > 1$ *streng monoton steigend*;
- für $0 < b < 1$ *streng monoton fallend*.

(3) Der Graph liegt rechts von der y-Achse.
Jede reelle Zahl kommt als Funktionswert vor.
Der Wertebereich ist $\mathbb{R}$.
Es gilt:
- für $b > 1$:
  $\log_b x < 0$, falls $0 < x < 1$
  $\log_b x = 0$, falls $x = 1$
  $\log_b x > 0$, falls $x > 1$
- für $0 < b < 1$:
  $\log_b x > 0$, falls $0 < x < 1$
  $\log_b x = 0$, falls $x = 1$
  $\log_b x < 0$, falls $x > 1$

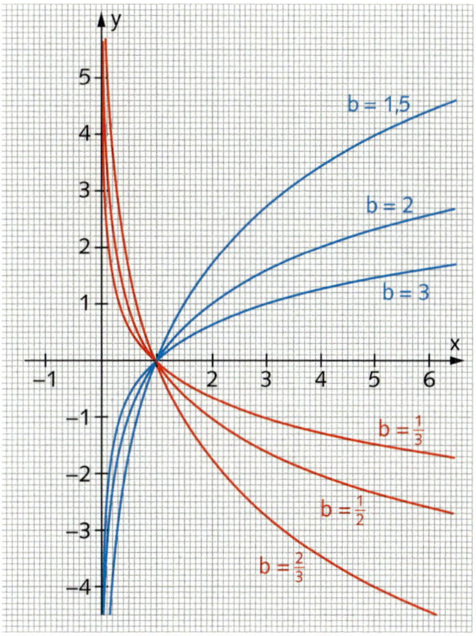

(4) Der Graph schmiegt sich
- dem negativen Teil der y-Achse an für $b > 0$;
- dem positiven Teil der y-Achse an für $0 < b < 1$.

Die y-Achse ist *Asymptote* des Graphen.

(5) Jedes Mal, wenn x mit s multipliziert wird, wird zu dem Funktionswert $\log_b x$ der Summand $\log_b s$ addiert *(Grundeigenschaft)*.

(6) Alle Graphen haben den Punkt P(1 | 0) und nur diesen Punkt gemeinsam.

(7) Die Graphen der Logarithmusfunktionen mit $y = \log_b x$ und $y = \log_{\frac{1}{b}} x$ gehen durch Spiegelung an der x-Achse hervor.

1. **a)** Lies an den Graphen der Funktionen zu $y = \log_3 x$ und $y = \log_{\frac{1}{3}} x$ die Näherungswerte für $\log_3 0{,}5$; $\log_{\frac{1}{3}} 0{,}5$; $\log_3 2{,}5$; $\log_{\frac{1}{3}} 2{,}5$; $\log_3 5$; $\log_{\frac{1}{3}} 5$ ab.

b) Lies am Graphen der Funktion zu $y = \log_3 x$ [$y = \log_{\frac{1}{3}} x$] Näherungswerte für die Stellen x (Argumente x) ab, die zu den Funktionswerten 0,5; 1,5; −0,5; −1,5 gehören.

2. Wie verändert sich der Funktionswert zu $y = \log_3 x$ [zu $y = \log_{\frac{1}{3}} x$], wenn man x

a) verdoppelt; **b)** verdreifacht; **c)** halbiert; **d)** drittelt?

3. Der Graph der Logarithmusfunktion mit $y = \log_b x$ geht durch den Punkt P. Bestimme die Basis b.

a) P(4 | 16) **b)** P(243 | 5) **c)** P(0,125 | 3) **d)** P(0,0625 | −4)

4. Bestimme diejenige Logarithmusfunktion mit $y = \log_b x$, deren Graph durch den Punkt (16 | 4) [P(0,125 | 3)] verläuft.

21 Winkelsätze

21.1 Winkelsätze an geschnittenen Geraden

(1) Festlegung der Begriffe Scheitel- und Nebenwinkel

Gegeben sind zwei sich schneidende Geraden g und h *(Geradenkreuzung)*.

Gegenüberliegende Winkel sind **Scheitelwinkel** zueinander:
α ist Scheitelwinkel zu γ; γ ist Scheitelwinkel zu α.

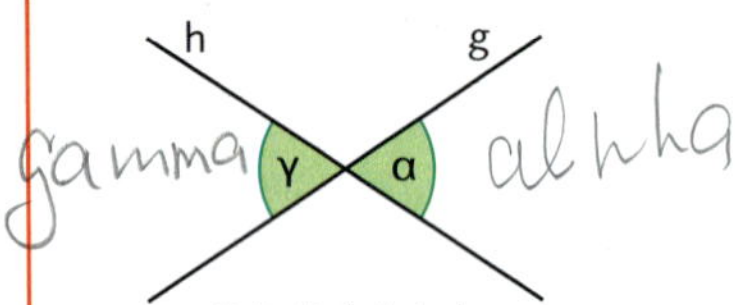

Scheitelwinkel

Je zwei benachbarte Winkel sind **Nebenwinkel** zueinander:
α ist Nebenwinkel zu β; β ist Nebenwinkel zu α.

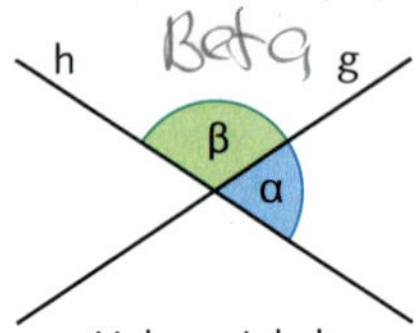

Nebenwinkel

(2) Scheitel- und Nebenwinkelsatz

Scheitelwinkelsatz

Wenn α und γ Scheitelwinkel sind, dann sind sie gleich groß:
$\alpha = \gamma$

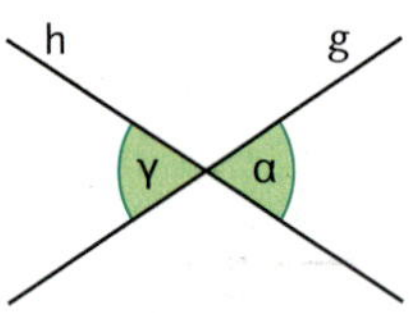

Nebenwinkelsatz

Wenn α und β Nebenwinkel zueinander sind, dann bilden sie zusammen einen gestreckten Winkel:
$\alpha + \beta = 180°$

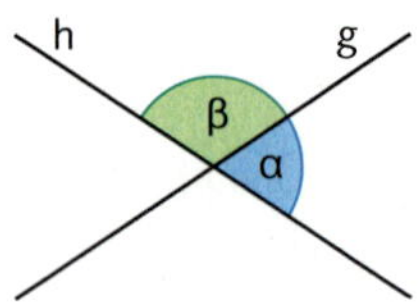

1. **a)** Welche der Winkel rechts sind Scheitelwinkel, welche Nebenwinkel? Erläutere.
b) Es soll $\delta = 42°$ sein. Berechne die Größe der übrigen Winkel. Begründe dein Vorgehen.

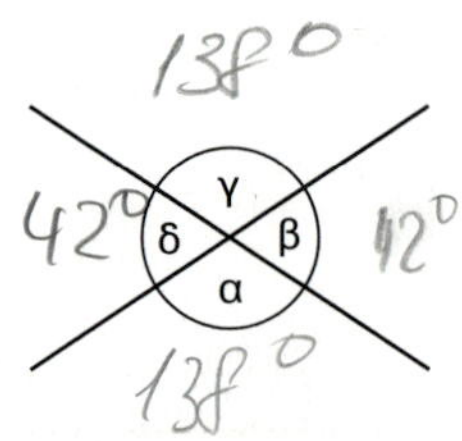

2. Zeichne einen Winkel mit:
a) $\alpha = 48°$; **b)** $\beta = 90°$; **c)** $\gamma = 134°$; **d)** $\delta = 245°$.
Zeichne, falls möglich, den zugehörigen Scheitelwinkel sowie die zugehörigen Nebenwinkel. Wie groß sind diese jeweils?

3. In den Figuren (1) und (2) besitzen die Winkel α und γ denselben Scheitel, außerdem sind sie gleich groß. Entscheide, ob sie Scheitelwinkel zueinander sind. Begründe.

(1)

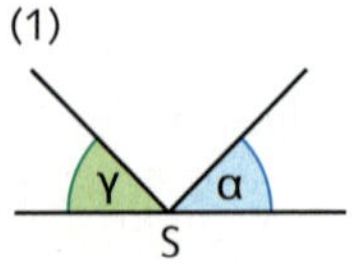

(2)

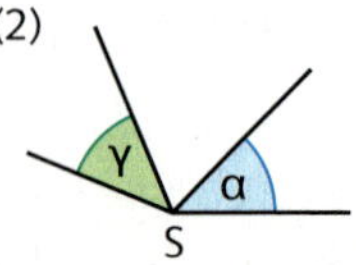

(3) Festlegung der Begriffe Stufen- und Wechselwinkel

Gegeben sind zwei Geraden a und b, die von einer dritten Geraden g geschnitten werden *(doppelte Geradenkreuzung)*.

Die Winkel α und β liegen auf *derselben* Seite der schneidenden Geraden g und auf *entsprechenden* Seiten der geschnittenen Geraden a und b.
Wir sagen:
Die beiden Winkel α und β sind **Stufenwinkel** zueinander.

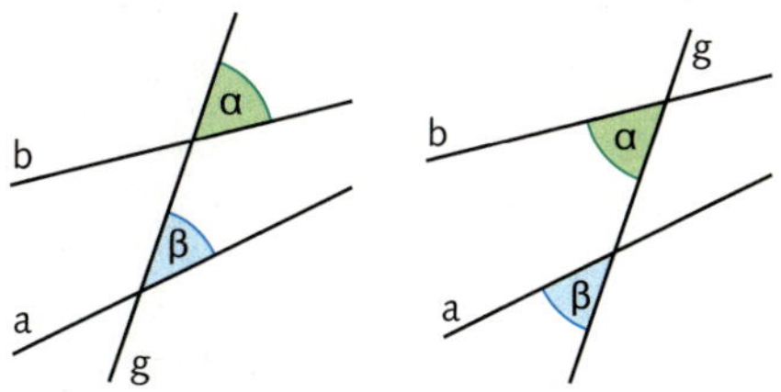

Die Winkel α und γ liegen auf verschiedenen Seiten der schneidenden Geraden g und auf *entgegengesetzten* Seiten der geschnittenen Geraden a und b.
Wir sagen:
Die beiden Winkel α und γ sind **Wechselwinkel** zueinander.

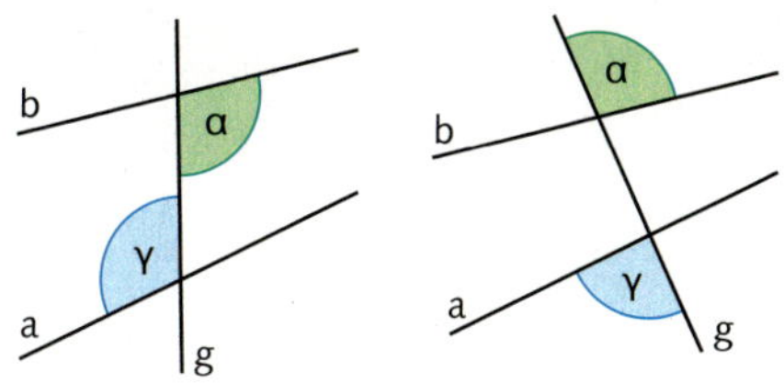

(4) Winkelsätze an geschnittenen Parallelen

Stufenwinkelsatz

α und β sollen Stufenwinkel an einer doppelten Geradenkreuzung sein.
Dann gilt:
Wenn a ∥ b, dann sind die Stufenwinkel α und β gleich groß.
Umgekehrt:
Wenn die Stufenwinkel α und β an den Geraden a und b gleich groß sind, dann ist a ∥ b.

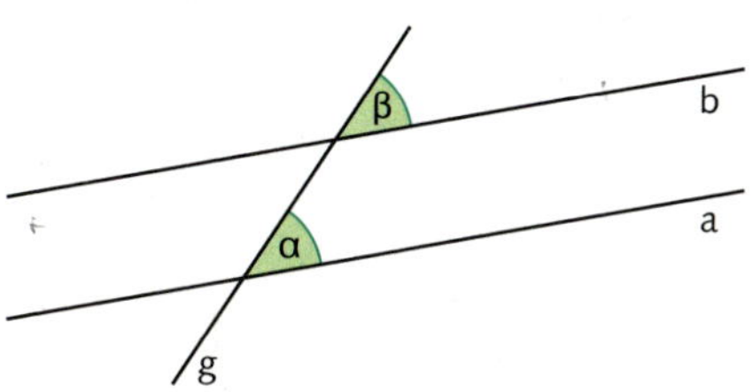

Wechselwinkelsatz

α und γ sollen Wechselwinkel an einer doppelten Geradenkreuzung sein.
Dann gilt:
Wenn a ∥ b, dann sind die Wechselwinkel α und γ gleich groß.
Umgekehrt:
Wenn die Wechselwinkel α und γ an den Geraden a und b gleich groß sind, dann ist a ∥ b.

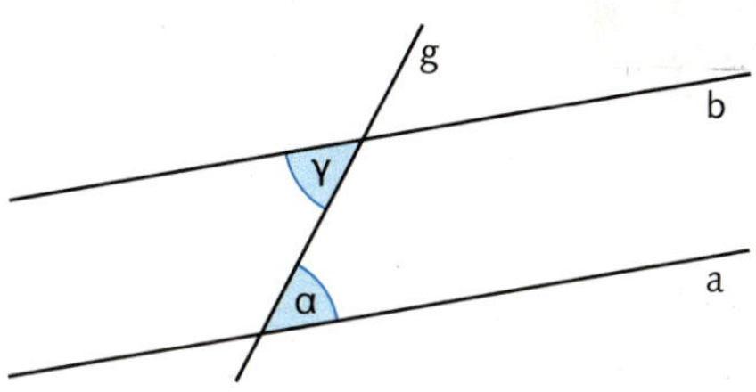

4. Die Geraden a und b sind parallel zueinander; die Gerade g schneidet a und b. Gib die Größe des rot markierten Winkels α an. Begründe.

a)

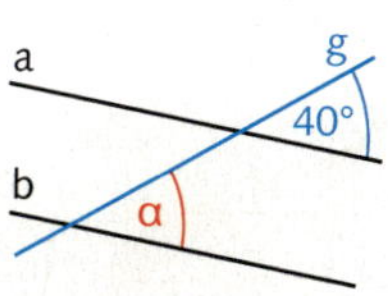

b)

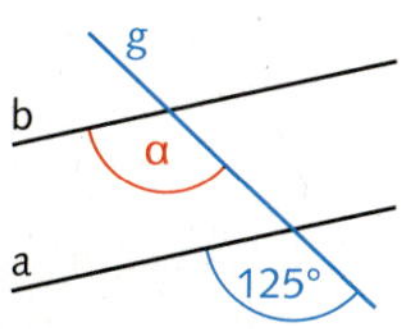

c)

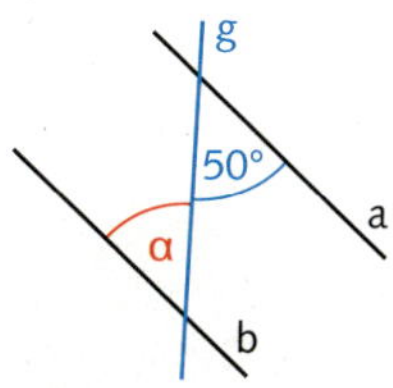

d)

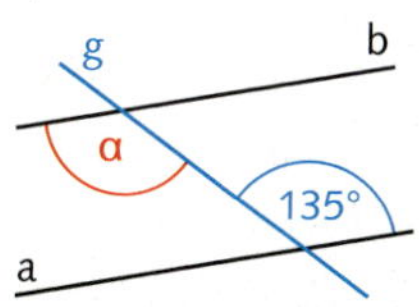

5. Zeichne wie im obigen Kasten zwei Geraden a und b, die von einer dritten Geraden g geschnitten werden. Markiere in verschiedenen Farben alle

a) Stufenwinkelpaare;

b) Wechselwinkelpaare.

6. Die Geraden a und b sind parallel zueinander; die Gerade g schneidet a und b. Bestimme die rot markierten Winkel α, β, γ und δ.

a)

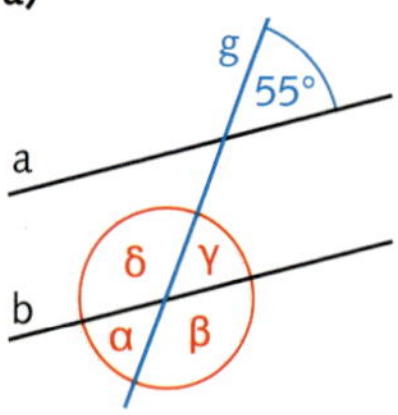

b)

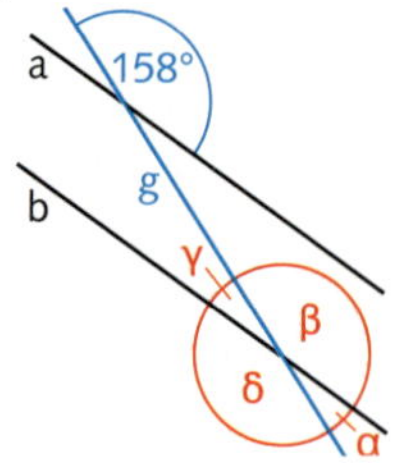

c)

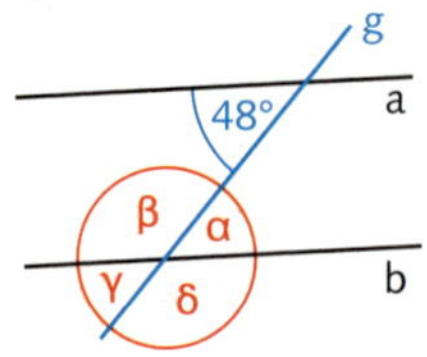

d)

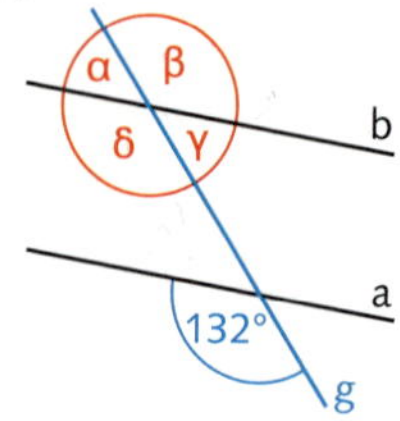

7. Die Geraden a und b sind parallel zueinander; die Gerade g schneidet a und b. Wie groß ist der rot markierte Winkel?

a)

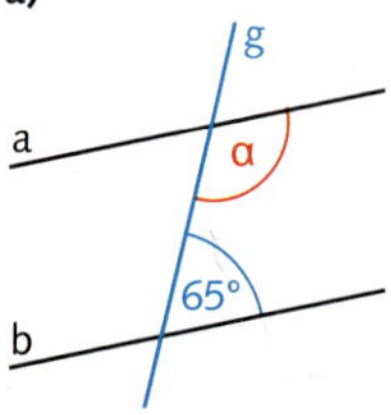

b)

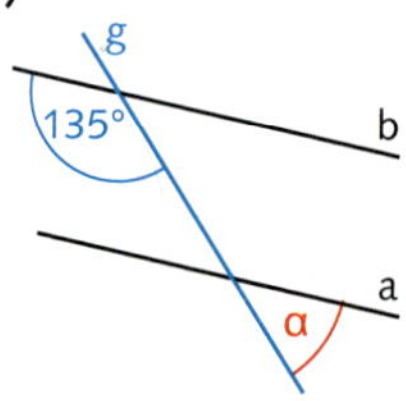

c)

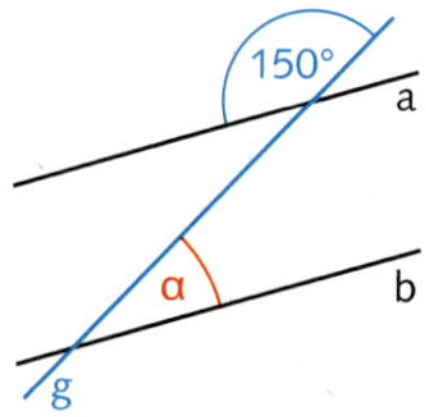

d)

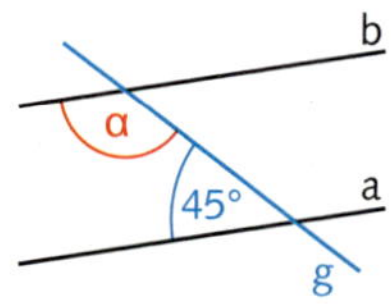

8. Die Geraden a und b sind parallel zueinander. Sie werden von den Geraden g und h geschnitten; sie sind ebenfalls parallel zueinander. Wähle δ = 55°. Berechne die Größe der übrigen rot markierten Winkel.

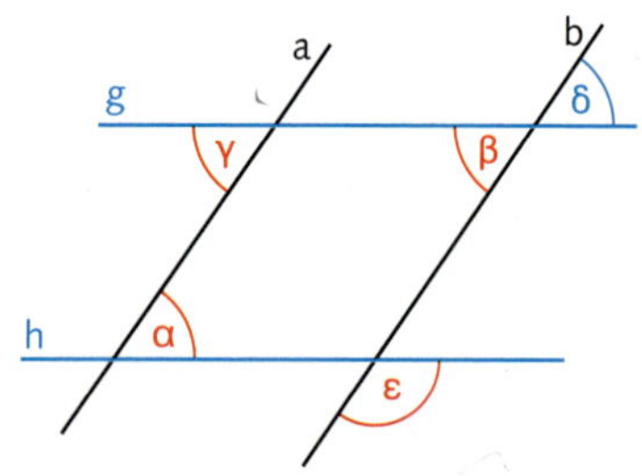

9. Die Gerade g schneidet die Geraden a und b. Sind die Geraden a und b parallel zueinander?

a) β = 132°; γ = 48°

b) β = 105°; γ = 76°

c) δ = 123°; α = 57°

d) δ = 147°; α = 33°

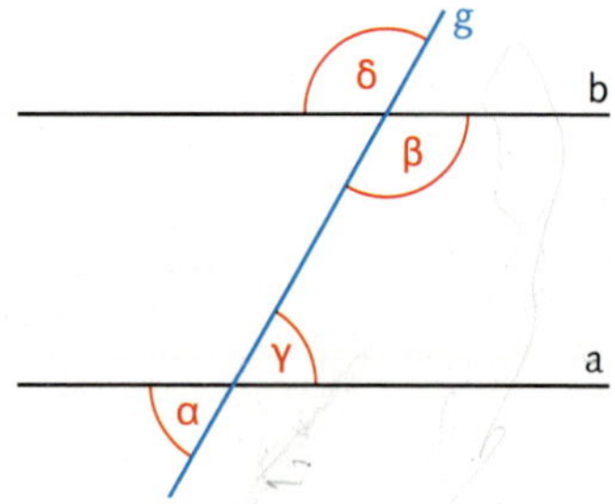

10. Bestimme die Größen der rot markierten Winkel. Begründe dein Vorgehen.

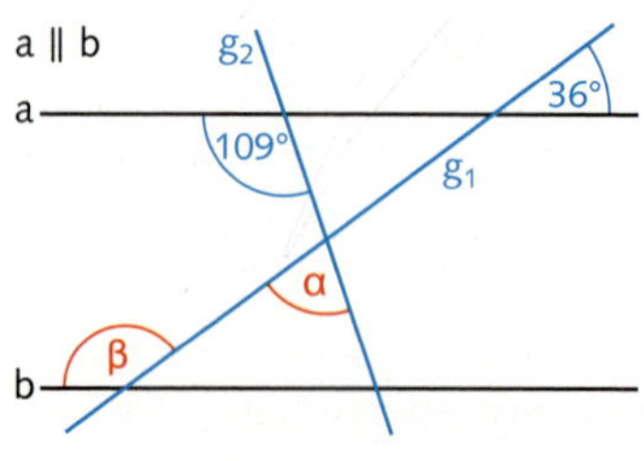

21.2 Winkel in Dreiecken und Vierecken

(1) Winkelsummensatz (Innenwinkelsatz) für Dreiecke

In jedem Dreieck beträgt die Summe der drei Innenwinkel 180°:

$\alpha + \beta + \gamma = 180°$

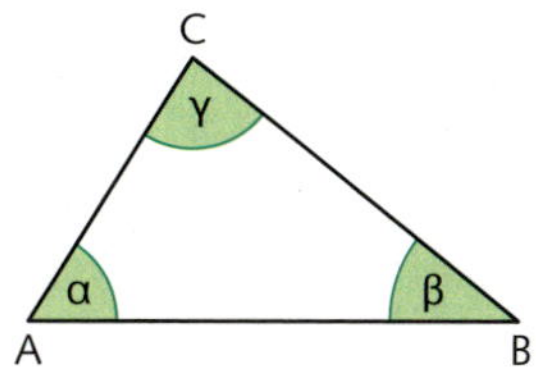

(2) Einteilung der Dreiecke nach Winkeln

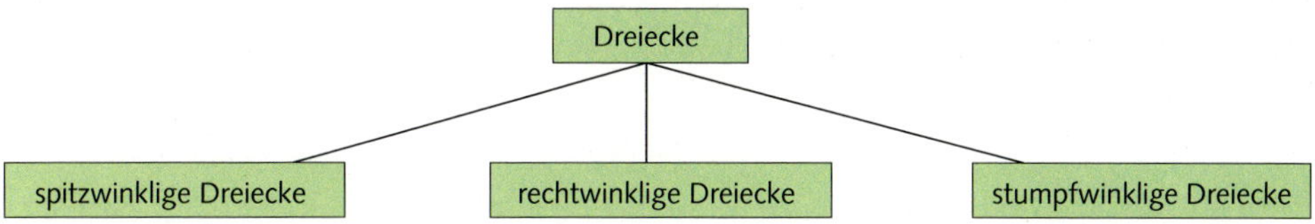

Alle Innenwinkel sind spitz. | Ein Innenwinkel ist ein rechter Winkel. | Ein Innenwinkel ist ein stumpfer Winkel.

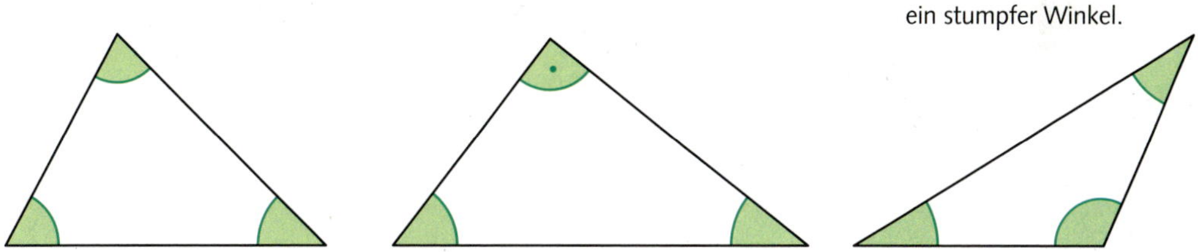

spitzwinklig | rechtwinklig | stumpfwinklig

(3) Dreiecksungleichung: Seiten-Winkel-Beziehung im Dreieck

(1) Die Summe zweier Seitenlängen im Dreieck ist stets größer als die Länge der dritten Seite:
$a + b > c$; $a + c > b$; $b + c > a$

(2) Im Dreieck gehört zur längeren Seite der größere Gegenwinkel sowie umgekehrt zum größeren Winkel die längere Gegenseite.

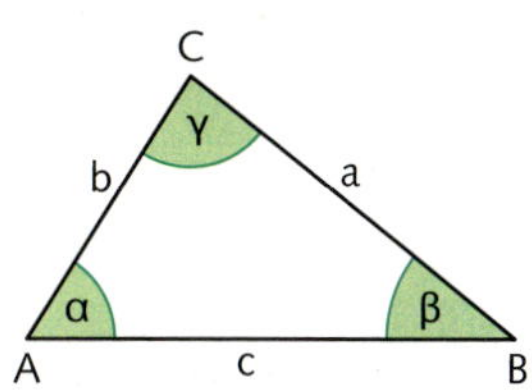

1. **a)** Berechne den dritten Innenwinkel im Dreieck ABC. Um was für eine Art Dreieck handelt es sich?

(1) $\alpha = 41°$; $\gamma = 79°$ (3) $\alpha = 37°$; $\beta = 66°$ (5) $\alpha = 19°$; $\gamma = 45°$
(2) $\alpha = 124°$; $\beta = 51°$ (4) $\gamma = 90°$; $\beta = 31°$ (6) $\beta = 68°$; $\gamma = 22°$

b) Kann man ein Dreieck ABC mit den angegebenen Winkeln zeichnen? Begründe.

(1) $\alpha = 87°$; $\beta = 92°$ (2) $\alpha = 88°$; $\beta = 93°$ (3) $\beta = 89°$; $\gamma = 91°$

c) In einem rechtwinkligen Dreieck ABC mit $\gamma = 90°$ ist

(1) $\alpha = 29°$; (2) $\beta = 77°$.

Bestimme die Größe des dritten Winkels.

2. ABCD ist ein Rechteck. Bestimme die Größe der rot markierten Winkel.

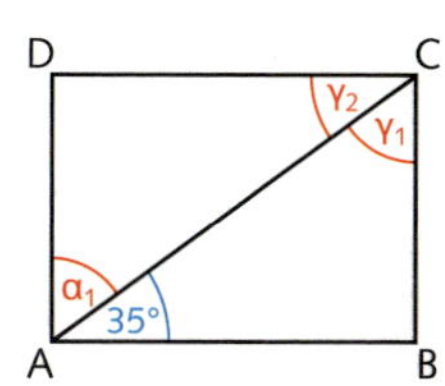

3. Berechne die Größe des rot markierten Winkels α.

a)

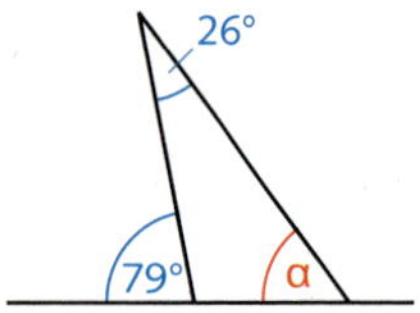

b)

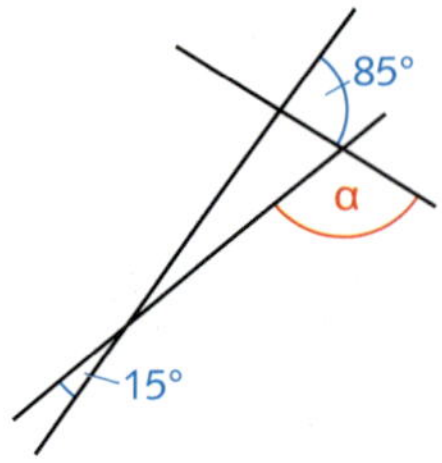

c)

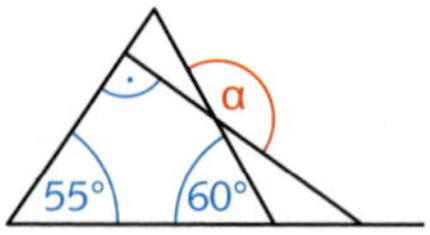

d)

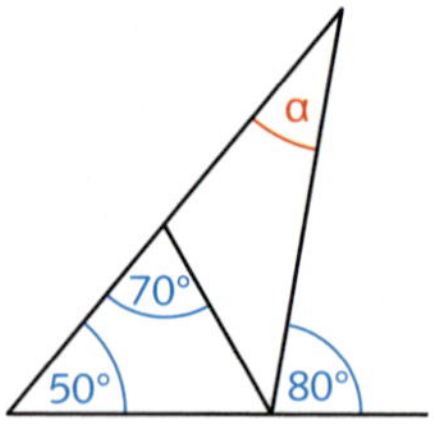

4. Die Geraden g und h sind parallel zueinander. Berechne die Innenwinkel β und γ des Dreiecks ABC.

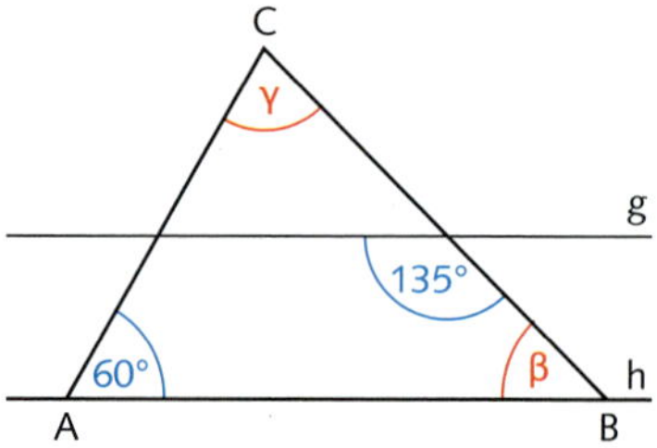

5. **a)** In einem Dreieck ABC ist (1) $\beta = 56°$; $\gamma = 33°$; (2) $\alpha = 51°$; $\gamma = 77°$.
Was kannst du über die Längen der Seiten b und c, a und b sowie a und c aussagen?

b) In einem Dreieck ABC ist a = 5,2 cm; b = 3,6 cm; c = 5,9 cm.
Was kannst du über die Winkelgrößen α und β, α und γ sowie β und γ aussagen?

---

(4) Ordnen der Dreiecke nach Seiten- bzw. Achsensymmetrie – Eigenschaften

Dreiecke

- unregelmäßige Dreiecke
  - Alle Seiten sind paarweise verschieden.
  - Keine Symmetrieachsen
- gleichschenklige Dreiecke
  - Mindestens zwei Seiten sind gleich lang.
  - Mindestens eine Symmetrieachse
  - gleichseitige Dreiecke
    - Alle Seiten sind gleich lang.
    - Drei Symmetrieachsen

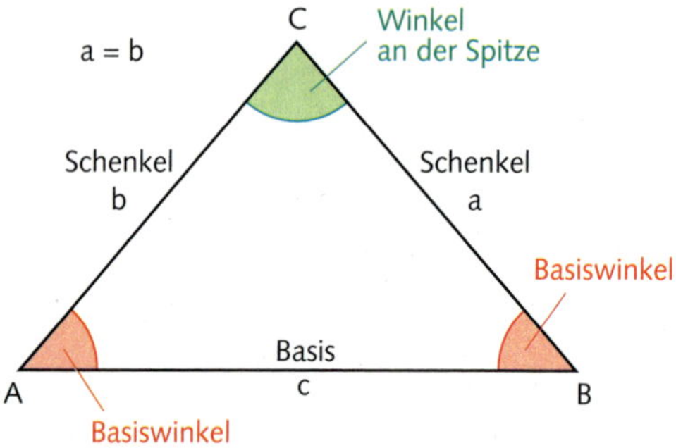

(5) Winkelsätze über gleichschenklige Dreiecke

(a) Wenn ein Dreieck gleichschenklig ist, dann sind die Basiswinkel gleich groß.
Umgekehrt gilt:
Wenn in einem Dreieck mindestens zwei Winkel gleich groß sind, dann ist das Dreieck gleichschenklig.

(b) Wenn ein Dreieck gleichseitig ist, dann sind alle Innenwinkel gleich groß (nämlich 60°).
Umgekehrt gilt:
Wenn in einem Dreieck alle Winkel gleich groß sind, dann ist das Dreieck gleichseitig.

6. ABC ist ein gleichschenkliges Dreieck mit $b = c$. Es ist
(1) $\alpha = 124°$; (2) $\beta = 38°$; (3) $\gamma = 48°$.
Wie groß sind jeweils die übrigen Innenwinkel?

7. ABC ist ein Dreieck. Fülle die Tabelle aus.

α	β	γ	$a \gtreqless b$	$a \gtreqless c$	$b \gtreqless c$	Dreiecksart nach Winkeln	Seiten
75°	62°						
	32°	58°					
29°		40°					
		120°					gleichschenklig
	48°		$a > b$	$a > c$		rechtwinklig	
55°				$a = c$			
							gleichseitig
	60°			$a = c$			

8. Die Geraden g und h sind parallel zueinander. Der Kreis hat den Mittelpunkt M und den Radius $\overline{MB}$.
Berechne die Größe des rot markierten Winkels α.

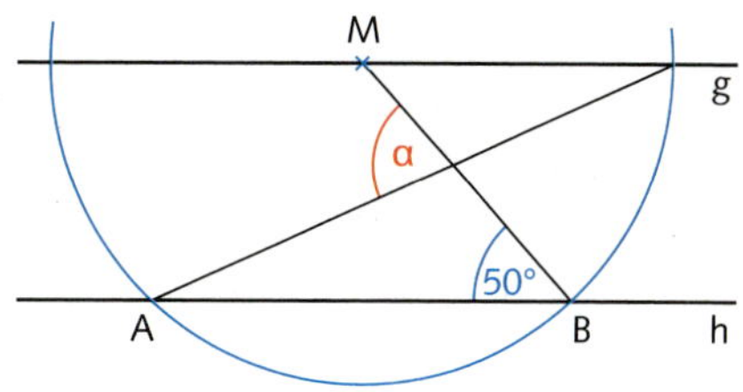

9. Berechne die Größe des rot markierten Winkels. Begründe jeden Schritt.

(1)

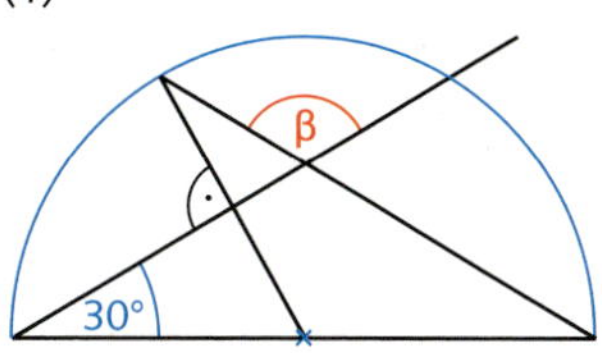

(2)

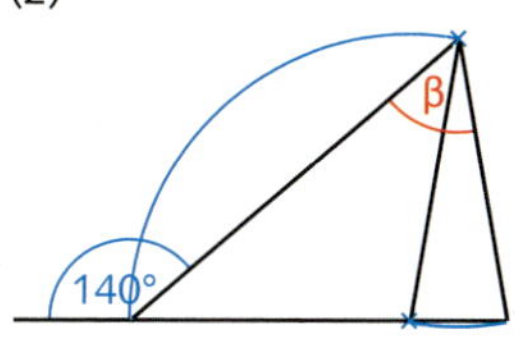

(3)

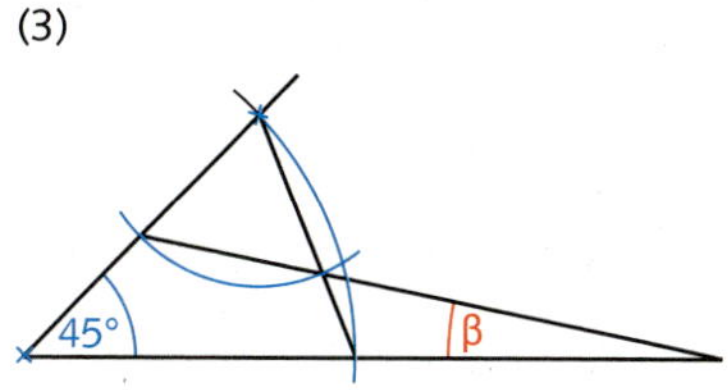

10. a) Gegeben ist die Figur mit $g \parallel h$. Berechne den rot markierten Winkel β.
Anleitung: Suche Teildreiecke in der Figur. Ergänze dazu die Figur durch eine geeignete Strecke als Hilfslinie.

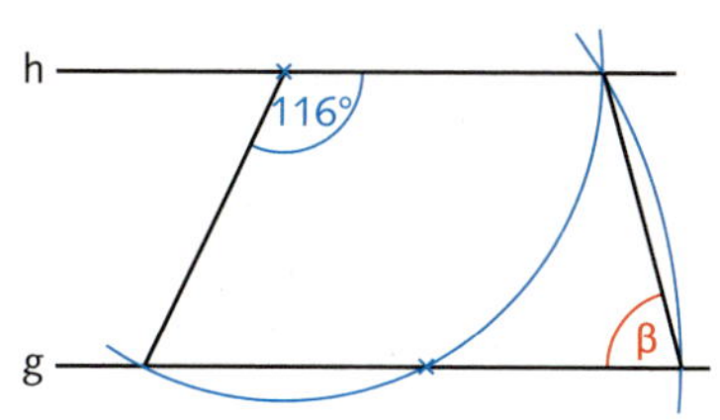

b) Berechne die Größe des rot markierten Winkels β.

(1)

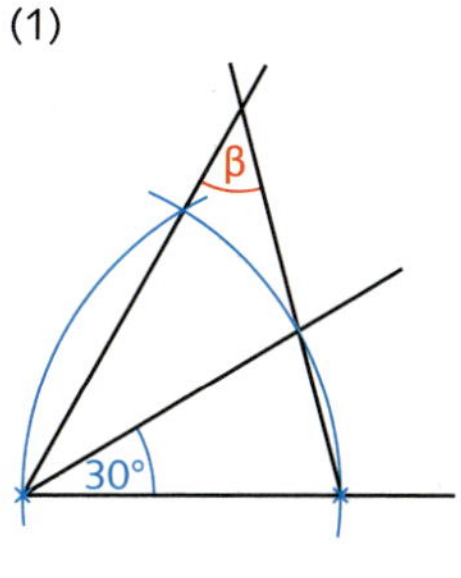

(2)

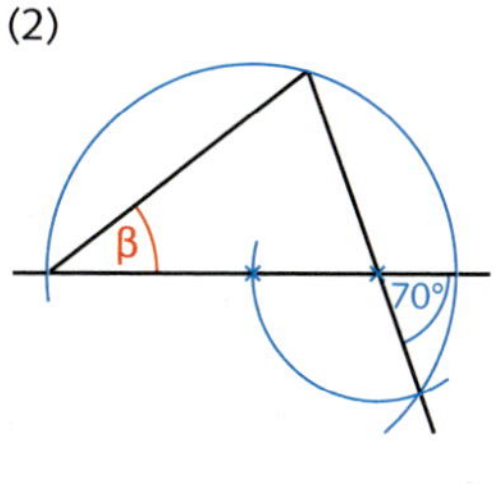

(3)

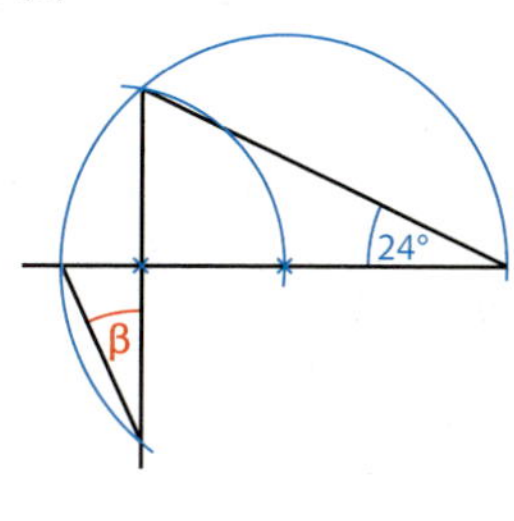

(6) Satz des Thales

Wenn der Punkt C eines Dreiecks ABC auf dem Kreis mit der Seite $\overline{AB}$ als Durchmesser (dem so genannten *Thaleskreis*) liegt, dann ist das Dreieck rechtwinklig mit γ als rechtem Winkel.

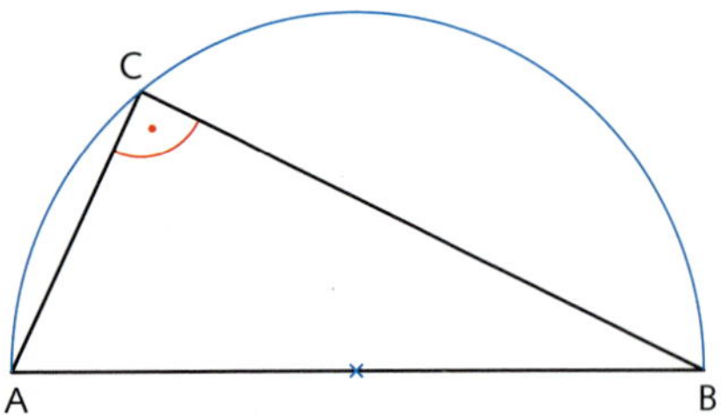

Umgekehrt gilt:

Wenn ABC ein rechtwinkliges Dreieck mit $\gamma = 90°$ ist, dann liegt C auf dem Thaleskreis über der Seite $\overline{AB}$.

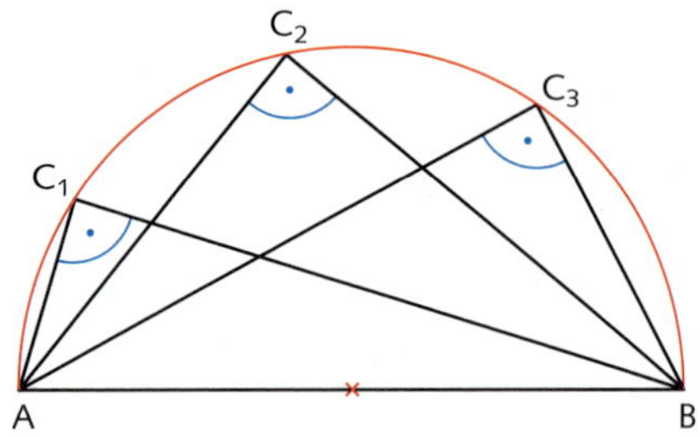

11. Berechne die Größe der rot markierten Winkel.

a)

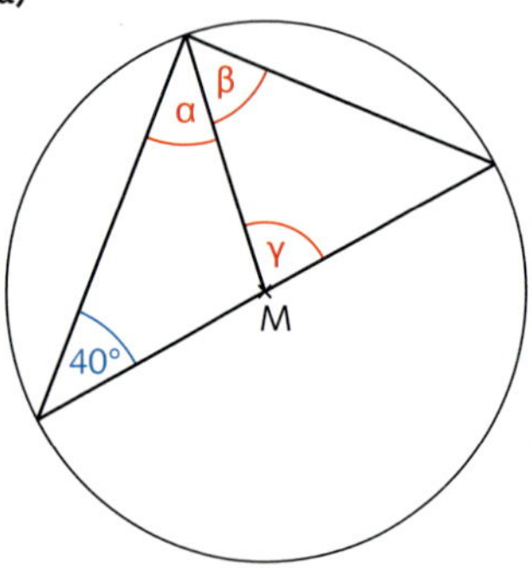

b)

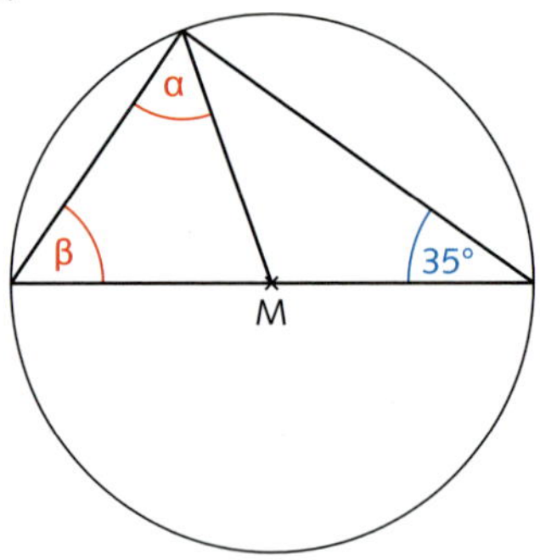

c)

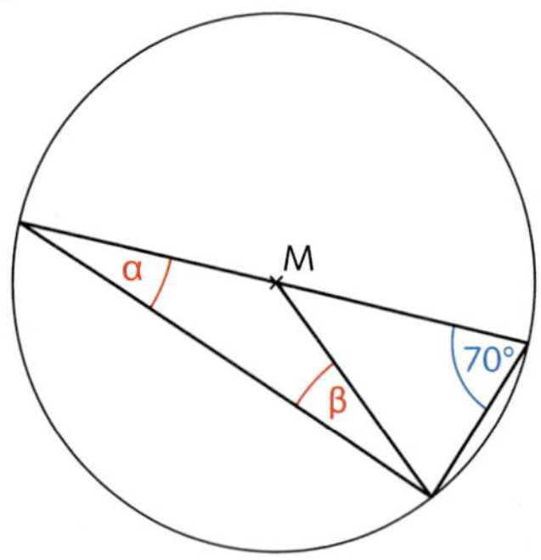

(7) Winkelsummensatz (Innenwinkelsatz) für Vierecke

In jedem Viereck beträgt die Summe der Innenwinkel 360°:

$\alpha + \beta + \gamma + \delta = 360°$

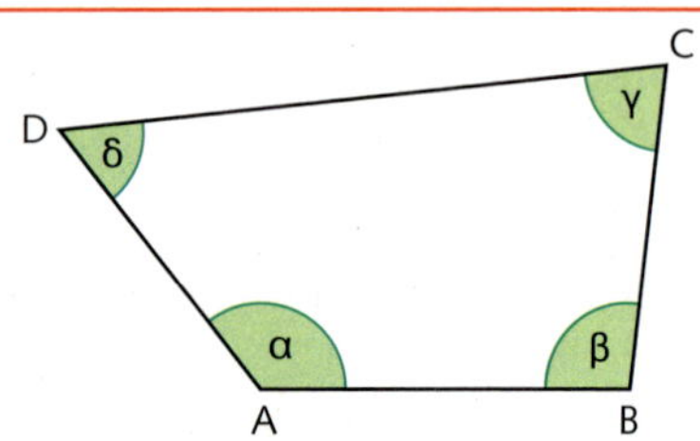

12. In einem Viereck ABCD sind drei Winkel gegeben. Berechne den vierten Innenwinkel.

a) $\alpha = 39°$; $\beta = 75°$; $\gamma = 124°$

b) $\alpha = 61°$; $\gamma = 31°$; $\delta = 204°$

13. Berechne die Größe der rot markierten Winkel.

a)

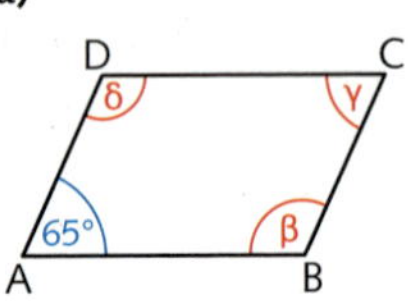

Parallelogramm

b)

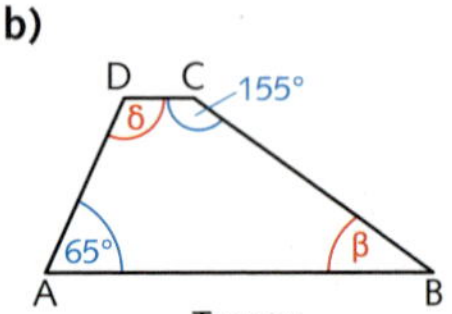

Trapez

c)

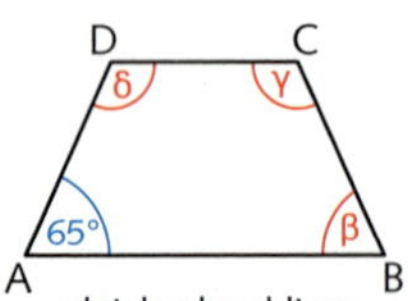

gleichschenkliges Trapez

d)

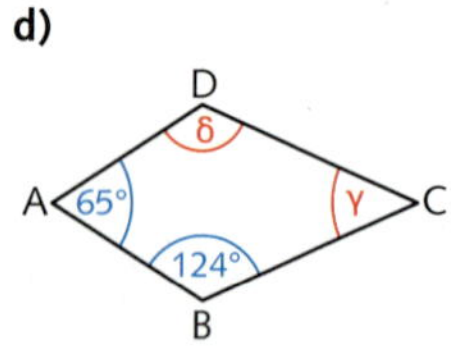

Drachenviereck

22 Ähnlichkeit – Strahlensätze

22.1 Längenverhältnis zweier Strecken

Das **Längenverhältnis zweier Strecken** ist der Quotient ihrer Längen bzw. bei gleicher Einheit der Quotient ihrer Maßzahlen.

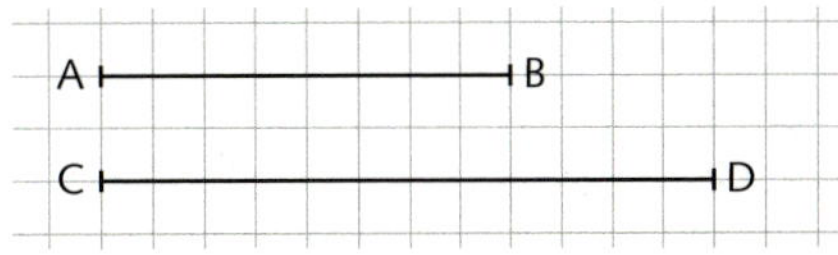

Beispiel: $|AB| = 4$ cm; $|CD| = 6$ cm

Längenverhältnisse: $\frac{|AB|}{|CD|} = \frac{4\text{ cm}}{6\text{ cm}} = \frac{4}{6} = \frac{2}{3}$

$\frac{|CD|}{|AB|} = \frac{6\text{ cm}}{4\text{ cm}} = \frac{6}{4} = \frac{3}{2}$

Beachte: Statt $\frac{|AB|}{|CD|} = \frac{2}{3}$ schreibt man auch $|AB| : |CD| = 2 : 3$.

1. Bestimme mithilfe der Zeichnung die Längenverhältnisse der Strecken $\overline{AB}$ und $\overline{CD}$.

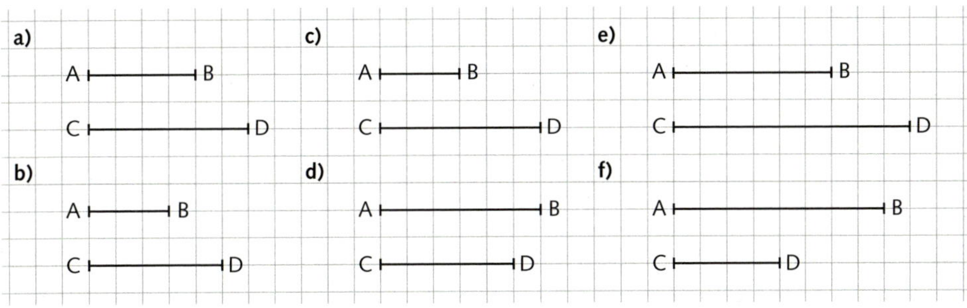

2. Berechne die Längenverhältnisse $\frac{a}{b}$ und $\frac{b}{a}$. Kürze soweit wie möglich.

a) $a = 36$ cm, $b = 12$ cm **b)** $a = 90$ cm, $b = 75$ cm **c)** $a = 120$ cm, $b = 2$ m **d)** $a = \frac{1}{2}$ m, $b = \frac{3}{4}$ m **e)** $a = 0{,}3$ m, $b = 0{,}8$ m **f)** $a = \sqrt{32}$ cm, $b = \sqrt{18}$ cm

3. Zeichne zwei Strecken $\overline{AB}$ und $\overline{CD}$ mit dem Längenverhältnis:

a) $\frac{|AB|}{|CD|} = \frac{3}{5}$ **b)** $\frac{|AB|}{|CD|} = 3$ **c)** $\frac{|AB|}{|CD|} = 1{,}5$ **d)** $\frac{|AB|}{|CD|} = 0{,}6$ **e)** $\frac{|AB|}{|CD|} = 2{,}4$

4. Es gilt $\frac{|AB|}{|CD|} = \frac{2}{3}$. Bestimme die fehlende Länge.

a) $|CD| = 27$ cm **b)** $|CD| = 60$ cm **c)** $|AB| = 80$ dm **d)** $|AB| = 72$ mm

5. Ein Dreieck hat die Seitenlängen $a = 12$ cm, $b = 8$ cm und $c = 18$ cm. Berechne alle sechs Längenverhältnisse.

6. Der Maßstab bei Karten und Zeichnungen gibt das Längenverhältnis einer Strecke in der Zeichnung zu der Strecke in der Wirklichkeit an.

a) Eine Strecke ist in der Zeichnung (1) 5 cm; (2) 12 cm lang.
Welche Länge hat sie in der Wirklichkeit? Maßstab 1 : 20 [2 : 1].

b) Eine Strecke ist in der Wirklichkeit (1) 2,10 m; (2) 0,80 m lang.
Wie lang ist sie in der Zeichnung? Maßstab 1 : 20.

22.2 Ähnlichkeit von ebenen Figuren

(1) Erklärung der Ähnlichkeit beliebiger ebener Figuren

Eine Figur F heißt **ähnlich** zu einer Figur G, wenn man die Figur F mithilfe einer zentrischen Streckung so vergrößern oder verkleinern kann, dass die Bildfigur von F zu der Figur G kongruent ist.
Wir schreiben: $F \sim G$,
gelesen: F ist *ähnlich* zu G.
Der Streckungsfaktor k heißt *Ähnlichkeitsfaktor* oder in manchen Zusammenhängen auch *Maßstab*.
Originalfigur und maßstäbliche Vergrößerung bzw. Verkleinerung dieser Figur sind ähnlich zueinander.

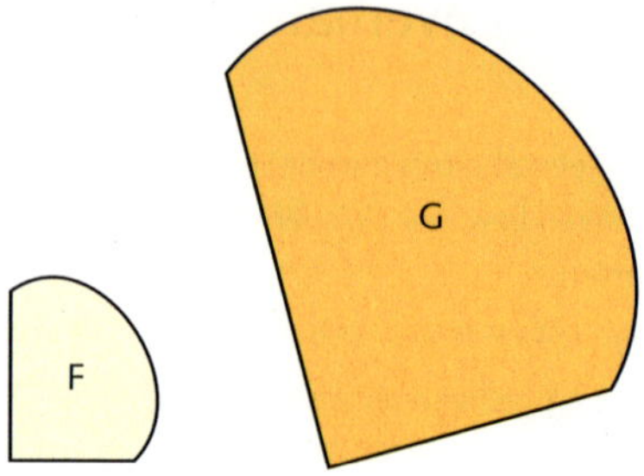

(2) Längenverhältnisse und Winkel bei zueinander ähnlichen Vielecken

(a) Wenn zwei Vielecke F und G ähnlich zueinander sind, dann gilt:
  (1) Einander entsprechende Winkel von F und G sind gleich groß.
  (2) Das Längenverhältnis zweier beliebiger Seiten von F ist gleich dem Längenverhältnis der beiden entsprechenden Seiten von G.
  z. B.: $\alpha = \alpha^*$; $\gamma = \gamma^*$; $\frac{a}{b} = \frac{a^*}{b^*}$; $\frac{c}{d} = \frac{c^*}{d^*}$

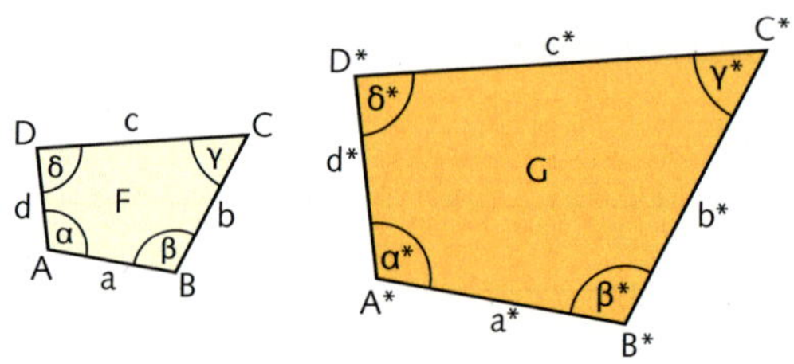

(b) Wenn zwei Vielecke F und G zueinander ähnlich sind, dann gilt:
  (1) Einander entsprechende Winkel von F und G sind gleich groß.
  (2) Die Längenverhältnisse entsprechender Seiten stimmen überein. Das gemeinsame Längenverhältnis ist der Ähnlichkeitsfaktor k.
  z. B.: $\frac{a}{a^*} = \frac{b}{b^*} = \frac{c}{c^*} = \frac{d}{d^*} = k$

Die Umkehrungen beider Sätze sind ebenfalls wahr. Jeder dieser Sätze kann dazu dienen, die Ähnlichkeit von Vielecken nachzuweisen.

1. Prüfe, ob die beiden Vielecke ähnlich zueinander sind. Gib gegebenenfalls den Ähnlichkeitsfaktor (Maßstab) an.

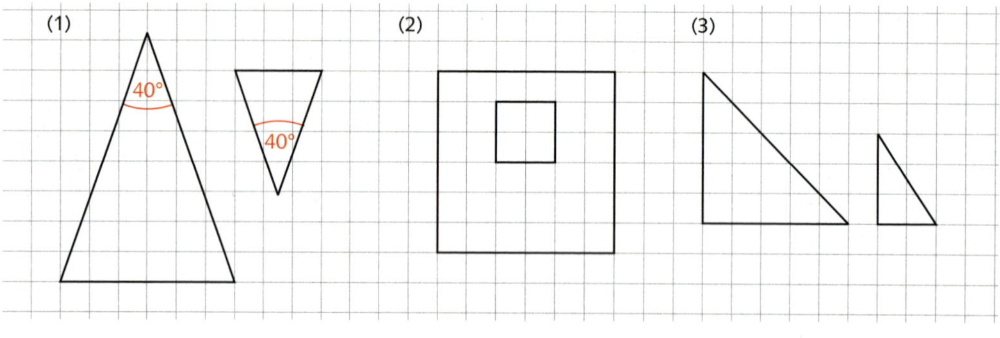

2. Die beiden Dreiecke ABC und RST sind ähnlich zueinander.
Schreibe gleiche Längenverhältnisse auf.
Beachte die unterschiedlichen Verhältnisse auf der vorigen Seite.

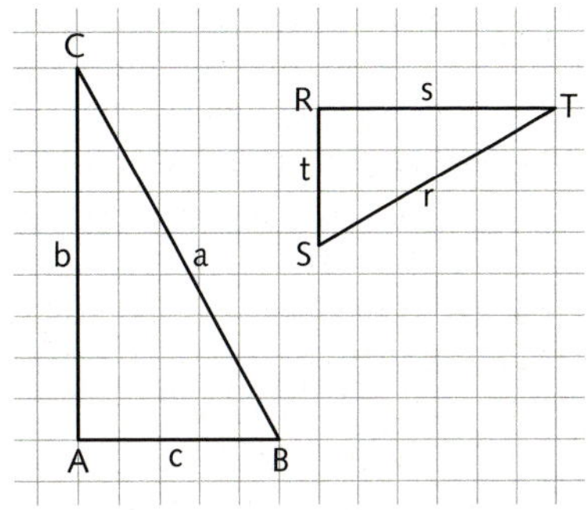

3. Die Dreiecke ABC und A′B′C′ sollen ähnlich zueinander sein. Berechne die fehlenden Seitenlängen.

a) a = 3,5 cm	**b)** a = 5,4 cm	**c)** a = 3,6 cm	**d)** a = 4,4 cm
b = 4,5 cm	b = 6,6 cm	b = 4,8 cm	a′ = 1,1 cm
c = 6,8 cm	c = 3,3 cm	c = 6,2 cm	b′ = 1,6 cm
a′ = 7,0 cm	b′ = 2,2 cm	c′ = 9,3 cm	c′ = 1,3 cm

(3) Verhältnis der Flächeninhalte bei zueinander ähnlichen Figuren

Ist das Vieleck F ähnlich zum Vieleck G und entsteht G aus F durch Vergrößern oder Verkleinern mit dem Ähnlichkeitsfaktor k, so ist der Flächeninhalt A_G des Vielecks genau k^2-mal so groß wie der Flächeninhalt A_F des Vielecks: $\mathbf{A_G = k^2 \cdot A_F}$.

Längenverhältnis k, jedoch Flächenverhältnis k^2

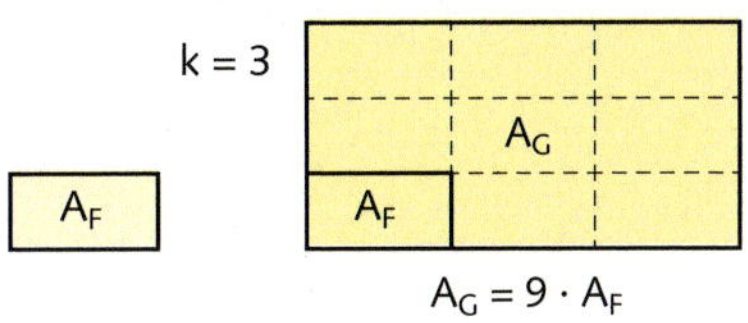

4. Ein Rechteck besitzt die Seitenlängen a = 7,5 cm und b = 4,2 cm. Ein dazu ähnliches Rechteck A′B′C′D′ besitzt die Seitenlänge a′ = 2,5 cm. Berechne auf zweierlei Weise
(1) den Flächeninhalt, (2) den Umfang des Rechtecks A′B′C′D′.

5. Von einem Dreieck ABC ist bekannt: c = 3,4 cm; h_c = 1,8 cm. Ein dazu ähnliches Dreieck besitzt die Höhe h'_c = 4,5 cm.
Berechne den Flächeninhalt des Dreiecks A′B′C′ auf zweierlei Weise.

6. Ein Quadrat ABCD besitzt den Flächeninhalt 240 cm². Ein dazu ähnliches Quadrat A′B′C′D′ hat den Flächeninhalt 60 cm².
Berechne den Ähnlichkeitsfaktor k.

(4) Hauptähnlichkeitssatz für Dreiecke

Zwei Dreiecke sind schon ähnlich zueinander, wenn sie paarweise in zwei entsprechenden Winkeln übereinstimmen.
Sie stimmen dann auch paarweise in den Längenverhältnissen entsprechender Seiten überein.

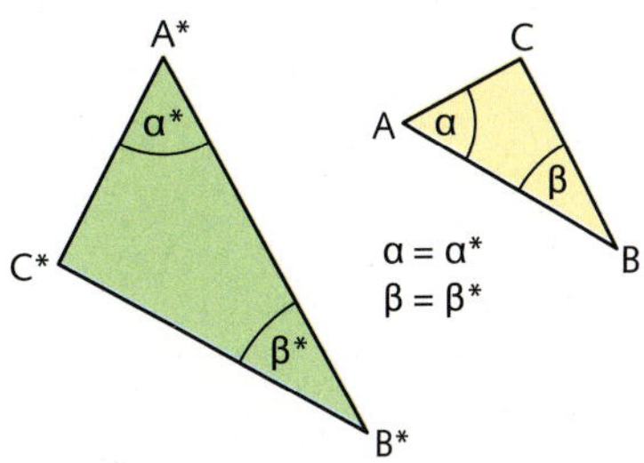

7. Gegeben sind zwei Dreiecke ABC und A*B*C*. Entscheide aufgrund der angegebenen Winkelgrößen, ob die Dreiecke zueinander ähnlich sind. Falls das zutrifft, stelle Gleichungen für die Längenverhältnisse entsprechender Seiten auf.

a) $\alpha = 26°$; $\alpha^* = 26°$ $\beta = 59°$; $\gamma^* = 95°$
b) $\alpha = 47°$; $\beta^* = 73°$ $\gamma = 61°$; $\gamma^* = 61°$
c) $\beta = 31°$; $\alpha^* = 102°$ $\gamma = 48°$; $\gamma^* = 48°$
d) $\alpha = 22°$; $\alpha^* = 82°$ $\beta = 76°$; $\beta^* = 22°$

22.3 Strahlensätze – Anwendungen

Strahlensätze

Gegeben sind zwei Halbgeraden g und h mit gemeinsamem Anfangspunkt Z, ferner zwei Geraden a und b, welche die Halbgeraden g und h in den Punkten A und A* bzw. B und B* schneiden. Dann gilt:

1. Strahlensatz: Wenn a ∥ b, dann $\frac{|ZA|}{|ZB|} = \frac{|ZA^*|}{|ZB^*|}$.

In Worten: Wenn a parallel zu b ist, dann ist das Längenverhältnis zweier Strecken auf der einen Halbgeraden gleich dem Längenverhältnis der entsprechenden Strecken auf der anderen Halbgeraden.

Umkehrung des 1. Strahlensatzes: Wenn $\frac{|ZA|}{|ZB|} = \frac{|ZA^*|}{|ZB^*|}$, dann a ∥ b.

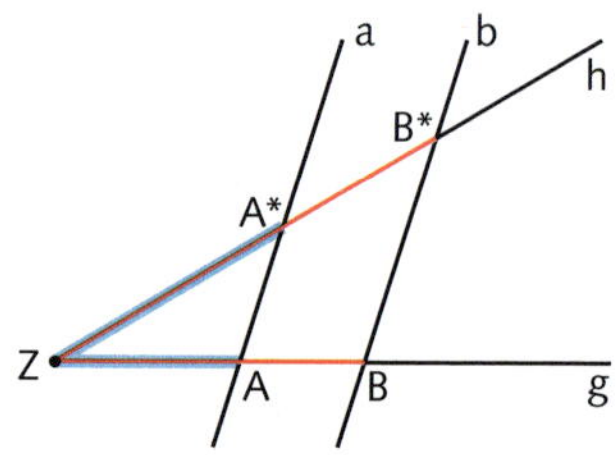

2. Strahlensatz: Wenn a ∥ b, dann $\frac{|AA^*|}{|BB^*|} = \frac{|ZA|}{|ZB|}$ und $\frac{|A^*A|}{|B^*B|} = \frac{|ZA^*|}{|ZB^*|}$.

In Worten: Wenn a parallel zu b ist, dann ist das Längenverhältnis der beiden Strecken auf den parallelen Geraden jeweils gleich dem Längenverhältnis der beiden von Z ausgehenden Strecken auf den Halbgeraden.

Die **Umkehrung des 2. Strahlensatzes** *gilt nicht.*

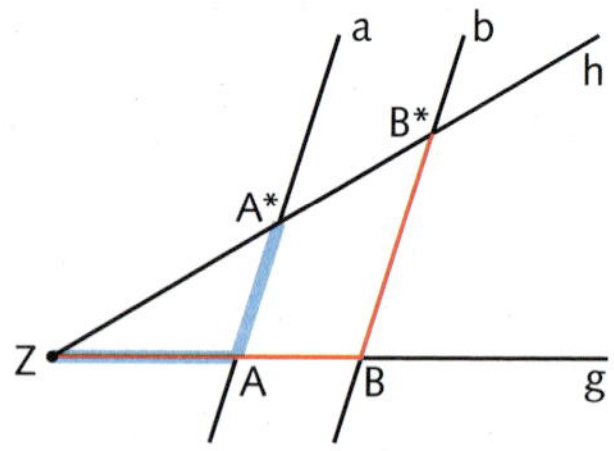

1. Es gilt: AR ∥ BS ∥ CT. Ergänze aufgrund eines Strahlensatzes zu einer wahren Aussage.

a) $\frac{|ZA|}{|ZB|} = \frac{\square}{\square}$
b) $\frac{|ZR|}{|ZS|} = \frac{\square}{\square}$
c) $\frac{|AR|}{|BS|} = \frac{\square}{\square}$
d) $\frac{|ZC|}{\square} = \frac{\square}{|ZR|}$
e) $\frac{\square}{|ZS|} = \frac{|ZC|}{\square}$
f) $\frac{|CT|}{\square} = \frac{\square}{|ZS|}$
g) $\frac{|AR|}{|CT|} = \frac{\square}{\square}$
h) $\frac{|ZT|}{\square} = \frac{\square}{|ZA|}$
i) $\frac{|ZB|}{\square} = \frac{\square}{|ZT|}$
j) $\frac{\square}{|ZC|} = \frac{|ZR|}{\square}$
k) $\frac{|BS|}{|CT|} = \frac{\square}{\square}$
l) $\frac{|ZA|}{|AB|} = \frac{\square}{\square}$

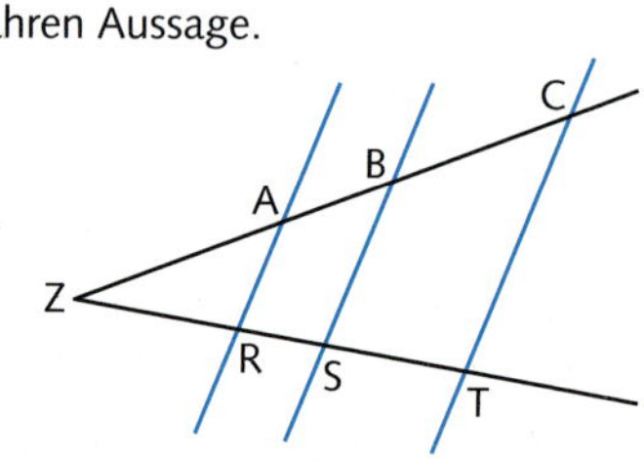

2. Es gilt: AD ∥ BE ∥ CF. Berechne die Längenverhältnisse:

$\frac{|ZD|}{|ZE|}$; $\frac{|ZD|}{|ZF|}$; $\frac{|ZE|}{|ZF|}$; $\frac{|AD|}{|BE|}$; $\frac{|AD|}{|CF|}$; $\frac{|BE|}{|CF|}$

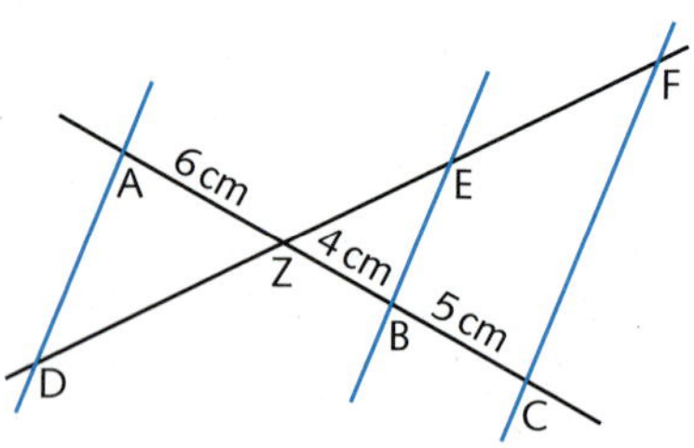

3. Von zwei Strecken ist ihr Längenverhältnis a : b = 2 : 3 [7 : 4] und die Länge der einen Strecke bekannt. Konstruiere die andere Strecke.

a) a = 5 cm
b) b = 2,8 cm

4. Von den sechs Längen a_1, a_2, b_1, b_2, c_1, c_2 sind vier gegeben. Berechne die beiden nicht gegebenen Längen.

a) $a_1 = 2$ cm, $b_1 = 4$ cm, $b_2 = 7$ cm, $c_1 = 3{,}2$ cm

b) $a_1 = 5{,}4$ cm, $b_2 = 9{,}9$ cm, $c_1 = 4{,}8$ cm, $c_2 = 8{,}8$ cm

c) $a_2 = 6{,}4$ cm, $b_2 = 9{,}6$ cm, $c_1 = 3{,}5$ cm, $c_2 = 5{,}6$ cm

d) $a_1 = 3{,}4$ cm, $a_2 = 5{,}1$ cm, $b_1 = 4{,}8$ cm, $c_2 = 3{,}9$ cm

e) $a_2 = 7{,}5$ cm, $b_1 = 3{,}6$ cm, $b_2 = 6$ cm, $c_2 = 5{,}5$ cm

f) $a_1 = 6{,}5$ cm, $a_2 = 7{,}8$ cm, $b_2 = 7{,}2$ cm, $c_1 = 4{,}5$ cm

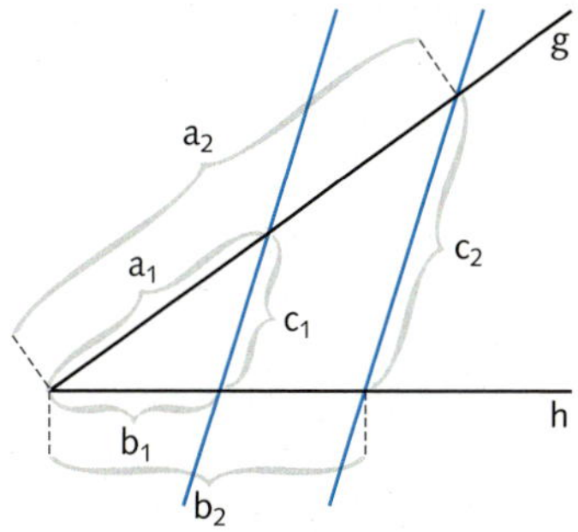

5. Die Länge der unzugänglichen Strecke x soll bestimmt werden. Dazu werden bei den Punkten A, B, C, D und Z Stäbe aufgestellt und verschiedene Strecken gemessen (s. Bild). Berechne x.

a)

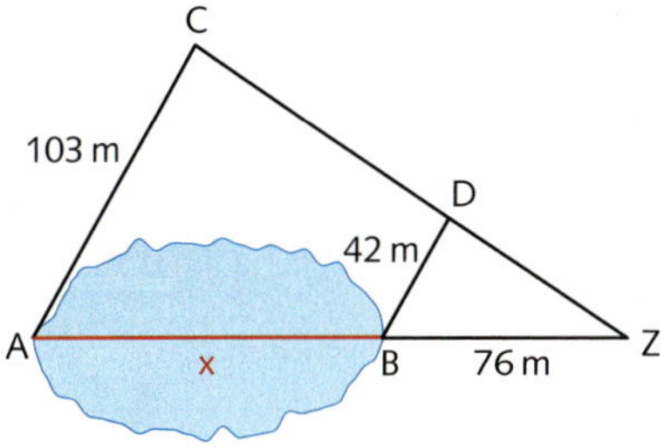

b)

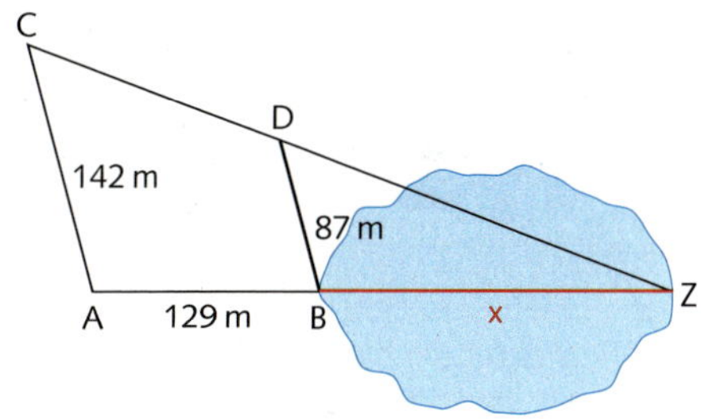

6. Um die Flussbreite x zu bestimmen werden die angegebenen Strecken gemessen.

a)

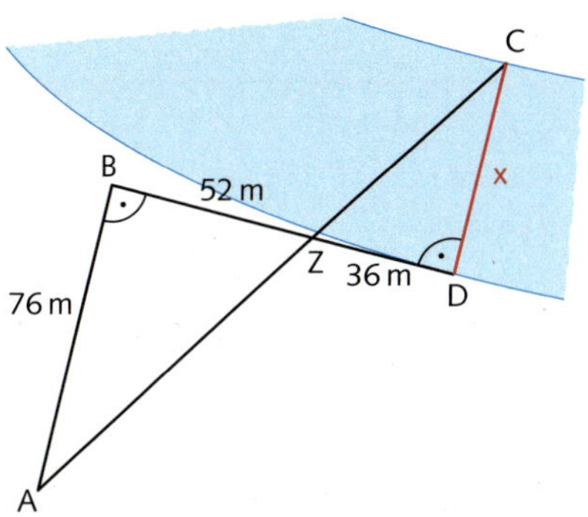

b)

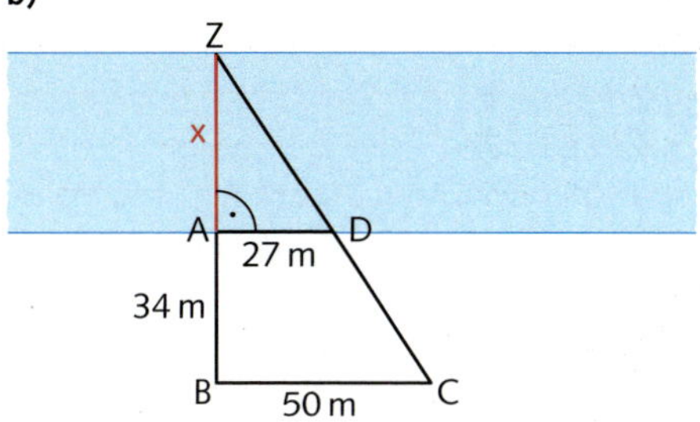

7. Die Höhe eines Aussichtsturms soll bestimmt werden. Dazu werden ein 1,70 m langer und ein 2,5 m langer Stab so aufgestellt, dass man den oberen Rand des Turmes anpeilen kann. Folgende Abstände werden dann gemessen:
$|AB| = 2{,}00$ m und $|BC| = 84{,}50$ m.
Berechne die Höhe des Turms.

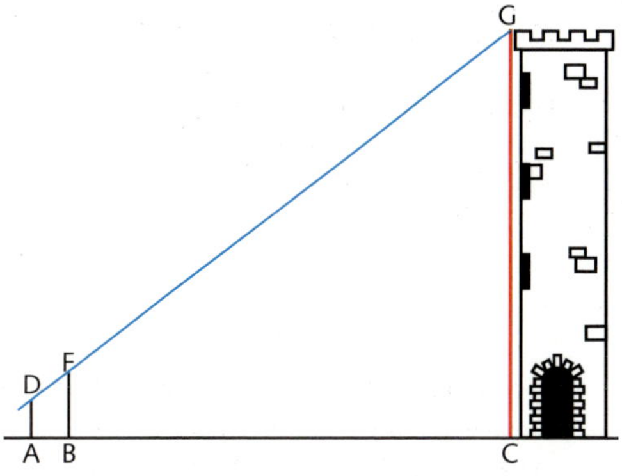

23 Flächensätze am rechtwinkligen Dreieck

Satz des Pythagoras

Im rechtwinkligen Dreieck sind die beiden Kathetenquadrate zusammen genauso groß wie das Hypotenusenquadrat.

$a^2 + b^2 = c^2$

a: Länge der einen Kathete

b: Länge der anderen Kathete

c: Länge der Hypotenuse

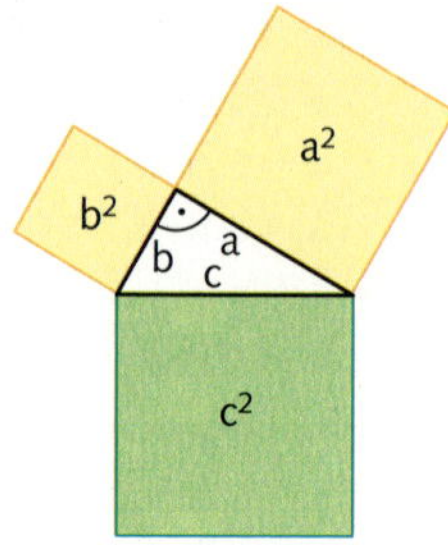

Kathetensatz

Im rechtwinkligen Dreieck ist ein Kathetenquadrat genauso groß wie das Rechteck aus der Hypotenuse und dem zur Kathete gehörenden Hypotenusenabschnitt.

$a^2 = p \cdot c$

$b^2 = q \cdot c$

p, q: Länge der Hypotenusenabschnitte

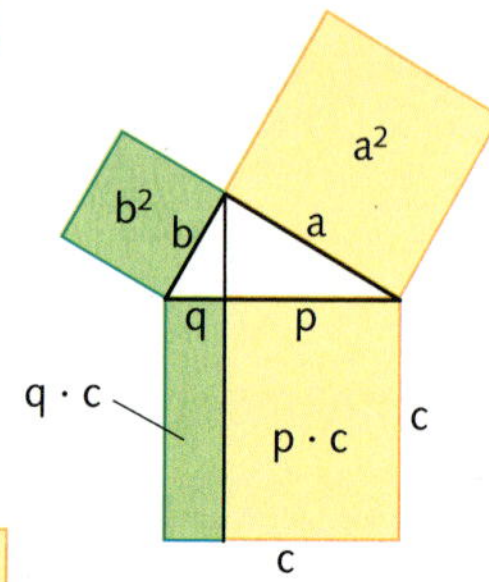

Höhensatz

Im rechtwinkligen Dreieck ist das Höhenquadrat genauso groß wie das Rechteck aus den beiden Hypotenusenabschnitten.

$h^2 = q \cdot p$

h: Dreieckshöhe

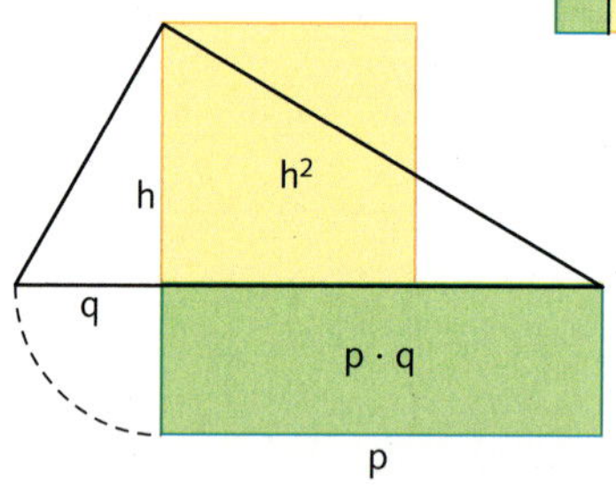

1. In einem rechtwinkligen Dreieck ABC sind die Längen zweier Seiten gegeben. Berechne die Länge der dritten Seite (dabei sei c jeweils die Länge der Hypotenuse).

a) b = 8 cm; c = 17 cm
b) a = 5 mm; c = 10 mm
c) a = 7 dm; b = 25 dm
d) b = 11 m; c = 17 m
e) a = 2,1 km; c = 4,3 km
f) a = 4,3 cm; b = 2,7 cm
g) b = 2,1 cm; c = 3,4 cm
h) a = 5,6 m; c = 7,9 m
i) a = 4,5 dm; b = 8,2 dm

Gegeben: a = 3 cm; b = 4 cm

Berechne: c

Lösung: $c^2 = a^2 + b^2$

$c = \sqrt{a^2 + b^2}$

$c = \sqrt{9 + 16}$ cm

$c = \sqrt{25}$ cm

$c = 5$ cm

2. Trage die Punkte A und C in ein Koordinatensystem (Einheit 1 cm) ein.
Berechne die Entfernung dieser Punkte.

a) A(−2|2); C(4|5)
b) A(1|6); C(6|3)
c) A(−3|−5); C(8|5)
d) A(−6|−2); C(−1|1)
e) A(2,4|8,9); C(9,7|3,5)
f) A(−3,2|−1,5); C(6,5|−0,9)

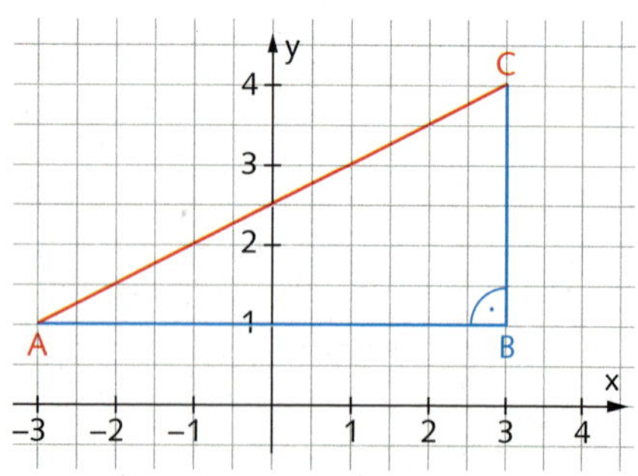

3. Von den drei Größen a, b und e eines Rechtecks sind zwei gegeben. Berechne die dritte.

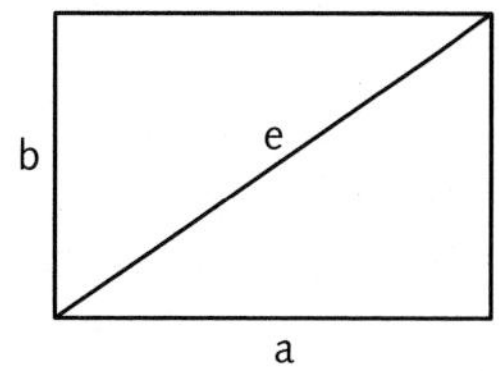

a) a = 9 cm b = 4 cm	**c)** a = 1,3 km b = 2,5 km	**e)** a = 87 mm b = 95 mm
b) a = 5 dm b = 11 dm	**d)** b = 6,2 m e = 7,1 m	**f)** e = 0,8 km a = 0,2 km

4. Von einem Quadrat ist gegeben:

a) Die Länge der Seite: a = 6 cm [0,3 cm]. Berechne die Länge der Diagonalen.

b) Die Länge der Diagonalen: d = 10 cm [1 m]. Berechne die Länge der Seite.

c) Die Länge der Diagonalen: d = 5 cm [0,25 m]. Berechne den Flächeninhalt.

5. Von den drei Größen a, e und f einer Raute (eines Rhombus) sind zwei gegeben. Berechne die dritte Größe.

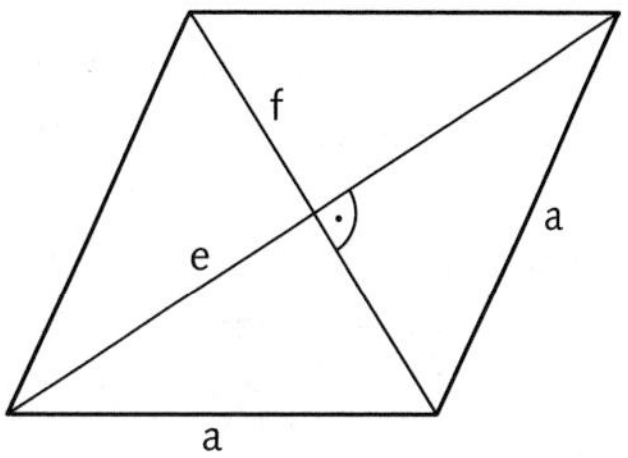

a) e = 6 cm f = 10 cm	**c)** e = 4,8 m f = 3,2 m	**e)** e = 0,4 m f = 0,3 m
b) a = 5 mm e = 8 mm	**d)** a = 4,3 km f = 3,8 km	**f)** a = 0,5 km f = 0,4 km

6. Von den drei Größen c, s und h eines gleichschenkligen Dreiecks sind zwei gegeben. Berechne die dritte.

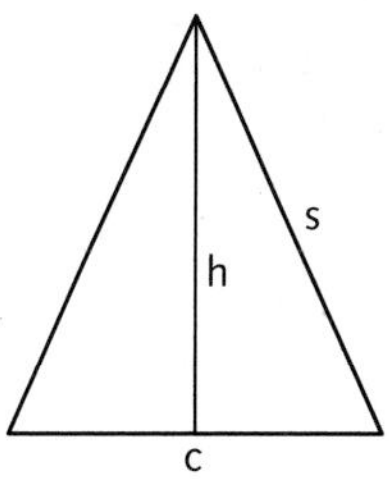

a) c = 8 cm s = 5 cm	**c)** s = 5 dm h = 2 dm	**e)** h = 21 mm c = 40 mm
b) c = 7,2m s = 5,8 m	**d)** s = 3,3 km h = 2,9 km	**f)** h = 0,6 km c = 0,8 km

7. Von einem gleichseitigen Dreieck ist gegeben:

a) Die Seitenlänge a = 8 cm [0,9 m].
Berechne die Höhe h und den Flächeninhalt A.

b) Die Höhe h = 6 m [3,2 m].
Berechne die Seitenlänge a und den Flächeninhalt A.

c) Der Flächeninhalt A = 32 cm² [0,48 cm²].
Berechne die Seitenlänge a und die Höhe h.

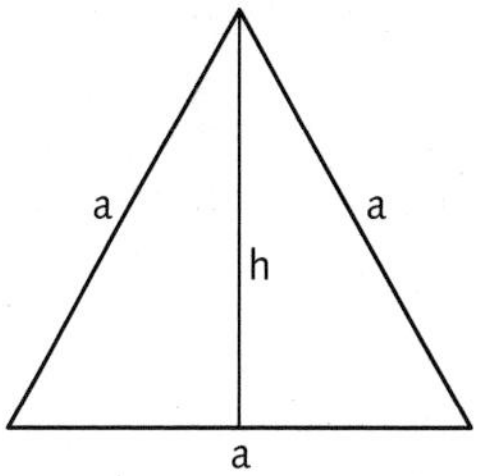

8. Ein regelmäßiges Sechseck hat die Seitenlänge a = 6 cm.
Berechne den Flächeninhalt.

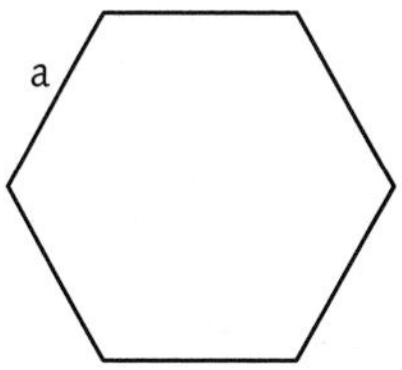

9. Von einem gleichschenkligen Trapez sind gegeben:

a) s = 6 cm; c = 3 cm; h = 4 cm
Berechne die Länge a der Basis.

b) a = 9 cm; c = 4 cm; s = 5 cm
Berechne die Höhe h.

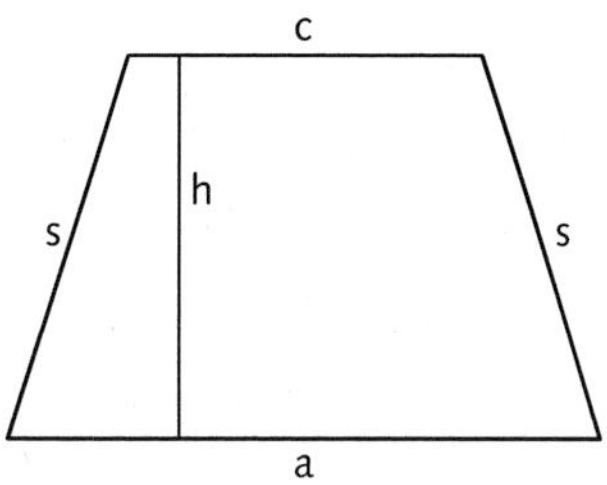

10. Von einem Kreis sind gegeben:

a) Der Radius r = 5 cm [0,8 m] und die Sehnenlänge s = 7,2 cm [1,4 m]. Berechne den Abstand des Mittelpunktes von der Sehne.

b) Der Radius r = 3 cm und der Mittelpunktsabstand h = 2,4 cm. Berechne die Länge der Sehne.

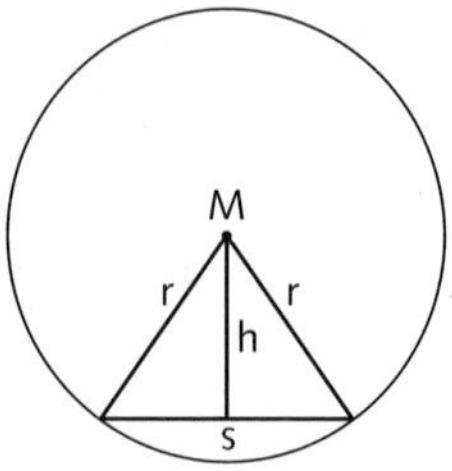

11. Von den sechs Stücken a, b, c, h, p und q eines rechtwinkligen Dreiecks sind zwei gegeben. Berechne die übrigen.

a)	a = 6 cm p = 4 cm	**c)**	h = 3 cm a = 5 cm	**e)**	h = 3 cm p = 1 cm	**g)**	c = 4,5 cm q = 2 cm	**i)**	c = 10 cm b = 8 cm	**k)**	a = 5 cm q = 4 cm
b)	b = 3 cm q = 2 cm	**d)**	h = 6 cm q = 5 cm	**f)**	p = 8 cm q = 2 cm	**h)**	c = 8,5 cm a = 5 cm	**j)**	c = 13 cm h = 6 cm	**l)**	b = 7 cm p = 8 cm

12. Gegeben ist ein Rechteck mit den Seitenlängen a = 6 cm und b = 8 cm. Wie groß ist der Abstand einer Ecke von einer Diagonalen?

13. Von einem Quader sind die Kantenlängen a, b und c gegeben. Berechne die Längen sämtlicher Flächendiagonalen und die Länge der Raumdiagonalen.

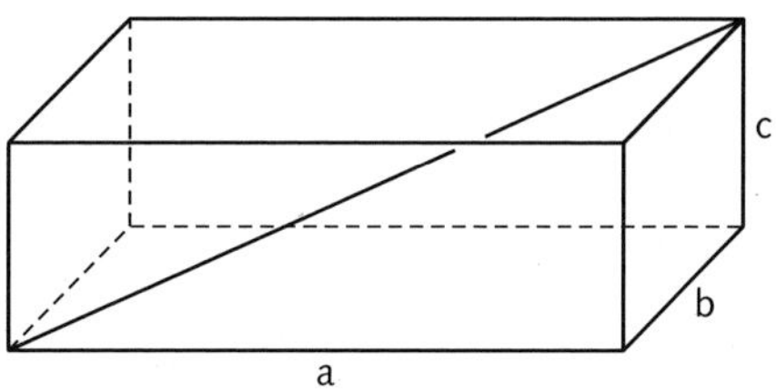

a)	a = 3 cm b = 4 cm c = 12 cm	**c)**	a = 9 m b = 12 m c = 5 m				
b)	a = 16 mm b = 12 mm c = 21 mm	**d)**	a = 3 dm b = 5 dm c = 2 dm	**e)**	a = 6 cm b = 6 cm c = 7 cm	**f)**	a = 3,4 cm b = 5,1 cm c = 2,9 cm

14. Ein Würfel mit der Kantenlänge a = 6 cm ist gegeben. Berechne die Länge einer Flächendiagonalen sowie die Länge der Raumdiagonalen.

15. Eine Pyramide mit quadratischer Grundfläche ist durch die Grundkante a = 6 cm und die Seitenkante s = 8 cm gegeben.

a) Berechne die Körperhöhe h.

b) Berechne die Höhe h_s einer Seitenfläche.

c) Berechne den Flächeninhalt einer Seitenfläche.

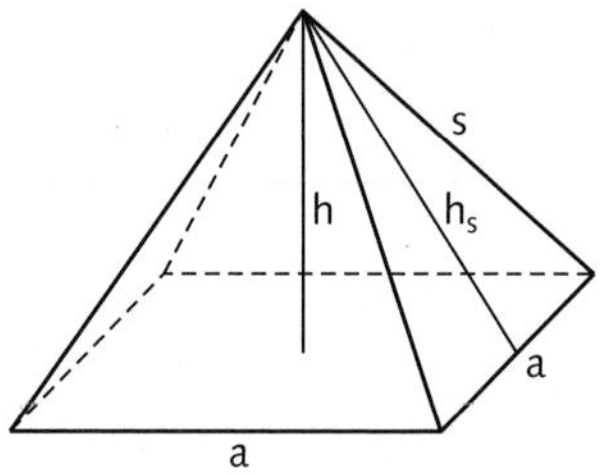

16. Von den fünf Größen a, b, c, g, h_w eines Walmdaches sind vier gegeben. Berechne die fehlende Größe.

a)	a = 10 m b = 6 m c = 7 m g = 5 m	**b)**	a = 12 m b = 6 m h_w = 7 m c = 8 m

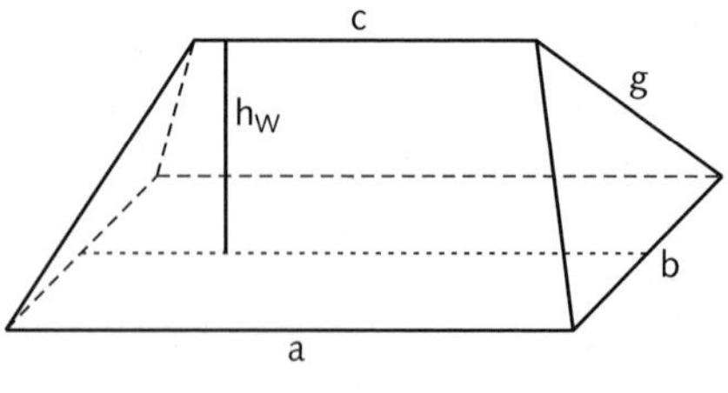

24 Berechnungen an Vielecken und am Kreis

24.1 Berechnungen an Vielecken

Flächeninhalt des Rechtecks
$A = a \cdot b$

Umfang des Rechtecks
$u = 2 \cdot (a + b)$

Beispiel: a = 6 cm; b = 3,5 cm
A = 6 cm · 3,5 cm = 21 cm^2
u = 2 · (6 cm + 3,5 cm) = 19 cm

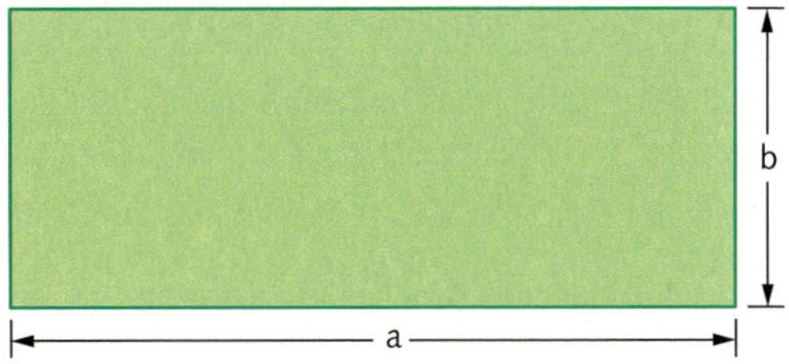

1. Berechne den Flächeninhalt und den Umfang des Rechtecks.

a) a = 5 cm; b = 9 cm
b) a = 11 cm; b = 7 cm
c) a = 23 mm; b = 29 mm
d) a = 37 mm; b = 18 mm
e) a = 2,3 cm; b = 7,8 cm
f) a = 5,6 cm; b = 3,4 cm
g) a = 17 m; b = 26 m
h) a = 43 m; b = 29 m
i) a = 4,5 km; b = 6,4 km
j) a = 13,1 km; b = 8,6 km

2. Berechne die fehlenden Größen des Rechtecks.

	a)	b)	c)	d)	e)	f)	g)
a	6 cm	4,2 m			4 cm		
b			11 mm	2,9 cm		7,8 m	
A	24 cm^2	9,66 m^2	66 mm^2	17,98 cm^2			15 mm^2
u					32 cm	36,4 m	16 mm

3. Ein Grundstück ist 23,9 m breit und 29,6 m lang. Berechne die Größe des Grundstücks.

4. Eine Wiese ist 130 m lang und 51 m breit. Gib den Flächeninhalt in m^2 und in a an.
Die Wiese soll eingezäunt werden. Wie lang ist der Zaun?

5. Ein Schlafzimmer, das 3,65 m breit und 4,70 m lang ist, soll mit Teppichboden ausgelegt werden. 1 m^2 Teppichboden kostet 35,80 €. Berechne die Materialkosten.

6. Eine Fensterscheibe ist 2,05 m lang und 1,37 m breit. 1 m^2 Isolierglas (einschließlich Mehrwertsteuer) kostet 138 €. Berechne die Kosten für das Glas.

7. Eine rechteckige Garageneinfahrt ist 12 m breit und 5 m lang; sie soll mit Platten belegt werden. Eine Platte ist 0,5 m breit und 0,5 m lang. Wie viele Platten werden benötigt?

8. Ein Rechteck hat die Seitenlängen 30 cm und 40 cm.
a) Berechne den Flächeninhalt des Rechteckes.
b) Wie ändert sich der Flächeninhalt, wenn man
(1) die längere Seite um 10 % verkürzt und die kürzere Seite um 10 % verlängert?
(2) beide Seiten um 10 % verlängert [verkürzt]?

Flächeninhalt des Quadrates

$A = a^2$

Umfang des Quadrates

$u = 4 \cdot a$

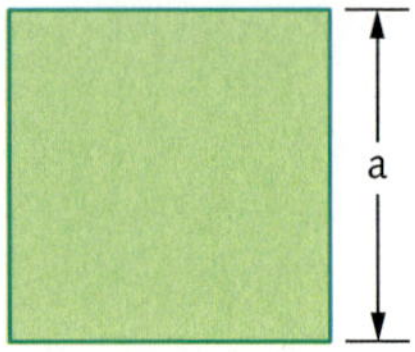

Beispiel: a = 3,5 cm

$A = (3{,}5\text{ cm})^2 = 12{,}25\text{ cm}^2$

$u = 4 \cdot 3{,}5\text{ cm} = 14\text{ cm}$

9. Berechne den Flächeninhalt und den Umfang des Quadrates.

a) a = 6 cm **c)** a = 5,8 cm **e)** a = 2,4 km **g)** a = 11,2 m **i)** a = 3,8 km

b) a = 14 mm **d)** a = 25 m **f)** a = 5 km **h)** a = 7,35 m **j)** a = 9,1 cm

10. Berechne die fehlenden Größen des Quadrates.

	a)	b)	c)	d)	e)	f)	g)
a	4,5 m						
A		49 cm²	6,25 km²	42,25 cm²			
u					12 cm	26 m	29,2 km

Flächeninhalt des Parallelogramms

$A = g \cdot h$

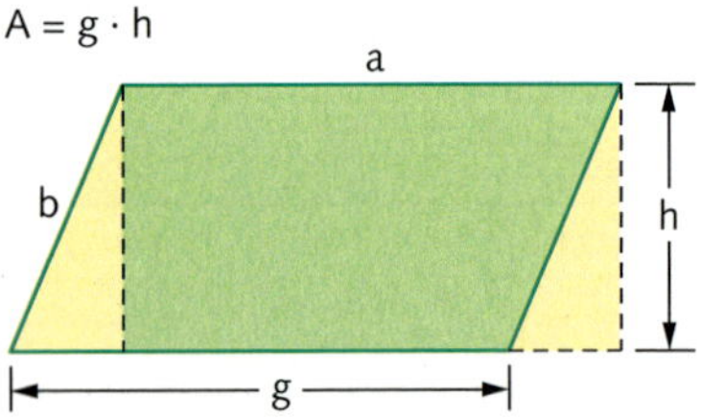

Umfang des Parallelogramms

$u = 2 \cdot (a + b)$

Beispiel: a = g = 6 cm; b = 2,6 cm;

h = 2,4 cm

$A = 6\text{ cm} \cdot 2{,}4\text{ cm} = 14{,}4\text{ cm}^2$

$u = 2 \cdot (6\text{ cm} + 2{,}6\text{ cm}) = 17{,}2\text{ cm}$

11. Berechne Flächeninhalt und Umfang des Parallelogramms.

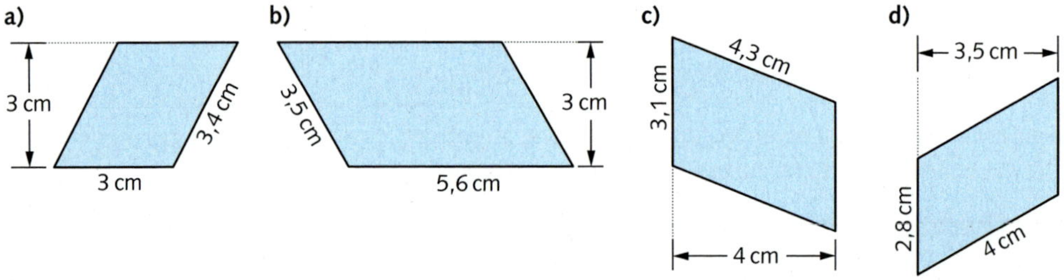

12. Berechne den Flächeninhalt des Parallelogramms.

	a)	b)	c)	d)	e)	f)	g)
g	3,5 cm	5,8 cm	0,6 km	7,1 dm	23 mm	58 cm	312 m
h	2,6 cm	7,3 cm	3,2 km	12,3 dm	47 mm	92 cm	219 m
A							

13. Berechne die fehlenden Größen des Parallelogramms.

	a)	b)	c)	d)	e)	f)	g)
g	5 cm	6,5 cm	8,4 m	12,3 km			
h					9 cm	3,5 m	5,9 km
A	15 cm²	29,25 cm²	42,84 m²	84,87 km²	108 cm²	26,25 m²	49,56 km²

14. Im Bild rechts sieht man eine Treppenhausschräge.
Die graue Fläche soll getäfelt werden.

a) Berechne die Größe der Wandfläche.

b) Der Schreiner berechnet für das Täfeln 66,25 € pro m².
Berechne die Kosten.

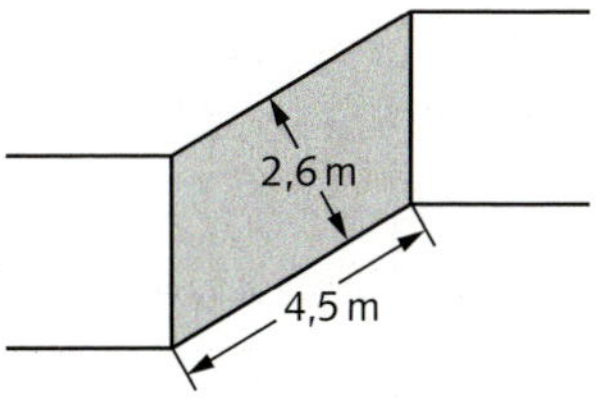

15. Die Fläche (im Bild rechts) soll aufgeforstet werden.

a) Wie groß ist die Fläche, die aufgeforstet werden soll?

b) Die Aufforstung mit Mischwald (Fichten und Buchen) kostet 6000 € pro ha. Berechne die Kosten.

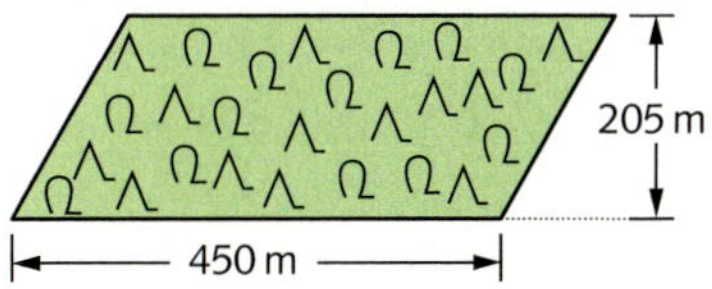

Flächeninhalt des Dreiecks

$A = \frac{1}{2} \cdot h \cdot g$

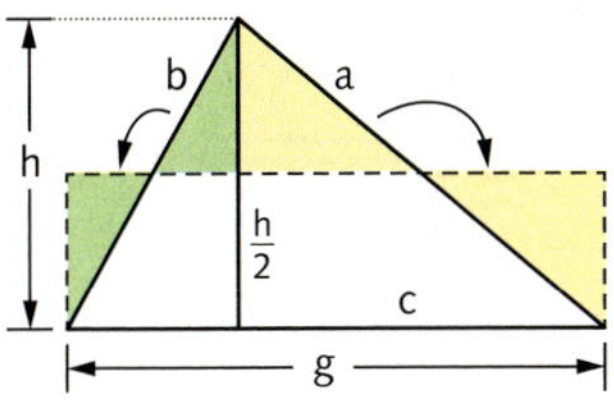

Umfang des Dreiecks

$u = a + b + c$

Beispiel: a = 3,5 cm; b = 2,5 cm; c = g = 4 cm; h = 2,2 cm

$A = \frac{1}{2} \cdot 2{,}2\text{ cm} \cdot 4\text{ cm} = 4{,}4\text{ cm}^2$

u = 3,5 cm + 2,5 cm + 4 cm = 10 cm

16. Berechne Flächeninhalt und Umfang des Dreiecks.

a)

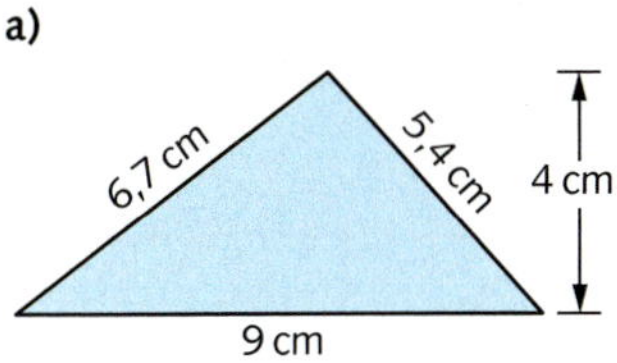

b)

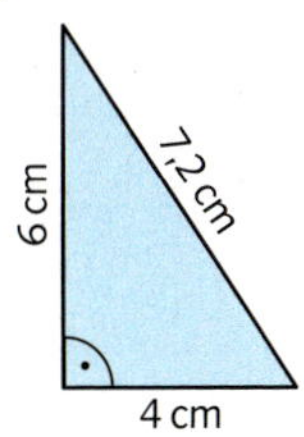

c)

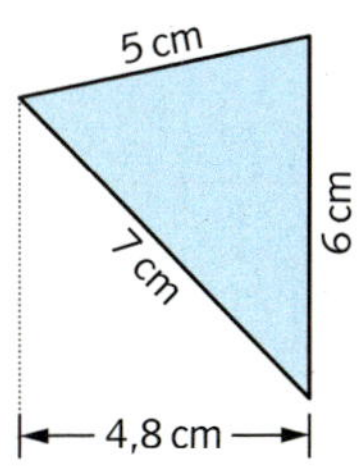

d)

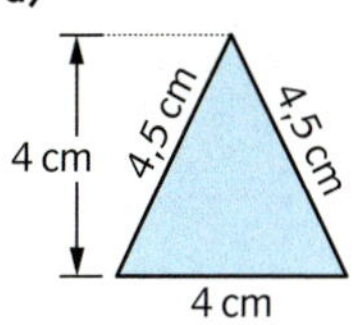

17. Berechne aus den gegebenen Stücken des gleichschenkligen Dreiecks ABC den Umfang und den Flächeninhalt.

a) a = c = 94 mm
b = 132 mm

b) a = b = 2,5 cm
h_c = 1,9 cm

c) a = 2,6 m; β = γ
c = 2,2 m

18. Berechne den Flächeninhalt des Dreiecks.

	a)	b)	c)	d)	e)	f)	g)
g	8,6 cm	13,5 cm	2,4 km	5,9 dm	56 mm	87 cm	565 m
h	12,4 cm	8,4 cm	3,5 km	3,1 dm	24 mm	99 cm	930 m
A							

19. Berechne die fehlenden Größen des Dreiecks.

	a)	b)	c)	d)	e)	f)	g)
g	4 cm	5 cm	4,5 m	7,6 km			
h					6 cm	7 m	5,7 km
A	6 cm^2	6,25 cm^2	15,75 m^2	16,34 km^2	27 cm^2	29,75 m^2	39,33 km^2

20. Das Turmdach soll neu mit Naturschiefer gedeckt werden.

a) Berechne die Größe der Dachfläche.

b) Für 1 m^2 sind 80 € zu zahlen. Berechne die Kosten.

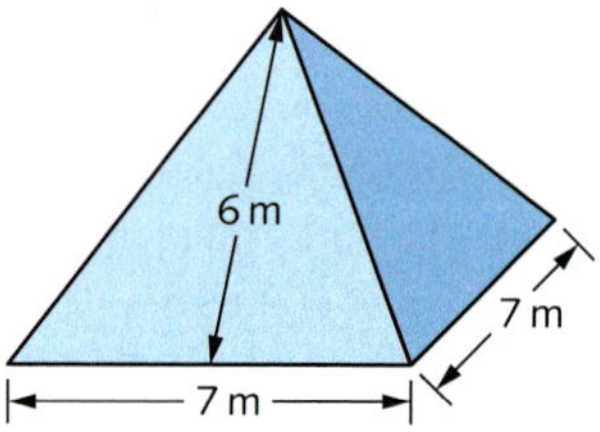

21. Ein Giebelfenster soll verglast werden.

a) Wie groß ist die Scheibe?

b) 1 m^2 einfaches Glas kostet 28 €. Für die dreieckige Form der Scheibe wird ein Aufschlag von 80 % berechnet. Wie hoch sind die Kosten?

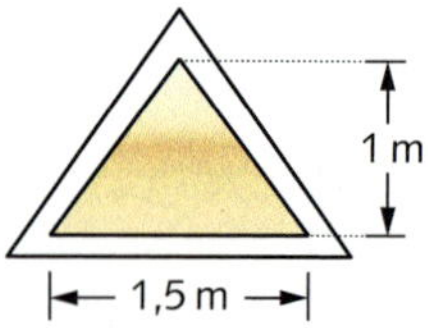

Flächeninhalt des Trapezes

$A = \frac{1}{2} \cdot a \cdot h + \frac{1}{2} \cdot c \cdot h = \frac{1}{2} \cdot (a + c) \cdot h$

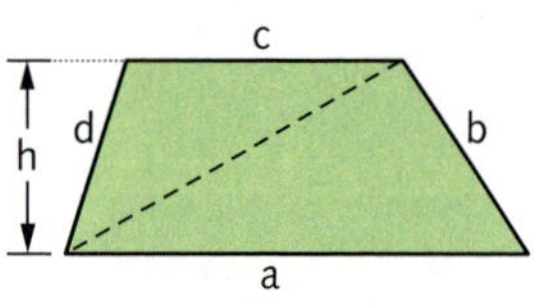

Umfang des Trapezes

$u = a + b + c + d$

Beispiel: a = 5 cm; b = 2,2 cm; c = 3 cm; d = 1,9 cm; h = 1,8 cm

$A = \frac{1}{2} \cdot (5\text{ cm} + 3\text{ cm}) \cdot 1{,}8\text{ cm} = 7{,}2\text{ cm}^2$

$u = 5\text{ cm} + 2{,}2\text{ cm} + 3\text{ cm} + 1{,}9\text{ cm} = 12{,}1\text{ cm}$

22. Berechne Flächeninhalt und Umfang des Trapezes.

a)

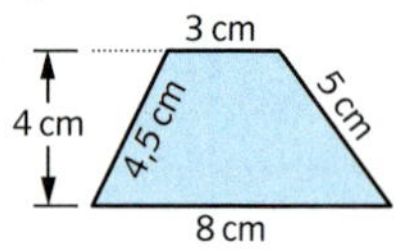

b)

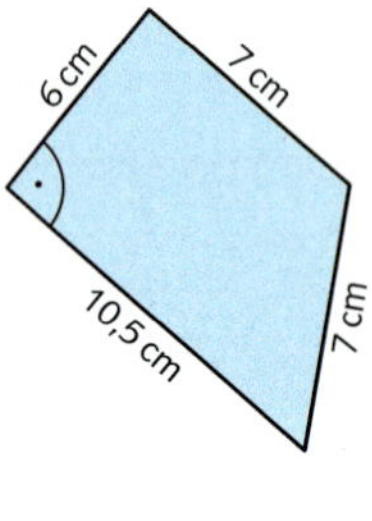

c)

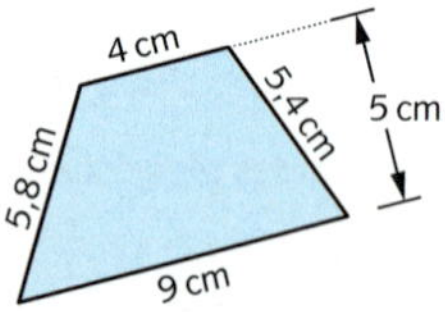

d)

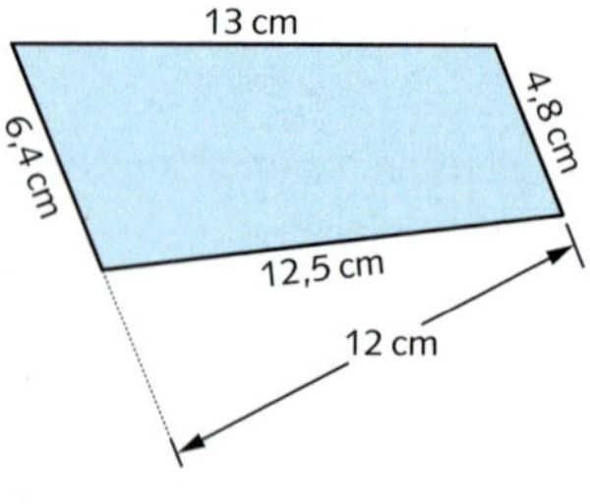

23. Berechne den Flächeninhalt des Trapezes.

	a)	b)	c)	d)	e)	f)	g)
a	4,5 cm	130 m	3,4 km	67 mm	14 dm	0,7 m	225 m
c	7,5 cm	66 m	7,8 km	91 mm	8 dm	1,9 m	370 m
h	8 cm	32 m	5,6 km	53 mm	22 dm	2,1 m	129 m

24. Berechne die fehlenden Größen des Trapezes.

	a)	b)	c)	d)	e)	f)	g)
a	5 cm	5,7 m	7,2 km	8 cm	6,7 m		
c	3 cm	2,5 m	3,8 km			7 m	1,8 cm
h				3 cm	4,8 m	5 m	3,2 cm
A	12 cm^2	14,76 m^2	13,75 km^2	21 cm^2	25,92 m^2	45 m^2	10,24 cm^2

25. **a)** In das Giebelfenster wurde eine neue Fensterscheibe mit Isolierglas eingesetzt. Berechne die Größe des Fensters.

b) Für 1 m^2 werden 143 € berechnet. Berechne die Kosten.

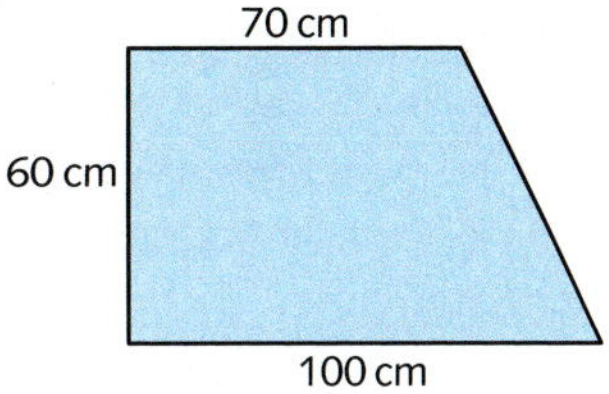

26. Der Giebel soll mit Holz verschalt werden. Für 1 m^2 sind 96,50 € zu entrichten. Berechne die Kosten.

a)

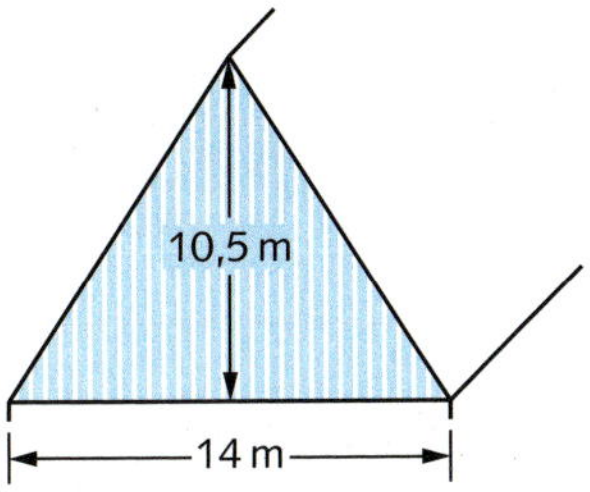

b)

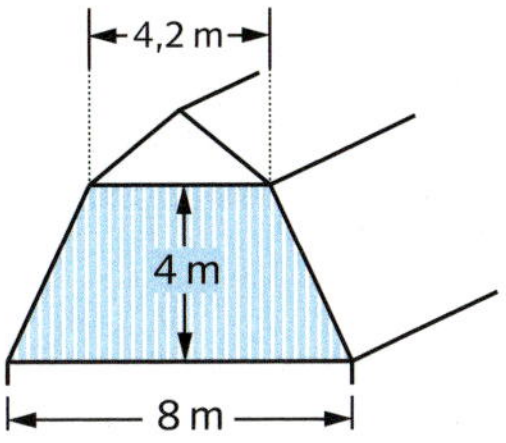

c)

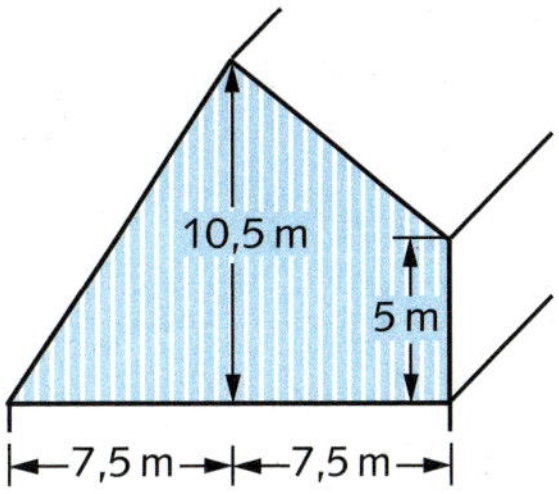

24.2 Berechnungen am Kreis

Flächeninhalt des Kreises

$A = \pi \cdot r^2$; $A = \pi \cdot \frac{d^2}{4}$

Umfang des Kreises

$u = 2\pi \cdot r$; $u = \pi \cdot d$

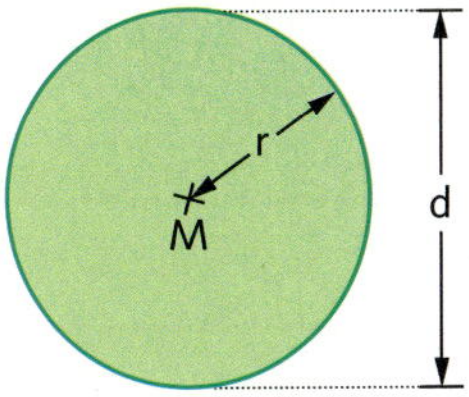

Beispiel: r = 3 cm

$A = \pi \cdot 3^2\ cm^2 \approx 3{,}14 \cdot 9\ cm^2 = 28{,}26\ cm^2$

$u = 2\pi \cdot 3\ cm \approx 3{,}14 \cdot 6\ cm = 18{,}84\ cm$

$\pi = 3{,}1415926\ldots$

1. Berechne Flächeninhalt und Umfang des Kreises.

a) $r = 2{,}5$ cm **b)** $r = 5{,}7$ cm **c)** $r = 2{,}38$ m **d)** $r = 0{,}15$ km **e)** $r = 18$ mm **f)** $d = 7$ m **g)** $d = 2{,}5$ km **h)** $d = 6{,}8$ dm **i)** $d = 84$ mm **j)** $d = 6{,}2$ cm

2. Berechne den Radius [den Flächeninhalt] des Kreises.

a) $u = 9$ cm **b)** $u = 3$ m **c)** $u = 2$ km **d)** $u = 7{,}4$ dm **e)** $u = 165$ m

3. Berechne den Radius [den Umfang] des Kreises.

a) $A = 58\ \text{cm}^2$ **b)** $A = 1\ \text{m}^2$ **c)** $A = 5{,}48\ \text{dm}^2$ **d)** $A = 32$ a **e)** $A = 375$ ha

4. Bestimme Durchmesser und Querschnitt eines Baumstamms mit 55 cm [1,35 m; 3,46 m] Umfang.

5. Welchen Durchmesser hat ein Leitungsdraht von $50\ \text{mm}^2$ [$1\ \text{cm}^2$; $0{,}7\ \text{mm}^2$] Querschnitt?

6. Die Radien eines Kreisringes betragen $r_1 = 6$ cm, $r_2 = 4$ cm.

a) Wie groß ist der Flächeninhalt des Kreisringes?

b) Wie groß ist der Radius eines Kreises, der zum Kreisring flächeninhaltsgleich ist?

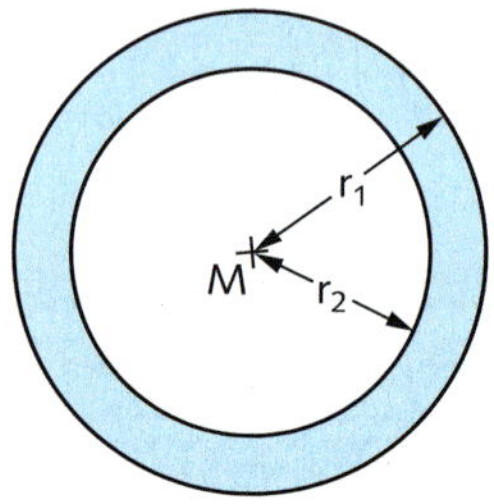

7. Um [in] einen Kreis mit dem Radius $r = 6$ cm soll ein Ring mit dem Flächeninhalt $88\ \text{cm}^2$ gelegt werden. Wie breit muss der Ring sein?

Länge des Kreisbogens

$$b_\alpha = 2\pi r \cdot \frac{\alpha}{360°}$$

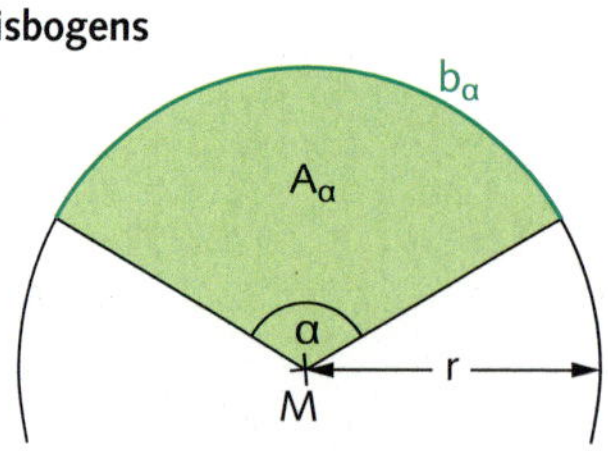

Flächeninhalt des Kreisausschnitts

$$A_\alpha = \pi r^2 \cdot \frac{\alpha}{360°} = \frac{b_\alpha \cdot r}{2}$$

Beispiel: $r = 3$ cm; $\alpha = 120°$

$$b_{120°} = 2\pi \cdot 3\ \text{cm} \cdot \frac{120°}{360°} \approx 6{,}28\ \text{cm}$$

$$A_{120°} = \pi \cdot 3^2\ \text{cm}^2 \cdot \frac{120°}{360°} \approx 9{,}42\ \text{cm}^2$$

8. Von den Größen r, b_α, α und A_α eines Kreisausschnittes sind zwei gegeben. Berechne die beiden anderen.

a) $r = 5$ cm, $\alpha = 60°$
b) $A_\alpha = 10\ \text{m}^2$, $r = 4$ m
c) $b_\alpha = 2$ m, $r = 0{,}5$ m
d) $b_\alpha = 18$ mm, $\alpha = 25°$
e) $A_\alpha = 10\ \text{m}^2$, $r = 5$ m
f) $A_\alpha = 20\ \text{cm}^2$, $\alpha = 72°$
g) $A_\alpha = 45\ \text{m}^2$, $b_\alpha = 15$ m
h) $r = 8$ cm, $b_\alpha = 40$ cm
i) $\alpha = 270°$, $b_\alpha = 60$ m
j) $\alpha = 35°$, $b_\alpha = 1{,}6$ dm

Flächeninhalt des Kreisabschnitts

$$A = \tfrac{1}{2} b_\alpha \cdot r - \tfrac{1}{2} s(r - h)$$

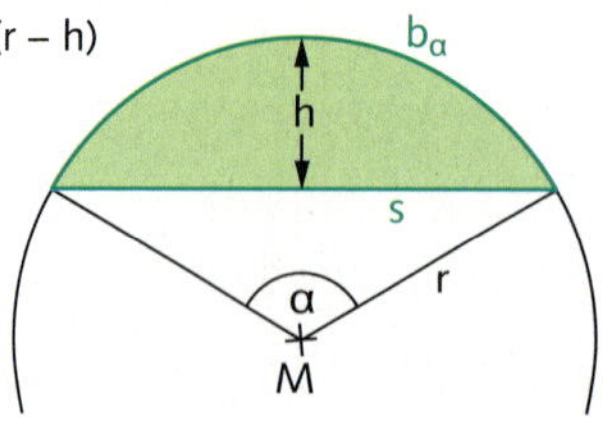

Beispiel: $r = 3$ cm; $\alpha = 120°$; $s = 5{,}2$ cm; $h = 1{,}5$ cm

$$b_\alpha = 2 \cdot \pi \cdot 3 \cdot \frac{120°}{360°} = 6{,}28\ \text{cm}$$

$$A = \frac{1}{2} \cdot 6{,}28\ \text{cm} \cdot 3\ \text{cm} - \frac{1}{2} \cdot 5{,}2\ \text{cm}\,(3\ \text{cm} - 1{,}5\ \text{cm})$$

$$= 5{,}52\ \text{cm}^2$$

s: Länge der Kreissehne; h: Höhe des Kreisabschnitts

9. Berechne den Flächeninhalt des Kreisabschnitts mit dem Radius $r = 6$ cm und dem Mittelpunktswinkel

a) $\alpha = 60°$; **b)** $\alpha = 90°$; **c)** $\alpha = 120°$.

25 Berechnungen an Körpern

25.1 Berechnungen am Quader

Volumen des Quaders
$V = a \cdot b \cdot c$

Oberflächeninhalt des Quaders
$O = 2 \cdot (ab + ac + bc)$

Länge der Raumdiagonalen
$d = \sqrt{a^2 + b^2 + c^2}$

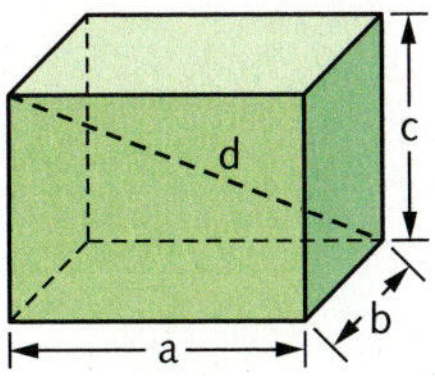

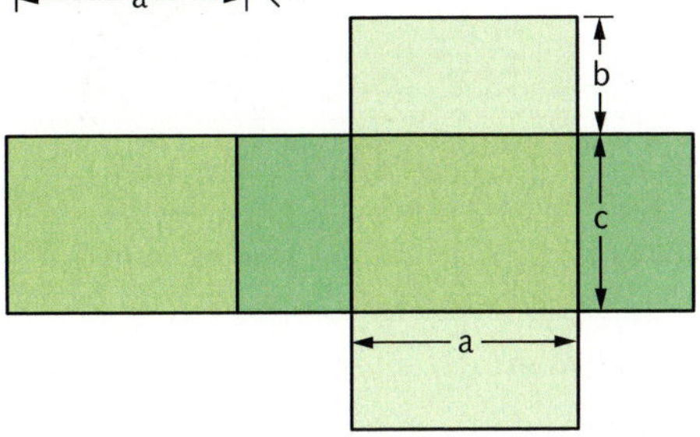

Beispiel:

$a = 4$ cm; $b = 3$ cm; $c = 2$ cm

$V = 4 \cdot 3 \cdot 2\ \text{cm}^3 = 24\ \text{cm}^3$

$O = 2 \cdot (4 \cdot 3\ \text{cm}^2 + 4 \cdot 2\ \text{cm}^2 + 3 \cdot 2\ \text{cm}^2)$
$= 2 \cdot (12\ \text{cm}^2 + 8\ \text{cm}^2 + 6\ \text{cm}^2)$
$= 2 \cdot 26\ \text{cm}^2$
$= 52\ \text{cm}^2$

$d = \sqrt{4^2 + 3^2 + 2^2}$ cm
$= \sqrt{29}$ cm $\approx 5{,}39$ cm

1. Berechne Volumen, Oberflächeninhalt und Länge der Raumdiagonalen des Quaders.

a) $a = 5$ cm, $b = 7$ cm, $c = 12$ cm
b) $a = 24$ dm, $b = 34$ dm, $c = 6$ dm
c) $a = 120$ mm, $b = 65$ mm, $c = 9$ mm
d) $a = 90$ cm, $b = 45$ cm, $c = 15$ cm
e) $a = 9$ m, $b = 15$ m, $c = 7$ m
f) $a = 0{,}3$ m, $b = 0{,}6$ m, $c = 0{,}7$ m
g) $a = 3{,}1$ cm, $b = 2{,}9$ cm, $c = 1{,}4$ cm
h) $a = 0{,}9$ dm, $b = 1{,}2$ dm, $c = 7{,}1$ dm
i) $a = 1{,}24$ m, $b = 2{,}57$ m, $c = 0{,}25$ m
j) $a = 3$ m, $b = 1{,}4$ m, $c = 5{,}6$ m

2. Berechne die fehlende Kantenlänge des Quaders.

a) $a = 4$ cm, $b = 7$ cm, $V = 308\ \text{cm}^3$
b) $b = 2{,}5$ m, $c = 1{,}4$ m, $V = 7\ \text{m}^3$
c) $a = 1{,}4$ dm, $c = 0{,}3$ dm, $V = 0{,}0084\ \text{dm}^3$
d) $a = 5$ cm, $b = 6$ cm, $O = 214\ \text{cm}^2$
e) $b = 2{,}5$ m, $c = 1{,}8$ m, $O = 15{,}02\ \text{m}^2$

3. Ein Zimmer ist 5,3 m lang, 4,2 m breit und 2,5 m hoch.
a) Berechne das Volumen des Zimmers.
b) Wandflächen und Deckenfläche sollen geputzt werden. Wie viel m² sind das?

4. Eine Holzkiste ist 1,25 m lang, 0,75 m breit und 0,65 m hoch.
a) Berechne das Volumen der Kiste.
b) Wie viel m² Holz werden zur Herstellung der Kiste benötigt?

5. Herr Mantel baut ein Ferienhaus mit Flachdach. Das Haus ist 19 m lang, 11 m breit und 5,5 m hoch. Der Kubikmeter umbauter Raum kostet 310 €.
Wie teuer wird das Haus?

6. Ein 350 m langer, 1,5 m breiter und 4,5 m tiefer Graben soll ausgehoben werden.
Wie viel m^3 Erde müssen bewegt werden?

7. Auf einem Bauplatz wird eine Grube ausgehoben. Sie ist 16,50 m lang, 11,30 m breit und 1,80 m tief.
Wie viel m^3 Erde müssen ausgehoben werden?

8. Ein Schwimmbad ist 50 m lang, 12 m breit und 2 m tief.
   a) Das Schwimmbad soll gefliest werden. 1 m^2 Fliesen einschließlich Arbeitslohn kostet 48 €. Berechne die Kosten.
   b) Der Kubikmeter Wasser kostet 1,80 €. Wie teuer ist die Füllung des Bades?

9. Ein Holzquader mit einer 432 cm^2 großen Oberfläche ist 12 cm lang und 8 cm breit.
Welches Volumen und welche Masse hat der Quader? (Dichte von Buchenholz: 0,7 g/cm^3)

25.2 Berechnungen am Würfel

Volumen des Würfels
$V = a \cdot a \cdot a = a^3$

Oberflächeninhalt des Würfels
$O = 6 \cdot a^2$

Länge der Raumdiagonalen
$d = a \cdot \sqrt{3}$

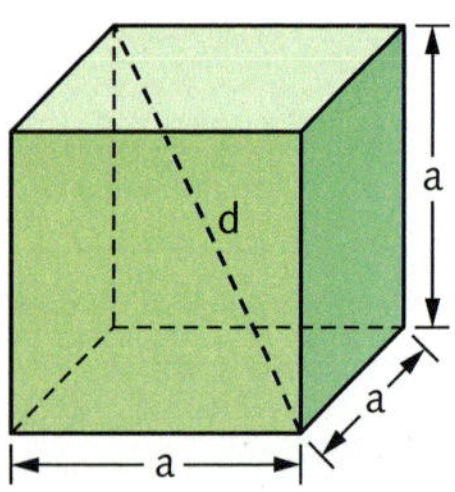

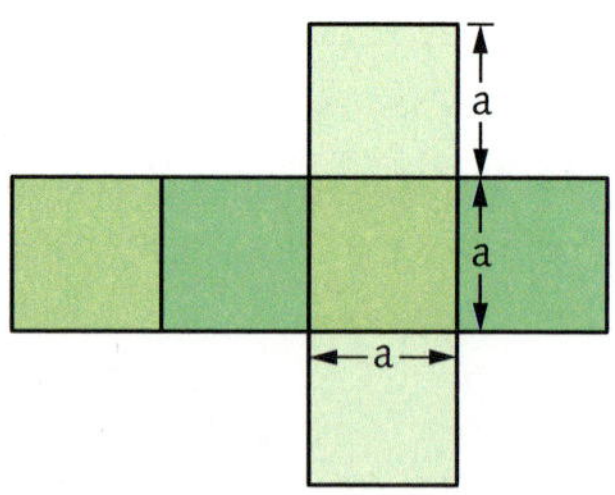

Beispiel:

$a = 4$ cm

$V = (4\text{ cm})^3 = 64\text{ cm}^3$

$O = 6 \cdot (4\text{ cm})^2 = 96\text{ cm}^2$

$d = 4 \cdot \sqrt{3} \approx 6{,}93$ cm

1. Berechne Volumen, Oberflächeninhalt und Länge der Raumdiagonalen des Würfels mit der angegebenen Kantenlänge.
   a) a = 5 cm **b)** a = 21 dm **c)** a = 140 cm **d)** a = 55 cm **e)** a = 5 m **f)** a = 0,7 m **g)** a = 1,4 dm **h)** a = 1,9 cm **i)** a = 3,5 m **j)** a = 2,75 m

2. Berechne die Kantenlänge des Würfels, dessen Volumen gegeben ist.
   a) V = 8 m^3 **b)** V = 125 cm^3 **c)** V = 27 dm^3 **d)** V = 64 mm^3 **e)** V = 0,216 m^3

3. Berechne die Kantenlänge des Würfels, dessen Oberflächeninhalt gegeben ist.
   a) O = 150 cm^2 **b)** O = 1014 dm^2 **c)** O = 73,5 m^2 **d)** O = 156 cm^2 **e)** O = 241 m^2

4. Berechne die Kantenlänge des Würfels, dessen Raumdiagonale gegeben ist.
   a) d = 3 m **b)** d = 4 dm **c)** d = 6 m **d)** d = 15 cm **e)** d = 34 cm

5. Berechne Volumen, Oberflächeninhalt und Länge der Raumdiagonalen eines Würfels mit einer 0,49 m^2 großen Grundfläche.

25.3 Berechnungen am Prisma

Volumen des Prismas
$V = G \cdot h$

Mantelflächeninhalt des Prismas
$M = u \cdot h$
u = Umfang der Grundfläche

Oberflächeninhalt des Prismas
$O = 2 \cdot G + M$

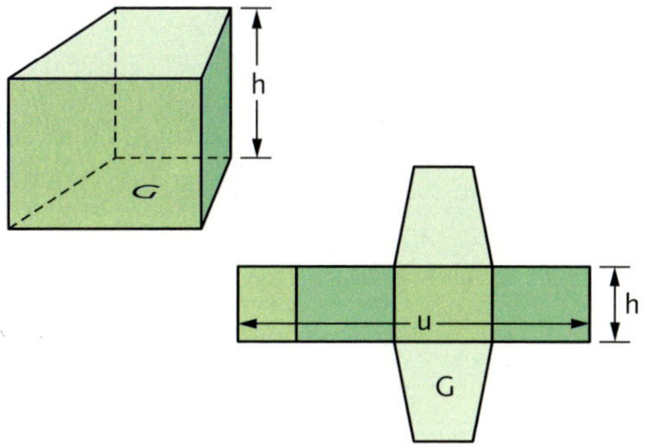

Beispiel (dreieckige Grundfläche):
$g = c = 4$ cm; $h_c = 3$ cm; $a = 3{,}8$ cm; $b = 3{,}4$ cm
Körperhöhe: $h = 5$ cm

$V = \left(\frac{1}{2} \cdot 4\text{ cm} \cdot 3\text{ cm}\right) \cdot 5\text{ cm} = 30\text{ cm}^3$

$M = (3{,}8\text{ cm} + 3{,}4\text{ cm} + 4\text{ cm}) \cdot 5\text{ cm} = 56\text{ cm}^2$

$O = 2 \cdot \left(\frac{1}{2} \cdot 4\text{ cm} \cdot 3\text{ cm}\right) + 56\text{ cm}^2 = 68\text{ cm}^2$

1. Ein (gerades) Prisma mit der Höhe h = 7,6 cm hat als Grundfläche

a) ein rechtwinkliges Dreieck; **b)** ein Dreieck; **c)** ein Parallelogramm.

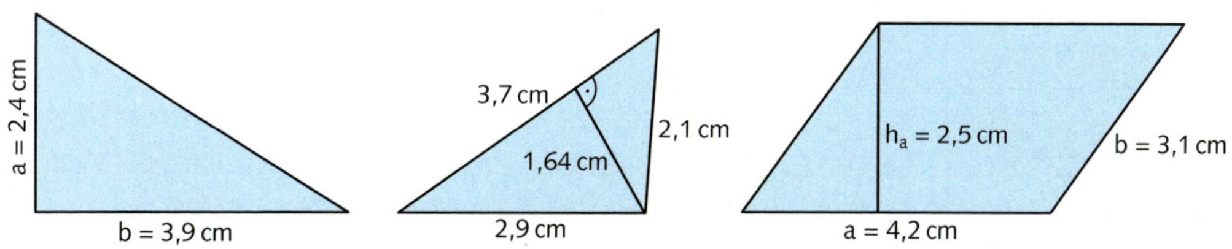

Berechne das Volumen und den Oberflächeninhalt des Prismas.

2. Ein (gerades) Prisma mit der Höhe h = 8 m hat als Grundfläche ein gleichseitiges Dreieck (a = 6 m). Berechne Volumen und den Oberflächeninhalt des Prismas.

3. Bei einem (geraden) Prisma sind u der Umfang der Grundfläche, h die Körperhöhe, G die Größe der Grundfläche, M der Mantelflächeninhalt und O der Oberflächeninhalt.
Berechne aus den drei gegebenen Größen die beiden anderen.

a) u = 13,7 cm	**b)** G = 33,5 m²	**c)** u = 19,4 cm	**d)** u = 43,5 dm
G = 9,35 cm²	h = 14,5 m	M = 584,25 cm²	h = 27,6 dm
h = 5,5 cm	M = 287,435 m²	O = 761,25 cm²	O = 1434,87 dm²

4. Auf einem ebenen Gelände soll für eine geradlinige Straße ein Damm aufgeschüttet werden (Länge 130 m). Weitere Maße siehe Bild.
Wie viel Kubikmeter Erde werden für die Aufschüttung benötigt?

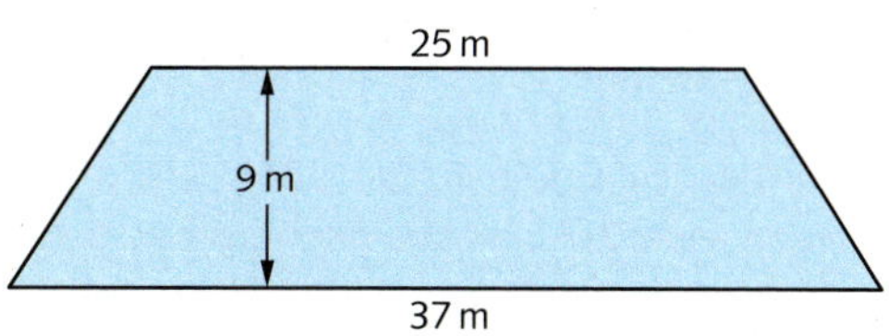

5. Die Giebelfläche eines 12,50 m langen Satteldaches ist ein gleichschenkliges Dreieck mit g = 9,20 m und h = 6,20 m.
Berechne das Volumen des umbauten Raumes.

6. Das Bild zeigt den Querschnitt eines Eisenträgers. Der Träger ist 4,5 m lang. Berechne die Masse des Trägers (1 cm^3 Eisen wiegt 7,4 g).

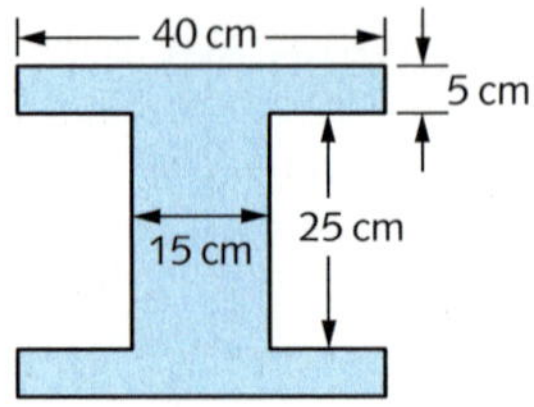

7. Ein Trog von 1,60 m Länge hat als Querschnitt ein gleichschenkliges Trapez mit a = 65 cm, c = 40 cm und h_T = 32 cm.
   a) Wie viel ℓ fasst der Trog?
   b) Wie viel m^2 Bretter werden zu seiner Herstellung gebraucht?

8. Ein Pflanzkübel hat die Form eines (geraden) Prismas mit regelmäßiger sechseckiger Grundfläche. Die Seitenlänge des Sechsecks beträgt innen 26 cm, die Körperhöhe innen 32 cm. Wie viel Liter Kübelerde müssen gekauft werden?

25.4 Berechnungen am Zylinder

Volumen des Zylinders
$V = \pi r^2 \cdot h$

Mantelfläche des Zylinders
$M = 2\pi r \cdot h$

Oberfläche des Zylinders
$O = 2\pi r^2 + 2\pi rh$

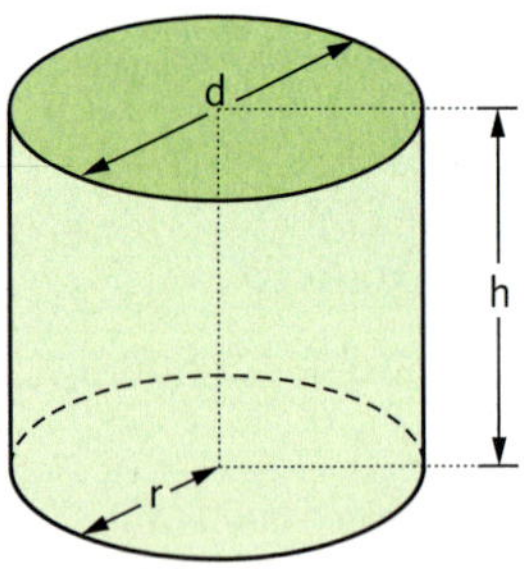

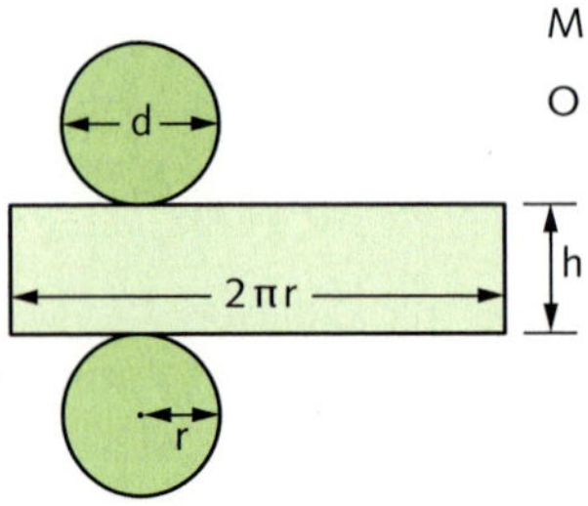

Beispiel: r = 3 cm; h = 5 cm

$V = \pi \cdot 3^2 \cdot 5\ cm^3 = 45\pi\ cm^3 \approx 141{,}37\ cm^3$

$M = 2 \cdot \pi \cdot 3 \cdot 5\ cm^2 = 30\pi\ cm^2 \approx 94{,}25\ cm^2$

$O = (2\pi \cdot 9 + 30\pi)\ cm^2 \approx 150{,}80\ cm^2$

1. Berechne das Volumen, den Mantelflächeninhalt und den Oberflächeninhalt.

a) r = 5 cm h = 40 cm	c) r = 5 dm h = 12 dm	e) r = 1,2 m h = 7,8 m	g) d = 8 mm h = 125 mm	i) d = 8 m h = 25 m
b) r = 15 mm h = 80 mm	d) r = 3 m h = 12 m	f) d = 7 cm h = 90 cm	h) d = 12 dm h = 84 dm	j) d = 3,8 m h = 12,7 m

2. Von den fünf Größen Radius r, Körperhöhe h, Mantelflächeninhalt M, Oberflächeninhalt O und Volumen V eines Zylinders sind zwei gegeben. Berechne die drei fehlenden.

a) r = 4 cm h = 6,5 cm	c) M = 0,4 m^2 O = 1,2 m^2	e) r = 3 cm V = 75 cm^3	g) h = 4,8 m r = 25 cm	i) V = 300 ℓ M = 1,2 m^2
b) h = 8 m M = 25 m^2	d) O = 15 dm^2 r = 1 dm	f) V = 25 ℓ h = 0,5 m	h) r = 2,5 cm V = 0,5 ℓ	j) O = 2 m^2 h = 4 m

3. Eine zylindrische Tonne hat den inneren Durchmesser d = 65 cm und die Körperhöhe h = 90 cm.
   a) Wie viel Liter Wasser fasst die Tonne?
   b) Wie hoch stehen 200 ℓ in der Tonne?

4. Ein Ofenrohr soll 2 m lang sein und einen Durchmesser von 14 cm haben.
   Wie viel Eisenblech wird benötigt?

5. Ein zylindrischer Gasbehälter soll einen Durchmesser von 22 m haben. Er soll 6000 m^3 Gas fassen.
   Wie hoch muss der Behälter sein?

6. Eine Litfaßsäule hat einen Umfang von 3,50 m; sie ist 2,90 m hoch. Ein Sockel von 30 cm soll nicht beklebt werden. Berechne die Größe der Werbefläche.

7. Eine Konservendose von 1 ℓ Inhalt hat einen Durchmesser von 12 cm. Es sollen 1500 Dosen hergestellt werden. Wie viel Blech wird benötigt, wenn man für den Abfall 15 % berechnet?

8. Ein 12 m tiefer Brunnen von 2 m äußerem Durchmesser soll hergestellt werden. Die Wandstärke soll 30 cm betragen. Wie viel m^3 Beton werden für die Wand benötigt?

9. Ein Rundstahl hat einen Durchmesser von 15 cm und ist 4,25 m lang. 1 cm^3 Stahl wiegt 7,85 g.
   Wie viel wiegt der Rundstahl?

25.5 Berechnungen an der Pyramide

Volumen der Pyramide

$V = \frac{1}{3} G \cdot h$

Mantelflächeninhalt einer quadratischen Pyramide

$M = 4 \cdot \frac{a \cdot h_s}{2} = 2a \cdot h_s$

Oberflächeninhalt der Pyramide

$O = M + G$

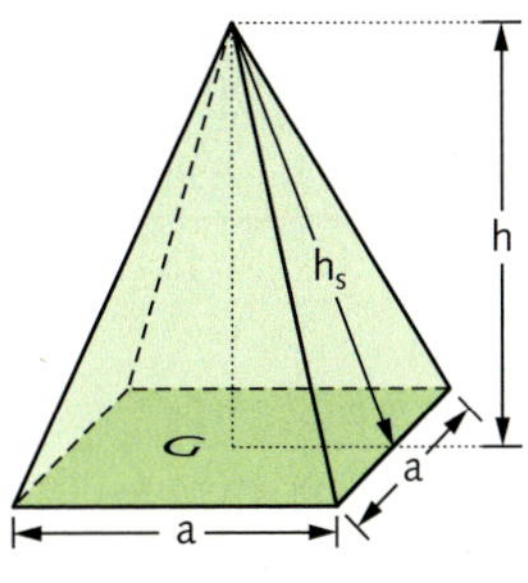

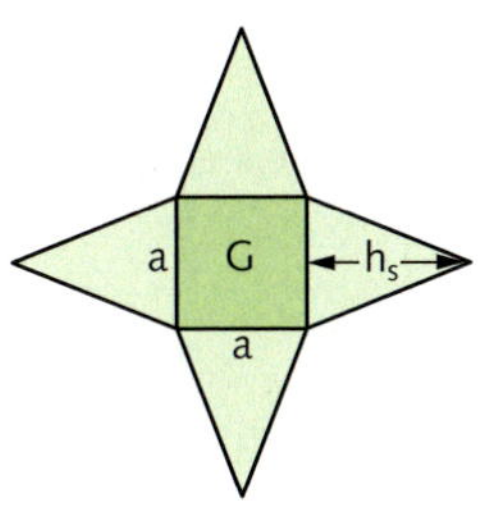

Beispiel (quadratische Pyramide): a = 4 cm; h = 5 cm

$V = \frac{1}{3} \cdot 4^2 \cdot 5\ cm^3 \approx 26{,}67\ cm^3$

$h_s = \sqrt{h^2 + \left(\frac{a}{2}\right)^2}\ cm = \sqrt{5^2 + 2^2}\ cm$

$= \sqrt{29}\ cm \approx 5{,}39\ cm$

$M = 2 \cdot 4 \cdot \sqrt{29}\ cm^2 \approx 43{,}08\ cm^2$

$O = 43{,}08\ cm^2 + 16\ cm^2 = 59{,}08\ cm^2$

1. Berechne das Volumen, den Mantelflächeninhalt und den Oberflächeninhalt der quadratischen Pyramide.
   a) a = 6 m, h = 11 m
   b) a = 5,1 m, h = 6,3 m
   c) a = 4 cm, h = 6 cm
   d) a = 9 mm, h = 23 mm
   e) a = 7,4 m, h = 12,9 m

2. Eine Pyramide mit rechteckiger Grundfläche (a = 6,2 m, b = 4,3 m) ist 3,15 m hoch.
   Berechne Volumen, Mantelflächeninhalt und Oberflächeninhalt.

3. Bei einer quadratischen Pyramide sind die Grundkante a = 4 cm und die Seitenkante s = 8 cm lang.
   Berechne Volumen, Mantelflächeninhalt und Oberflächeninhalt.

4. Berechne das Volumen der Pyramide mit der Körperhöhe $h = 7{,}65$ m und

a) dreieckiger Grundfläche: $g = 3{,}4$ m; $h_D = 2{,}7$ m.

b) trapezförmiger Grundfläche: $a = 4{,}5$ m; $c = 3{,}1$ m; $h_T = 2{,}6$ m.

5. Eine regelmäßige dreiseitige Pyramide hat die Grundkante $a = 4$ m und die Höhe $h = 5$ m.
Berechne Volumen, Mantelflächeninhalt und Oberflächeninhalt.

6. Ein pyramidenförmiges Dach mit quadratischer Grundfläche ($a = 6{,}50$ m) ist 7,90 m hoch. Das Dach soll mit Kunstschiefer eingedeckt werden; 1 m^2 kostet 66 €.
Berechne die Kosten.

25.6 Berechnungen am Kegel

Volumen des Kegels
$V = \frac{1}{3}\pi \cdot r^2 \cdot h$

Mantelflächeninhalt des Kegels
$M = \pi \cdot rs$

Oberflächeninhalt des Kegels
$O = \pi \cdot r^2 + \pi \cdot rs$

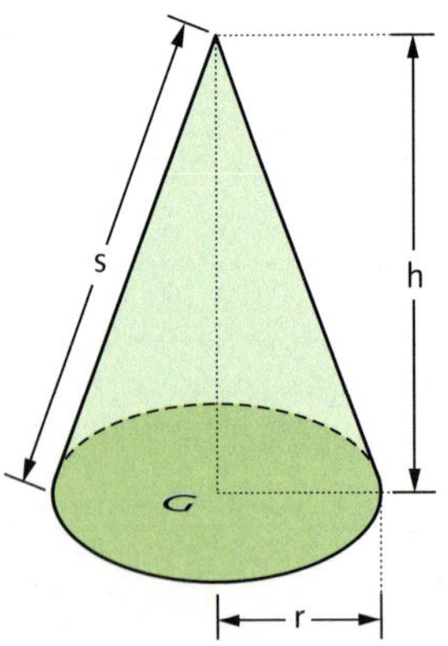

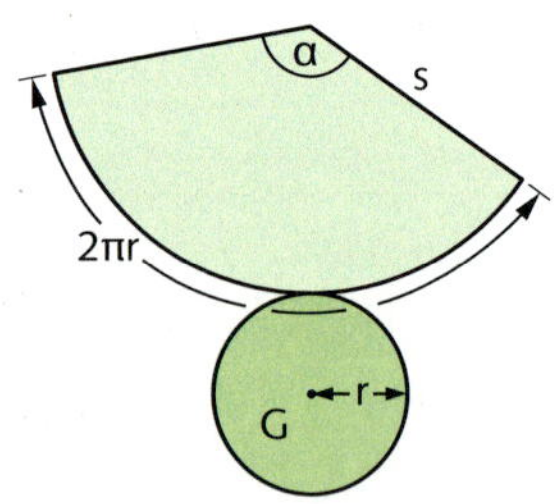

Beispiel: $r = 2$ cm; $h = 5$ cm

$V = \frac{1}{3} \cdot \pi \cdot 2^2 \cdot 5\ cm^3 = \frac{20}{3}\pi\ cm^3 \approx 20{,}94\ cm^3$

Länge der Mantellinie:

$s = \sqrt{5^2 + 2^2}\ cm = \sqrt{29}\ cm \approx 5{,}39\ cm$

$M = \pi \cdot 2 \cdot \sqrt{29}\ cm^2 \approx 33{,}84\ cm^2$

$O = (\pi \cdot 2^2 + \pi \cdot 2 \cdot \sqrt{29})\ cm^2 \approx 46{,}40\ cm^2$

1. Berechne Volumen V, Mantelflächeninhalt M und Oberflächeninhalt O des Kegels.

a) r = 3 m h = 10 m	**c)** r = 4 dm h = 17 cm	**e)** r = 4,5 m h = 20,4 m	**g)** d = 19 dm h = 38 dm	**i)** d = 7 m h = 19 m
b) r = 8 cm h = 43 cm	**d)** r = 19 mm h = 82 mm	**f)** d = 24 cm h = 35 cm	**h)** d = 17 mm h = 44 mm	**j)** d = 6,4 m h = 18,6 m

2. Von den Größen Radius r, Körperhöhe h, Länge s der Mantellinie, Mantelflächeninhalt M, Oberflächeninhalt O und Volumen V eines Kegels sind zwei gegeben.
Berechne die fehlenden Größen.

a) r = 2 cm h = 3 cm	**c)** s = 8 cm r = 6 cm	**e)** s = 7 dm M = 1 m^2	**g)** h = 14 cm V = 2,5 ℓ	**i)** M = 3,5 m^2 O = 4,5 m^2
b) h = 4 dm s = 5 dm	**d)** r = 8 cm V = 1 ℓ	**f)** r = 0,3 m O = 1,8 m^2	**h)** s = 3 dm O = 40 dm^2	**j)** r = 125 mm V = 945 cm^3

3. Ein Trichter hat den oberen Durchmesser 20 cm. Er soll (ohne Ansatzrohr) 1 ℓ fassen.
Wie hoch muss der Trichter sein?

4. Ein Turm hat ein kegelförmiges Dach mit dem Durchmesser 6 m; die Mantellinie ist 10 m lang.
   a) Wie groß ist der Dachraum?
   b) Wie groß ist die Dachfläche?
   c) Das Dach soll mit Naturschiefer eingedeckt werden; 1 m^2 kostet 78 €. Berechne den Preis.

5. Ein kegelförmig aufgeschütteter Sandberg hat eine Mantellinienlänge $s = 3{,}90$ m und einen Umfang $u = 6{,}50$ m. Die Dichte von Sand beträgt 1,6 t/m^3.
   a) Wie hoch ist der Sandberg?
   b) Gib die Kantenlänge eines Würfels an, der das gleiche Volumen hat.
   c) Bestimme die Masse des Sandbergs.

25.7 Berechnungen an der Kugel

Volumen der Kugel

$V = \frac{4}{3}\pi \cdot r^3$

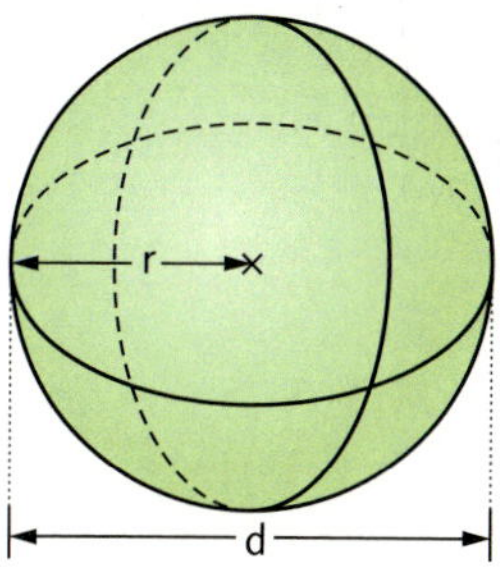

Oberflächeninhalt der Kugel

$O = 4\pi \cdot r^2$

Beispiel: $r = 2$ cm

$V = \frac{4}{3}\pi \cdot 2^3\ cm^3 = \frac{32}{3}\pi\ cm^3 \approx 33{,}51\ cm^3$

$O = 4\pi \cdot 2^2\ cm^2 = 16\pi\ cm^2 \approx 50{,}27\ cm^2$

1. Berechne Volumen V und Oberflächeninhalt O der Kugel.
   a) r = 4 cm **b)** r = 36 mm **c)** r = 16 dm **d)** r = 6 m **e)** r = 5,3 m **f)** d = 7 cm **g)** d = 43 mm **h)** d = 5 dm **i)** d = 15 m **j)** d = 9,3 m

2. Von den drei Größen Radius r, Oberflächeninhalt O und Volumen V einer Kugel ist eine Größe gegeben. Berechne die fehlenden Größen.
   a) r = 0,8 m **b)** O = 1 dm^2 **c)** V = 1 ℓ **d)** O = 4 m^2 **e)** V = 10 m^3

3. **a)** Ein Fußball hat den Durchmesser d = 24 cm. Wie viel cm^2 Leder werden verarbeitet, wenn für Verschnitt 20 % gerechnet wird?
   b) Ein Jugendhandball hat einen Umfang von 54 cm. Wie viel cm^2 Leder wird pro Ball verarbeitet?

4. Eine Seifenblase mit einem Durchmesser von 10 cm ist aus einem 5 mm dicken Tropfen entstanden. Wie dick ist die Seifenblasenhülle?

5. Der Mond hat einen Durchmesser von 3 480 km. Berechne sein Volumen und die Größe seiner Oberfläche.

6. Die Erde hat einen Radius von 6370km. Berechne ihr Volumen und die Größe ihrer Oberfläche.

7. Berechne die Masse einer Glaskugel mit einem Durchmesser von 2 dm. 1 dm^3 Glas wiegt 2,5 kg.

26 Trigonometrie

26.1 Sinus, Kosinus, Tangens für den Bereich $0 \leq \alpha \leq 360°$

Sinus, Kosinus, Tangens

(1) Für spitze Winkel (im rechtwinkligen Dreieck) gilt:

$$\sin\alpha = \frac{\text{Länge der Gegenkathete von } \alpha}{\text{Länge der Hypotenuse}} = \frac{a}{c}$$

$$\cos\alpha = \frac{\text{Länge der Ankathete von } \alpha}{\text{Länge der Hypotenuse}} = \frac{b}{c}$$

$$\tan\alpha = \frac{\text{Länge der Gegenkathete von } \alpha}{\text{Länge der Ankathete von } \alpha} = \frac{a}{b}$$

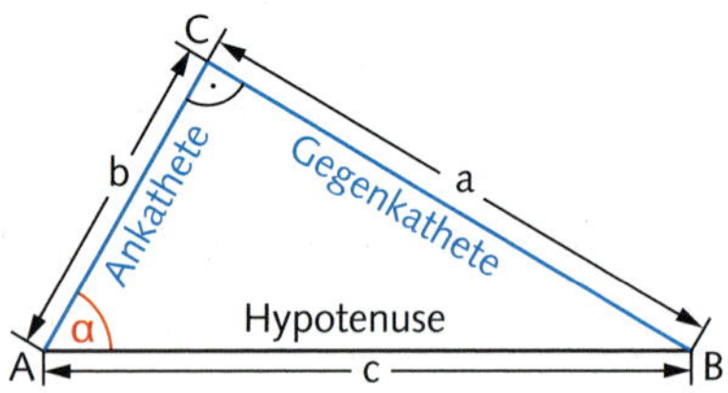

(2) Für den Punkt $P_\alpha(x\,|\,y)$ mit $0° \leq \alpha \leq 360°$ auf dem Einheitskreis (Radius: 1 Längeneinheit) gilt:
$\sin\alpha = y$ (2. Koordinate von P_α);
$\cos\alpha = x$ (1. Koordinate von P_α).

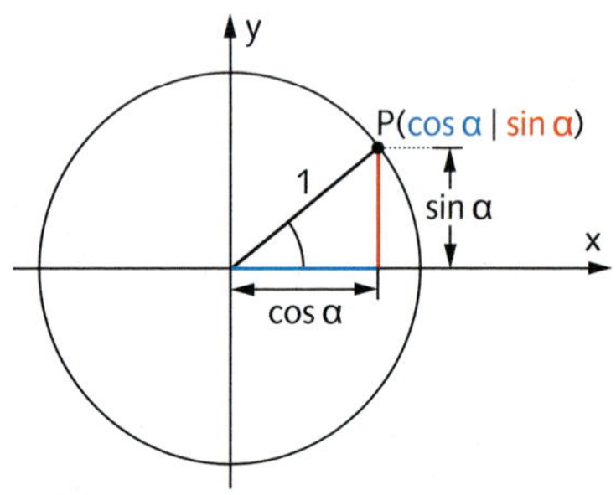

Für $0° \leq \alpha \leq 180°$ gilt:	Für $0° \leq \alpha \leq 360°$ gilt:
$\sin\alpha = \sin(180 - \alpha)$	$\sin\alpha = -\sin(360° - \alpha)$
$\cos\alpha = -\cos(180° - \alpha)$	$\cos\alpha = \cos(360° - \alpha)$
$\tan\alpha = -\tan(180° - \alpha)$	$\tan\alpha = -\tan(360° - \alpha)$

Zusammenhänge zwischen Sinus, Kosinus, Tangens:

$\sin\alpha = \cos(90° - \alpha)$ $\quad (\sin\alpha)^2 + (\cos\alpha)^2 = 1$

$\cos\alpha = \sin(90° - \alpha)$ $\quad \tan\alpha = \frac{\sin\alpha}{\cos\alpha}$

1. Berechne in dem rechtwinkligen Dreieck (Maße in cm) $\sin\alpha$, $\sin\beta$, $\cos\alpha$, $\cos\beta$, $\tan\alpha$, $\tan\beta$.

a)

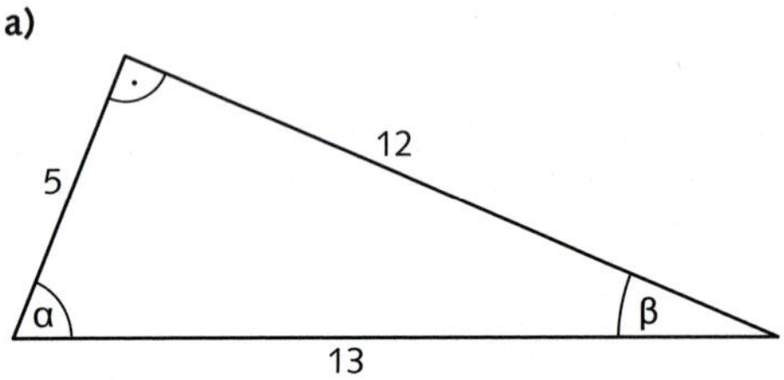

b)

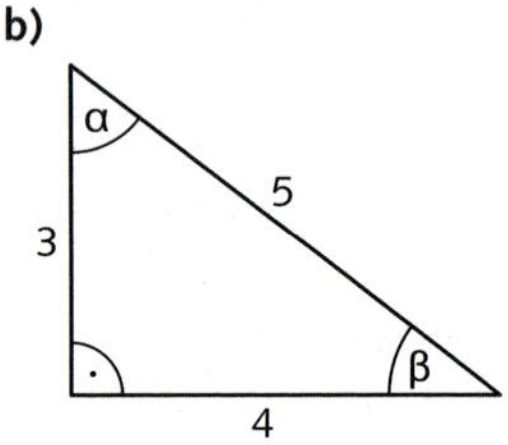

c)

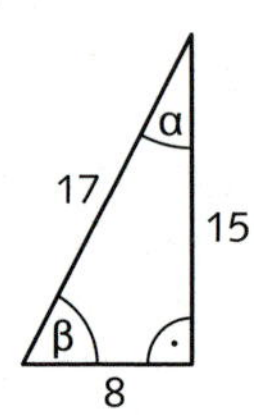

2. Bestimme $\sin\alpha$, $\cos\alpha$, $\tan\alpha$ durch Zeichnen eines Dreiecks ABC mit $\gamma = 90°$, $c = 10$ cm sowie
a) $\alpha = 28°$; **b)** $\alpha = 42°$; **c)** $\alpha = 60°$; **d)** $\alpha = 78°$; **e)** $\alpha = 80°$.

3. Zeichne ein geeignetes rechtwinkliges Dreieck und miss den Winkel α.
a) $\sin\alpha = \frac{1}{3}$ **b)** $\cos\alpha = \frac{4}{5}$ **c)** $\tan\alpha = \frac{3}{4}$

4. **a)** Drücke mithilfe von Kosinus aus:
sin 12°; sin 27°; sin 34°; sin 48°; sin 67°
b) Drücke mithilfe von Sinus aus:
cos 19°; cos 33°; cos 41°; cos 58°; cos 82°

$\sin 15° = \cos(90° - 15°) = \cos 75°$
$\cos 25° = \sin(90° - 25°) = \sin 65°$

5. **a)** Berechne jeweils cos α und tan α ohne den Winkel selbst zu bestimmen.

$\sin\alpha = \frac{3}{5}$ $\left[\frac{2}{5};\ \frac{5}{13};\ 0{,}3;\ 0{,}24;\ 0{,}34\right]$

b) Berechne jeweils sin α und tan α ohne den Winkel selbst zu bestimmen.

$\cos\alpha = \frac{2}{5}$ $\left[\frac{1}{2};\ \frac{1}{4};\ \frac{7}{25};\ 0{,}2;\ 0{,}12\right]$

Gegeben: $\sin\alpha = \frac{1}{2}$

$\cos\alpha = \sqrt{1 - (\sin\alpha)^2}$

$= \sqrt{1 - \frac{1}{4}} = \sqrt{\frac{3}{4}} = \frac{1}{2}\sqrt{3}$

$\tan\alpha = \frac{\sin\alpha}{\cos\alpha} = \frac{\frac{1}{2}}{\frac{1}{2}\sqrt{3}}$

$= \frac{1}{\sqrt{3}} = \frac{1}{3}\sqrt{3}$

6. In einer Tafel für trigonometrische Funktionen sind die Werte für sin α, cos α und tan α für den Bereich $0 \leq \alpha \leq 90°$ angegeben. Die oben angegebenen Formeln erlauben es, die Werte auch für $90° \leq \alpha \leq 360°$ anzugeben.
Bestimme wie im Beispiel.

$\sin 225° = -\sin(360° - 225°)$
$= -\sin 135°$
$= -\sin(180° - 135°)$
$= -\sin 45°$
$= -0{,}7071$

a) sin 154°	**e)** sin 190°	**i)** cos 101°	**m)** cos 310°	**q)** tan 97°	**u)** tan 200°
b) sin 137°	**f)** sin 210°	**j)** cos 129°	**n)** cos 217°	**r)** tan 109°	**v)** tan 299°
c) sin 100°	**g)** sin 300°	**k)** cos 92°	**o)** cos 354°	**s)** tan 155°	**w)** tan 341°
d) sin 175°	**h)** sin 345°	**l)** cos 168°	**p)** cos 243°	**t)** tan 127°	**x)** tan 113°

7. Für welche Winkel α zwischen 0° und 360° gilt:

a) $\sin\alpha = 0{,}4384$	**f)** $\cos\alpha = -0{,}9848$
b) $\sin\alpha = -0{,}2588$	**g)** $\cos\alpha = 0{,}6691$
c) $\sin\alpha = 0{,}8090$	**h)** $\cos\alpha = 0{,}1219$
d) $\sin\alpha = 0{,}2924$	**i)** $\tan\alpha = 1{,}7321$
e) $\cos\alpha = 0{,}6428$	**j)** $\tan\alpha = -0{,}8693$

$\sin\alpha = -0{,}4540$
$\sin\alpha_0 = +0{,}4540$
$\alpha_0 = 27°$
$\alpha_1 = 180° + 27° = 207°$
$\alpha_2 = 360° - 27° = 333°$
Ergebnis:
$L = \{207°;\ 333°\}$

26.2 Berechnungen am rechtwinkligen Dreieck

Beispiel 1:
In einem rechtwinkligen Dreieck ABC sind gegeben:
$b = 5$ cm, $\alpha = 35°$, $\beta = 90°$.
Berechne die übrigen Größen a, c und γ.

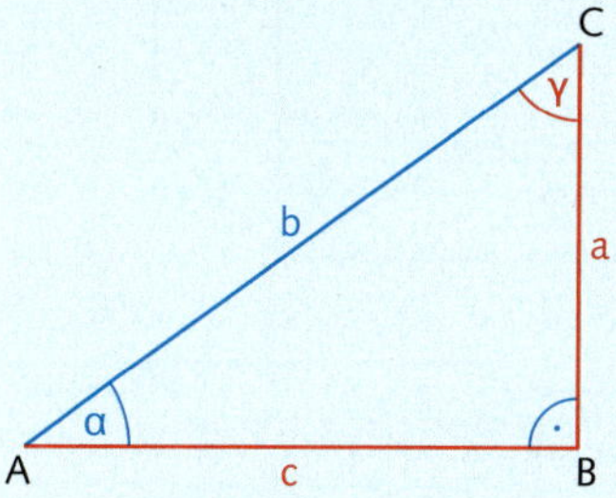

Lösung:
Berechnung von a:
$\frac{a}{b} = \sin\alpha$
$a = b \cdot \sin\alpha$
$= 5\text{ cm} \cdot \sin 35°$
$\approx 2{,}8678822\text{ cm}$

Berechnung von c:
$\frac{c}{b} = \cos\alpha$
$c = b \cdot \cos\alpha$
$= 5\text{ cm} \cdot \cos 35°$
$\approx 4{,}0957602\text{ cm}$

Berechnung von γ:
$\alpha + \gamma = 90°$
$\gamma = 90° - \alpha = 90° - 35° = 55°$

Ergebnis: $a = 2{,}9$ cm; $c = 4{,}1$ cm; $\gamma = 55°$

Beispiel 2:
In einem rechtwinkligen Dreieck ABC sind gegeben:
$a = 5$ cm, $c = 13$ cm, $\gamma = 90°$.
Berechne die übrigen Größen b, α, β.

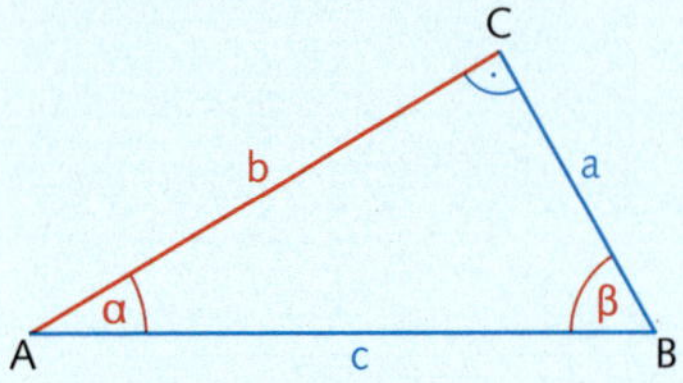

Lösung:
Berechnung von b:
$a^2 + b^2 = c^2$
$b = \sqrt{c^2 - a^2}$
$= \sqrt{(13\text{ cm})^2 - (5\text{ cm})^2}$
$= 12$ cm

Berechnung von α:
$\sin\alpha \approx \frac{a}{c} = \frac{5\text{ cm}}{13\text{ cm}} \approx 0{,}3846154$
$\alpha = 22{,}619865°$

Berechnung von β:
$\cos\beta = \frac{a}{c} = \frac{5\text{ cm}}{13\text{ cm}} \approx 0{,}3846154$; $\beta \approx 67{,}380135°$

Ergebnis: $b = 12$ cm; $\alpha = 22{,}6°$; $\beta = 67{,}4°$

1. Berechne aus den gegebenen Größen des rechtwinkligen Dreiecks ABC die übrigen.

a) $b = 7$ cm; $\alpha = 13°$; $\gamma = 90°$
b) $b = 4{,}3$ cm; $\beta = 43°$; $\alpha = 90°$
c) $b = 195$m; $\gamma = 61°$; $\beta = 90°$
d) $c = 40$ cm; $\beta = 32°$; $\gamma = 90°$
e) $b = 20{,}3$ m; $\beta = 35°$; $\gamma = 90°$
f) $a = 60$ m; $b = 50$ m; $\alpha = 90°$
g) $c = 253$ cm; $\beta = 21°$; $\gamma = 90°$
h) $a = 42{,}7$ m; $c = 83{,}2$ m; $\beta = 90°$
i) $c = 97{,}5$ m; $b = 68{,}4$ m; $\alpha = 90°$
j) $c = 342{,}6$m; $a = 113{,}1$m; $\beta = 90°$
k) $a = 272$ mm; $c = 353$ mm; $\gamma = 90°$
l) $a = 65{,}9$ cm; $b = 272{,}4$ cm; $\beta = 90°$
m) $a = 209$ m; $\alpha = 61°$; $\gamma = 90°$
n) $b = 15{,}47$ m; $\beta = 55°$; $\alpha = 90°$
o) $c = 233$ m; $\alpha = 63°$; $\gamma = 90°$
p) $a = 1045$ km; $\gamma = 41°$; $\alpha = 90°$

2. Eine Seilbahn überwindet auf einer Strecke von 350 m eine Höhendifferenz von 260 m.
Wie groß ist der Steigungswinkel?

3. Von einem 80 m entfernten Kirchturm wird mithilfe eines Theodoliten der Höhenwinkel $\alpha = 51°$ gemessen. Der Beobachtungspunkt liegt 1,50 m höher als der Fußpunkt des Turms.
Wie hoch ist der Turm?

4. Ein Würfel hat die Kantenlänge $a = 12$ cm.
Berechne den Winkel α, den die Raumdiagonale mit einer Flächendiagonalen bildet.

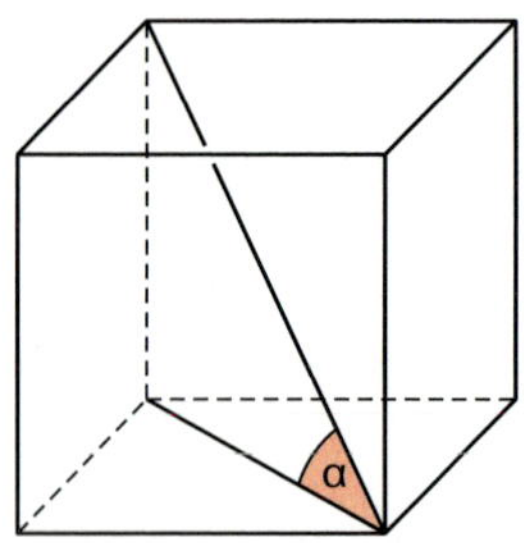

5. Ein Quader hat die Kantenlängen $a = 3$ cm, $b = 2$ cm, $c = 4$ cm.

a) Berechne den Winkel, den die Flächendiagonale mit der Kante a bildet.
b) Berechne den Winkel, den die Flächendiagonale mit der Raumdiagonalen bildet.

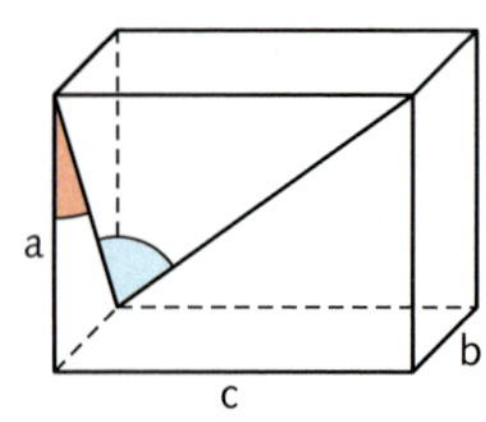

26.3 Berechnungen am gleichschenkligen Dreieck

Strategie zum Berechnen gleichschenkliger Dreiecke

Zerlege das gleichschenklige Dreieck durch eine Symmetrieachse (bzw. geeignete Höhe) in zwei rechtwinklige Dreiecke.

Beispiel:

Von einem gleichschenkligen Dreieck ist die Länge der Basis ($c = 58$ m) und der Basiswinkel ($\alpha = 53°$) gegeben.

Berechne den Winkel γ an der Spitze, die Höhe h, die Länge s eines Schenkels und den Flächeninhalt A.

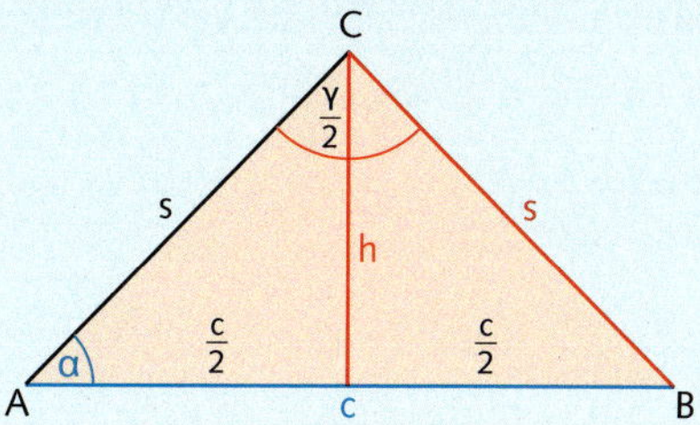

Lösung:

Berechnung von γ: $2\alpha + \gamma = 180°$

$\gamma = 180° - 2\alpha = 180° - 106° = 74°$

Berechnung von s: $\cos\alpha = \frac{\frac{c}{2}}{s}$

$s = \frac{\frac{c}{2}}{\cos\alpha} = \frac{29\text{ m}}{\cos 53°} \approx 48{,}187$ m

Berechnung von h: $\tan\alpha = \frac{h}{\frac{c}{2}}$

$h = \frac{c}{2} \cdot \tan\alpha = 29\text{ m} \cdot \tan 53° \approx 38{,}484$ m

Berechnung von A: $A = \frac{c \cdot h}{2} \approx 1116{,}04\text{ m}^2$

Ergebnis:

$\gamma = 74°$; $s = 48{,}19$ m; $h = 38{,}48$ m; $A = 1116{,}04\text{ m}^2$

1. Bestimme aus den gegebenen Größen des gleichschenkligen Dreiecks die übrigen.

a) $c = 18$ m; $s = 15$ m
b) $c = 160$ m; $\gamma = 128°$
c) $c = 22$ m; $\alpha = 79°$
d) $s = 69{,}32$ m; $\gamma = 52°$
e) $s = 107{,}7$ cm; $\alpha = 13°$
f) $h = 24$ m; $\alpha = 35°$

2. Die Seiten eines Rechtecks sind $a = 4{,}2$ cm und $b = 5{,}6$ cm. Berechne die Länge der Diagonalen und die von den Diagonalen gebildeten Winkel.

3. In einem Rechteck ist die Diagonale 10,8 cm lang; der von den beiden Diagonalen gebildete spitze Winkel ist 75° groß. Berechne die Seitenlängen des Rechtecks.

4. Von den Größen α, β, a, e, f und A einer Raute (eines Rhombus) sind zwei gegeben. Berechne die übrigen.

a) $a = 61{,}6$ m; $\alpha = 78°$
b) $a = 68{,}4$ km; $f = 112$ km
c) $e = 1{,}5$ m; $f = 0{,}4$ m

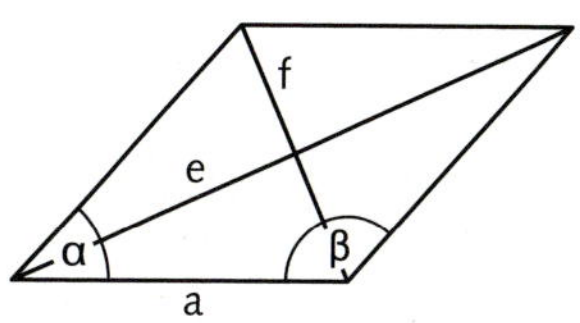

5. Von einem Drachenviereck sind die Seitenlängen $a = 4{,}2$ cm und $b = 6{,}1$ cm, ferner der Winkel $\alpha = 106°$ gegeben. Wie groß sind β, γ, δ, e, f?

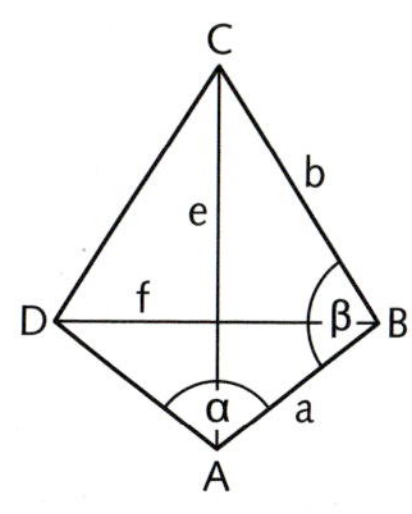

6. In einem Kreis mit dem Radius $r = 3{,}4$ cm beträgt der Mittelpunktswinkel $\alpha = 85°$. Wie lang ist die zu diesem Winkel gehörige Sehne? Wie groß ist der Abstand der Sehne vom Kreismittelpunkt?

7. Berechne bei der nebenstehenden Dachkonstruktion den Neigungswinkel α der Dachfläche sowie die Raumhöhe des Daches.

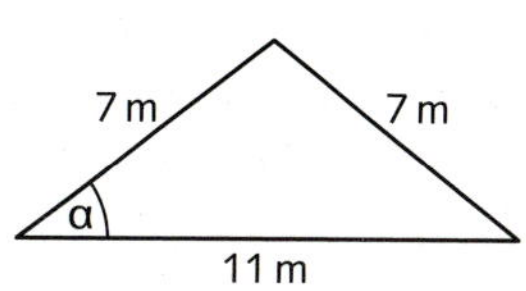

26.4 Berechnungen an beliebigen Dreiecken

Sinussatz

In jedem Dreieck ist das Verhältnis der Längen zweier Dreieckseiten gleich dem Verhältnis der Sinuswerte der gegenüberliegenden Winkel.

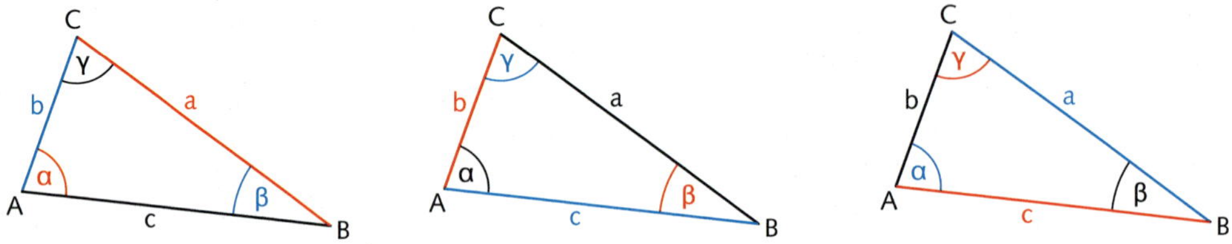

$\frac{a}{b} = \frac{\sin\alpha}{\sin\beta}$ $\frac{b}{c} = \frac{\sin\beta}{\sin\gamma}$ $\frac{c}{a} = \frac{\sin\gamma}{\sin\alpha}$

Beispiel 1 (sww):

In einem Dreieck sind gegeben: $a = 5{,}2\,\text{m}$; $\alpha = 64°$; $\beta = 49°$.

Berechne die übrigen Größen.

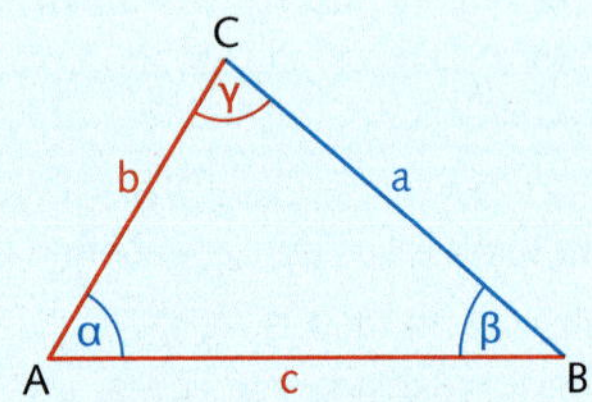

Lösung:

Berechnung von γ: $\alpha + \beta + \gamma = 180°$;

$\gamma = 180° - \alpha - \beta = 180° - 64° - 49° = 67°$

Berechnung von b: $\frac{b}{a} = \frac{\sin\beta}{\sin\alpha}$; $b = a \cdot \frac{\sin\beta}{\sin\alpha} = 5{,}2\text{ m} \cdot \frac{\sin 49°}{\sin 64°} \approx 4{,}366395\text{ m}$

Berechnung von c: $\frac{c}{a} = \frac{\sin\gamma}{\sin\alpha}$; $c = a \cdot \frac{\sin\gamma}{\sin\alpha} = 5{,}2\text{ m} \cdot \frac{\sin 67°}{\sin 64°} \approx 5{,}3256085\text{ m}$

Ergebnis: $\gamma = 67°$; $b = 4{,}37\text{ m}$; $c = 5{,}33\text{ m}$

Beispiel 2 (ssw):

In einem Dreieck sind gegeben: $a = 111{,}2\text{ m}$; $b = 170{,}6\text{ m}$; $\alpha = 34°$.

Berechne die übrigen Größen.

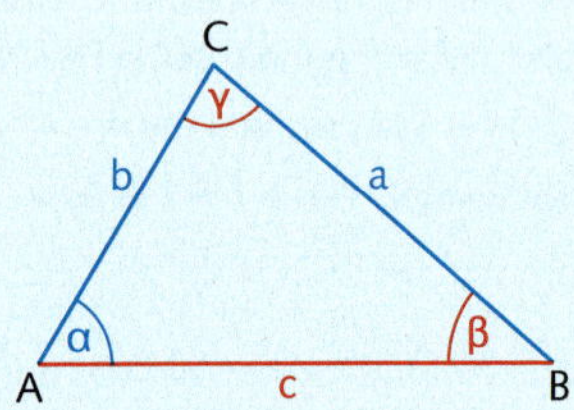

Lösung:

Berechnung von β: $\frac{\sin\beta}{\sin\alpha} = \frac{b}{a}$;

$\sin\beta = \frac{b}{a}\sin\alpha = \frac{170{,}6\text{ m}}{111{,}2\text{ m}} \cdot \sin 34° \approx 0{,}8578985$

$\beta_1 \approx 59{,}08°$; $\beta_2 \approx 180° - 59{,}08° = 120{,}92°$

Da der Winkel α der kleineren Seite gegenüberliegt, gibt es zwei Lösungen.

Berechnung von γ: $\alpha + \beta + \gamma = 180°$; $\gamma = 180° - \alpha - \beta$

$\gamma_1 = 180° - 34° - 59{,}08°$; $\gamma_2 = 180° - 34° - 120{,}92°$

$\gamma_1 = 86{,}92°$; $\gamma_2 = 25{,}08°$

Berechnung von c: $\frac{c}{a} = \frac{\sin\gamma}{\sin\alpha}$; $c = a \cdot \frac{\sin\gamma}{\sin\alpha}$

$c_1 = 111{,}2\text{ m} \cdot \frac{\sin 86{,}92°}{\sin 34°}$; $c_2 = 111{,}2 \cdot \frac{\sin 25{,}08°}{\sin 34°}$

$c_1 \approx 198{,}57078\text{ m}$; $c_2 \approx 84{,}292597\text{ m}$

Ergebnis: $\beta_1 = 59{,}1°$; $\gamma_1 = 86{,}9°$; $c_1 = 198{,}57\text{ m}$; $\beta_2 = 120{,}9°$; $\gamma_2 = 25{,}1°$; $c_2 = 84{,}29\text{ m}$

1. Berechne die fehlenden Größen des Dreiecks.

a) $a = 20{,}4\text{ m};\ \alpha = 42°;\ \beta = 75°$
b) $b = 24{,}3\text{ cm};\ \alpha = 57°;\ \beta = 10°$
c) $c = 48{,}5\text{ cm};\ \alpha = 53°;\ \beta = 42°$
d) $a = 3{,}46\text{ m};\ \beta = 27°;\ \gamma = 138°$
e) $b = 22{,}8\text{ m};\ \alpha = 69°;\ \gamma = 79°$
f) $a = 6{,}8\text{ km};\ \beta = 59°;\ \gamma = 55°$
g) $b = 738{,}9\text{ m};\ \alpha = 66°;\ \beta = 41°$
h) $c = 11{,}1\text{ cm};\ \beta = 54°;\ \gamma = 70°$
i) $a = 44{,}4\text{ m};\ c = 77{,}8\text{ m};\ \gamma = 42°$
j) $a = 23\text{ cm};\ b = 11\text{ cm};\ \alpha = 150°$
k) $a = 70{,}5\text{ m};\ b = 30{,}2\text{ m};\ \beta = 25°$
l) $a = 226{,}3\text{ m};\ b = 117{,}5\text{ m};\ \alpha = 119°$
m) $b = 6{,}42\text{ km};\ c = 8{,}91\text{ km};\ \beta = 35°$
n) $a = 73\text{ m};\ b = 64\text{ m};\ \alpha = 80°$
o) $b = 11\text{ cm};\ c = 7\text{ cm};\ \gamma = 36°$
p) $b = 3\text{ km};\ c = 2\text{ km};\ \beta = 36°$

2. Um die Entfernung eines Schiffes vom Hafen A zu ermitteln, wählt man eine Standlinie c ($c = 1{,}3$ km) und misst die Winkel α und β ($\alpha = 75°$; $\beta = 56°$). Berechne die Entfernung.

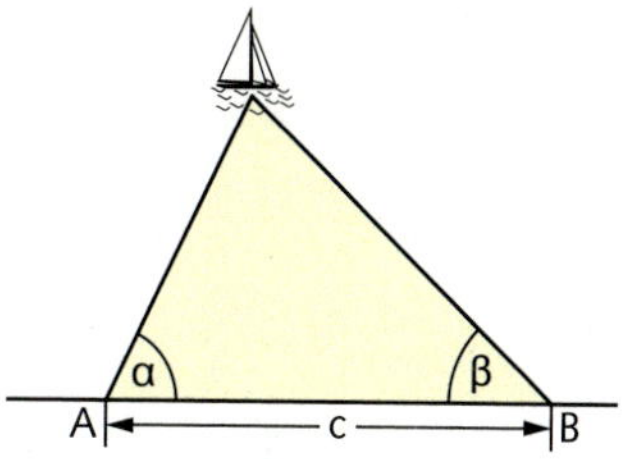

3. Von den Endpunkten einer 400 m langen Standlinie aus wird ein senkrecht über dieser befindliche Hubschrauber unter den Höhenwinkel $\alpha = 31{,}83°$ und $\beta = 27{,}33°$ betrachtet.
Bestimme die Höhe des Hubschraubers und die Entfernung von den Endpunkten der Standlinie.

4. Von einem Flugzeug aus soll die Länge eines senkrecht darunter befindlichen Stückes eines Kanals vermessen werden. Es wurden in 750 m Höhe die Senkungswinkel $\alpha = 23°$ und $\beta = 38°$ gemessen. Wie lang ist das Kanalstück?

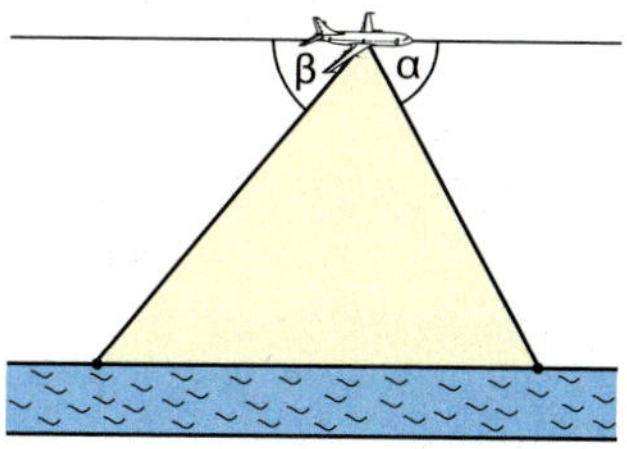

5. Um die Höhe des Berges von der Bergstation einer Seilbahn aus zu bestimmen, misst man von einer Standlinie s ($s = 10$ m) die beiden Winkel α und β ($\alpha = 17{,}5°$; $\beta = 18{,}75°$). Die Augenhöhe beträgt 1,50 m. Berechne die Höhe des Berges.

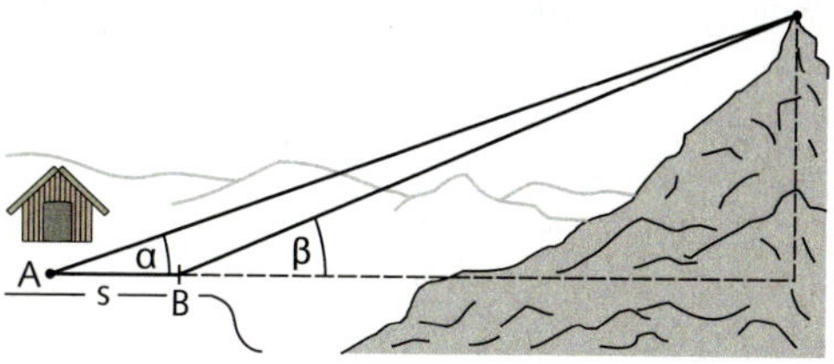

6. Es soll die Entfernung zweier Punkte A und B bestimmt werden, die wegen eines dazwischenliegenden Sees nicht direkt messbar ist. Man steckt von einem Punkt A aus eine Standlinie $\overline{AC}$ der Länge 63 m ab und ermittelt von ihren Endpunkten aus die Sichtwinkel $\alpha = 72°$ und $\gamma = 55°$ zum anderen Punkt.
Wie weit sind die Punkte A und B voneinander entfernt?

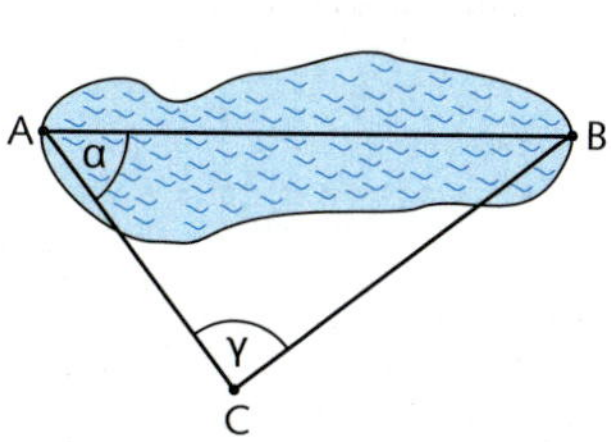

7. Zur Bestimmung der Breite $|AB|$ eines Kanals wird von einem Punkt C in der Verlängerung von $\overline{AB}$ aus eine Standlinie $\overline{CD}$ der Länge 56 m unter dem Winkel $\varepsilon = 57{,}5°$ gegen diese angelegt. Von dem Punkt D aus werden dann die Punkte A und B anvisiert und die Winkel $\alpha = 63{,}1°$ und $\beta = 15{,}5°$ zwischen Standlinie und Visierlinie gemessen. Wie breit ist der Kanal?

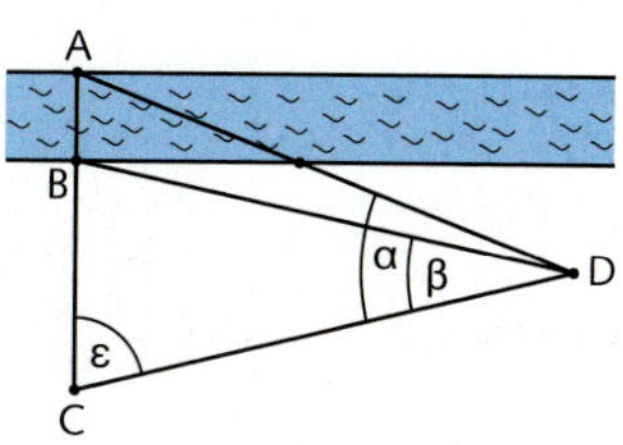

Kosinussatz

In jedem Dreieck ist das Quadrat einer Seitenlänge gleich der Summe der Quadrate der beiden anderen Seitenlängen, vermindert um das doppelte Produkt aus diesen Seitenlängen und dem Kosinus des eingeschlossenen Winkels.

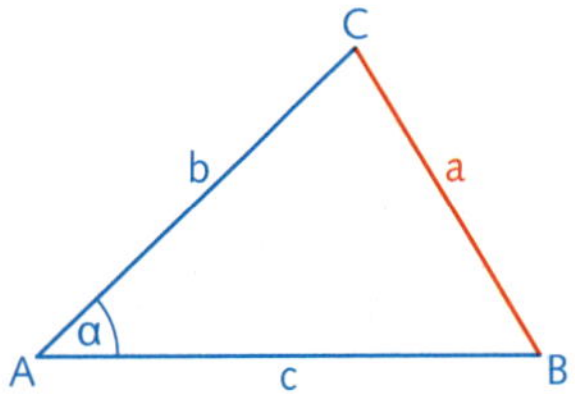

$a^2 = b^2 + c^2 - 2bc \cdot \cos\alpha$

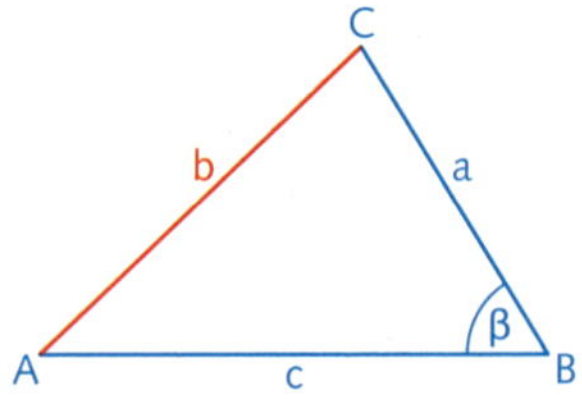

$b^2 = a^2 + c^2 - 2ac \cdot \cos\beta$

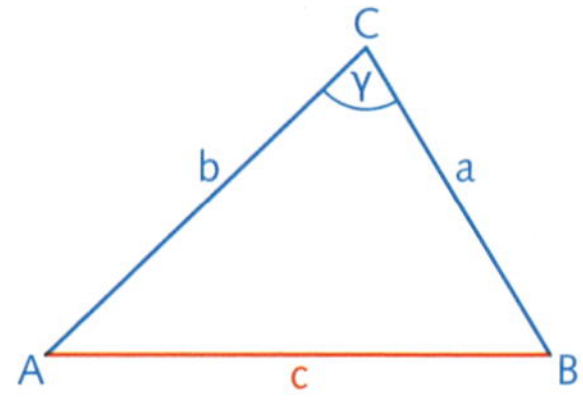

$c^2 = a^2 + b^2 - 2ab \cdot \cos\gamma$

Beispiel 3 (sws):

Von einem Dreieck sind gegeben: $a = 40$ m; $b = 50$ m; $\gamma = 29°$.

Berechne die übrigen Größen.

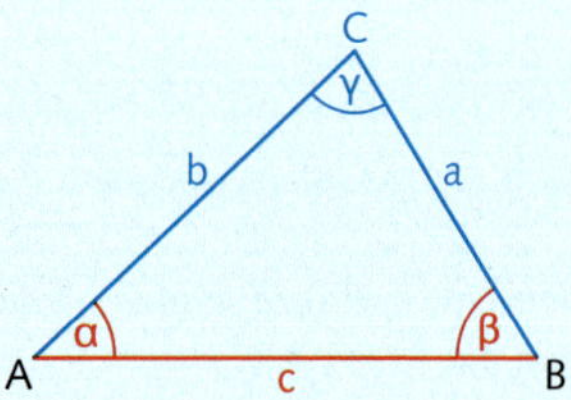

Lösung:

Berechnung von c: $c^2 = a^2 + b^2 - 2ab\cos\gamma$

$c = \sqrt{a^2 + b^2 - 2ab\cos\gamma}$

$= \left(\sqrt{40^2 + 50^2 - 2 \cdot 40 \cdot 50 \cdot \cos 29°}\right)\text{m}$

$= 24{,}525929 \text{ m} \approx 24{,}53 \text{ m}$

Berechnung von α: $a^2 = b^2 + c^2 - 2bc\cos\alpha$

$\cos\alpha = \frac{b^2 + c^2 - a^2}{2bc} = \frac{50^2 + 24{,}53^2 - 40^2}{2 \cdot 50 \cdot 24{,}53} = 0{,}6121977$

$\alpha = 52{,}25142° \approx 52{,}3°$

Berechnung von β: $\alpha + \beta + \gamma = 180°$

$\beta = 180° - \alpha - \gamma = 180° - 52{,}3° - 29° = 98{,}7°$

Ergebnis: $c = 24{,}53$ m; $\alpha = 52{,}3°$; $\beta = 98{,}7°$

Beispiel 4 (sss):

Von einem Dreieck sind gegeben: $a = 6$ cm; $b = 5$ cm; $c = 7$ cm.

Berechne die übrigen Größen.

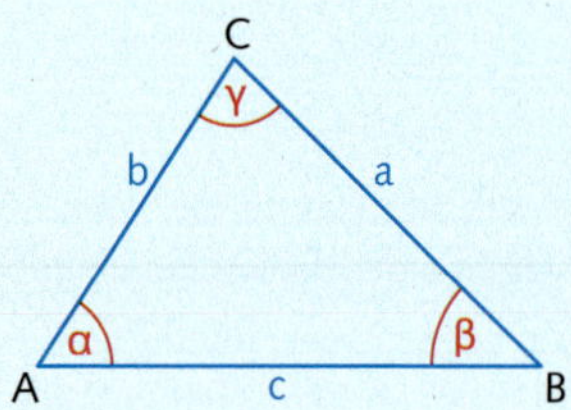

Lösung:

Berechnung von α: $a^2 = b^2 + c^2 - 2bc\cos\alpha$

$\cos\alpha = \frac{b^2 + c^2 - a^2}{2bc} = \frac{5^2 + 7^2 - 6^2}{2 \cdot 5 \cdot 7} = 0{,}5428571$

$\alpha = 57{,}12165° \approx 57{,}1°$

Berechnung von β: $b^2 = a^2 + c^2 - 2ac\cos\beta$

$\cos\beta = \frac{a^2 + c^2 - b^2}{2ac} = \frac{6^2 + 7^2 - 5^2}{2 \cdot 6 \cdot 7} = 0{,}7142857$

$\beta = 44{,}415309° \approx 44{,}4°$

Berechnung von γ: $\alpha + \beta + \gamma = 180°$

$\gamma = 180° - \alpha - \beta = 180° - 57{,}1° - 44{,}4° = 78{,}5°$

Ergebnis: $\alpha = 57{,}1°$; $\beta = 44{,}4°$; $\gamma = 78{,}5°$

8. Berechne die fehlenden Größen des Dreiecks.

a) $b = 27\ \text{cm};\ c = 24\ \text{cm};\ \alpha = 41°$

b) $a = 81\ \text{m};\ b = 92\ \text{m};\ \gamma = 104°$

c) $c = 22{,}9\ \text{m};\ a = 23{,}2\ \text{m};\ \beta = 15°$

d) $b = 5\ \text{km};\ c = 4\ \text{km};\ \alpha = 48°$

e) $a = 3\ \text{cm};\ b = 2\ \text{cm};\ \gamma = 31°$

f) $a = 6\ \text{m};\ b = 5\ \text{m};\ \gamma = 113°$

g) $a = 10\ \text{cm};\ c = 3{,}3\ \text{cm};\ \beta = 161°$

h) $a = 80\ \text{cm};\ b = 90\ \text{cm};\ c = 60\ \text{cm}$

i) $a = 29{,}1\ \text{m};\ b = 35{,}3\ \text{m};\ c = 26{,}4\ \text{m}$

j) $a = 2{,}7\ \text{km};\ b = 10{,}3\ \text{km};\ c = 12\ \text{km}$

k) $a = 52\ \text{m};\ b = 15\ \text{m};\ c = 41\ \text{m}$

l) $a = 10\ \text{cm};\ b = 8\ \text{cm};\ c = 6\ \text{cm}$

m) $a = 26{,}09\ \text{m};\ b = 33{,}74\ \text{m};\ c = 52{,}57\ \text{m}$

n) $a = 12\ \text{cm};\ b = 19\ \text{cm};\ c = 31\ \text{cm}$

9. Zwei gerade Wegstrecken gehen in einem Punkt unter einem Winkel von 98° auseinander. Sie sind 4,1 km und 5,8 km lang.
Wie weit liegen ihre Endpunkte auseinander?

10. Ein 2,6 m langer Stab ist um 70° gegen die Horizontale geneigt und wirft einen 4,8 m langen Schatten. Berechne den Winkel der Sonnenstrahlen mit der Horizontalen (die Sonnenhöhe), wenn die Sonnenstrahlen in die Ebene des Neigungswinkels einfallen.

11. Die Entfernung der beiden Orte P und Q kann wegen des dazwischenliegenden Berges nicht gemessen werden. Daher misst man die Entfernungen $|PR|$ und $|RQ|$ sowie den Winkel $\sphericalangle PRQ$.
Man erhält: $|PR| = 290\ \text{m};\ |RQ| = 600\ \text{m};\ \varepsilon = 100°$.
Berechne die Entfernung $|PQ|$.

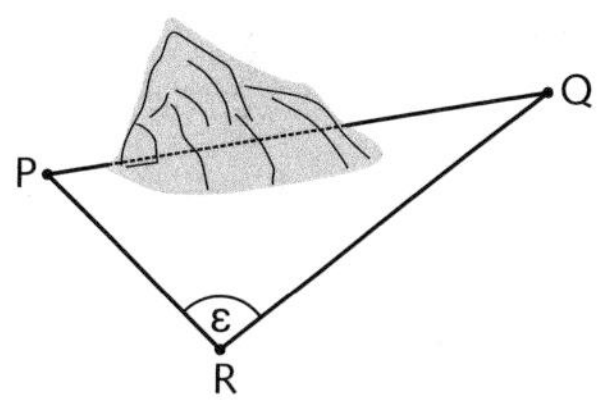

12. Zwischen zwei Orten A und B befindet sich ein Berg, der durch einen Tunnel in der Richtung $\overline{AB}$ durchbohrt werden soll. Um die Lage und die Länge des Tunnels zu bestimmen, werden von einem Punkt C aus die Entfernungen $|CA| = 1447\ \text{m}$ und $|CB| = 3225\ \text{m}$ sowie der Winkel $\gamma = 57°$ zwischen $\overline{CA}$ und $\overline{CB}$ gemessen.

a) Unter welchem Winkel muss in A gegen $\overline{AC}$ und in B gegen $\overline{BC}$ gearbeitet werden?

b) Wie lang ist der Tunnel, wenn von A und B aus bis zu den Endpunkten des Tunnels in Richtung $\overline{AB}$ die Streckenlängen $|AD| = 415\ \text{m}$ und $|BE| = 734\ \text{m}$ gemessen werden?

13. Berechne die fehlenden Größen des Parallelogramms.

a) $a = 18\ \text{cm};\ e = 12{,}5\ \text{cm};\ \beta = 42°$

b) $a = 12\ \text{cm};\ b = 8\ \text{cm};\ e = 15\ \text{cm}$

c) $a = 23\ \text{cm};\ e = 26\ \text{cm};\ \alpha = 38°$

d) $a = 3{,}75\ \text{m};\ b = 5{,}38\ \text{m};\ \beta = 75°$

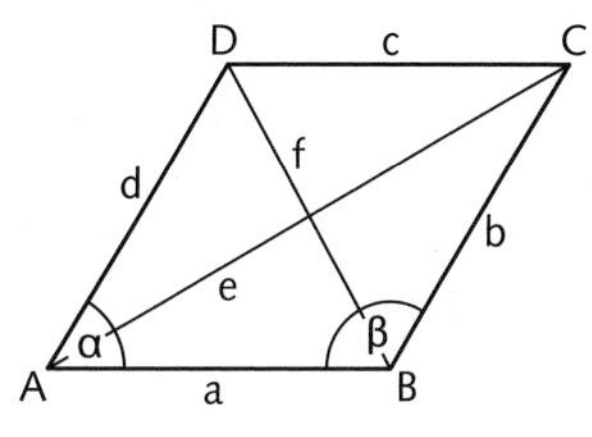

14. Berechne die fehlenden Größen des Trapezes.

a) $a = 15\ \text{cm};\ b = 9\ \text{cm};\ c = 6\ \text{cm};\ \beta = 44°$

b) $a = 9\ \text{cm};\ b = 5\ \text{cm};\ \alpha = 38°;\ \beta = 79°$

c) $a = 13\ \text{cm};\ b = 5\ \text{cm};\ c = 9\ \text{cm};\ d = 4\ \text{cm}$

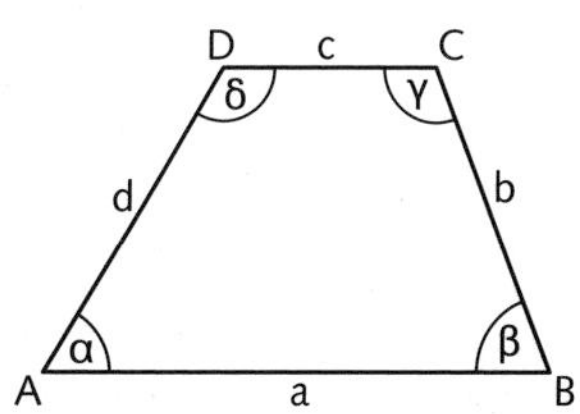

15. Von einem Viereck ABCD sind die Größen $a = 12\ \text{cm};\ b = 8\ \text{cm};\ c = 6\ \text{cm};\ d = 7\ \text{cm}$ und $\beta = 65°$ gegeben.
Berechne die Winkel α, γ, δ sowie die Länge der Diagonalen e und f.

27 Trigonometrische Funktionen

27.1 Bogenmaß eines Winkels

Die Größe eines Winkels kann sowohl im *Gradmaß* als auch im *Bogenmaß* angegeben werden.

Das Verhältnis $\frac{b_\alpha}{r}$ aus der Länge b_α des Kreisbogens und dem Radius r heißt das **Bogenmaß** des Winkels.

Für das Bogenmaß x und das Gradmaß α eines Winkels gilt:

$x = \alpha \cdot \frac{\pi}{180°}$ $\qquad \alpha = x \cdot \frac{180°}{\pi}$

Beispiele: $\alpha = 152°$ $\qquad x = 5{,}5$

$x = 152° \cdot \frac{\pi}{180°} \approx 2{,}65$ $\qquad \alpha = 5{,}5 \cdot \frac{180°}{\pi} \approx 292{,}2°$

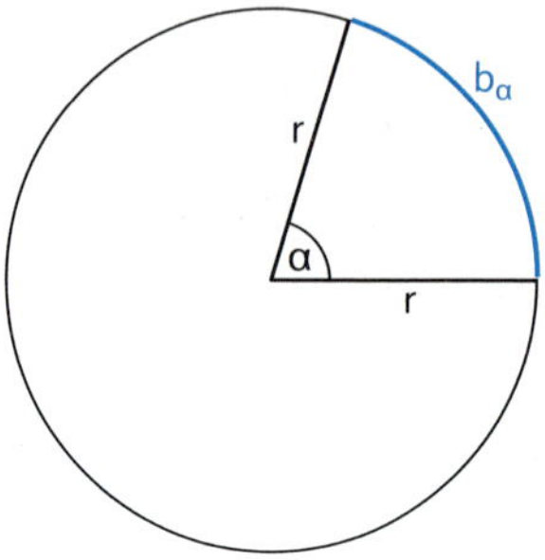

1. Gegeben sind Winkelgrößen bei a) im Gradmaß bei b) im Bogenmaß. Berechne jeweils das andere Maß gerundet auf zwei Nachkommastellen.

a) 34°; 126°; 205°; 314°; –17°; –97°; –241°; –286°; 395°; 619°; 766°; 1024°

b) 0,94; 1,76; 4,53; 5,97; –0,58; 1,81; –3,87; –5,11; 7,94; 10,5; 13,9; 20,7

27.2 Sinus- und Kosinusfunktionen

Die Funktion mit der Gleichung y = sin x und ℝ als Definitionsbereich heißt **Sinusfunktion**.
Ihr Graph heißt auch **Sinuskurve**.
Die Funktion mit der Gleichung y = cos x und ℝ als Definitionsbereich heißt **Kosinusfunktion**.
Ihr Graph heißt auch **Kosinuskurve**.

Eigenschaften der Sinusfunktion und der Kosinusfunktion

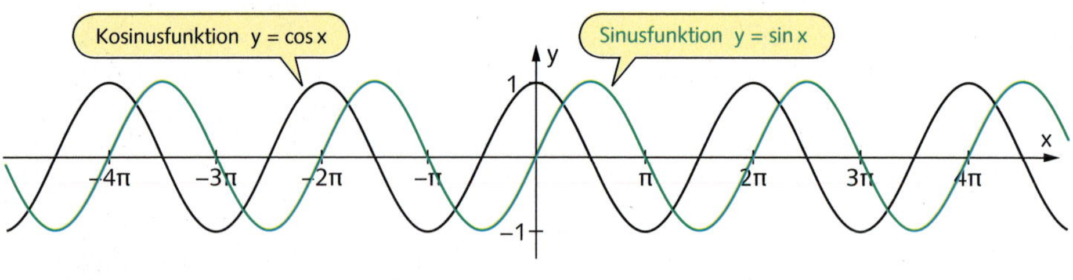

(1) Die Sinusfunktion und die Kosinusfunktion besitzen die kleinste Periode 2π:
$\sin(x + k \cdot 2\pi) = \sin x$; $\cos(x + k \cdot 2\pi) = \cos x$ $(k \in \mathbb{Z})$.

(2) Die Sinusfunktion besitzt die Nullstellen $k \cdot \pi$ mit $k \in \mathbb{Z}$.
Die Kosinusfunktion besitzt die Nullstellen $(2k + 1) \cdot \frac{\pi}{2}$ mit $k \in \mathbb{Z}$.

(3) Der Wertebereich der Sinus- und der Kosinusfunktion ist die Menge aller reellen Zahlen y mit $-1 \leq y \leq 1$.

(4) Die Sinuskurve ist punktsymmetrisch zum Koordinatenursprung.
Die Kosinuskurve ist achsensymmetrisch zur y-Achse.

1. Bestimme mit dem Taschenrechner:

a) sin 0,4
cos 0,4

b) sin (–0,3)
cos (–0,3)

c) sin 1,7
cos 1,7

d) sin (–1,9)
cos (–1,9)

e) sin 2,9
cos 2,9

f) sin (–7,9)
cos (–7,9)

2. Bestimme alle x mit $0 \le x < 2\pi$, für die gilt:

a) $\sin x = 0{,}1$
$\sin x = -0{,}1$
$\cos x = 0{,}3$
$\cos x = -0{,}3$

b) $\sin x = 0{,}27$
$\cos x = 0{,}27$
$\sin x = -0{,}44$
$\cos x = -0{,}44$

c) $\sin x = 0{,}56$
$\cos x = 0{,}56$
$\sin x = -0{,}67$
$\cos x = -0{,}67$

d) $\sin x = 0{,}4596$
$\cos x = 0{,}4596$
$\sin x = -0{,}5914$
$\cos x = -0{,}5914$

Eigenschaften der trigonometrischen Funktionen mit $y = a \cdot \sin x$ mit $a > 0$ und $\mathbb{R}$ als Definitionsbereich

(1) Der Graph der Funktion f mit $f(x) = a \cdot \sin x$ entsteht aus der Sinuskurve durch Strecken (Stauchen) in Richtung der y-Achse mit dem Faktor a, falls $a > 1$ (falls $0 < a < 1$).

(2) Nullstellen der Funktion sind $k \cdot \pi$ mit $k \in \mathbb{Z}$.

(3) Die kleinste Periode ist 2π.

(4) Der größte Funktionswert ist a, der kleinste –a.

(5) Der Wertebereich ist die Menge aller reellen Zahlen y mit $-a \le y \le a$.

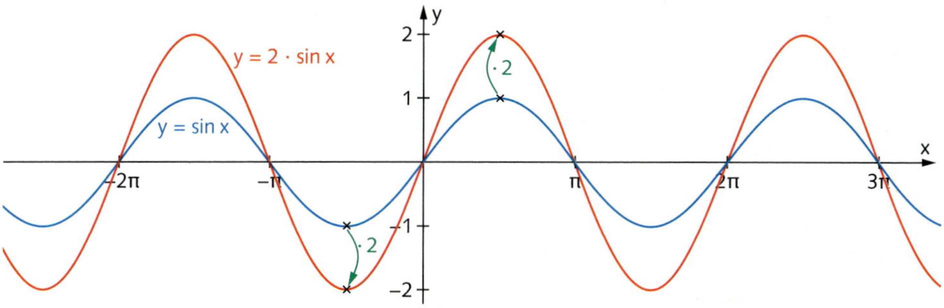

3. **a)** Skizziere den Graphen der Funktion mit $y = 2{,}5 \cdot \sin x$ im Intervall $-2\pi \le x \le 2\pi$. Notiere auch den Wertebereich.

b) Skizziere den Graphen der Funktion mit $y = 0{,}75 \cdot \sin x$ im Intervall $-2\pi \le x \le 2\pi$. Notiere auch den Wertebereich.

4. Gib zu dem Graphen die Funktionsgleichung an.

a)

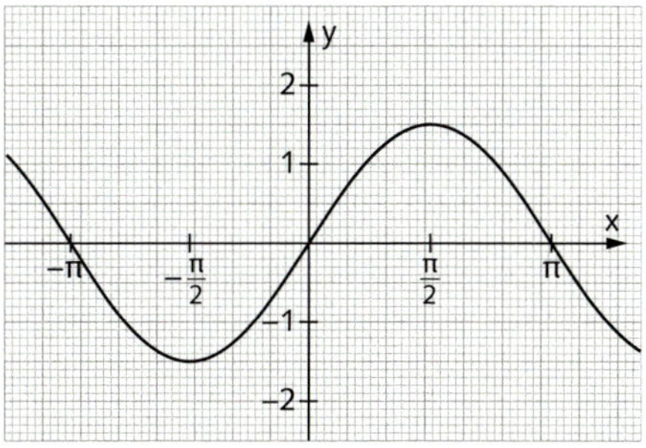

b)

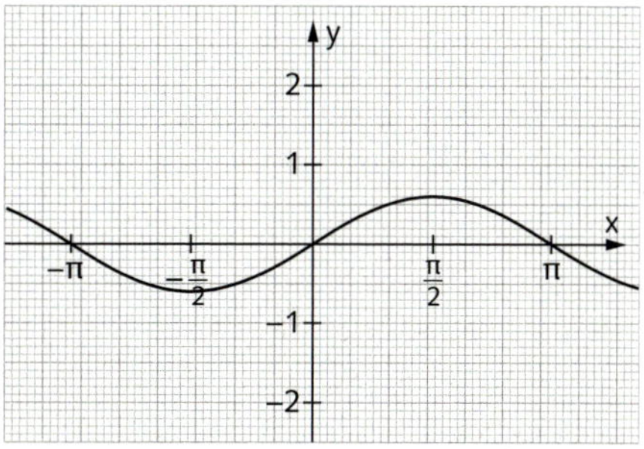

5. Skizziere den Graphen der Funktion mit $y = 1{,}5 \cdot \cos x$ [$y = 0{,}5 \cdot \cos x$] im Intervall $-2\pi \le x \le 2\pi$.

a) Notiere die Eigenschaften der Funktionen.

b) Wie entstehen die Graphen dieser Funktionen aus der Kosinuskurve?

Eigenschaften der trigonometrischen Funktionen mit $y = \sin(b \cdot x)$ mit $b > 0$ und $\mathbb{R}$ als Definitionsbereich

(1) Der Graph einer Funktion f mit $f(x) = \sin(b \cdot x)$ entsteht aus der Sinuskurve durch Strecken (Stauchen) in Richtung der x-Achse mit dem Faktor b, falls $0 < b < 1$ (falls $b > 1$).

(2) Nullstellen der Funktion sind $\frac{k \cdot \pi}{b}$ mit $k \in \mathbb{Z}$.

(3) Die kleinste Periode ist $\frac{2\pi}{b}$.

(4) Der größte Funktionswert ist 1, der kleinste Funktionswert ist −1.

(5) Der Wertebereich ist die Menge aller reellen Zahlen y mit $-1 \leq y \leq 1$.

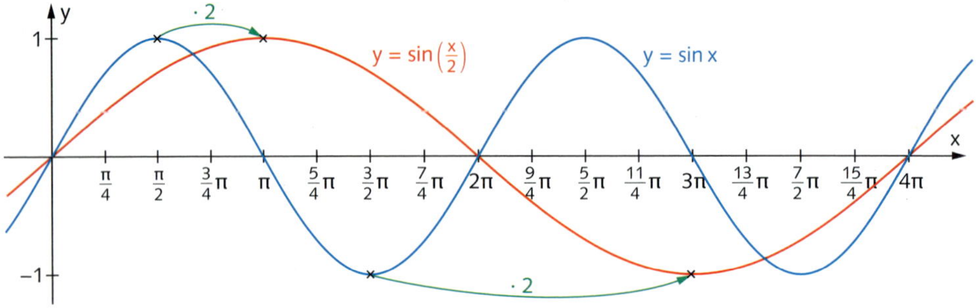

6. **a)** Skizziere den Graphen der Funktion $y = \sin\left(\frac{x}{3}\right)$ im Intervall $0 \leq x \leq 6\pi$.

b) Gib die Periode an.

c) Notiere die Nullstellen im Intervall $-6\pi \leq x \leq 12\pi$.

7. **a)** Skizziere den Graphen der Funktion $y = \sin(4x)$ im Intervall $-2\pi \leq x \leq 2\pi$.

b) Gib die Periode an.

c) Notiere die Nullstellen im Intervall $-2\pi \leq x \leq 2\pi$.

8. Der Graph der Funktion $y = \sin x$ wird in Richtung der x-Achse gestreckt

a) mit dem Faktor 0,2;

b) mit dem Faktor $\frac{2}{3}$;

c) mit dem Faktor 1,2;

d) mit dem Faktor $1\frac{2}{3}$.

Gib die Funktionsgleichung zu diesen Graphen an.

9. Gib die Funktionsgleichung zum Graphen an.

a)

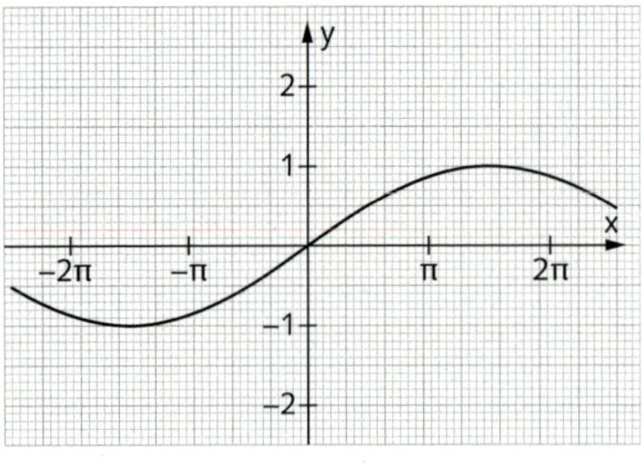

b)

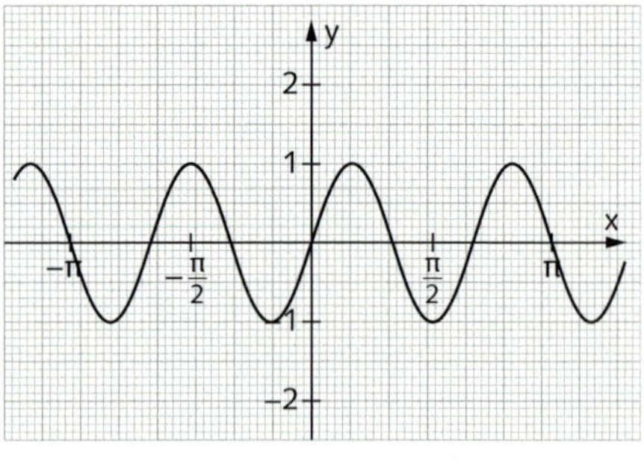

10. **a)** Skizziere den Graphen der Funktion

(1) $y = 2 \sin \frac{1}{3}x$;   (2) $y = \frac{1}{2} \sin 3x$.

b) Gib die Periode an.

c) Gib den Wertebereich an.

Eigenschaften der trigonometrischen Funktionen mit $y = \sin(x + c)$ mit $\mathbb{R}$ als Definitionsbereich

Den Graphen einer Funktion f mit $f(x) = \sin(x + c)$ erhält man aus der Sinuskurve durch Verschieben parallel zur x-Achse.

Wenn $c < 0$, wird nach rechts verschoben.

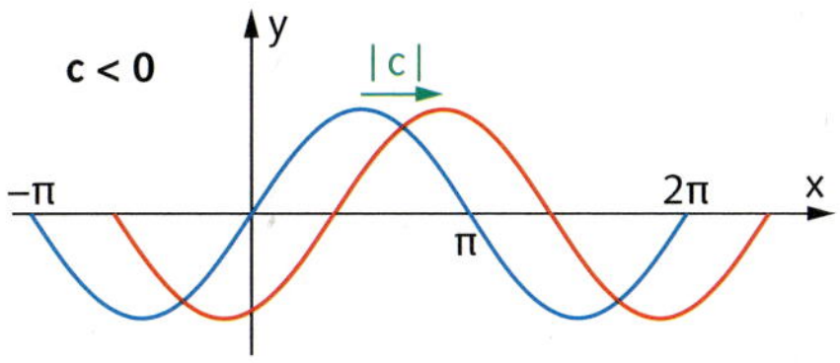

Wenn $c > 0$, wird nach links verschoben.

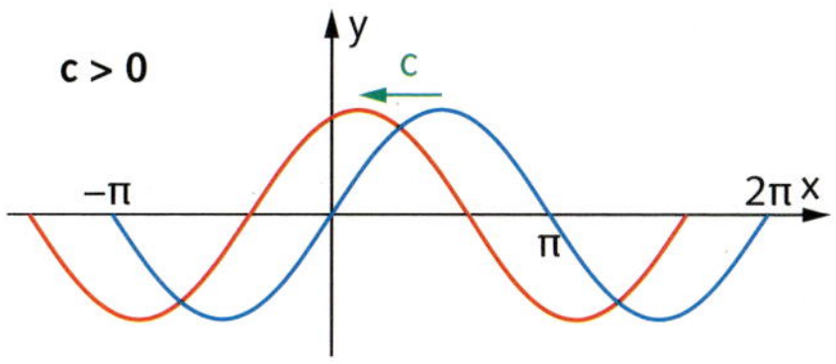

(1) Die Nullstellen der Funktion sind $k \cdot \pi + c$.

(2) Der Wertebereich der Funktion ist die Menge aller reellen Zahlen y mit $-1 \le y \le 1$.

11. Gegeben ist die Funktion mit

(1) $y = \sin\left(x - \frac{\pi}{2}\right)$; (2) $y = \sin\left(x + \frac{\pi}{2}\right)$.

a) Skizziere den Graphen im Intervall $0 \le x \le 4\pi$. Beschreibe, wie er aus der Sinuskurve entsteht.

b) Gib die Nullstellen im Intervall $-2\pi \le x \le 4\pi$ an.

12. Die Sinuskurve wird um $\frac{\pi}{3}$ Einheiten in Richtung der x-Achse

(1) nach rechts; (2) nach links

verschoben. Gib jeweils die Funktionsgleichung an.

13. Gib zum Graphen die Funktionsgleichung an.

a)

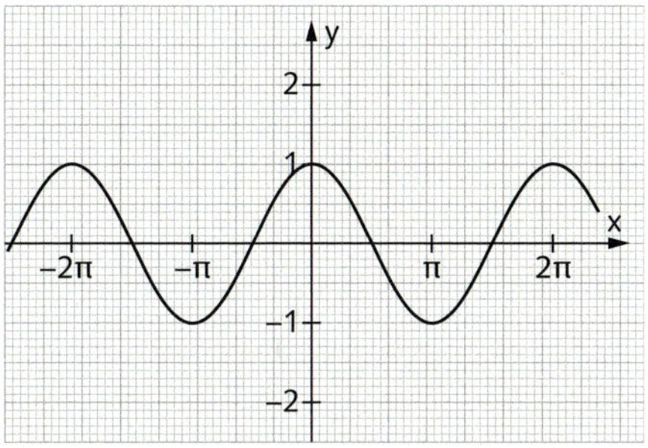

b)

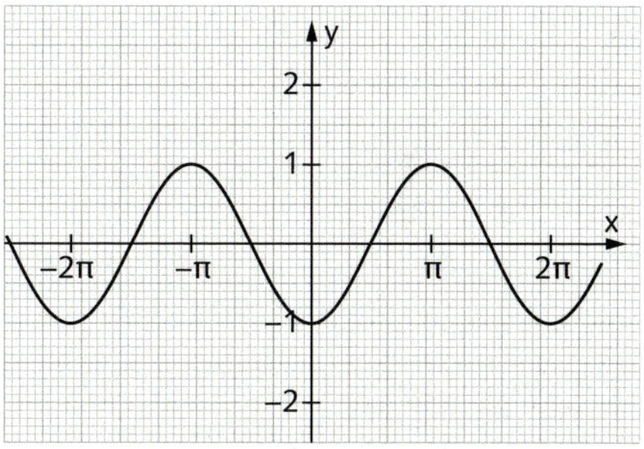

14. Zeichne die Sinuskurve und die Kosinuskurve im Intervall $-2\pi \le x \le 4\pi$.
Beschreibe, wie die Kosinuskurve aus der Sinuskurve entsteht und umgekehrt.

Graph der allgemeinen Sinusfunktion $y = a \cdot \sin(b(x + d))$

Den Graphen einer Funktion f mit $f(x) = \sin(b(x + d))$ erhält man aus der Sinuskurve durch

(1) Strecken mit dem Faktor $\frac{1}{b}$ parallel zur x-Achse;

(2) anschließendes Verschieben um d parallel zur x-Achse;

(3) anschließendes Strecken mit dem Faktor a parallel zur y-Achse.

15. Beschreibe, wie der Graph der Funktion aus der Sinuskurve hervorgeht. Skizziere den Graphen.

a) $y = 2 \sin\left(3\left(x - \frac{\pi}{2}\right)\right)$ **b)** $y = \frac{1}{2} \sin\left(2\left(x + \frac{\pi}{6}\right)\right)$ **c)** $y = 1{,}5 \sin\left(\frac{1}{2}x + \frac{\pi}{2}\right)$

28 Aufbereiten und Auswerten von Daten

28.1 Aufbereiten und Darstellen von Datenmengen

In der Statistik erfasst man u.a. **Daten** (Angaben, Zahlen, Größen) durch Befragen von Personen, Messen und Zählen von Gegenständen.

Beispiele:

(1) Befragung von zufällig ausgewählten Personen nach dem *Familienstand* (Merkmal) mit den Ausprägungen *ledig, verheiratet, verwitwet, geschieden.*

(2) Befragung von Gästen eines Restaurants nach der *Qualität der Küche* (Merkmal) mit den Ausprägungen *ausgezeichnet, gut, befriedigend, schlecht.*

(3) Bestimmen der *Anzahl von Fahrzeugen* (Merkmal) an einem bestimmten Tag zwischen 8 und 9 Uhr mit den Ausprägungen *Pkw, Lkw, Transporter, Motorräder, Fahrräder.*

(4) Befragung der Schüler einer 7. Jahrgangsstufe nach der *Anzahl der Geschwister* mit den Ausprägungen 0, 1, 2, 3, *mehr als* 3.

(5) *Messen des Gewichts* (Merkmal) von zufällig ausgewählten Hühnereiern mit der Ausprägung, z.B. 62 g.

Die Ausprägungen der Merkmale in den Beispielen (4) und (5) sind quantitativer Art, die in den Beispielen (1), (2) und (3) qualitativer Art.

Bei der Erfassung von Daten erhält man häufig zunächst eine **Urliste** der Daten.
Beispiel:
Noten einer bestimmten Klassenarbeit in Mathematik:
2; 4; 5; 3; 3; 3; 1; 4; 4; 2; 2; 4; 5; 6; 4; 3; 3; 1; 4; 3; 5; 2; 4; 4; 1
Die Note ist das Merkmal, die Zensuren 1, 2, 3, 4, 5, 6 sind die Ausprägungen.

Um eine solche Liste übersichtlich zu gestalten, gibt es verschiedene Möglichkeiten:

(1) Darstellung der Daten in einer Häufigkeitstabelle

a) mit den absoluten Häufigkeiten der Ausprägungen:

Note	absolute Häufigkeit
1	3
2	4
3	6
4	8
5	3
6	1
	25

b) mit den relativen Häufigkeiten der Ausprägungen:

relative Häufigkeit = $\frac{\text{absolute Häufigkeit}}{\text{Gesamtzahl}}$

	relative Häufigkeit		
Note	als Bruch	als Dezimalzahl	in Prozent
1	$\frac{3}{25}$	0,12	12 %
2	$\frac{4}{25}$	0,16	16 %
3	$\frac{6}{25}$	0,24	24 %
4	$\frac{8}{25}$	0,32	32 %
5	$\frac{3}{25}$	0,12	12 %
6	$\frac{1}{25}$	0,04	4 %
	$\frac{25}{25} = 1$	1,00	100 %

Die absolute Häufigkeit einer Merkmalsausprägung gibt an, wie oft (häufig) die Ausprägung auftritt.
Die relative Häufigkeit einer Ausprägung gibt den Anteil der Ausprägung an der Grundgesamtheit an.

Summenprobe für relative Häufigkeiten

Die Summe der relativen Häufigkeiten einer vollständigen Erhebung *ohne* Mehrfachnennungen ist gleich 1, also 100 %.

Mit dieser *Summenprobe* kann man die Vollständigkeit einer Erhebung oder die Richtigkeit der Rechnung überprüfen.

Bei der Angabe der relativen Häufigkeiten durch Dezimalbrüche oder in Prozent können durch Runden kleine Abweichungen von der Summe 1 bzw. 100 % auftreten.

Sind bei einer Umfrage *Mehrfachnennungen* möglich, so kann die Summe der relativen Häufigkeiten größer als 1 bzw. 100 % sein.

Beispiel:

Werden Schüler danach befragt, was für Haustiere sie besitzen, so kann ein Schüler auch mehrere Tierarten angeben, z. B. Fisch, Hamster (Mehrfachnennung also möglich). Werden sie dagegen nach der Anzahl der Geschwister befragt, so ist nur eine Anzahl möglich.

(2) Darstellung der Häufigkeitsverteilung durch eine Grafik

a) *Säulendiagramm*

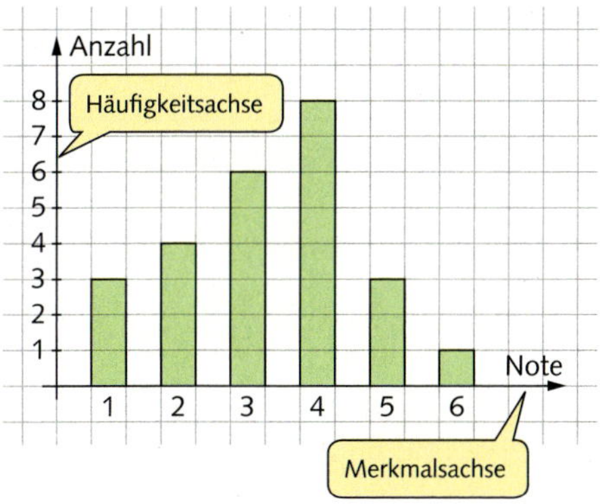

b) *Balkendiagramm*

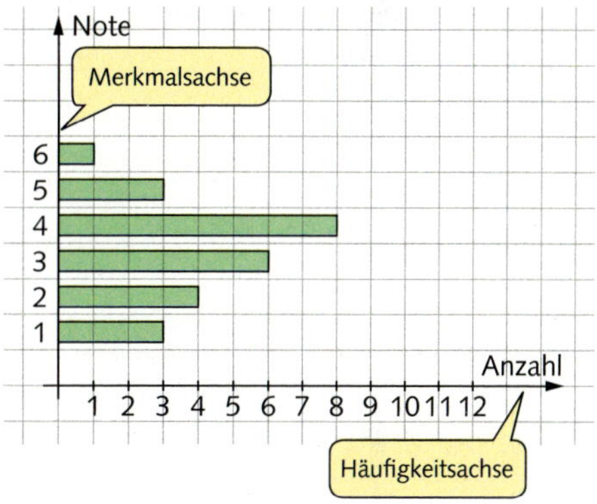

Auf der Häufigkeitsachse kann man anstelle der absoluten auch die relativen Häufigkeiten auftragen.

c) *Balkendiagramm* (Streifendiagramm)

Wählt man 1 mm für 1 %, so erhält man:

d) *Kreisdiagramm*

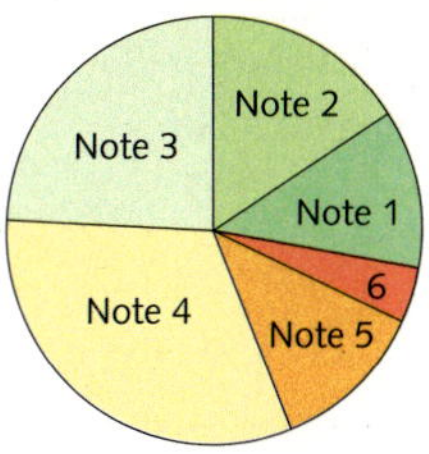

Zu dem Anteil von 12 % gehören 12 % des Vollkreises (360°), also 12 % von 360°, das sind

360° · 12 % = 360° · 0,12 = 43,2°.

relative Häufigkeit	Größe des Mittelpunkt-winkels
12 %	43,2°
16 %	57,6°
24 %	86,4°
32 %	115,2°
12 %	43,2°
4 %	14,4°

Bei Mehrfachnennungen von Ausprägungen kann man kein Kreisdiagramm zeichnen.

1. Die 30 Schüler einer Klasse wurden befragt, wie sie den Schulweg zurücklegen, mit Bus, Fahrrad oder zu Fuß. Die Befragung ergab folgende Urliste: Bu; Fu; Bu; Bu; Fa; Bu; Fa; Fu; Fa; Fa; Bu; Bu; Bu; Fu; Bu; Bu; Fa; Fu; Fa; Fa; Bu; Fu; Fa; Bu; Bu; Fa; Bu; Fu; Bu; Bu.

a) Lege Häufigkeitstabellen (wie auf Seite 142) an.

b) Stelle die Häufigkeitsverteilung auf die einzelne Merkmalsausprägung

(1) durch ein Säulendiagramm, (2) durch ein Kreisdiagramm dar.

c) Vergleiche die beiden Diagramme. Was kannst du

(1) bei einem Säulendiagramm, (2) bei einem Kreisdiagramm sofort erkennen?

2. Laura und Julia führten an der Straße vor ihrer Schule an einem Montag zwischen 8 und 9 Uhr eine Verkehrszählung durch. Die Zählung ergab folgende *Strichliste*:

Fahrzeugart	Pkw	Transporter	Lkw	Omnibus	Motorrad	Fahrrad	Sonstige
Anzahl (absolute Häufigkeit)	𝍸 ||	𝍸 𝍸 𝍸 𝍸 𝍸 𝍸 𝍸 𝍸 𝍸 𝍸 𝍸	𝍸 𝍸 𝍸 𝍸 ||||	𝍸 |	𝍸 𝍸 𝍸 𝍸 𝍸 𝍸 ||	𝍸 𝍸 𝍸 |||	|||

a) Stelle eine Häufigkeitstabelle für die absoluten und für die relativen Häufigkeiten der einzelnen Ausprägungen des Merkmals Fahrzeugart auf.

b) Lege ein Säulendiagramm, ein Blockdiagramm und ein Kreisdiagramm an.

3. Die Kommunalwahl in einer Großstadt ergab die nachfolgende Stimmverteilung.

Partei	Anzahl der Stimmen
SPD	27186
CDU	23811
FDP	11710
Grüne	16502
Die Linke	11997
Sonstige	4621

a) Lege eine Tabelle für die relativen Häufigkeiten an.

b) Stelle die Häufigkeitsverteilung

(1) durch ein Säulendiagramm, (2) durch ein Kreisdiagramm dar.

4. Nach Angaben des Kraftfahrt-Bundesamts gab es im Jahre 2010 in einem Bundesland 299739 Neuzulassungen. Die Tabelle zeigt die relativen Häufigkeiten der beim Kauf gewählten Farben.

Farbe	relative Häufigkeit
silber	26 %
schwarz	24 %
grau	16 %
weiß	16 %
rot	6 %
blau	5 %
sonstige	7 %

a) Berechne die absoluten Häufigkeiten.

b) Stelle die Häufigkeitsverteilung der gewählten Farben in einem Diagramm dar.

5. Im Jahr 2009 wurden in Deutschland 597 Mrd. kWh elektrische Energie gewonnen. Die Diagramme zeigen die prozentuale Verteilung der gewonnenen elektrischen Energie auf die einzelnen Energiequellen.

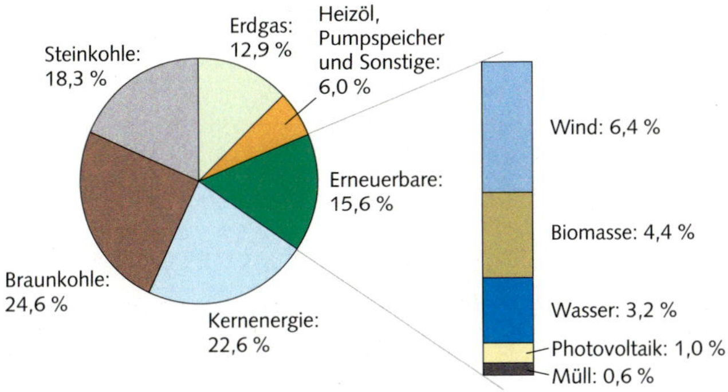

a) Trage in einer Häufigkeitstabelle für die einzelnen Energiequellen die absolut gewonnene elektrische Energie in kWh ein.

b) Stelle das Blockdiagramm für die erneuerbare Energie durch ein Kreisdiagramm dar.

6. In einer 9. Jahrgangsstufe einer Schule wurde für die Schülerzeitung eine Umfrage durchgeführt. Den befragten Schülern wurden u. a. folgende Fragen gestellt.

(1) Wie alt bist du?

Alter	Anzahl
13	10
14	38
15	21
16	5

(2) Was für ein Haustier besitzt du?

Haustier	Anzahl
Fisch	17
Hamster	23
Kaninchen	28
Vogel	11
kein Tier	22

a) Berechne jeweils die relativen Häufigkeiten. Gib sie in Prozent gerundet auf Zehntel an. Mache die Summenprobe. Was stellst du fest? Erkläre.

b) Stelle die Ergebnisse in einem geeigneten Diagramm dar. Begründe.

Zeitliche Entwicklungen z. B. der Anzahl von Straßenverkehrsunfällen, Schülerzahlen, Arbeitslosenzahlen, durchschnittlicher Monatstemperaturen im Laufe eines Jahres (Klimadiagramme) werden häufig durch **Liniendiagramme** dargestellt. Dabei werden die Punkte durch Strecken verbunden.

Durch ein Liniendiagramm wird der Trend der zeitlichen Veränderung gut veranschaulicht.

Beispiel: Entwicklung der Straßenverkehrsunfälle mit Personenschaden in einem Bundesland

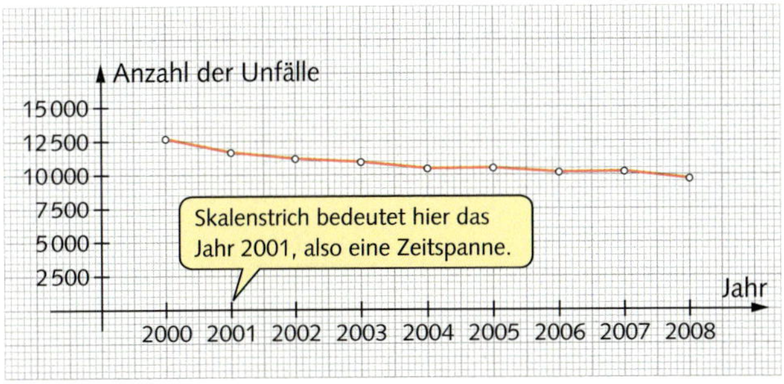

Jahr	Anzahl der Unfälle
2000	12650
2001	11620
2002	11145
2003	10900
2004	10400
2005	10444
2006	10111
2007	10178
2008	9636

7. Stelle die Entwicklung durch ein Liniendiagramm dar.

a) Bestand an Pkw in Kassel am 31.12. d. J.

Jahr	2005	2006	2007	2008	2009
Anzahl der Pkw	86736	87064	76414	76832	77975

b) Anzahl der Geburten in Kassel

Jahr	2005	2006	2007	2008	2009
Anzahl der Geburten	1718	1654	1736	1534	1683

c) Medienausleihe der Kasseler Bibliotheken

Jahr	2005	2006	2007	2008	2009
Anzahl der ausgeliehenen Medien	723738	695282	681695	675845	639513

8. Stelle die Entwicklung der Gästeübernachtungen in Hessen im Jahr 2010 durch ein Liniendiagramm dar.

Monat	Jan.	Feb.	März	April	Mai	Juni	Juli	Aug.	Sept.	Okt.	Nov.	Dez.
Anzahl der Gästeübernachtungen in Tsd.	1824	1906	2057	2282	2588	2562	2701	2728	2827	2645	2207	1902

9. Das Liniendiagramm zeigt die Entwicklung der Anzahl der Schulanfänger in Hessen seit 1999 bis 2009. Stelle die Entwicklung in einer Häufigkeitstabelle dar.

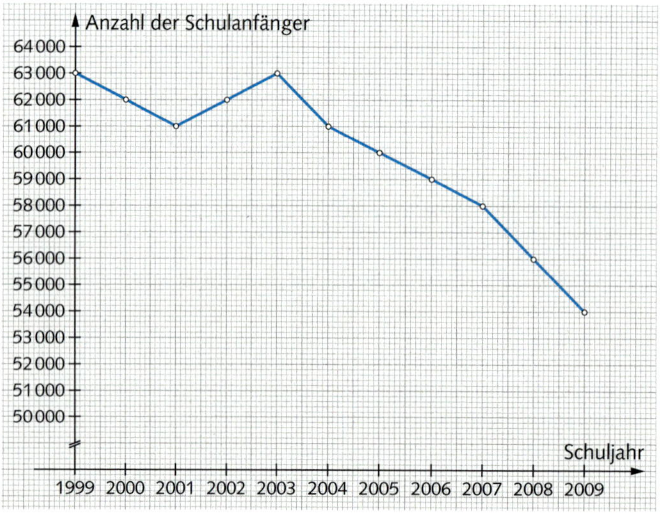

10. Eine Zeitung berichtet:
Die Zahl der Wohnungseinbrüche hat in der Kreisstadt von 2010 bis 2011 erheblich zugenommen. Dieser Sachverhalt wird durch nebenstehende Grafik veranschaulicht.
Was meinst du? Begründe.

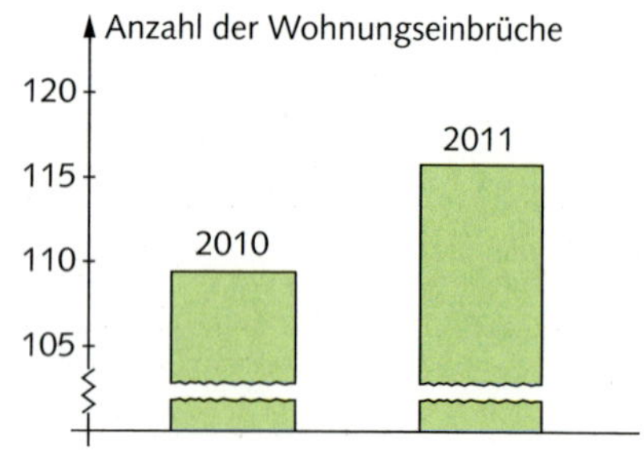

28.2 Klasseneinteilung von Datenmengen

Klassieren von Datenmengen

Bei Datenmengen zu einem Merkmal mit vielen Ausprägungen (z. B. bei Messreihen) ist es oft sinnvoll, mehrere benachbarte Ausprägungen in **Klassen** zusammenzufassen. Dieses Verfahren nennt man **Klassieren**. Daten, die auf eine Klassengrenze fallen, werden in der Regel der oberen Klasse zugeordnet.

Die Anzahl der Klassen sollte nicht zu groß, sondern überschaubar gewählt werden. Ist die Anzahl allerdings zu klein, so können wichtige Informationen verlorengehen.

Zur Darstellung der Häufigkeiten werden Säulen über den gleich breiten Klassen gezeichnet.

Beispiel: Körpergröße (in cm) von 14jährigen Jungen (Urliste der Größe nach geordnet)
168; 169; 171; 171; 173; 173; 174; 174; 176; 176; 176; 177; 178; 178; 179; 179; 179; 180; 181; 182

Säulendiagramm

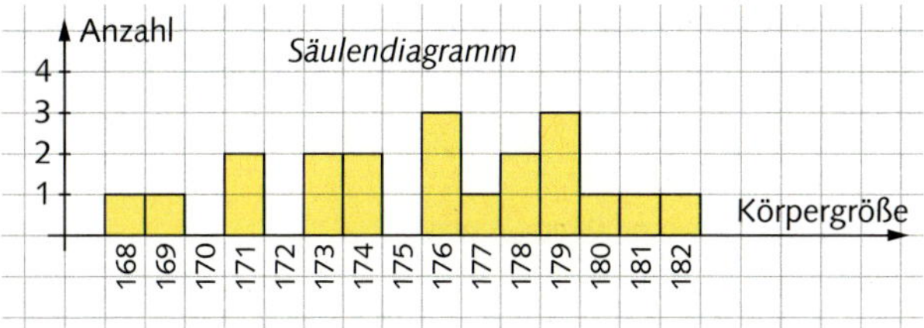

Einteilung der Klassen 166 cm bis 170 cm; 171 cm bis 175 cm, 176 cm bis 180 cm, 181 cm bis 185 cm

Klasse	Anzahl
166 cm bis 170 cm	2
171 cm bis 175 cm	6
176 cm bis 180 cm	10
181 cm bis 185 cm	2
	20

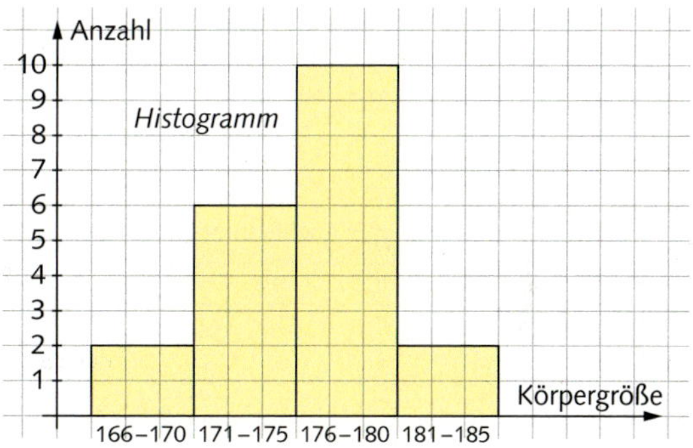

Zur Darstellung der Häufigkeiten einer in Klassen eingeteilten Stichprobe werden Rechtecke über den Klassen gezeichnet. Falls alle Klassen gleich breit sind, gibt die Höhe der Rechtecke die relativen Häufigkeiten an. Sind die Klassen verschieden breit, sind die Rechtecke so hoch zu zeichnen, dass ihre Flächeninhalte proportional zu den relativen Häufigkeiten sind.

1. Wähle zum angegebenen Beispiel von oben eine andere Klasseneinteilung und vergleiche.
(1) Klassen: 168 cm bis 170 cm; 171 cm bis 173 cm; 174 cm bis 176 cm; 177 cm bis 179 cm; 180 cm bis 182 cm
(2) Klassen: 168 cm bis 175 cm; 176 cm bis 183 cm

2. Bei einer Reihenuntersuchung von 30 Jungen wurde folgendes Körpergewicht (in kg) festgestellt.
32,5; 37,1; 29,4; 28,1; 32,2; 34,8; 32,5; 37,1; 44,1; 42,3; 26,7; 27,8; 31,7; 36,5; 27,8; 34,8; 33,4; 40,4; 32,5; 26,7; 39,6; 34,8; 29,4; 42,3; 32,2; 25,9; 38,4; 31,7; 32,2; 38,4.
Führe eine Klasseneinteilung durch, bestimme die relativen Häufigkeiten für jede Klasse und zeichne ein Histogramm.

3. Bei einem Sportfest der 9. Klassen mehrerer Schulen wurden beim Kugelstoßen folgende Weiten (in m) erzielt:
8,91; 8,90; 8,48; 8,10; 9,10; 9,25; 8,79; 8,07; 9,32; 9,59; 9,07; 9,34; 8,29; 8,59; 9,52; 9,06; 9,44; 9,79; 8,78; 9,20; 9,39; 8,64; 9,27; 8,86; 8,46; 9,70; 8,25; 8,75; 9,19; 9,26; 9,05; 9,15; 9,01; 8,33; 8,94; 9,28; 8,87; 8,53; 8,63; 8,93 .
Führe eine Klasseneinteilung durch. Teile dazu den Bereich von 8,00 m bis 9,80 m in
(1) 9 Klassen, (2) 6 Klassen ein.
Zeichne jeweils ein Histogramm und vergleiche.

28.3 Arithmetisches Mittel

(1) Berechnen des arithmetischen Mittels mithilfe der Urliste
Das arithmetische Mittel einer Reihe von Werten aus der Urliste erhält man, indem man die Summe aller Werte berechnet und durch die Anzahl der Werte dividiert.

Beispiel:
Niederschläge in einer Woche: 12 mm; 26 mm; 9 mm; 0 mm; 2 mm; 0 mm; 3 mm.
Arithmetisches Mittel $\overline{x}$ (durchschnittlicher Niederschlag pro Tag):

$$\overline{x} = \frac{12\text{ mm} + 26\text{ mm} + 9\text{ mm} + 2\text{ mm} + 3\text{ mm}}{7} = \frac{52\text{ mm}}{7} \approx 7{,}4\text{ mm}$$

D. h. in der Woche regnete es pro Tag durchschnittlich 7,4 mm.

(2) Berechnen des arithmetischen Mittels mithilfe absoluter Häufigkeiten
Treten Werte mehrfach auf, so kann man mit den absoluten Häufigkeiten das arithmetische Mittel einfacher berechnen.

Beispiel:
Mehrere Personen wurden nach der Anzahl ihrer Geschwister befragt:

Anzahl der Geschwister	0	1	2	3	4
Absolute Häufigkeit	13	22	7	4	1

Anzahl der Geschwister: $13 \cdot 0 + 22 \cdot 1 + 7 \cdot 2 + 4 \cdot 3 + 1 \cdot 4 = 52$
Anzahl der befragten Personen: $13 + 22 + 7 + 4 + 1 = 47$
Arithmetisches Mittel $\overline{x}$ (durchschnittliche Geschwisterzahl):

$$\overline{x} = \frac{\text{Anzahl aller Geschwister}}{\text{Anzahl der befragten Personen}} = \frac{52}{47} \approx 1{,}1$$

D. h. die befragten Personen haben durchschnittlich 1,1 Geschwister.

(3) Berechnung des arithmetischen Mittels mithilfe relativer Häufigkeiten
Das arithmetische Mittel von Werten, die mit bestimmten relativen Häufigkeiten vorkommen, berechnet man wie folgt:
Man multipliziert jeden Wert mit der zugehörigen relativen Häufigkeit und addiert die Ergebnisse.
Beispiel:

Anzahl der Haustiere	0	1	2	3	4
Anteil der befragten Haushalte	12 %	45 %	26 %	14 %	3 %

Arithmetisches Mittel: $\overline{x} = 0 \cdot 0{,}12 + 1 \cdot 0{,}45 + 2 \cdot 0{,}26 + 3 \cdot 0{,}14 + 4 \cdot 0{,}03 \approx 1{,}51$.
D. h. in jedem der befragten Haushalte leben durchschnittlich 1,51 Haustiere.

Spannweite
Die Spannweite ist die Differenz zwischen dem größten und dem kleinsten Wert der Datenmenge.
Beispiel: 5 Schüler stoppen die Zeit eines Mitschülers beim 100-m-Lauf:
15,4 s; 14,5 s; 15,5 s; 15,8 s; 15,3 s
Spannweite: 15,8 s – 14,5 s = 1,3 s

1. Bei einer ärztlichen Untersuchung wurde die Körpergröße von 12-jährigen Mädchen gemessen. Hier die Urliste (Angabe in m):
1,42; 1,52; 1,68; 1,55; 1,48; 1,61; 1,47; 1,54; 1,67; 1,44; 1,56; 1,40; 1,45; 1,49; 1,66; 1,53; 1,59; 1,49; 1,58; 1,57; 1,50; 1,58; 1,61; 1,47; 1,53.
Berechne die durchschnittliche Größe der 12-jährigen Mädchen.
Gib auch die Spannweite an.

2. Bei einem Sportfest einer Schule wurden 20 Schüler der 9. Klassen für den Weitsprung ausgewählt. Sie erzielten folgende Weiten (in m):
3,91; 3,90; 3,48; 3,10; 4,10; 4,25; 3,79; 3,07; 4,32; 4,59; 4,07; 4,34; 3,29; 3,59; 4,52; 4,06; 4,44; 4,79; 3,78; 4,20.
Berechne die durchschnittlich erzielte Weite beim Weitsprung.
Gib auch die Spannweite an.

3. Auf einer Lebensmittelpackung wird der Inhalt mit 500 g angegeben. Kontrollwägungen ergaben:
503 g; 496 g; 498 g; 500 g; 492 g; 504 g; 497 g; 498 g; 501 g; 495 g; 493 g; 496 g
Berechne das durchschnittliche Gewicht der Packungen.
Gib auch die Spannweite an.

4. Hier findest du die durchschnittlichen monatlichen Temperaturen und Niederschläge für Berlin.

	Jan.	Feb.	März	April	Mai	Juni	Juli	Aug.	Sept.	Okt.	Nov.	Dez.
Maximale Tagestemp. in °C	2,9	4,2	8,5	13,2	18,9	21,6	23,7	23,6	18,8	13,4	7,1	4,4
Minimale Tagestemp. in °C	–1,9	–1,5	1,3	4,2	9,0	12,3	14,3	14,1	10,6	6,4	2,2	–0,4
Nieder-schlag in mm	42,3	33,3	40,5	37,1	53,8	68,7	55,5	58,2	45,1	37,3	43,6	55,3
Anzahl der Regentage	10,0	8,0	9,1	7,8	8,9	9,8	8,4	7,9	7,8	7,6	9,6	11,4

Berechne
(1) die durchschnittlichen maximalen (minimalen) Jahrestemperaturen,
(2) die durchschnittlichen jährlichen Niederschlagsmengen und die durchschnittliche Anzahl der Regentage im Jahr.
Gib jeweils auch die Spannweite an.

5. Bei einer Testarbeit in einer Jahrgangsstufe konnten maximal 10 Punkte erreicht werden. Hier das Ergebnis:

Punkte	0	1	2	3	4	5	6	7	8	9	10
Anzahl der Schüler	1	3	4	0	4	7	10	18	15	12	9

Berechne die durchschnittlich erreichte Punktzahl.

6. Auf einer Lebensmittelpackung wird der Inhalt mit 100 g angegeben. Eine Kontrollwägung ergab:

Gewicht in g	96	97	98	99	100	101	102	103	104	105	106
Anzahl der Packungen	4	6	0	15	54	52	43	14	8	0	2

Berechne den durchschnittlichen Inhalt der Packungen und die Spannweite.

7. Die Tabelle zeigt die Häufigkeitsverteilung der Anzahl der Pkw in einem Haushalt.

Anzahl der Pkw	0	1	2	3	4
Relative Häufigkeit der Haushalte (als Dezimalbruch)	0,05	0,47	0,30	0,15	0,03

Berechne die durchschnittliche Anzahl der Pkw in einem Haushalt.

8. Die Tabelle gibt die Altersverteilung der Schüler in den Klassen 5 bis 10 in einer Schule an.

Alter der Schüler in Jahren	10	11	12	13	14	15	16	17	18
Relative Häufigkeit (in Prozent)	11,4	14,5	13,6	14,2	15,9	16,5	10,8	2,1	1,0

Berechne das durchschnittliche Alter der Schüler an dieser Schule.

9. Zur Lösung einer mathematischen Knobelaufgabe benötigten die 75 Schüler der 9. Klasse einer Schule unterschiedlich lange:

Zeit (in min)	3	4	5	6	7	8	9	10	11	12
Anzahl der Schüler	3	6	6	9	18	12	9	6	3	3

Bestimme die durchschnittliche Zeit, die benötigt wurde, um die Aufgabe zu lösen.

Arithmetisches Mittel bei klassierten Datenmengen

Man berechnet das arithmetische Mittel bei in Klassen eingeteilten Daten, indem man alle Werte einer Klasse durch die Klassenmitten ersetzt und hiervon das arithmetische Mittel wie üblich berechnet. Es unterscheidet sich nur geringfügig vom arithmetischen Mittel der Daten der Urliste.

10. **a)** Berechne das arithmetische Mittel im Beispiel auf Seite 147 (Kasten) aus der Urliste der Körpergrößen und anhand der Klasseneinteilung. Vergleiche.

b) Verfahre entsprechend mit der Datenmenge (Körpergewicht) in Aufgabe 2 auf Seite 147.

11. Auf einer Teststrecke wurden bei Lkws folgende Geschwindigkeiten in $\frac{km}{h}$ gemessen:
57,3; 58,9; 72,6; 68,3; 81,2; 63,5; 39,4; 45,9; 62,6; 89,7; 73,9; 74,0; 56,7; 67,2; 57,8; 93,4; 42,5; 57,8; 54,3; 55,2; 40,6; 55,8; 77,7; 60,9; 75,4; 76,3; 74,7; 58,3; 64,8; 39,6; 62,8; 41,6; 19,7; 82,3; 66,6; 73,0; 66,8; 49,3

a) Teile diese Urliste ein in Klassen mit den Klassenmitten:
$20\,\frac{km}{h}$; $30\,\frac{km}{h}$; $40\,\frac{km}{h}$; $50\,\frac{km}{h}$; $60\,\frac{km}{h}$; $70\,\frac{km}{h}$; $80\,\frac{km}{h}$; $90\,\frac{km}{h}$; $100\,\frac{km}{h}$
Zeichne ein Histogramm.

b) Berechne das arithmetische Mittel
(1) mithilfe der Klassenmitten;
(2) mit den Werten der Urliste.
Vergleiche beide Mittelwerte.

28.4 Median (Zentralwert)

Das arithmetische Mittel kann man nur bei Merkmalen bestimmen, deren Ausprägung Zahlen oder Größen (z. B. Längen, Massen) sind. Solche Merkmale kennt man *quantitativ*.
Liegen Merkmale vor, deren Ausprägung in eine Rangfolge gebracht werden können, so kann man als kennzeichnende Angabe anstelle des arithmetischen Mittels den **Median** wählen. Der Median ist die Angabe (Ausprägung), die in der geordneten Liste in der Mitte steht.

Beispiel:
Bewertung eines Restaurants mit den Ausprägungen *ausgezeichnet (a)*, *gut (g)*, *befriedigend (b)*, *schlecht (s)*.
Urliste: g, a, a, b, s, g, g, a, b, b, g
Rangliste: a, a, a, g, g, g, g, b, b, b, s

mittlere Angabe
Median

Merkmale wie im obigen Beispiel nennt man *qualitativ*. Hierbei erhebt man eine ungerade Anzahl von Daten.

Den Median kann man aber auch bei quantitativen Merkmalen bestimmen; hier wird er auch *Zentralwert* genannt.

Wir unterscheiden zwei Fälle:
Fall 1: Die Anzahl der Merkmalswerte der Stichprobe ist *ungerade*. Der Zentralwert (Median) ist dann der in der Mitte stehende Wert.
Geordnete Werte: 23 24 24 24 25 25 25 26 27 27 28 28 57
Zentralwert

Fall 2: Die Anzahl der Merkmalswerte ist *gerade*. Der Zentralwert (Median) ist dann das arithmetische Mittel der beiden in der Mitte stehenden Werte.
Geordnete Werte: 23 24 24 25 25 26 26 27 28 57
Zentralwert 25,5

1. Die Befragung von Gästen eines Restaurants nach der Beurteilung der Bedienung mit den Ausprägungen *ausgezeichnet* (a), *gut* (g), *befriedigend* (b) und *schlecht* (s) ergab folgendes Ergebnis:
g; a; a; b; a; a; a; g; a; g; g; b; s; a; a; g; b; a; a; a; g; a; a; b; g; a; a; b; a.
Bestimme den Median.

2. Für eine Testzeitschrift wurden die Preise für einen bestimmten Drucker und ein bestimmtes Handy erfragt.
(1) Drucker: 108,90 €; 109,90 €; 115,95 €; 105,95 €; 99,90 €; 109,50 €; 109,90 €.
(2) Handy: 190,50 €; 182,95 €; 188,50 €; 195,90 €; 199,50 €; 185,90 €.
Bestimme jeweils den Zentralwert (mittleren Preis) und die Spannweite.

3. Ein Hotel bittet seine Gäste um Rückmeldung mit dem nebenstehenden Fragebogen. Es wurden für das Zimmer angekreuzt:

Beurteilung					
Anzahl	21	35	18	9	2

Bestimme den Median.

HOTEL ZUM STORCH
Beurteilungsbogen
Bitte beurteilen Sie die jeweiligen Kriterien und kreuzen Sie das entsprechende Symbol an.
Zimmer

29 Zufallsversuche – Wahrscheinlichkeit

29.1 Beschreibung von einstufigen Zufallsversuchen durch die möglichen Ergebnisse und ihre Wahrscheinlichkeiten

Das Werfen eines Würfels, das Drehen eines Glücksrades, das Ziehen eines Loses, das Prüfen einer Festplatte sind Beispiele für Zufallsversuche (Zufallsexperimente). Bei jedem Zufallsversuch tritt ein **Ergebnis** auf, beim Würfel z. B. das Ergebnis *Augenzahl 5*, beim Prüfen einer Festplatte z. B. das Ergebnis *defekt*.
Das Ergebnis eines Zufallsversuchs kann man nicht vorhersagen, es hängt vom Zufall ab.
Zu einem Zufallsversuch kann man aber alle *möglichen Ergebnisse* angeben. Man fasst sie zu einer **Ergebnismenge S** des Zufallsversuchs zusammen.
Beispiele:
(1) Werfen eines Würfels: S = {1; 2; 3; 4; 5; 6}
(2) Prüfen einer Festplatte: S = {defekt; einwandfrei}

1. Zufall oder nicht?
(1) Laura zieht ein Gewinnlos.
(2) Die Sonne geht am 5.8.2011 um 21.04 Uhr in Kassel unter.
(3) Der Zeiger eines Farbkreisels bleibt bei Rot stehen.
(4) Peter gewinnt beim Skatspiel.

2. Gib die Ergebnismenge des Zufallsversuchs an:
a) Geburt eines Kindes
b) Drehen des Farbkreisels rechts
c) Drehen eines Zahlenkreisels mit dem Vielfachen von 9 unter 100
d) Werfen zweier verschiedener Münzen

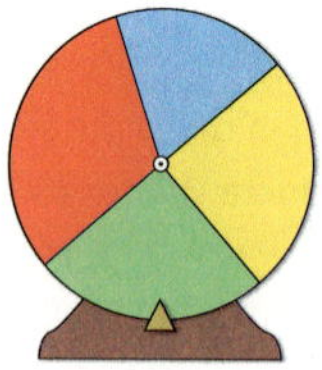

Man kann zwei Arten von Zufallsversuchen unterscheiden:
(1) Zufallsversuche, deren Ergebnisse die gleiche Chance haben. Solche Versuche nennt man **Laplace-Versuche**.
Beispiele:
(a) Werfen eines normalen Spielwürfels
(b) Drehen eines Glücksrades mit gleicher Einteilung der Kreisfläche

(2) Zufallsversuche, deren Ergebnisse unterschiedliche Chancen haben.
Beispiele:
(a) Werfen eines Quaders
(b) Drehen eines Glücksrades mit unterschiedlicher Einteilung der Kreisfläche

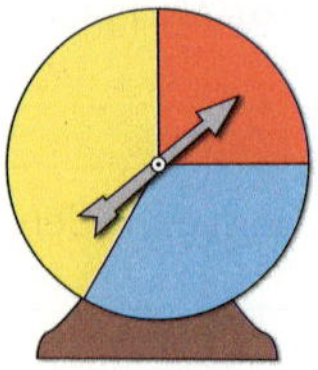

3. Nenne Beispiele
(1) für Laplace-Versuche;
(2) für Nicht-Laplace-Versuche.

(1) Wahrscheinlichkeit eines Ergebnisses bei Laplace-Versuchen

Hat ein Laplace-Versuch n mögliche Ergebnisse, so gilt:

Wahrscheinlichkeit P eines Ergebnisses = $\frac{1}{n}$

Beispiele:

(a) Beim Werfen eines normalen Würfels gibt es 6 mögliche Ergebnisse.
Die Wahrscheinlichkeit, z. B. die Augenzahl 5 zu würfeln, beträgt $\frac{1}{6}$.
Wir schreiben dafür P(Augenzahl 5) = $\frac{1}{6} \approx 16{,}7\ \%$.

(b) Beim Drehen eines Farbkreisels mit 5 gleich großen Sektoren gibt es 5 mögliche Ergebnisse.
Also z. B. P(rot) = $\frac{1}{5}$.

4. In Spielwarengeschäften erhält man nicht nur den üblichen, sondern auch die folgenden Würfel:

Tetraeder (Vier-Flächen-Körper)	Hexaeder (Sechs-Flächen-Körper)	Oktaeder (Acht-Flächen-Körper)	Dodekaeder (Zwölf-Flächen-Körper)	Ikosaeder (Zwanzig-Flächen-Körper)

Vergleiche die Wahrscheinlichkeit für das Auftreten der Augenzahl 3 beim Werfen dieser Würfel.

5.

a) Hier siehst du die Herzkarten aus einem Kartenspiel. Die Karten liegen verdeckt auf einem Tisch. Wie groß ist die Wahrscheinlichkeit, die Karte *Herzdame* zu ziehen?

b) In einem vollständigen Kartenspiel gibt es noch Karo-, Kreuz- und Pikkarten. Wie groß ist die Wahrscheinlichkeit, die *Herzdame* zu ziehen?

6. Das rechts abgebildete Glücksrad wird gedreht.

a) Wie groß ist die Wahrscheinlichkeit, dass der Zeiger des Glücksrades auf die 3 zeigt?

b) Zeichne ein Glücksrad mit gleich großen Sektoren, bei dem die 3 mit der Wahrscheinlichkeit
(1) $\frac{1}{12}$;
(2) 0
auftritt.

(2) Wahrscheinlichkeit und relative Häufigkeit

Das *empirische Gesetz der großen Zahlen* besagt, dass bei wiederholten Durchführungen eines Zufallsversuchs die *relativen Häufigkeiten*, mit denen das betrachtete Ergebnis eines Zufallsversuchs auftritt, mit zunehmender Anzahl der Durchführungen *in der Regel* immer weniger um die Wahrscheinlichkeit schwanken.

Die relative Häufigkeit eines Ergebnisses bei einer langen Versuchsreihe kann daher näherungsweise als ein Maß für die Wahrscheinlichkeit verwendet werden.

Beispiel:

Beim Münzwurf mit den Ergebnissen *Zahl* und *Wappen* gehen wir aus Symmetriegründen davon aus, dass beide Ergebnisse die gleiche Chance haben, also: $P(\text{Wappen}) = \frac{1}{2}$.

Eine Münze wird 300-mal geworfen.

Anzahl der Würfe	Anzahl der Wappen (absolute Häufigkeit)	Anteil (relative Häufigkeit)
20	13	0,650
40	24	0,600
60	29	0,483
80	38	0,475
100	48	0,480
120	57	0,475
140	69	0,493
160	82	0,513
180	92	0,511
200	100	0,500
220	110	0,500
240	121	0,504
260	134	0,515
280	142	0,507
300	152	0,507

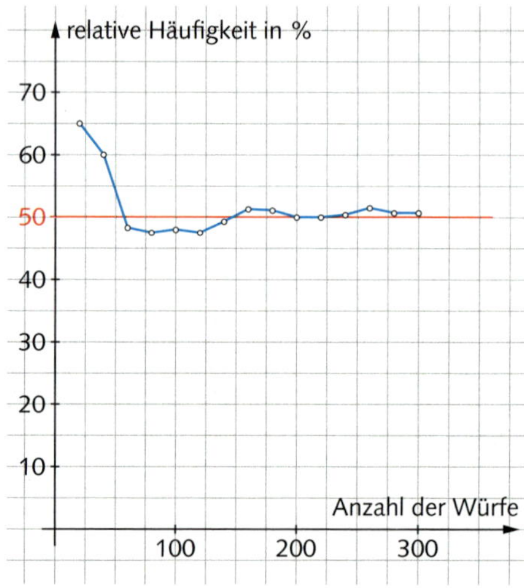

Wir erkennen: Die relative Häufigkeit von Wappen schwankt immer weniger um 0,500 bzw. 50 %.

(3) Wahrscheinlichkeit eines Ergebnisses bei Nicht-Laplace-Versuchen

Bei Nicht-Laplace-Versuchen lassen sich die Wahrscheinlichkeiten für die einzelnen möglichen Ergebnisse nicht durch Symmetrie-Überlegungen bestimmen.

Nach vielen Versuchsdurchführungen eines Zufallsversuchs kann man jedoch mithilfe der relativen Häufigkeiten der Ergebnisse Schätzwerte für die zugrunde liegenden Wahrscheinlichkeiten angeben.

7. Rechts siehst du einen Lego-Vierer mit 6 möglichen Ergebnissen beim Würfeln. Da dieser „Würfel" nicht symmetrisch ist, können wir davon ausgehen, dass nicht alle Ergebnisse die gleiche Chance haben bzw. dieselbe Wahrscheinlichkeit besitzen.

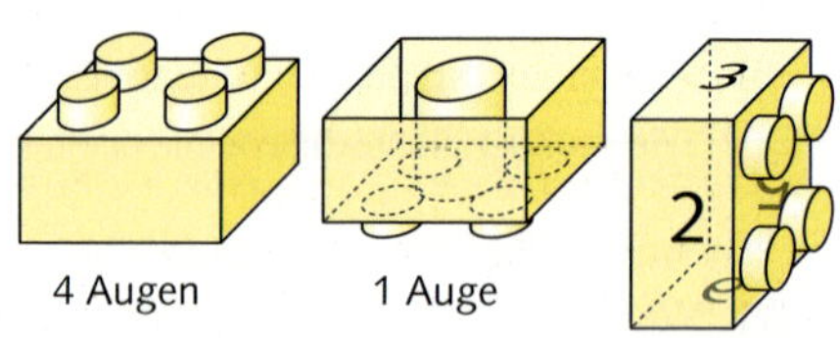

Ein solcher Würfel wurde 900-mal gewürfelt und in Abständen notiert, wie viele Würfe die *Augenzahl 4* ergab.

Anzahl der Würfe	50	100	150	200	250	300	400	500	600	700	800	900
Anzahl der Würfe mit 4	18	27	43	57	78	92	126	149	169	197	220	250

Ermittle jeweils die relative Häufigkeit für die Augenzahl 4. Stelle die Entwicklung der relativen Häufigkeit in Abhängigkeit von der Anzahl der Versuchsdurchführung grafisch dar.

Schätze die Wahrscheinlichkeit für die Augenzahl 4.

8. **a)** Eine Münze wird 750-mal geworfen.
Wie häufig erwartet man das Ergebnis *Wappen*?

b) Das Glücksrad rechts wird 100-mal gedreht.
Wie häufig erwartet man das Ergebnis *Lila*?

c) Ein normaler Würfel wird 900-mal gewürfelt.
Wie häufig erwartet man die Augenzahl *Zwei*?

d) Ein Ikosaeder-Würfel (siehe Seite 153) wird 900-mal geworfen.
Wie häufig erwartet man die Augenzahl *Zwei*?

29.2 Zufällige Ereignisse und ihre Wahrscheinlichkeiten

(1) Ereignisse eines Zufallsversuches

In vielen Situationen kommt es vor, dass eine Eigenschaft (eine Bedingung) nicht nur auf ein Ergebnis, sondern auf mehrere Ergebnisse eines Zufallsversuches zutrifft.

Beispiel:

Betrachtet man beim Werfen eines Lego-Vierers nur, ob die Augenzahl *eine ungerade Zahl* ist, so trifft dies auf 1, 3 und 5 zu. Diese Ergebnisse fasst man zu einer Menge zusammen: (1; 3; 5). Erscheint beim Würfeln eines dieser Ergebnisse, so sagt man: Das **Ereignis E** *Augenzahl ist ungerade* ist eingetreten. Dieses Ereignis E lässt sich durch die Menge der zugehörigen Ergebnisse beschreiben: E = {1; 3; 5}.

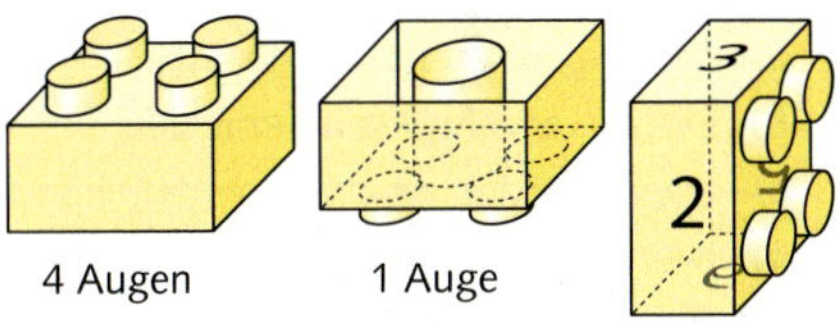

4 Augen 1 Auge

p(1) ≈ 0,48 p(3) ≈ 0,06 p(5) ≈ 0,06
p(2) ≈ 0,06 p(4) ≈ 0,28 p(6) ≈ 0,06

(2) Berechnen der Wahrscheinlichkeit eines Ereignisses

Die Wahrscheinlichkeit des Ereignisses *Augenzahl ist ungerade* beim Werfen eines Lego-Vierers erhält man durch Addition der Wahrscheinlichkeiten der einzelnen zu E gehörenden Ergebnisse:
P(E) = P(1) + P(3) + P(5) = 0,48 + 0,06 + 0,06 = 0,6 = 60 %

Allgemein:

Summenregel

Die Wahrscheinlichkeit eines Ereignisses E ist die Summe der Wahrscheinlichkeiten der zugehörigen Ergebnisse.

Daraus folgt für Laplace-Versuche:

Laplace-Regel

Für Laplace-Versuche gilt: Wahrscheinlichkeit des Ereignisses = $\frac{\text{Anzahl der für das Ereignis günstigen Ergebnisse}}{\text{Anzahl der möglichen Ergebnisse}}$

Beispiel 1: Drehen eines Glücksrades mit verschieden großen Sektoren
Die **möglichen** Ergebnisse sind *Rot*, *Blau*, *Grün*, *Gelb* mit
P(Rot) = $\frac{180°}{360°} = \frac{1}{2}$; P(Blau) = $\frac{90°}{360°} = \frac{1}{4}$; P(Grün) = $\frac{45°}{360°} = \frac{1}{8}$; P(Gelb) = $\frac{45°}{360°} = \frac{1}{8}$.
Ereignis E: *Der Zeiger zeigt auf Blau oder Gelb.*
Ergebnismenge: E = {Blau, Gelb}; Wahrscheinlichkeit: P(E) = $\frac{1}{4} + \frac{1}{8} = \frac{3}{8}$

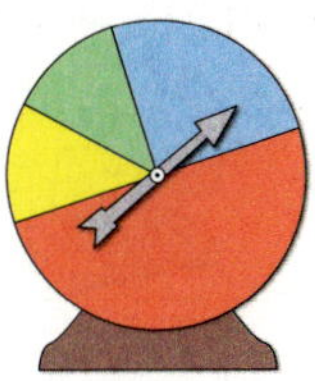

Beispiel 2: Werfen eines normalen Würfels
Die **möglichen** Ergebnisse sind 1; 2; 3; 4; 5; 6.
Ereignis E: *Die Augenzahl ist ungerade*
Die **günstigen** Ergebnisse, bei denen das Ereignis eintritt: 1; 3; 6.
Wahrscheinlichkeit: P(E) = $\frac{3}{6} = \frac{1}{2}$ = 50 %

(3) Besondere Ereignisse

(a) Sicheres Ereignis

Ein Ereignis E, zu dem alle möglichen Ergebnisse gehören, heißt **sicheres Ereignis**. Die Wahrscheinlichkeit eines sicheren Ereignisses ist immer 1.

Beispiel:

E: *Eine Augenzahl würfeln, die kleiner als 7 ist.*

Alle Augenzahlen eines normalen Würfels sind kleiner als 7, also ist E = {1; 2; 3; 4; 5; 6} und P(E) = 1.

(b) Unmögliches Ereignis

Ein Ereignis E, zu dem kein mögliches Ergebnis passt, heißt **unmögliches Ereignis**. Die Wahrscheinlichkeit eines unmöglichen Ereignisses ist immer 0.

Beispiel:

E: *Eine Augenzahl würfeln, die durch 3 und durch 4 teilbar ist.*

Keine der Augenzahlen 1 bis 6 ist durch 3 und durch 4 teilbar, also ist E = { } und P(E) = 0.

1. Ein Lego-Vierer wird geworfen. Gib die Menge an, die zu dem Ereignis gehört; bestimme auch die Wahrscheinlichkeit.

a) Die Augenzahl ist gerade.
b) Die Augenzahl ist eine Primzahl.
c) Die Augenzahl ist eine gerade Primzahl.
d) Die Augenzahl ist größer als 2.
e) Die Augenzahl ist kleiner als 3.
f) Die Augenzahl ist durch 2 und durch 3 teilbar.
g) Die Augenzahl ist durch 2 oder 3 teilbar.
h) Die Augenzahl ist mindestens 2.
i) Die Augenzahl ist höchstens 3.

2. Das Glücksrad rechts wird gedreht.

a) Gib die Wahrscheinlichkeiten der Ergebnisse *Rot*, *Gelb*, *Blau* und *Grün* an.
b) Bestimme die Wahrscheinlichkeiten der Ereignisse
E_1: *Gelb oder Blau* E_3: *Rot oder Blau*
E_2: *Grün oder Gelb* E_4: *Nicht Rot*
Notiere zunächst die zum Ereignis gehörende Menge.

3. Festplatten haben eine unterschiedliche Lebensdauer. Langjährige Beobachtungen einer Herstellerfirma ergab die nachfolgende Tabelle.

Defekt im Jahr	Wahrscheinlichkeit
1	0,02
2	0,05
3	0,12
4	0,23
5	0,21
6 oder später	0,37

Wie groß ist die Wahrscheinlichkeit, dass die Festplatte
a) mindestens 3 Jahre funktioniert;
b) bis zu 4 Jahren funktioniert;
c) nicht länger als 5 Jahre funktioniert;
d) nur 2 Jahre funktioniert?

4. Das Statistische Bundesamt gibt für das Jahr 2009 folgende Altersverteilung der Bevölkerung in Deutschland an. Zu jeder Altersgruppe (von … bis unter … Jahren) ist ihr Anteil an der Gesamtbevölkerung in Prozent angegeben.

Altersgruppe	Unter 20	20–40	40–60	60–80	80 und mehr
Anteil in Prozent	18,8 %	24,3 %	31,0 %	20,8 %	5,1 %

Aus der Bevölkerung des Jahres 2009 wird zufällig eine Person herausgegriffen. Wie groß ist die Wahrscheinlichkeit der Ereignisse

E_1: unter 40 Jahre alt;

E_2: von 20 bis unter 60 Jahre alt;

E_3: mindestens 60 Jahre alt?

5. Betrachte die Würfel auf Seite 153, Aufgabe 4.
Bestimme für jeden dieser Würfel die Wahrscheinlichkeit des Ereignisses

a) Die Augenzahl ist eine gerade Zahl;

b) Die Augenzahl ist eine Primzahl;

c) Die Augenzahl ist kleiner als 5;

d) Die Augenzahl ist größer als 5.

6. Der Zeiger des Glücksrads rechts mit den Zahlen 0 bis 99 bleibt beim Drehen auf einer Zahl zufällig stehen.
Bestimme die Wahrscheinlichkeit des Ereignisses

a) Die Zahl endet auf 9;

b) Die Zahl ist durch 9 teilbar;

c) Die Zahl enthält die Ziffer 9;

d) Die Zahl besitzt die Quersumme 9.

7. Aus einem Skatblatt wird verdeckt eine Karte gezogen.
Bestimme die Wahrscheinlichkeit, dass die gezogene Karte

a) eine Bild- oder Kreuzkarte ist;

b) eine Bild- und eine Kreuzkarte ist;

c) eine Zahl- oder eine Herzkarte ist;

d) eine Zahl- und eine Herzkarte ist.

(*Anmerkung:* Beim Skat gilt das Ass als Bildkarte.)

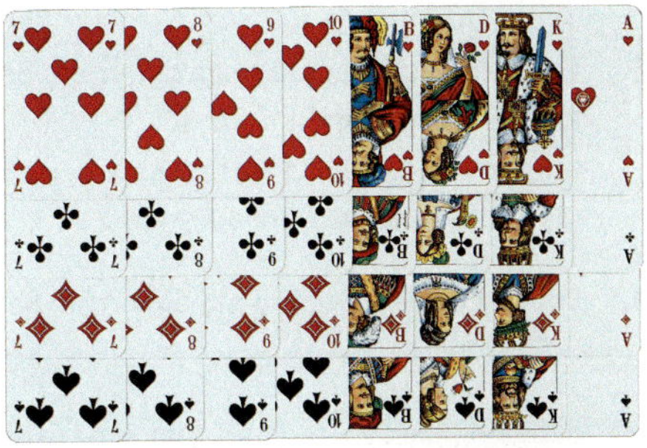

8. In einem undurchsichtigen Gefäß befinden sich 5 blaue, 3 rote und 2 gelbe Kugeln. Blindlings wird eine Kugel gezogen.

a) Wie groß ist die Wahrscheinlichkeit,

(1) eine blaue Kugel zu ziehen;

(2) eine rote Kugel zu ziehen;

(3) eine gelbe Kugel zu ziehen?

b) Wie groß ist die Wahrscheinlichkeit,

(1) eine blaue oder eine rote Kugel zu ziehen;

(2) eine gelbe oder eine blaue Kugel zu ziehen;

(3) eine grüne Kugel zu ziehen;

(4) eine blaue oder rote oder gelbe Kugel zu ziehen?

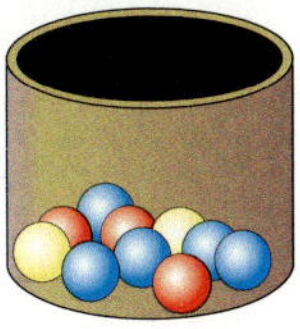

9. In einer Lostrommel liegen 80 Lose, die von 1 bis 80 nummeriert sind. Bestimme die Wahrscheinlichkeit für das Eintreten der Ereignisse
E_1: Die Zahl ist durch 3 teilbar;
E_2: Die Zahl ist durch 5 teilbar;
E_3: Die Zahl ist durch 3 und durch 5 teilbar;
E_4: Die Zahl ist durch 3 oder durch 5 teilbar;
E_5: Die Zahl hat zwei gleiche Ziffern;
E_6: Die Zahl ist weder durch 3 noch durch 5 teilbar.

10. In einem Gefäß befinden sich rote und blaue Kugeln. Die Wahrscheinlichkeit für das Ziehen einer roten Kugel ist: (1) $\frac{1}{5}$; (2) $\frac{3}{5}$; (3) $\frac{7}{9}$
Wie viele rote und wie viele blaue Kugeln können in dem Gefäß sein? Gib jeweils – wenn möglich – drei Beispiele an.

(4) Gegenereignis eines Ereignisses
Bei einem Zufallsversuch ist ein Ergebnis E gegeben. Alle Ergebnisse der Ergebnismenge S, die *nicht* zu E gehören, bilden das **Gegenereignis $\overline{E}$**.

Beispiel:
Werfen eines Würfels mit S = {1; 2; 3; 4; 5; 6}
Ereignis E: *Augenzahl höchstens* 2; E = {1; 2}
Gegenereignis $\overline{E}$: *Augenzahl mindestens* 3; $\overline{E}$ = {3; 4; 5; 6}.

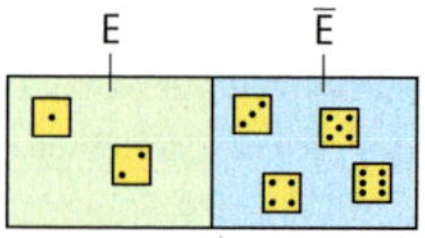

Für die Wahrscheinlichkeit von E und $\overline{E}$ gilt:
Ist $\overline{E}$ das **Gegenereignis** von E, so gilt für ihre Wahrscheinlichkeiten: $P(E) = 1 - P(\overline{E})$.

Beispiel: $P(E) = 1 - P(\overline{E}) = 1 - \frac{4}{6} = \frac{2}{6} = \frac{1}{3}$

11. Ein Lego-Vierer-Würfel wird geworfen. Bestimme möglichst günstig die Wahrscheinlichkeit des Ereignisses
(1) Die Augenzahl ist keine 1;
(2) Die Augenzahl ist höchstens 5;
(3) Die Augenzahl ist mindestens 2.

12. Betrachte das Glücksrad auf Seite 156. Bestimme die Wahrscheinlichkeit dafür, dass der Zeiger nicht auf *Gelb* steht.

13. Betrachte die Lebensdauer einer Festplatte. Wie groß ist die Wahrscheinlichkeit, dass die Lebensdauer höchstens 5 Jahre beträgt?

14. Betrachte die Altersverteilung der deutschen Bevölkerung im Jahre 2009. Wie groß ist die Wahrscheinlichkeit dafür, dass die Person jünger als 80 Jahre alt ist?

15. Das Glücksrad auf Seite 157 mit den Zahlen von 1 bis 99 wird gedreht. Wie groß ist die Wahrscheinlichkeit, dass der Zeiger nicht auf einer durch 9 teilbaren Zahl stehen bleibt?

16. Betrachte das Skatblatt auf Seite 157. Wie groß ist die Wahrscheinlichkeit, dass keine rote Bildkarte gezogen wird?

17. Betrachte das Gefäß auf Seite 157. Wie groß ist die Wahrscheinlichkeit, dass keine gelbe Kugel gezogen wird?

29.3 Mehrstufige Zufallsversuche

(1) Mehrstufige Zufallsversuche

Manche Zufallsversuche werden in zwei oder mehr Schritten nacheinander durchgeführt.

Beispiele:

(a) Jemand wirft zweimal hintereinander einen Würfel.

(b) Jemand wirft dreimal hintereinander eine Münze.

(c) Nacheinander werden 6 Kugeln aus einer Lottotrommel mit 49 Kugeln gezogen.

Man nennt solche Zufallsversuche **mehrstufig**. Die Ergebnisse werden bei zweistufigen Zufallsversuchen als geordnete Paare (4 | 6), bei dreistufigen Versuchen als geordnete Tripel (W | Z | Z) usw. notiert.

(2) Darstellung von mehrstufigen Zufallsversuchen durch Baumdiagramme

Mehrstufige Zufallsversuche lassen sich in der Form von **Baumdiagrammen** darstellen. Zu jedem der möglichen Ergebnisse des Zufallsversuchs gehört ein so genannter **Pfad** im Baumdiagramm. Er beginnt an der Wurzel des Baums, verläuft über die verschiedenen Verzweigungen und endet mit der letzte Stufe. Bei jedem Teilversuch schreiben wir die Wahrscheinlichkeit an den Pfad.

Beispiel: Dreifacher Münzwurf

Der rote Pfad gehört zum Ergebnis (W | Z | W).

Kontrolle:

Die Summe der Wahrscheinlichkeiten nach jeder Verzweigung bis zur nächsten Stufe ist gleich 1 *(Summenprobe)*.

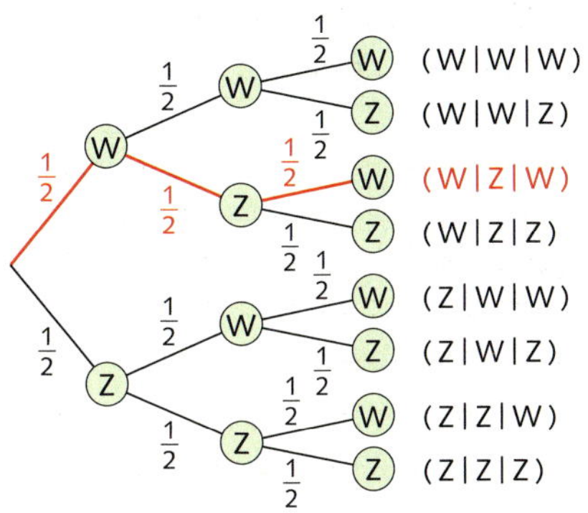

Deutung gleichzeitig durchgeführter Zufallsversuche als mehrstufige Zufallsversuche

Oft kann man Zufallsversuche, bei denen Vorgänge *gleichzeitig* erfolgen, als mehrstufig auffassen. Hier spielt es dann keine Rolle, welchen Teilvorgang man als 1. oder 2. (oder 3.) Stufe ansieht.

Beispiel: Zwei unterschiedliche Münzen werden gleichzeitig geworfen.

10 ct \ 5 ct	Z	W
Z	(Z | Z)	(Z | W)
W	(W | Z)	(W | W)

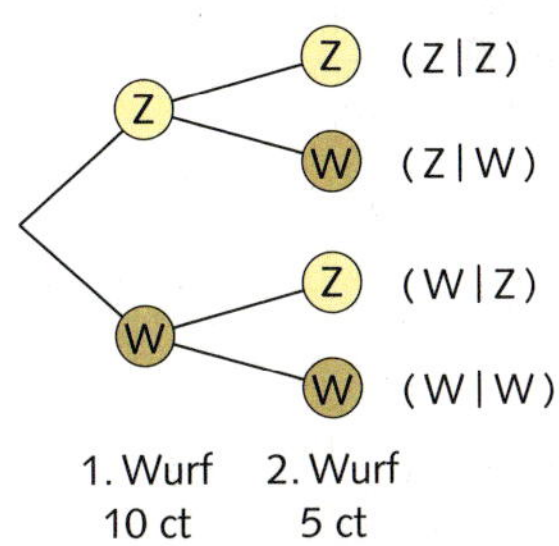

1. Die beiden Glücksräder werden nacheinander gedreht. Stelle den Zufallsversuch durch ein Baumdiagramm dar. Notiere an den Teilpfaden die Wahrscheinlichkeiten. Denke auch an die Probe. Notiere an den Enden der Pfade das entspechende Ereignis.

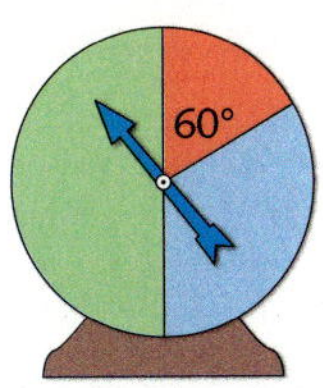

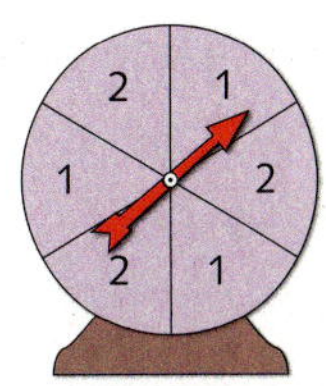

2. Ein normaler Würfel und das rechts abgebildete Glücksrad werden nacheinander geworfen bzw. gedreht. Stelle den Zufallsversuch durch ein Baumdiagramm dar. Notiere an den Teilpfaden die Wahrscheinlichkeiten.

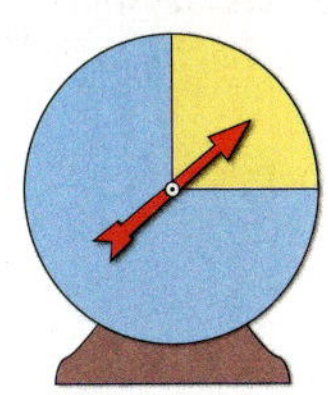

3. Das Glücksrad in Aufgabe 2 wird dreimal nacheinander gedreht. Zeichne ein Baumdiagramm mit den Wahrscheinlichkeiten an den Teilpfaden.

4. Ein roter und ein blauer Würfel werden nacheinander geworfen. Zeichne dazu einen Teil des Baumdiagrammes.

5. Ein blauer Würfel und eine Münze werden gleichzeitig geworfen. Stelle diesen Zufallsversuch durch ein Baumdiagramm dar.

Pfadregeln zur Berechnung von Wahrscheinlichkeiten bei mehrstufigen Zufallsexperimenten

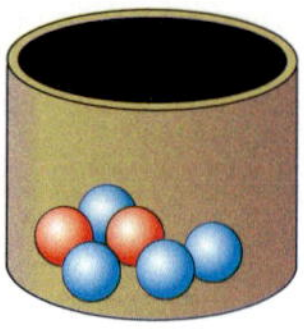

(1) *Produktregel*

Man erhält die Wahrscheinlichkeit für ein Ergebnis, indem man die Wahrscheinlichkeiten entlang dem zugehörigen Pfad miteinander multipliziert.

Beispiel:

Aus einem Behälter mit 4 blauen und 2 roten Kugeln werden nacheinander zwei Kugeln gezogen, ohne sie zurückzulegen.

P(rot | blau) $= \frac{2}{6} \cdot \frac{4}{5} = \frac{4}{15}$

(2) *Summenregel*

Besteht ein Ereignis aus mehreren Ergebnissen, so berechnet man für jedes zugehörige Ergebnis die Wahrscheinlichkeit nach der Produktregel und addiert diese Wahrscheinlichkeiten.

Beispiel:

P(zwei gleichfarbige Kugeln) $= \frac{2}{5} + \frac{1}{15} = \frac{7}{15}$

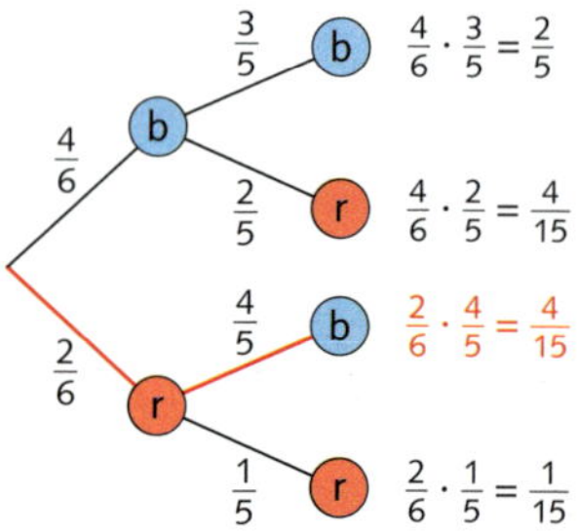

6. Eine Münze und ein blauer Würfel werden nacheinander geworfen. Bestimme die Wahrscheinlichkeit für das Werfen von

a) Zahl und einer Eins;

b) Wappen und einer Vier;

c) Zahl und einer geraden Zahl;

d) Wappen oder einer ungeraden Zahl.

7. Aus einem Behälter mit 4 blauen und 2 roten Kugeln werden nacheinander zwei Kugeln gezogen, wobei nach dem 1. Zug die Kugel wieder zurückgelegt wird.
Bestimme die Wahrscheinlichkeit für das Ereignis:

(1) erst rot, dann blau;

(2) zwei gleichfarbige Kugeln.

Vergleiche diesen Zufallsversuch mit dem Beispiel im Kasten oben.

8. Eine Münze wird dreimal nacheinander geworfen. Bestimme die Wahrscheinlichkeit für das Eintreten des Ereignisses

(1) Zuerst Zahl, dann zweimal Wappen;

(2) der letzte Wurf Wappen;

(3) weniger Wappen als Zahl;

(4) Pasch (3 gleiche Ergebnisse);

(5) nicht dreimal Zahl;

(6) mehr Zahl als Wappen;

(7) höchstens zweimal Zahl.

9. Aus einem Behälter mit 5 blauen und 3 roten Kugeln werden nacheinander drei Kugeln gezogen, ohne sie zurückzulegen. Bestimme die Wahrscheinlichkeit für das Ereignis
(1) erst zwei blaue Kugeln, dann eine rote;
(2) zuerst und zuletzt eine blaue Kugel, dazwischen eine rote Kugel;
(3) genau zwei rote Kugeln;
(4) drei gleichfarbige Kugeln.

10. Das Kreisdiagramm rechts zeigt die Verteilung der Blutgruppen in Europa. Zwei Personen kommen zur Blutspende.
Wie groß ist die Wahrscheinlichkeit, dass
(1) die erste Person Blutgruppe B, die zweite Blutgruppe 0 hat;
(2) die erste Person Blutgruppe A, die zweite AB hat;
(3) die beiden Personen gleiche Blutgruppen haben?

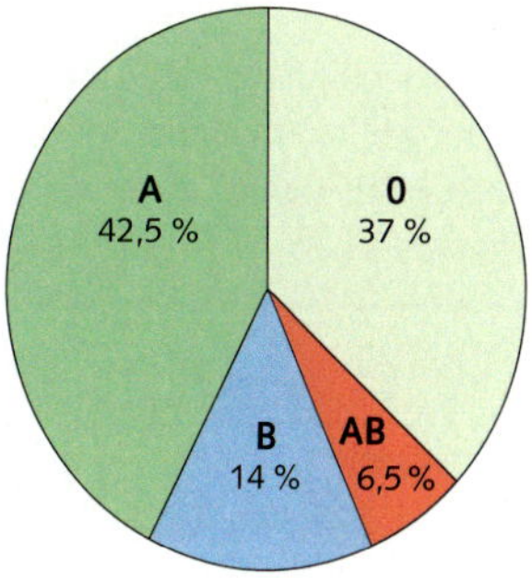

11. Ein Kartenspiel besteht aus 32 Karten (siehe Seite 157); es ist gut durchgemischt. Jemand zieht nacheinander insgesamt 2 Karten.
Wie groß ist die Wahrscheinlichkeit, dass er folgende Karten zieht:
(1) zwei Kreuzkarten;
(2) zwei rote Karten;
(3) zwei Buben;
(4) eine Zahlkarte und eine Dame;
(5) die Herzdame und ein Ass?

12. Zwei Tetraeder werden geworfen. Bestimme die Wahrscheinlichkeit für das Ereignis
(1) Augensumme 4;
(2) Augensumme mindestens 5;
(3) ein Pasch;
(4) mindestens eine 1;
(5) höchstens eine 1;
(6) keine 4.

13. In einem Gefäß sind 5 rote, 3 gelbe und 2 grüne Kugeln. Nacheinander werden drei Kugeln
(1) mit Zurücklegen gezogen;
(2) ohne Zurücklegen gezogen.
a) Zeichne jeweils ein Baumdiagramm.
b) Bestimme die Wahrscheinlichkeiten der angegebenen Ereignisse:
(1) Die 3. Kugel ist gelb;
(2) Alle drei Kugeln sind gelb;
(3) Alle drei Kugeln sind gleichfarbig;
(4) Keine der drei Kugeln ist grün.

14. Das Glücksrad wird zweimal gedreht. Stelle den Zufallsversuch durch ein Baumdiagramm dar.
Welche Wahrscheinlichkeit hat das Ereignis:
(1) zweimal grün
(2) mindestens einmal gelb
(3) keinmal rot

Bei einem Laplace-Versuch verwendet man zur Bestimmung der Wahrscheinlichkeit eines Ereignisses die Laplace-Formel. Dazu müssen Anzahlen bestimmt werden. Hilfreich ist dabei die **allgemeine Zählregel**.
Nacheinander sollen k Entscheidungen getroffen werden.
Angenommen:
Auf der 1. Stufe gibt es n_1 Möglichkeiten.
Auf der 2. Stufe gibt es dann jeweils n_2 Möglichkeiten.
Auf der 3. Stufe gibt es dann jeweils n_3 Möglichkeiten.
...
Auf der k. Stufe gibt es dann jeweils n_k Möglichkeiten.
Dann gibt es insgesamt $n_1 \cdot n_2 \cdot n_3 \cdot \ldots \cdot n_k$ Möglichkeiten.
Man erhält also die Gesamtzahl aller Möglichkeiten, indem man die Anzahl der Möglichkeiten bei den einzelnen Stufen miteinander multipliziert.

Beispiel:
In einem Restaurant werden 4 Suppen, 6 Hauptgerichte und 3 Nachspeisen angeboten. Wie viele Möglichkeiten gibt es, sich ein 3-Gänge-Menü zusammenzustellen? Das allgemeine Zählprinzip liefert das Ergebnis: $4 \cdot 6 \cdot 3 = 72$. Möglich sind also 72 unterschiedliche Menüs.
Anmerkung: Denke dir zu der Entscheidungsfolge ein Baumdiagramm; es besteht aus 72 Pfaden.

15. In einem Gefäß befinden sich eine grüne, eine rote, eine gelbe und eine blaue Kugel. In einem weiteren Gefäß liegen eine grüne, eine rote, eine gelbe, eine blaue Kugel, außerdem eine schwarze und eine weiße Kugel. Aus beiden Gefäßen wird eine Kugel gezogen.

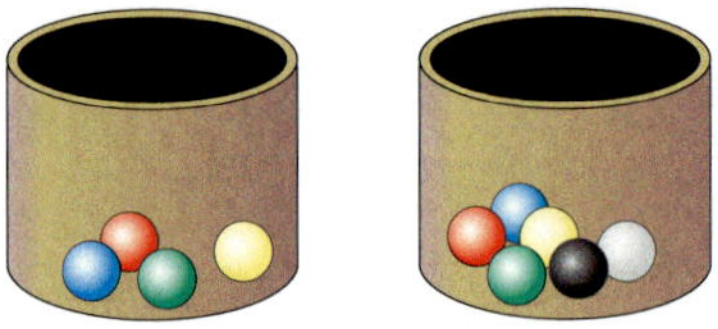

a) Wie viele Möglichkeiten der Ziehung gibt es?
b) Wie groß ist die Wahrscheinlichkeit, dass
(1) beide Kugeln rot sind; (2) beide Kugeln nicht gelb sind; (3) beide Kugeln verschiedenfarbig sind?

16. Die Klassen 9a, 9b und 9c wollen ein gemeinsames Klassenstufenfest vorbereiten. Dazu soll zunächst ein Ausschuss aus je einem Vertreter/einer Vertreterin der drei Klassen gebildet werden. Von der Klasse 9a werden als mögliche Ausschussmitglieder 2 Mädchen und 2 Jungen, von der Klasse 9b 2 Mädchen und 3 Jungen, von der Klasse 9c 4 Mädchen und 2 Jungen vorgeschlagen. Durch Los wird in jeder Klasse 1 Mitglied für den Ausschuss ausgewählt.
a) Wie viele Möglichkeiten gibt es, dass sich der Ausschuss
(1) nur aus Jungen; (2) nur aus Mädchen; (3) aus zwei Mädchen und einem Jungen;
(4) aus einem Mädchen und zwei Jungen zusammensetzt?
b) Wie groß ist die Wahrscheinlichkeit, dass der Ausschuss sich
(1) nur aus Jungen; (2) nur aus Mädchen; (3) aus zwei Mädchen und einem Jungen
(4) aus einem Mädchen und zwei Jungen zusammensetzt?

17. Beim Online-Banking muss man außer der Kontonummer eine sechsstellige PIN aus den Ziffern 0, 1, 2, 3, ... 9 eingeben.
a) Wie viele Möglichkeiten hat man, sich eine PIN auszusuchen?
b) Wie groß ist die Wahrscheinlichkeit, dass ein Unberechtigter gleich auf Anhieb die richtige PIN trifft?

18. Beim „Spiel 77" wird eine siebenstellige Gewinnzahl Stelle für Stelle zufällig ausgelost.
a) Wie groß ist die Wahrscheinlichkeit, dass die Gewinnzahl 6041139 ist?
b) Wie groß ist die Wahrscheinlichkeit, dass die Gewinnzahl
(1) auf 0 endet, (2) auf 63 endet, (3) auf 105 endet, (4) gerade ist?

Lösungen

1 Einheiten und ihre Umwandlung

1.1 Längen

[6] **1.** **a)** 70 dm; 6000 m; 50 cm
b) 56 dm; 94 cm; 7 km
c) 7200 mm; 37000 mm; 2900000 cm
d) 63 dm; 76 m

2. **a)** 47,7 cm; 6,26 m; 12,03 m
b) 12,625 km; 8,057 km; 6,008 km
c) 0,48 m; 0,6 cm; 0,750 km
d) 6,5 m; 1,3 cm

3. **a)** 481 cm; 67 dm; 4964 m
b) 12700 m; 503 cm; 83 mm
c) 69 cm; 8 dm; 700 m
d) 1 mm; 560 m; 5 mm
e) 6004 m; 325 mm
f) 9341 mm; 659 mm

4. **a)** 3,2 dm; 322 mm; 302 cm; $3\frac{1}{4}$ m; 0,032 km
b) 770 mm; 0,007 km; 77 dm; $7\frac{3}{4}$ m

1.2 Flächeninhalte

1. **a)** 3400 cm^2; 5700 dm^2; 700 ha; 160000 m^2
b) 3900 m^2; 4100 mm^2; 9400 a; 7000000 m^2
c) 7 a; 38 ha; 19 km^2; 27 a
d) 5 m^2; 27 cm^2; 6 m^2

[7] **2.** **a)** 6,23 m^2; 17,07 a; 46,56 ha; 31,06 km^2; 9,50 cm^2
b) 13,86 km^2; 7,03 dm^2; 36,75 cm^2; 4,53 a; 64,02 m^2
c) 9,01 ha; 65,12 dm^2; 13,02 m^2; 6,76 ha

3.

a)	b)	c)	d)	e)	f)
357 a	908 ha	1560 a	3640 ha	64 m^2	4 dm^2
2640 m^2	450 mm^2	4380 dm^2	837 m^2	27 a	80 cm^2
452 dm^2	1223 cm^2	3714 mm^2	5190 cm^2	94 ha	15 mm^2
1970 ha	4664 dm^2	603 a	1370 m^2	30 ha	40 dm^2
950 mm^2	7380 a	808 ha	2809 dm^2		

1.3 Volumina (Rauminhalte)

1. **a)** 12000 cm^3; 8000 mm^3; 27000 dm^3; 32000 mm^3; 52000 dm^3; 314000 dm^3
b) 8 m^3; 7 dm^3; 15 cm^3; 99 cm^3; 5 m^3; 580 dm^3
c) 4000 mℓ; 27000 mℓ; 3 ℓ; 60 ℓ; 93 ℓ
d) 6 ℓ; 25000 ℓ; 43 mℓ; 93 mℓ; 7 ℓ

2. **a)** 6,483 m^3; 2,035 m^3; 12,009 m^3; 18,071 m^3; 5,092 m^3; 80,007 m^3
b) 7,342 ℓ; 4,073 ℓ; 9,005 ℓ; 14,077 ℓ; 18,108 ℓ; 66,273 ℓ
c) 344,505 dm^3; 19,007 dm^3; 1,075 dm^3; 575,068 dm^3; 53,310 dm^3
d) 0,775 m^3; 0,325 ℓ ; 0,050 ℓ ; 0,003 ℓ ; 0,25 m^3

3.

a)	b)	c)	d)	e)	f)
4255 dm^3	15490 dm^3	3500 dm^3	250 dm^3	17425 mℓ	5590 mℓ
20412 cm^3	4350 cm^3	7400 dm^3	400 cm^3	8354 mℓ	125 mℓ
17540 mm^3	45590 mm^3	2700 mm^3	5 mm^3	786 mℓ	6400 mℓ
31809 dm^3	9060 cm^3	13300 dm^3	418 dm^3	5364 mℓ	9700 mℓ
15819 dm^3	41470 mm^3	43900 cm^3	800 mm^3		

1.4 Gewichte (Massen)

[8] **1.** **a)** 12000 mg; 7200 mg; 600 mg
b) 66000 g; 4500 g; 500 g
c) 6 g; 6,2 g; 0,56 g
d) 19000 kg; 400 kg; 12500 kg
e) 9 kg; 4,5 kg; 0,4 kg
f) 6 t; 5,2 t; 0,47 t

2. **a)** 24000 g; 2600 g; 400 mg; 6100 kg
b) 6,3 t; 0,9 kg; 0,45 g; 1,2 t
c) 10 kg; 10,4 t; 0,9 g; 520000 mg
d) 5200 kg; 600 mg; 100 g; 0,7 t

3. **a)** 92000 g; 17000 mg; 96000 kg; 4,5 kg; 17,2 t; 4,3 g; 4300 kg
b) 0,65 kg; 0,67 t; 9,2 g; 600 mg; 7060 g; 7890 kg; 1500 mg
c) 19500 g; 3,45 g; 23100 kg; 7,5 t; 3500 g; 9,45 kg; 0,125 kg

1.5 Zeitspannen

1. **a)** 360 s; 900 s; 1440 s **b)** 9 min; 3 min; 14 min **c)** 240 min; 780 min; 1080 min **d)** 4 h; 5 h; 12 h **e)** 96 h; 288 h; 168 h **f)** 2 d; 6 d; 9 d **g)** 480 s; 720 min; 120 h **h)** 7 h; 3 min; 7 d **i)** 18000 s; 43200 s; 10080 min

2. **a)** 439 s; 1013 s; 1507 s **b)** 504 min; 705 min; 997 min **c)** 65 h; 162 h; 343 h **d)** 759 s; 61203 s; 299 h

3. **a)** 2 min 25 s; 3 min 19 s; 4 min 10 s **b)** 1 h 23 min; 2 h 36 min; 5 h 40 min **c)** 2 d 7 h; 3 d 8 h; 4 d 4 h

2 Bruchzahlen (gebrochene Zahlen)

2.1 Gewöhnliche (gemeine) Brüche – Rechnen mit Brüchen

[9] **1.** —

2. **a)** $\frac{8}{5}; \frac{11}{7}; \frac{9}{4}; \frac{17}{9}; \frac{36}{13}; \frac{29}{8}; \frac{38}{9}; \frac{62}{7}$ **b)** $\frac{33}{2}; \frac{56}{3}; \frac{83}{6}; \frac{129}{5}; \frac{108}{7}; \frac{101}{8}; \frac{101}{18}$ **c)** $\frac{23}{5}; \frac{23}{8}; \frac{25}{7}; \frac{17}{2}; \frac{39}{4}; \frac{53}{5}; \frac{68}{9}; \frac{35}{6}; \frac{40}{11}$ **d)** $\frac{51}{4}; \frac{267}{40}; \frac{91}{8}; \frac{69}{5}; \frac{104}{7}; \frac{151}{8}; \frac{115}{6}$

3. **a)** $2\frac{1}{2}; 4\frac{1}{2}; 3\frac{1}{3}; 33\frac{1}{3}; 1\frac{1}{4}; 4\frac{1}{4}; 4\frac{3}{5}; 3\frac{4}{5}; 2\frac{7}{8}; 5\frac{3}{8}$ **b)** $1\frac{10}{13}; 7\frac{2}{7}; 1\frac{7}{12}; 5\frac{3}{5}; 5\frac{1}{7}; 24\frac{1}{4}; 4\frac{1}{9}; 8\frac{2}{11}; 7\frac{2}{15}; 15\frac{19}{20}$ **c)** $6\frac{1}{2}; 17; 14\frac{3}{4}; 15\frac{3}{5}; 15\frac{1}{6}; 14\frac{4}{7}; 15\frac{5}{8}; 13\frac{8}{9}; 15\frac{6}{10}$ **d)** $3\frac{8}{14}; 4\frac{3}{15}; 4; 7\frac{7}{20}; 5\frac{22}{25}; 5\frac{8}{30}; 4\frac{25}{50}; 5\frac{36}{40}; 5\frac{16}{60}$

[10] **4.** **a)** $\frac{2}{4}; \frac{4}{6}; \frac{6}{10}; \frac{10}{16}; \frac{8}{18}; \frac{20}{6}; \frac{22}{16}; \frac{24}{10}$ **b)** $\frac{3}{6}; \frac{6}{9}; \frac{9}{15}; \frac{15}{24}; \frac{12}{27}; \frac{30}{9}; \frac{33}{24}; \frac{36}{15}$ **c)** $\frac{7}{14}; \frac{14}{21}; \frac{21}{35}; \frac{35}{56}; \frac{28}{63}; \frac{70}{21}; \frac{77}{56}; \frac{84}{35}$ **d)** $\frac{9}{18}; \frac{18}{27}; \frac{27}{45}; \frac{45}{72}; \frac{36}{81}; \frac{90}{27}; \frac{99}{72}; \frac{108}{45}$ **e)** $\frac{10}{20}; \frac{20}{30}; \frac{30}{50}; \frac{50}{80}; \frac{40}{90}; \frac{100}{30}; \frac{110}{80}; \frac{120}{50}$ **f)** $\frac{11}{22}; \frac{22}{33}; \frac{33}{55}; \frac{55}{88}; \frac{44}{99}; \frac{110}{33}; \frac{121}{88}; \frac{132}{55}$ **g)** $\frac{12}{24}; \frac{24}{36}; \frac{36}{60}; \frac{60}{96}; \frac{48}{108}; \frac{120}{36}; \frac{132}{96}; \frac{144}{60}$ **h)** $\frac{25}{50}; \frac{50}{75}; \frac{75}{125}; \frac{125}{200}; \frac{100}{225}; \frac{250}{75}; \frac{275}{200}; \frac{300}{125}$ **i)** $\frac{100}{200}; \frac{200}{300}; \frac{300}{500}; \frac{500}{800}; \frac{400}{900}; \frac{1000}{300}; \frac{1100}{800}; \frac{1200}{500}$

5. **a)** $\frac{2}{4}; \frac{4}{8}; \frac{12}{24}$ **b)** $\frac{4}{6}; \frac{16}{24}; \frac{30}{45}$ **c)** $\frac{6}{8}; \frac{9}{12}; \frac{60}{80}$ **d)** $\frac{6}{15}; \frac{22}{55}; \frac{60}{150}$ **e)** $\frac{16}{12}; \frac{48}{36}; \frac{124}{93}$ **f)** $\frac{35}{25}; \frac{63}{45}; \frac{112}{80}$

6. **a)** $\frac{3}{9}; \frac{7}{21}; \frac{25}{75}$ **b)** $\frac{12}{20}; \frac{33}{55}; \frac{60}{100}$ **c)** $\frac{30}{12}; \frac{55}{22}; \frac{80}{32}$ **d)** $\frac{36}{42}; \frac{72}{84}; \frac{180}{210}$ **e)** $\frac{49}{56}; \frac{77}{88}; \frac{140}{160}$ **f)** $\frac{121}{99}; \frac{99}{81}; \frac{132}{108}$

7. **a)** $\frac{1}{2}; \frac{3}{4}; \frac{2}{5}; \frac{1}{3}; \frac{1}{2}; \frac{5}{8}$ **b)** $\frac{2}{3}; \frac{3}{4}; \frac{1}{3}; \frac{4}{9}; \frac{7}{9}; \frac{5}{9}$ **c)** $\frac{6}{7}; \frac{4}{5}; \frac{3}{4}; \frac{2}{3}; \frac{3}{5}; \frac{4}{7}$ **d)** $\frac{15}{16}; \frac{9}{16}; \frac{1}{2}; \frac{3}{7}; \frac{1}{18}; \frac{1}{6}$ **e)** $\frac{5}{2}; \frac{15}{4}; \frac{5}{2}; 3; \frac{5}{2}; \frac{10}{3}$ **f)** $\frac{3}{5}; \frac{3}{2}; 2; \frac{4}{5}; 4; 3$ **g)** $\frac{7}{18}; \frac{7}{12}; \frac{25}{6}; \frac{8}{3}; \frac{5}{2}; 4$

8. **a)** $\frac{11}{13}$ **b)** $\frac{7}{13}$ **c)** $\frac{6}{11}$ **d)** $\frac{10}{13}$ **e)** $\frac{3}{5}$ **f)** $\frac{13}{16}$ **g)** $\frac{17}{20}$ **h)** $\frac{11}{15}$

9. **a)** 72; 144; 216
kgV(8; 9) = 72
b) 21; 42; 63
kgV(7; 21) = 21
c) 24; 48; 72
kgV(6; 8) = 24
d) 60; 120; 180
kgV(4; 15) = 60
e) 60; 120; 180
kgV(12; 60) = 60
f) 24; 48; 72
kgV(8; 12) = 24

10. **a)** $\frac{8}{12}; \frac{7}{12}$ **b)** $\frac{9}{15}; \frac{8}{15}$ **c)** $\frac{9}{12}; \frac{10}{12}$ **d)** $\frac{9}{12}; \frac{2}{12}$ **e)** $\frac{12}{18}; \frac{11}{18}$ **f)** $\frac{15}{20}; \frac{16}{20}$ **g)** $\frac{4}{14}; \frac{7}{14}$ **h)** $\frac{15}{40}; \frac{28}{40}$ **i)** $\frac{9}{12}; \frac{11}{12}$ **j)** $\frac{8}{12}; \frac{9}{12}$ **k)** $\frac{20}{24}; \frac{9}{24}$ **l)** $\frac{18}{60}; \frac{25}{60}$

11. **a)** $\frac{5}{8} > \frac{3}{8}; \frac{5}{12} < \frac{11}{12}; \frac{4}{9} < \frac{11}{9}; \frac{7}{5} > \frac{3}{5}; \frac{7}{15} < \frac{11}{15}$ **b)** $\frac{3}{4} > \frac{5}{8}; \frac{11}{12} > \frac{3}{4}; \frac{2}{3} < \frac{5}{6}; \frac{8}{6} = \frac{4}{3}; \frac{2}{5} < \frac{7}{15}$ **c)** $\frac{3}{4} < \frac{5}{6}; \frac{7}{8} > \frac{5}{6}; \frac{8}{9} < \frac{11}{12}; \frac{7}{12} < \frac{4}{5}; \frac{5}{7} < \frac{7}{9}$ **d)** $\frac{19}{21} > \frac{5}{6}; \frac{2}{3} < \frac{17}{25}; \frac{11}{20} < \frac{14}{25}; \frac{6}{11} > \frac{7}{13}; \frac{11}{15} > \frac{11}{20}$

[11] **12.** **a)** 25 km **b)** 15 kg **c)** 75 min **d)** 60 m

13. **a)** $\frac{3}{8}$ kg = 375 g **b)** $\frac{4}{5}$ m = 8 dm **c)** $\frac{5}{6}$ h = 50 min **d)** $\frac{3}{2}$ ℓ = 1500 cm^3 **e)** $\frac{5}{8}$ km = 625 m **f)** $\frac{5}{4}$ m^2 = 125 dm^2

14. **a)** 500 g; 1500 g; 250 g; 1250 g; 125 g; 625 g; 875 g; 1375 g; 24 g
b) 25 cm; 75 cm; 40 cm; 60 cm; 120 cm; 90 cm; 35 cm; 12 cm; 14 cm

15. **a)** 60 € **b)** 84 m **c)** 40 ℓ **d)** 60 min **e)** 108 kg

16. **a)** 150 min **b)** 64 min **c)** 30 ℓ **d)** 72 kg **e)** 120 € **f)** 108 m^2 **g)** 352 m^3 **h)** 750 g

17. **a)** 104 ℓ **b)** 60 min **c)** 1 500 € **d)** 120 km **e)** 60 kg **f)** 300 € **g)** 81 m^2 **h)** 42 dm^3

[12] **18.** **a)** $\frac{5}{12}$ **b)** $\frac{9}{16}$ **c)** $\frac{3}{20}$ **d)** $\frac{3}{5}$ **e)** $\frac{4}{5}$ **f)** $\frac{2}{3}$ **g)** $\frac{1}{5}$ **h)** $\frac{3}{4}$ **i)** $\frac{2}{5}$

19. **a)** $\frac{4}{5}; \frac{7}{9}$ **b)** 1; 1 **c)** $\frac{1}{5}; \frac{12}{21} = \frac{4}{7}$ **d)** $\frac{13}{15}; \frac{25}{31}$ **e)** $\frac{3}{30} = \frac{1}{10}; \frac{4}{36} = \frac{1}{9}$ **f)** $\frac{4}{32} = \frac{1}{8}; \frac{6}{40} = \frac{3}{20}$

20. **a)** $\frac{11}{9}; \frac{16}{12} = \frac{4}{3}$ **b)** $\frac{13}{18}; \frac{3}{14}$ **c)** $\frac{4}{18} = \frac{2}{9}; \frac{10}{24} = \frac{5}{12}$ **d)** $\frac{5}{30} = \frac{1}{6}; \frac{1}{72}$ **e)** $\frac{57}{84} = \frac{19}{28}; \frac{44}{48} = \frac{11}{12}$ **f)** $\frac{6}{25}; \frac{27}{44}$

21. **a)** $\frac{53}{42}; \frac{23}{18}$ **b)** $\frac{11}{36}; \frac{7}{24}$ **c)** $\frac{31}{33}; \frac{23}{20}$ **d)** $\frac{29}{84}; \frac{29}{60}$ **e)** $\frac{79}{80}; \frac{199}{136}$ **f)** $\frac{67}{143}; \frac{143}{210}$

22. **a)** $\frac{31}{36}; \frac{23}{40}$ **b)** $\frac{72}{105} = \frac{24}{35}; \frac{103}{90}$ **c)** $\frac{19}{60}; \frac{31}{48}$ **d)** $\frac{7}{48}; \frac{17}{30}$ **e)** $\frac{65}{72}; \frac{17}{54}$ **f)** $\frac{129}{100}; \frac{31}{84}$

23. **a)** $9\frac{14}{15}; 13\frac{1}{2}; 4\frac{8}{21}; 73\frac{46}{49}$ **b)** $5\frac{3}{5}; 6\frac{5}{7}; 6\frac{1}{3}; 21\frac{1}{2}$ **c)** $11\frac{23}{27}; 19\frac{1}{3}; 11\frac{83}{90}; 12\frac{47}{60}$

24. **a)** $4\frac{2}{7}; 6\frac{3}{5}; 3\frac{1}{4}; 2\frac{4}{11}$ **b)** $3\frac{1}{3}; 4\frac{3}{10}; 4\frac{1}{12}; 23\frac{4}{11}$ **c)** $3\frac{11}{35}; 3\frac{7}{15}; 6\frac{23}{45}; 5\frac{25}{36}$

[13] **25.** **a)** $6\frac{1}{5}; 4\frac{5}{7}; 6\frac{2}{5}; 3\frac{2}{3}$ **b)** $8\frac{1}{4}; 12\frac{2}{3}; 10\frac{2}{3}; 2\frac{11}{28}$ **c)** $30\frac{136}{165}; 16\frac{27}{40}; 9\frac{53}{84}; 1\frac{37}{60}$

26. **a)** $\frac{4}{15}; \frac{4}{35}; \frac{21}{80}; \frac{6}{65}$ **b)** $\frac{7}{10}; \frac{3}{10}; \frac{3}{13}; \frac{11}{16}$ **c)** $\frac{3}{25}; \frac{9}{16}; \frac{9}{64}; \frac{110}{161}$ **d)** $\frac{3}{5}; \frac{2}{7}; \frac{1}{3}; \frac{9}{10}$ **e)** $\frac{1}{10}; \frac{1}{3}; \frac{5}{18}$ **f)** $\frac{7}{15}; \frac{7}{80}$

27. **a)** $1\frac{4}{11}; \frac{8}{9}; 1\frac{1}{15}; 1\frac{1}{17}; 5\frac{3}{5}$ **b)** $\frac{4}{3}; \frac{3}{2}; \frac{7}{3}; \frac{5}{4}; 3\frac{1}{2}$ **c)** $1\frac{3}{5}; 1\frac{4}{5}; 3\frac{1}{3}; 5\frac{1}{4}; 2\frac{1}{2}$ **d)** $10; 20; 4\frac{2}{3}; 7\frac{1}{5}; 22\frac{1}{2}$

28. **a)** $1\frac{1}{2}; 2\frac{1}{6}; 1; 1\frac{13}{20}$ **b)** $10; 3\frac{1}{3}; 8; 19\frac{1}{6}$ **c)** $25\frac{2}{3}; 11\frac{3}{8}; 113\frac{9}{16}; 57\frac{19}{25}$ **d)** $31\frac{3}{7}; 46\frac{2}{3}; 25; 44\frac{2}{5}$

29. **a)** $1\frac{6}{11}; 1\frac{6}{13}; 1\frac{1}{2}; 1\frac{1}{3}$ **c)** $\frac{8}{15}; \frac{12}{35}; 1\frac{1}{20}; \frac{50}{63}$ **e)** $\frac{9}{20}; \frac{25}{96}; \frac{14}{187}; \frac{42}{145}$
b) $\frac{22}{27}; 1\frac{17}{22}; 1\frac{1}{15}; \frac{52}{55}$ **d)** $6; 12; 10; 11\frac{1}{9}$ **f)** $1\frac{6}{13}; \frac{38}{53}; 1\frac{11}{41}; 2\frac{7}{11}$

[14] **30.** **a)** $\frac{4}{11}; \frac{1}{10}; \frac{2}{21}; \frac{1}{15}; \frac{5}{28}$ **b)** $\frac{2}{111}; \frac{4}{99}; \frac{3}{94}; \frac{5}{287}; \frac{25}{651}$ **c)** $\frac{11}{15}; \frac{17}{21}; 2\frac{1}{7}; 3\frac{5}{24}; \frac{19}{20}$

31. **a)** $8\frac{2}{5}; 16\frac{1}{2}; 6\frac{2}{3}; 26\frac{2}{3}; 5\frac{1}{4}$ **b)** $28\frac{1}{2}; 20\frac{2}{3}; 24\frac{4}{5}; 12\frac{2}{3}; 30\frac{5}{14}$ **c)** $2; 5; 5; 6; 3\frac{3}{11}$

32. **a)** $\frac{3}{5}; 1\frac{1}{4}; \frac{5}{9}; 2\frac{1}{2}; 3$ **b)** $\frac{6}{11}; 2\frac{2}{5}; \frac{5}{9}; \frac{1}{5}; 1\frac{1}{2}$

33. **a)** $\frac{5}{6}$ **b)** $\frac{13}{42}$ **c)** $4\frac{1}{6}$ **d)** $3\frac{1}{6}$ **e)** $3\frac{1}{4}$ **f)** $4\frac{1}{6}$ **g)** $6\frac{1}{3}$ **h)** $4\frac{11}{42}$

34. **a)** $14\frac{2}{5}$ **b)** $11\frac{1}{5}$ **c)** $225\frac{3}{4}$ **d)** $151\frac{1}{4}$ **e)** $129\frac{1}{3}$ **f)** $88\frac{2}{3}$ **g)** $\frac{1}{8}$ **h)** $9\frac{5}{9}$

2.2 Dezimalbrüche – Rechnen mit Dezimalbrüchen

1. **a)** 0,6; 0,04; 0,005; 0,0002; 0,00007 **c)** 3,7; 3,49; 1,679; 0,7526; 0,73961
b) 0,23; 0,089; 0,346; 0,0167; 0,00945 **d)** 3,4; 19,12; 5,03; 25,575; 7,076

2. **a)** $\frac{9}{10}; \frac{13}{100}; \frac{7}{100}; \frac{811}{1000}; \frac{51}{1000}; \frac{8}{1000} = \frac{1}{125}$ **c)** $314\frac{71}{10000}; \frac{701204}{1000000} = \frac{175301}{250000}; 8\frac{341111}{1000000}; 12\frac{125}{1000} = 12\frac{1}{8}$
b) $9\frac{51}{100}; 18\frac{1}{100}; 3\frac{3}{1000}; 161\frac{7}{10}; 14\frac{25}{100} = 14\frac{1}{4}$

3. **a)** 0,5; 0,4; 0,75; 0,625; 0,55; 0,025; 0,9375; 1,75; 1,375; 1,55
b) 0,76; 0,02; 0,888; 0,085; 0,9875; 0,604; 1,16; 2,488

[15] **4.** **a)** 0,6; 0,25; 0,375; 0,875; 0,45; 0,075; 1,1875; 0,46; 0,2125
b) 0,68; 0,06; 0,872; 0,095; 0,7375; 0,396; 2,04; 3,272

5. **a)** 48,9; 23,3; 40,2; 80,1 **b)** 204,95; 18,22; 116,7; 347,21 **c)** 15,52044; 21,78885; 133,8695; 160,4504

6. **a)** 0,8; 4,5; 0,4; 4,6 **b)** 0,65; 1,65; 6,85; 3,46 **c)** 69,27; 313,97; 2,295; 5,507 **d)** 7,57; 7,31; 27,849; 22,57

7. **a)** 37,5; 803; 121,25 **b)** 375; 8030; 1212,5 **c)** 3750; 80300; 12125 **d)** 37500; 803000; 121250 **e)** 516; 147,5; 8450

8. **a)** 10,4; 175,735; 57,6 **b)** 0,28; 0,024; 0,00016 **c)** 104,7; 1676,8; 201,089 **d)** 7,71; 39,14; 3,06 **e)** 211,3125; 142,99; 61,4055

[16] 9. **a)** 23,48; 3,28; 52,63; 0,246; 8,615 **b)** 14,77; 4,27; 13,215; 0,122; 2,82

10. **a)** 2,45; 0,1325; 55,775; 0,0055; 0,047 **b)** 0,245; 0,01325; 5,5775; 0,00055; 0,0047 **c)** 0,0245; 0,001325; 0,55775; 0,000055; 0,00047

11. **a)** 70; 60; 80; 3; 0,9; 0,08 **b)** 15; 6; 30; 3; 20; 120

12. **a)** 5,2; 12,7; 15,24; 29,7; 361 **b)** 210; 42; 0,31; 5,6; 9,1

13. **a)** 89,65; 190,56 **b)** 63,25; 321,23 **c)** 127,1; 289,89

2.3 Anwenden der Bruchrechnung

1. **a)** 18 kg **b)** 72 kg **c)** 108 kg **d)** 186 kg **e)** 279 kg **f)** 372 kg **g)** 387 kg

2. **a)** 190 € **b)** 290 € **c)** 575 € **d)** 490 € **e)** 1905 €

3. Roggen $\frac{1}{5}$; Hafer $\frac{7}{40}$; Weizen $\frac{1}{4}$; Gerste $\frac{3}{20}$; Grünkorn $\frac{1}{8}$; Buchweizen $\frac{1}{10}$

4. **a)** $\frac{3}{4}$ ℓ **b)** $1\frac{1}{20}$ ℓ

5. $1\frac{7}{20}$ km

6. Für 16 Kuchen: 6 kg Weizenmehl, 24 kg Äpfel, $2\frac{2}{5}$ kg Butter, $3\frac{3}{5}$ kg Zucker
Für 24 Kuchen: 9 kg Weizenmehl, 36 kg Äpfel, $3\frac{3}{5}$ kg Butter, $5\frac{2}{5}$ kg Zucker
Für 30 Kuchen: $11\frac{1}{4}$ kg Weizenmehl, 45 kg Äpfel, $4\frac{1}{2}$ kg Butter, $6\frac{3}{4}$ kg Zucker

7. $\frac{9}{40}$ kg

[17] 8. $\frac{10}{21}$ Schwimmerinnen; $\frac{2}{21}$ Nichtschwimmerinnen

9. **a)** 824,9 km **b)** 214,2 km

10. **a)** 5,68 m **b)** 14 cm **c)** 243 Gasrohre

11. 4,4 t

12. **a)** 37,5 g **b)** 2,25 g **c)** 1600 Teebeutel

13. **a)** Tatjana Hüfner: 93,969 s; Natalie Geisenberg: 94,243 s **b)** 0,274 s

14. **a)** 22 h 10 min **b)** 15,16 Umläufe **c)** 1 h 55 min

15. 1,8 ℓ

16. **a)** 3,3 ℓ **b)** 7 Flaschen **c)** $\frac{1}{3}$ ℓ

17. 13,085 kg

3 Prozentrechnung

3.1 Prozentbegriff

[18] **1.** **a)** $\frac{1}{100} = 0{,}01$; $\frac{13}{100} = 0{,}13$; $\frac{8}{100} = 0{,}08$; $\frac{22}{100} = 0{,}22$; $\frac{50}{100} = 0{,}5$; $\frac{35}{100} = 0{,}35$; $\frac{3}{100} = 0{,}03$; $\frac{73}{100} = 0{,}73$; $\frac{95}{100} = 0{,}95$; $\frac{100}{100} = 1$;
$\frac{66}{100} = 0{,}66$; $\frac{48}{100} = 0{,}48$; $\frac{5}{100} = 0{,}05$; $\frac{86}{100} = 0{,}86$

b) $\frac{110}{100} = 1{,}1$; $\frac{150}{100} = 1{,}5$; $\frac{200}{100} = 2$; $\frac{105}{100} = 1{,}05$; $\frac{250}{100} = 2{,}5$; $\frac{104}{100} = 1{,}04$; $\frac{300}{100} = 3$; $\frac{125}{100} = 1{,}25$; $\frac{175}{100} = 1{,}75$; $\frac{340}{100} = 3{,}4$; $\frac{425}{100} = 4{,}25$

c) $\frac{3{,}8}{100} = 0{,}038$; $\frac{12{,}5}{100} = 0{,}125$; $\frac{48{,}6}{100} = 0{,}486$; $\frac{0{,}5}{100} = 0{,}005$; $\frac{0{,}9}{100} = 0{,}009$; $\frac{4{,}25}{100} = 0{,}0425$; $\frac{31{,}7}{100} = 0{,}317$; $\frac{78{,}9}{100} = 0{,}789$;
$\frac{1{,}75}{100} = 0{,}0175$; $\frac{2{,}5}{100} = 0{,}025$; $\frac{16{,}3}{100} = 0{,}163$

2. **a)** 43 %; 17 %; 9 %; 33 %; 92 %; 41 %; 140 %; 231 %
b) 57,4 %; 12,4 %; 27,6 %; 7,4 %; 1,65 %; 0,75 %
c) 103 %; 130 %; 245 %; 360 %; 84,5 %; 125,5 %; 175,6 %; 231,4 %

3. **a)** 50 %; 25 %; 75 %; 20 %; 60 %; 80 %; 10 %; 30 %; 70 %; 35 %; 15 %; 8 %; 38 %
b) 12,5 %; 37,5 %; 62,5 %; 87,5 %; 6,25 %; 18,75 %; 43,75 %; 56,25 %; 17,5 %; 27,5 %; 0,8 %; 4,8 %
c) 66,7 %; 16,7 %; 83,3 %; 14,3 %; 28,6 %; 42,9 %; 57,1 %; 71,4 %; 11,1 %; 22,2 %; 44,4 %; 55,6 %; 77,8 %; 88,9 %; 8,3 %

3.2 Die drei Grundaufgaben der Prozentrechnung

1. **a)** 21 € [105 kg; 12,90 €; 11,4 m; 4,18 €; 1,296 kg; 0,0255 m^3; 24,7902 m^2]
b) 35 € [175 kg; 21,50 €; 19 m; 6,97 €; 2,16 kg; 0,0425 m^3; 41,317 m^2]
c) 49 € [245 kg; 30,10 €; 26,6 m; 9,76 €; 3,024 kg; 0,0595 m^3; 57,8438 m^2]
d) 98 € [490 kg; 60,20 €; 53,2 m; 19,52 €; 6,048 kg; 0,119 m^3; 115,6876 m^2]
e) 245 € [1 225 kg; 150,50 €; 133 m; 48,79 €; 15,12 kg; 0,2975 m^3; 289,219 m^2]
f) 371 € [1 855 kg; 227,90 €; 201,4 m; 73,88 €; 22,896 kg; 0,4505 m^3; 437,9602 m^2]
g) 665 € [3 325 kg; 408,50 €; 361 m; 132,43 €; 41,04 kg; 0,8075 m^3; 785,023 m^2]
h) 560 € [2 800 kg; 344 €; 304 m; 111,52 €; 34,56 kg; 0,68 m^3; 661,072 m^2]

[19] **2.** **a)** 1 200 € [14 400 €; 72 kg; 960 m; 16,1 kg; 10,8 km; 38,4 ℓ; 1 414,7 m^2]
b) 1 800 € [21 600 €; 108 kg; 1 440 m; 24,3 kg; 16,2 km; 57,6 ℓ; 2 122,05 m^2]
c) 900 € [10 800 €; 54 kg; 720 m; 12,15 kg; 8,1 km; 28,8 ℓ; 1 061,025 m^2]
d) 1 050 € [12 600 €; 63 kg; 840 m; 14,175 kg; 9,45 km; 33,6 ℓ; 1 237,8625 m^2]
e) 660 € [7 920 €; 39,6 kg; 528 m; 8,91 kg; 5,94 km; 21,12 ℓ; 778,085 m^2]
f) 1 380 € [16 560 €; 82,8 kg; 1 104 m; 18,63 kg; 12,42 km; 44,16 ℓ; 1 626,905 m^2]
g) 678 € [8 136 €; 40,68 kg; 542,4 m; 9,153 kg; 6,102 km; 21,696 ℓ; 799,3055 m^2]

3. **a)** 2,50 € [24 kg; 1,80 €; 0,36 €; 0,4565 kg; 0,00365 km; 0,037425 m^3; 4,2967 m^2]
b) 22,50 € [216 kg; 16,20 €; 3,24 €; 4,1085 kg; 0,03285 km; 0,336825 m^3; 38,6703 m^2]
c) 11,25 € [108 kg; 8,10 €; 1,62 €; 2,05425 kg; 0,016425 km; 0,1684125 m^3; 19,33515 m^2]
d) 28,75 € [276 kg; 20,70 €; 4,14 €; 5,24075 kg; 0,041975 km; 0,4303975 m^3; 49,41205 m^2]
e) 45,50 € [436,8 kg; 32,76 €; 6,55 €; 8,3083 kg; 0,06643 km; 0,681135 m^3; 78,19994 m^2]
f) 61,50 € [590,4 kg; 44,28 €; 8,856 €; 11,2299 kg; 0,08979 km; 0,920655 m^3; 105,69882 m^2]
g) 115,50 € [1 108,8 kg; 83,16 €; 16,63 €; 21,0903 kg; 0,16863 km; 1,729035 m^3; 198,50754 m^2]
h) 378 € [3 628,8 kg; 272,16 €; 54,43 €; 69,0228 kg; 0,55188 km; 5,65866 m^3; 649,66104 m^2]

4. 387 Schüler **5.** 133,5 g; 96 g **6.** 37 € **7.** 195,132 m^2 **8.** 43,02 €

9.

a)	b)	c)	d)	e)	f)
600 €	236 kg	178,95 m^2	107 €	2 286 €	2 000 kg
180 €	963 kg	573,08 m^2	59 €	1 386 €	4 000 kg
376 €	3 214 kg	569,77 m^2	354 €	3 000 €	5 000 kg
670 €	654 kg	1 271,43 m^2	620 €	6 000 €	4 000 kg
456 €	852 kg	735,82 m^2	324 €	8 000 €	6 000 kg

10. **a)** 600 € [2000 g; 2700 kg; 36000 m; 8400 kg; 12600 ℓ] **e)** 1200 € [4000 g; 5400 kg; 72000 m; 16800 kg; 25200 ℓ]
b) 120 € [400 g; 540 kg; 7200 m; 1680 kg; 2520 ℓ] **f)** 100 € [333,3 g; 450 kg; 6000 m; 1400 kg; 2100 ℓ]
c) 240 € [800 g; 1080 kg; 14400 m; 3360 kg; 5040 ℓ] **g)** 40 € [133,3 g; 180 kg; 2400 m; 560 kg; 840 ℓ]
d) 200 € [666,7 g; 900 kg; 12000 m; 2800 kg; 4200 ℓ] **h)** 48 € [160 g; 216 kg; 2880 m; 672 kg; 1008 m^2]
i) 30 € [100 g; 135 kg; 1800 m; 420 kg; 630 ℓ]
j) 41,96 € [139,86 g; 188,81 kg; 2517,48 m; 587,41 kg; 881,12 ℓ]
k) 857,14 € [2857,14 g; 3857,14 kg; 51428,57 m; 12000 kg; 18000 ℓ]
l) 400 € [1333,3 g; 1800 kg; 24000 m; 5600 kg; 8400 ℓ]
m) 61,22 € [204,08 g; 275,51 kg; 3673,47 m; 857,14 kg; 1285,71 ℓ]
n) 57,14 € [190,48 g; 257,14 kg; 3428,57 m; 800 kg; 1200 ℓ]

[20] **11.** 232,50 € pro Person

12. 2500 Personen

13. 780 €

14. 7142,857 g ≈ 7,143 kg

15. **a)** 20 %; 9 %; 24 %; 25 % **b)** 7,5 %; 66,7 %; 100 %; 150 % **c)** 7 %; 9 %; 10 %; 33,3 %

16. **a)** 25 % [9,67 %; 130,43 %; 89,35 %; 51,63 %; 5,78 %] **c)** 25 % [14,0625 %; 67,1875 %; 22,59 %; 45,9375 %]
b) 12,5 % [15,625 %; 62,5 %; 5,83 %; 9,375 %; 7,125 %]

17. 25 % **18.** 60 % **19.** 5 %

20. 65 % **21.** 52 %

3.3 Erhöhung und Verminderung des Grundwertes

[21] **1.** **a)** 735 € [665 €]; 504 € [456 €]; 102,9 kg [93,1 kg]; 475,65 m^2 [430,35 m^2]; 29,925 ℓ [27,075 ℓ]; 10,2375 m^3 [9,2625 m^3]; 86,415 m [78,185 m]
b) 770 € [630 €]; 528 € [432 €]; 107,8 kg [88,2 kg]; 498,3 m^2 [407,7 m^2]; 31,35 ℓ [25,65 ℓ]; 10,725 m^3 [8,775 m^3]; 90,53 m [74,07 m]
c) 840 € [560 €]; 576 € [384 €]; 117,6 kg [78,4 kg]; 543,6 m^2 [362,4 m^2]; 34,2 ℓ [22,8 ℓ]; 11,7 m^3 [7,8 m^3]; 98,76 m [65,84 m]
d) 756 € [644 €]; 518,40 € [441,60 €]; 105,84 kg [90,16 kg]; 489,24 m^2 [416,76 m^2]; 30,78 ℓ [26,22 ℓ]; 10,53 m^3 [8,97 m^3]; 88,884 m [75,716 m]
e) 791 € [609 €]; 542,40 € [417,60 €]; 110,74 kg [85,26 kg]; 511,89 m^2 [394,11 m^2]; 32,205 ℓ [24,795 ℓ]; 11,0175 m^3 [8,4825 m^3]; 92,999 m [71,601 m]
f) 933,33 € [466,67 €]; 640 € [320 €]; 130,67 kg [65,33 kg]; 604 m^2 [302 m^2]; 38 ℓ [19 ℓ]; 13 m^3 [6,5 m^3]; 109,73 m [57,87 m]
g) 731,50 € [668,50 €]; 501,60 € [458,40 €]; 102,41 kg [93,59 kg]; 473,385 m^2 [432,615 m^2]; 29,7825 ℓ [27,2175 ℓ]; 10,18875 m^3 [9,31125 m^3]; 86,0035 m [78,5965 m]
h) 745,50 € [654,50 €]; 511,20 € [448,80 €]; 104,37 kg [91,63 kg]; 482,445 m^2 [423,555 m^2]; 30,3525 ℓ [26,6475 ℓ]; 10,38375 m^3 [9,11625 m^3]; 87,6495 m [76,9505 m]

[22] **2.** 749,70 € **3.** 765,20 € **4.** 47,53 €

5. 52 € **6.** 1122 Schüler **7.** 1504,40 €

8. 16926 € **9.** 178,20 € **10.** 50,42 €

11. 45 € **12.** 8130,851 m^3 **13.** 1574,39 €

14. 260 Fahrräder **15.** 89 € **16.** 9 %

17. 6,31 %

18. 3846,154 kg Weizen; 4285,714 kg Roggen

4 Zinsrechnung

4.1 Die Grundaufgaben der Zinsrechnung

[23] **1.**

2 %:	**a)** 8 €	**d)** 60 €	**g)** 400 €	**j)** 11 €	**m)** 146 €	**p)** 108,60 €
	b) 18 €	**e)** 40 €	**h)** 600 €	**k)** 8,40 €	**n)** 122 €	**q)** 175 €
	c) 12 €	**f)** 100 €	**i)** 1 600 €	**l)** 15,80 €	**o)** 96 €	**r)** 183,20 €
1,5 %:	**a)** 6 €	**d)** 45 €	**g)** 300 €	**j)** 8,25 €	**m)** 109,50 €	**p)** 81,45 €
	b) 13,50 €	**e)** 30 €	**h)** 450 €	**k)** 6,30 €	**n)** 91,50 €	**q)** 131,25 €
	c) 9 €	**f)** 75 €	**i)** 1 200 €	**l)** 11,85 €	**o)** 72 €	**r)** 137,40 €
3 %:	**a)** 12 €	**d)** 90 €	**g)** 600 €	**j)** 16,50 €	**m)** 219 €	**p)** 162,90 €
	b) 27 €	**e)** 60 €	**h)** 900 €	**k)** 12,60 €	**n)** 183 €	**q)** 262,50 €
	c) 18 €	**f)** 150 €	**i)** 2 400 €	**l)** 23,70 €	**o)** 144 €	**r)** 274,80 €
3,25 %:	**a)** 13 €	**d)** 97,50 €	**g)** 650 €	**j)** 17,88 €	**m)** 237,25 €	**p)** 176,48 €
	b) 29,25 €	**e)** 65 €	**h)** 975 €	**k)** 13,65 €	**n)** 198,25 €	**q)** 284,38 €
	c) 19,50 €	**f)** 162,50 €	**i)** 2 600 €	**l)** 25,68 €	**o)** 156 €	**r)** 297,70 €
4 %:	**a)** 16 €	**d)** 120 €	**g)** 800 €	**j)** 22 €	**m)** 292 €	**p)** 217,20 €
	b) 36 €	**e)** 80 €	**h)** 1 200 €	**k)** 16,80 €	**n)** 244 €	**q)** 350 €
	c) 24 €	**f)** 200 €	**i)** 3 200 €	**l)** 31,60 €	**o)** 192 €	**r)** 366,40 €
4,25 %:	**a)** 17 €	**d)** 127,50 €	**g)** 850 €	**j)** 23,38 €	**m)** 310,25 €	**p)** 230,78 €
	b) 38,25 €	**e)** 85 €	**h)** 1 275 €	**k)** 17,85 €	**n)** 259,25 €	**q)** 371,88 €
	c) 25,50 €	**f)** 212,50 €	**i)** 3 400 €	**l)** 33,58 €	**o)** 204 €	**r)** 389,30 €
3,75 %:	**a)** 15 €	**d)** 112,50 €	**g)** 750 €	**j)** 20,63 €	**m)** 273,75 €	**p)** 203,63 €
	b) 33,75 €	**e)** 75 €	**h)** 1 125 €	**k)** 15,75 €	**n)** 228,75 €	**q)** 328,13 €
	c) 22,50 €	**f)** 187,50 €	**i)** 3 000 €	**l)** 29,63 €	**o)** 180 €	**r)** 343,50 €
5 %:	**a)** 20 €	**d)** 150 €	**g)** 1 000 €	**j)** 27,50 €	**m)** 365 €	**p)** 271,50 €
	b) 45 €	**e)** 100 €	**h)** 1 500 €	**k)** 21 €	**n)** 305 €	**q)** 437,50 €
	c) 30 €	**f)** 250 €	**i)** 4 000 €	**l)** 39,50 €	**o)** 240 €	**r)** 458 €

2. 300 € [600 €; 900 €; 1 500 €]

3. 220 € [880 €]

4.

11,25 %:	**a)** 405 €	**e)** 270 €	**i)** 371,25 €	**m)** 21,38 €
	b) 303,75 €	**f)** 168,75 €	**j)** 337,50 €	**n)** 47,25 €
	c) 202,50 €	**g)** 33,75 €	**k)** 24,75 €	**o)** 33,75 €
	d) 135 €	**h)** 236,25 €	**l)** 271,13 €	**p)** 1,13 €
15,5 %:	**a)** 558 €	**e)** 372 €	**i)** 511,50 €	**m)** 29,45 €
	b) 418,50 €	**f)** 232,50 €	**j)** 465 €	**n)** 65,10 €
	c) 279 €	**g)** 46,50 €	**k)** 34,10 €	**o)** 46,50 €
	d) 186 €	**h)** 325,50 €	**l)** 373,55 €	**p)** 1,55 €

5. 3 499,17 €

[24] **6.** 13,13 €; 143,92 €; 86,67 €; 23,65 €; 162,50 €; 535,76 €; 28,20 €

7. **a)** 4 % **b)** 6 % **c)** 3 % **d)** 2 % **e)** 1,5 % **f)** 3,25 % **g)** 3,5 % **h)** 2,5 %

8. 3 %

9. Herr Borg: 1,5 %;
Frau Borg: 2 %

10. 2,4 %

11. **a)** 4 % **b)** 3 % **c)** 5 % **d)** 3 %

12. 6 %

13. 5,5 %

14. 2 %

15. 10,71 %

[25] **16.** **a)** 750 € **b)** 2 400 € **c)** 4 900 € **d)** 1 350 € **e)** 8 126,67 € **f)** 11 647,08 €

17. **a)** 3 000 € [2 250 €; 1 000 €] **b)** 6 000 € [2 400 €; 1 714,29 €] **c)** 15 000 € [5 454,55 €; 7 500 €] **d)** 3 600 € [900 €; 514,29 €]

18. 30 000 €

19. 120 000 €

20. 7 Monate

21. 254 Tage

22. $5\frac{1}{3}$ Jahre

[26] **23.** 4 Monate; 6 Monate; 8 Monate; 7 Monate; 8 Monate

4.2 Zinseszinsrechnung

1. 840,50 €; 1236,27 €; 1716,66 €; 2494,57 €; 2016,49 €; 2912,17 €

2. 4977,35 €; 2575,65 €; 974,24 €; 1245,94 €; 6011,06 €; 8661,05 €

3. 6083,26 €

4. 2653,30 € [7039,99 €]

5. Angebot (2) (28051,41 € Zinsen statt 2800 € bei Angebot (1))

5 Proportionale Zuordnungen

5.1 Dreisatz bei proportionalen Zuordnungen

[27] **1.** 560 g Hühnerbrust [350 g Paprika]

2. **a)**

Länge (cm)	Preis (€)
6	168
3	84
15	420
5	140
1	28
10	280

b)

Weglänge (km)	Zeit (min)
5	60
10	120
2	24
8	96
16	192
4	48

c)

Gewicht (kg)	Preis (€)
5	3,40
20	13,60
4	2,72
8	5,44
24	16,32
12	8,16

3. **a)** 9,95 € **b)** 14,85 € **c)** 10,72 €

4. 13,5 kg **5.** 800 km **6.** 131,45 € **7.** 12,60 €

[28] **8.** 7 Hefte **9.** 308 Dachziegel **10.** 16,667 kg

11. **a)** 82,50 €; 66,00 €; 49,50 €; 90,75 € **b)** etwa 18,2 ℓ; 30,3 ℓ; 36,4 ℓ

12. **a)** 2,10 € **b)** 15 Eier

13. **a)** 23,20 € **b)** 15 Flaschen

14. **a)** 16,667 ℓ **b)** 15 kg

15. **a)** 270 kg **b)** 11 Tage

16. **a)** 467,50 € **b)** 72 m²

17. **a)** 1155 € **b)** 10 Tage

18. **a)** 108 € **b)** 12 Flaschen

19. **a)** 15-mal **b)** 40 Stunden

20. **a)** 60 m **b)** 20 Stunden

21. **a)** 10,35 € **b)** 1250 g

[29] **22.** **a)** 78,40 €; 67,20 €; 49,00 € **b)** 60,7 ℓ; 45,7 ℓ; 35,7 ℓ

23. **a)** 5,580 kg **b)** 24 Schulhefte

24. **a)** 4500 km **b)** $4\frac{1}{2}$ Stunden

25. **a)** 762,50 CHF **b)** 900 €

26. **a)** 16,13 € [32,25 €; 69,88 €] **b)** 33,00 € [39,60 €; 59,40 €] **c)** 34,89 € [9,54 €; 19,08 €]

27. **a)** 3,38 € [13,13 €; 24,00 €; 32,63 €] **b)** 2,508 kg [5,375 kg; 10,392 kg] **c)** 49,83 € [249,17 €; 285,05 €]

28. **a)** 3,72 € **b)** 329 g

29. **a)** 10,46 € [13,07 €; 6,85 €] **b)** 180 g [250 g]

30. 3,706 kg

31.

	a) 900 mℓ	2000 mℓ	b) 1 Kugel	c) 100 g
Brennwert	1206 kcal	2680 kcal	87,1 kcal	241,2 kcal
Eiweiß	21,6 g	48 g	1,56 g	4,32 g
Kohlenhydrate	138,6 g	308 g	10,01 g	27,7 g
Fett	62,1 g	138 g	4,485 g	12,42 g
Ballaststoffe	3,6 g	8 g	0,26 g	0,72 g
Natrium	0,27 g	0,6 g	0,0195 g	0,054 g

5.2 Dreisatz bei antiproportionalen Zuordnungen

[30] **1.**

a)

Schülerzahl	Fahrtzuschuss (€)
25	36
5	180
20	45
40	22,50

b)

Länge (cm)	Breite (cm)
45	16
9	80
18	40
36	20

c)

Stückzahl	Flächeninhalt (m^2)
18	8
6	24
12	12
4	36

2. 24 Tage [16 Tage] **3.** 24 Tage [15 Tage] **4.** 24 Tage [12 Tage] **5.** 15 Stunden [30 Stunden]

6. 24 Tage [12 Tage]

7. **a)** 30 Wochen **b)** 4 kg **8.** **a)** 27-mal **b)** 9 Lastwagen

6 Positive und negative rationale Zahlen

6.1 Anordnung rationaler Zahlen

[31] **1.** **a)** $-9 < 7$; $-12 < -9$; $+25 > +11$; $0 > -12$; $-10 > -100$
b) $-2,8 < +3,4$; $-4,9 < -4,8$; $-6,7 < 0$; $+4,5 > -2,5$; $-8,7 < +0,2$
c) $-5,24 < -2,35$; $12,39 > -19,51$; $0 > -0,15$; $+8,75 > 7,58$; $-9,75 < +0,75$

2. **a)** $-12 < -6 < -2 < -1 < 0 < 5$ **b)** $-7,3 < -5,3 < -1,25 < 0 < 3,85 < 5,2$

3. **a)** −12; 36; 0; 8,7; −112; 150 **b)** 7,8; −5,3; 34,8; 57,1; −94,9; 145,8

6.2 Rechnen mit rationalen Zahlen

1. **a)** −14; −2; −4; 2 **b)** −5; −20; −74; 23 **c)** −194; 94; −74; −76 **d)** −380; −181; −211; 30

[32] **2.** **a)** 0,6; −2,1; −13,2; 3,5 **b)** −14,1; 22,1; −119,1; 60,6 **c)** −31,05; 9,4; −93,02; −21,58 **d)** $\frac{3}{4}$; $1\frac{1}{2}$; $-1\frac{1}{4}$; $-\frac{1}{6}$

3. **a)** −91 **b)** −10 **c)** −593 **d)** −18,9

4. **a)** −13; 2; 14; 11 **b)** −61; −24; −32; 160 **c)** −70; 237; 54; −212 **d)** 201; 764; −886; −468

5. **a)** −9,2; 2,2; 14,4; 9,9 **b)** −29,1; −9,6; −70,6; 83,1 **c)** 144,05; 88,19; 19,6; −19,79 **d)** $-3\frac{3}{4}$; $-\frac{1}{8}$; 10; $-4\frac{3}{8}$

6. **a)** −31 **b)** −139 **c)** 292 **d)** 3,4

7. **a)** −37; 18; −41; −30 **b)** −173; −111; 22; −25 **c)** −3,5; −15,6; 0,8; −16,5 **d)** −2,2; −12,2; −13,7; −9,9

8. **a)** −10; −5; −365; −738 **b)** −117; −93; 54; −60 **c)** −1,3; −11,3; −13,2; 39,2

9. **a)** $(+24) + (-18) < +24$ **c)** $0 > (-15) + (-15)$ **e)** $(-0,7) + (7,2) < +7,2$
b) $(-2,9) + (-0,8) < -2,9$ **d)** $0 = (-3,2) + (+3,2)$ **f)** $(-0,66) + (+\frac{2}{3}) > 0$

[33] **10.** **a)** −21; −21; 21; 21 **c)** −105; 70; 104; 84 **e)** −475; 322; −2556; 0
b) 55; −55; −55; 55 **d)** 4368; −1836; −962; 1428

11. **a)** −12,8; −7; 2 **b)** 1,05; −0,09; −0,64 **c)** −0,072; −0,65; 6,479 **d)** −219,7; 100,8; −2,115

12. **a)** −56,05; 19,62; −88,8125 **b)** −1309,72; 50,958; −35,0828 **c)** $-\frac{21}{40}$; $-\frac{7}{10}$; $\frac{21}{32}$ **d)** $\frac{3}{10}$; $-\frac{9}{39}$; $-\frac{9}{20}$

13. **a)** 16; −125 **c)** −1; 1 **e)** −1,728; −3,375 **g)** $\frac{9}{16}$; $-\frac{1}{32}$
b) 81; −32 **d)** 0,36; −0,008 **f)** −0,125; 0,0081

14. **a)** −11; 8; −8 **b)** 5; −16; −19 **c)** −13; 31; −18 **d)** −92; −82; 99

15. **a)** 0,4; −0,3; −0,06 **b)** 9; −90; 1,6 **c)** $-\frac{21}{50}$; $-\frac{5}{4}$; $\frac{27}{35}$ **d)** $-\frac{21}{10}$; $\frac{4}{15}$; $-\frac{3}{10}$

16. **a)** 9; 576; −80; −64 **c)** −36; −54; −5; −405 **e)** $-\frac{9}{8}$; $-\frac{1}{2}$; $\frac{1}{12}$; $\frac{17}{12}$
b) −294; 35; −6; 49 **d)** −3; 1,44; 4; −1,8

6.3 Berechnen von Termen – Vorrangregeln

[34] **1.** **a)** 38,18; –10,3; –9; 26,22; 5,4 **b)** 7,16; 8,3; –25,1; 94,37; –21,88

2. **a)** 168; 87 **b)** 27; 57 **c)** 22,25; 66 **d)** –57,95; –36,53 **e)** –3; 32 **f)** 3; –47

3. **a)** –5,1; 7,8; 47,525; 64,1; 14,7 **b)** 30,3; 9,14; –28,34; 8,65; –2 491,3

4. **a)** 54,74; 44,7; 3,6 **b)** 3; –5; –4 **c)** –3,97; –1,4; 8,86 **d)** –7,125; 33,7201; –15,475

5. **a)** $\frac{-9}{5} = -\frac{9}{5} = -1{,}8$ **c)** $\frac{-8+3}{-7} = \frac{5}{7}$ **e)** $\frac{-150}{-4+6} = -75$ **g)** $\frac{-7+(-2)}{13-(-2)} = -\frac{3}{5} = -0{,}6$

b) $\frac{-8{,}5}{1{,}5} = -5\frac{2}{3}$ **d)** $\frac{-1{,}2+4{,}8}{0{,}9} = 4$ **f)** $\frac{-4{,}9}{-0{,}5+(-3)} = \frac{7}{5} = 1\frac{2}{5}$ **h)** $\frac{-1{,}6+7{,}2}{-0{,}2\cdot(-0{,}7)} = 40$

6. **a)** –3 **b)** –7 **c)** –4 **d)** $-\frac{8}{15}$ **e)** $\frac{6}{65}$

7 Umformen ganzrationaler Terme

7.1 Wertgleiche Terme – Termumformung

[35] **1.** **a)**

x	x + x + x + x	4x
–3	–12	–12
$\frac{1}{2}$	2	2
0	0	0
2	8	8
7	28	28

b)

c	3 · c	8 · c	3 · c + 8 · c	11 · c
–3	–9	–24	–33	–33
$\frac{1}{2}$	$\frac{3}{2}$	4	$\frac{11}{2}$	$\frac{11}{2}$
0	0	0	0	0
2	6	16	22	22
7	21	56	77	77

c)

a	a – 1	a · (a – 1)	(1 – a)	a · (a – 1) – (1 – a)	a^2	$a^2 - 1$
–3	–4	12	4	8	9	8
$\frac{1}{2}$	$-\frac{1}{2}$	$-\frac{1}{4}$	$\frac{1}{2}$	$-\frac{3}{4}$	$\frac{1}{4}$	$-\frac{3}{4}$
0	–1	0	1	–1	0	–1
2	1	2	–1	3	4	3
7	6	42	–6	48	49	48

2. 2 · a + b ist gleichwertig mit den Termen (2), (4) und (5).

3. 4a + 4b + 4c; 4 · (a + b + c)

7.2 Produkte und Potenzen

1. **a)** 4a; 2x; 5r; 7z **b)** 2a + 3b; 4x + 3y; y + 3x; 4c + d **c)** 2a + 3b; 3r + 3s; 4x + 3y; 5c + 3d

2. **a)** c + c + c + c + c
b) d + d + d + d + d + d + d + d
c) z + z + z + z + z + z + z
d) x + x + y + y + y + y + y
e) a +a +a +a +a +a + b + b + b + b + b + b + b
f) r + r + s + s + s + s + t + t + t + t + t

[36] **3.** **a)** 63x; 44a; 65z **b)** 30y; 60b; 88z **c)** 60a; 210x; 36z **d)** 160cd; 84xy; 48 st **e)** 117ab; 42bc; 72ef

4. **a)** 2a; 6x; 8bc **b)** $\frac{3}{10}$c; $\frac{21}{40}$z; $\frac{4}{7}$rs **c)** 1,2y; 4,8a; 0,9cd **d)** 0,21x; 0,6a; 0,06de **e)** 0,45a; 0,48x; 0,375xy

5. **a)** –40x; –84a; –44z **b)** –30y; –27 s; –96a **c)** 28a; 48x; 91z

6. **a)** 24xy; 108ab; 15rs **c)** 120xy; 70ab; 27cde **e)** 0,36rs; 0,6b; 0,08y **g)** 20abc; 24xyz; –105rst

b) 480cd; 153yz; 120ad **d)** $\frac{12}{14}$ab = $\frac{6}{7}$ab; $\frac{5}{12}$xz; $\frac{14}{27}$ac **f)** –12ab; 5xy; –20cd

7. **a)** 2x; 4y; 4z **b)** –3z; –3x; –8a **c)** –6b; –7z; –12y **d)** 8x; 5c; 2z **e)** –6x; 7y; –6z

8. **a)** x^3; b^5; r^6 **b)** a^2b^3; r^4s^3; c^3d **c)** a^3b^3; x^3y^4; $r^3s^2t^3$

9. **a)** a · a · a · a **c)** x · x · x · x · x · x · x · x · x · x **e)** a · a · a · a · a · b · b
b) u · u · u · u · u · u · u **d)** y · y · y · x · x · x · x · x **f)** u · u · v · v · v · v · v · w · w · w · w

[37] **10.**

a)	b)	c)	d)	e)	f)	g)	h)
a^7	$3x^5$	$12a^{10}$	$\frac{1}{2}z^5$	$0{,}36b^6$	$-28a^7$	a^8b^4	$18a^2b^2$
a^9	$7y^6$	$28x^6$	$\frac{21}{10}a^5$	$1{,}05a^6$	$-54r^7$	x^6y^3	$24x^3y$
b^4	$4a^{10}$	$54c^7$	$\frac{18}{35}c^{12}$	$0{,}3x^{11}$	$12x^7$	$105xz^6$	$28u^6v^3$
r^{15}	$5z^7$	$48z^7$	$\frac{4}{9}x^{11}$	$5{,}2z^9$	$-25b^{10}$	$-56b^9c$	$6x^4y^5$

11. **a)** $9x^2$; $16y^2$; $49z^2$; $121a^2$ **b)** $4a^2$; $25x^2$; $36z^2$; $144b^2$ **c)** $\frac{1}{4}y^2$; $\frac{4}{9}a^2$; $\frac{16}{25}z^2$; $\frac{49}{36}b^2$ **d)** a^2b^2; x^2y^2; r^2s^2; a^4

12. **a)** 6 **b)** 54 **c)** $42z$ **d)** $5a$ **e)** $\frac{1}{3b}a^2$ **f)** $2x^2y$

7.3 Zusammenfassen gleichartiger Glieder

1. **a)** $7a$; $14x$; $13r$; $25u$; $9b$ **b)** $7a$; $6b$; $8r$; 0; $6c$ **c)** $16x$; $19a$; $17u$; $20b$; $9z$ **d)** $8c$; $11x$; $13a$; $12b$; $30y$

2. **a)** $13a + 2b$; $14x + 7y$; $21u + 7v$; $4r + 11$; $7r - 5s$
b) $5x + 4y$; $7r - 2s$; $13a + 6b$; $32z - 7$; $12c - 12d$
c) $11x + 14y$; $10a + 6b$; $115e - 45f + 11$

[38] **3.** **a)** $\frac{8}{7}x$; u; $12{,}9a$; $8{,}7z$
b) $\frac{7}{8}b + \frac{1}{8}c$; $\frac{5}{4}y + \frac{1}{2}z$; $2{,}3u + 2{,}8v$; $3{,}4a - 4{,}6b$
c) $3\frac{3}{10}r + 1\frac{5}{8}s$; $4\frac{1}{4}z + 1\frac{2}{3}x$; $4\frac{9}{10}a + 5\frac{5}{12}b$; $1\frac{1}{2}u + 1\frac{5}{12}v$

4. **a)** $-8x$; $-7z$; $8b$; $9y$; $-10a$
b) $-3a$; $-8x$; $-31y$; $-18b$; $-36r$
c) $-5{,}5x$; $-3a$; $-12y + 8z$; $-8r - 10s$; $-3b - 7a$

5. **a)** $9a^2$; $8x^3$; $5y^2$; $-5r^2$
b) $8xy$; $26ab^2$; $-6rs$; $1{,}3x^2y^3$
c) $9a^2$; $11xy$; $-10r^2$; $\frac{25}{8}ab^2$
d) $11(a + b)$; $8(b + c)$; $34(r - s)$; $18(x - y)$
e) $12x^2 + 17y^2$; $6xy + 12rs$; $5{,}7a^2 + 2{,}6b^2$; $3{,}9a^2b + 11{,}9cd^2$

6. **a)** $1\,131x$ **b)** $714y^2 + 970z^2 + 1\,200$ **c)** $3ab + 1{,}5cd + 4{,}5y^2$ **d)** $101{,}5xy^2 + 18{,}45a^2c^2$

7. **a)** $-6x^5$ **b)** $27a^7$ **c)** $29rs$ **d)** $5a^2b^2c^2$

7.4 Auflösen und Setzen von Klammern in einem Produkt

1. **a)** $7a + 7b$; $20 + 5c$; $9x + 36$; $3a - 3b$; $45 - 15y$
b) $5a + 5b$; $12 + 4v$; $3w + 21$; $4x - 4y$; $77 - 11a$
c) $ax + bx$; $xz + yz$; $cs + ds$; $cy - dy$; $ax - ay$
d) $a + ab$; $xy + 2x$; yz; $x - xy$; ab
e) $-3x - 3y$; $-2a - 2b$; $-5c + 5d$; $-12 + 4x$; $\frac{3}{4}r + \frac{3}{4}s$

[39] **2.** **a)** $20x + 15$; $28 + 35a$; $12a - 28$; $40 - 56c$; $-21z - 15$; $-48c + 12$
b) $27a + 36b$; $77x + 55y$; $36r - 84s$; $60c - 80d$; $-20x - 35y$; $-44a + 48b$
c) $7ax + 5x$; $3ac + 14bc$; $6xz + 4z$; $7ru + 5su$; $15ab - 3a$; $12bc - 13bd$
d) $6ax + 8ay$; $42xy + 6xz$; $10ax - 20bx$; $63br - 21bs$; $-2xy - 40xz$; $-60ab + 15ac$

3. **a)** $7x + 7y + 7z$; $9x - 9y + 9z$; $-3a + 3b - 12$; $9r - 9s - 36$
b) $24x + 36y + 48z$; $40a - 72b + 80c$; $-42x + 54y + 18$; $12r + 84s - 96t$
c) $4ax + 7bx + 8cx$; $21ux + 35vx + 14wx$; $44cr + 55cs - 11ct$; $60ax - 65ay - 70az$
d) $\frac{3}{7}a + \frac{5}{13}b$; $\frac{8}{7}x - \frac{7}{15}y$; $9ar + 12as$; $\frac{2}{15}x^2 - \frac{2}{5}xy$

4. **a)** $119x^3 - 21x^2y + 35x^2z$; $18a^3 + 12ab^2 + 36ac^2$; $36r^2 + 28rs - 20rt$; $60x^2y - 55y^3 - 65yz^2$
b) $72a^2b + 56ab^2 - 96ab$; $44p^2q - 99pq^2 + 55p^2q^2$; $35x^2y + 56xy^2 + 21xyz$; $6a^3bc - 14ab^3c - 8abc^3$
c) $-12ax - 18bx + 9cx$; $-20ax + 24ay + 26az$; $-5a^2 - 20ab - 60ac$; $-77r^3s + 84r^2s^2 + 91rs^3$

5. **a)** $114a + 75b$; $38x - 63y$; $21c + 28d$; $5s + 18r$
b) $13x^2 - 15xy$; $5ab + 12ac$; $54rs - 37r^2$; $13z^2 + 28y$
c) $10a + 2b$; $3x + 27y$; $3b - ac$; $2xy - 30x^3 + 80x^2 - 72x$
d) $18x$; $76xy + 55xz - 20yz$; $44rs + 12rt$; $67a^2 + 21b^2 - 40ab$
e) $15ax - 7a$; $155ab - 108ac + 98bc$; $-78ab - 12ac$

6. **a)** $5(x + y)$; $1{,}2(a + b)$; $\frac{7}{3}(r + s)$; $8(x - y)$; $3{,}2(u - v)$
b) $8(a + bc)$; $5(xy - z)$; $2{,}1(cd + e^2)$; $1{,}5(1 - z)$; $\frac{1}{2}(x^2 + 1)$
c) $x(5 + y)$; $a(7 - b)$; $a(b + a)$; $a(b - c)$; $u(u - v)$
d) $x(1 + 3y)$; $a(a - 4b)$; $y(6x - 7z)$; $y(x^2 + 1{,}5y)$; $u(\frac{2}{3}v - \frac{1}{5})$
e) $\frac{3}{7}(y - z)$; $7(u + 1)$; $x(2{,}4 + x)$; $u(u + 1)$; $x(5y - 6z)$

7. a) $7x(y+z)$; $0{,}5a(a-b)$; $\frac{3}{5}c(d-1)$; $xy(12+z)$; $ab(5a-3b)$

b) $3b(a+4c)$; $9y(2x-z)$; $12v(2u+3w)$; $5a(3a-5b)$; $6y(4xy+3z^2)$

c) $4ab(5c+6)$; $9ab(5a-4b)$; $24yz(2x-3)$; $6u^2v^2(4u+3)$; $\frac{3}{10}x(x-3y)$

d) $x(a+b+c)$; $a(3a+7b-8b^2)$; $11y(4ay-5b+6cy)$; $5u(2u-5v-7u^2v^2)$; $6abx(2a^2x-5-bx)$

7.5 Auflösen und Setzen einer Minusklammer

[40] 1. a) $-4-a$; $-b+3$; $x-5$; $a-7$
b) $-a-b$; $-x+y$; $r-s$; $c+d$
c) $-3x-7y$; $-12u+13v$; $5a-3b$; $2c+4d$
d) $-3ab-11cd$; $-8a^2+13b^2$; $7x^2-8xy$; $6rs+9r^2$
e) $-4a-5b+7c$; $-17x+9y+12z$; $8r-9s+6t$; $4c+5d+7e$

2. a) $x-y-z$; $a-b+c$; $z-6+y$; $r+s+t$; $x+7-y$
b) $3a+b$; $8x-3y$; $10u+v$; $-8-2c$; $14r-5s$
c) $4x-4y$; $-5a+6b$; $16r-8s$; $24u-3v$; $15c+9d$
d) $8+x-y$; $-3a-b+3c$; $9x+y-7$; $13r-4s+7t$; $32c+7d+5e$

3. a) $-2y$; $2s$; 0; $2x$
b) $12-2x$; $-a-11$; $2s-16$; $-x-3$
c) $4x-12y$; $26a+6b$; $-7{,}5r-0{,}8s$; $1\frac{1}{4}u+\frac{2}{5}v$

4. a) $61x+6y$
b) $34a+31b$
c) $34u+45v$
d) $3{,}9a+0{,}7b+1{,}5c$
e) $10a^2+4b^2+7{,}6c^2$
f) $66x$
g) $-85a+53b$
h) $2\frac{7}{10}u+\frac{1}{10}v+5\frac{7}{24}w$
i) $11{,}2a+40{,}5b+9{,}8c$
j) $4{,}8x+12y+34{,}2z$
k) $-2{,}9r+2{,}8s-15{,}4t$
l) $\frac{5}{4}a+\frac{8}{3}b$

[41] 5. a) $-(4+x)$; $-(a+b)$; $-(7y+4)$; $-(5z+3y)$
b) $-(a-b)$; $-(3-x)$; $-(6z-2)$; $-(8y-5z)$
c) $-(-x+a)$; $-(-r+s)$; $-(-8a+5)$; $-(-6y+7z)$
d) $-(3a+2b)$; $-(4x-5y)$; $-(-7r+s)$; $-(-c+6d)$
e) $-(-4a-5b+6z)$; $-(-x+3{,}4-y)$; $-(\frac{2}{3}u-\frac{1}{5}v+\frac{5}{6}w)$; $-(0{,}2a-0{,}7b+1{,}5c)$

7.6 Auflösen von zwei Klammern in einem Produkt

1. a) $ac-ad+bc-bd$; $ac-ad-bc+bd$; $xy+xz+y^2+yz$; $xy-xz+y^2-yz$; $xy-xz-y^2+yz$
b) $ab+8a+3b+24$; $bc-3b+5c-15$; $xy-4x-8y+32$; $4y-yz-28+7z$; $-11a+ab-66+6b$
c) $12ab+24a-8b-16$; $28xz+28x-35z-35$; $99u-55uv+54-30v$; $45yz-9y-20z+4$; $-2ab-26a+10b+130$
d) $20ac+35ad+12bc+21bd$; $72ux-48uy+48vx-32vy$; $15ru+20rv-6su-8sv$; $15ac-18ad-20bc+24bd$; $-8ax-28ay-12bx-42by$

2. a) a^2+a-20; z^2+z-42; $x^2-17x+72$; $70+3b-b^2$; $2x-1-x^2$

b) $a^2+4ab+3b^2$; $3x^2+14xy+8y^2$; $12u^2-21uv-45v^2$; $28a^2-54ab+18b^2$; $x^2+xy-2y^2$

c) $43yz+12y^2+35z^2$; $36a^2+33ab-15b^2$; $24r^2-10rs-21s^2$; $136uv-96u^2-44v^2$; $\frac{5}{8}x^2-\frac{3}{2}xy-\frac{9}{8}y^2$

d) $40a^4-73a^2b-33b^2$; $42x^4-110x^2y+72y^2$; $45u^4+37u^2v^2-56v^4$; $105r^4+107r^2s^2+22s^4$; $\frac{73}{120}a^2b^2-\frac{5}{9}a^4-\frac{3}{20}b^4$

e) $35x^3+56x^2y^2-20xy-32y^3$; $36r^3-24r^2s+18rs^2-12s^3$; $43a^2b^2-12a^4-35b^4$; $96u^4-44u^2v^2-65v^4$; $0{,}21z^3-0{,}36yz-0{,}84y^2z^2+1{,}44y^3$

3. a) a^3+b^3; $a^3-2a^2b+2ab^2-b^3$; $10a^2+3ab+2a-18b^2+3b$; $27x^2+12xy-9xz-4y^2-6yz$
b) $35a^2-4ac-42ab+30bc-15c^2$; $200u^2-230uv+65v^2+160u-104v$; $2a^3+11a^2+8a-6$; $8x^4-24x^3-38x^2+30x+35$
c) $30a^2+21ab-36b^2-75ac+60bc$; $18x^4-27x^3-62x^2+63x$; $10y^4+y^3-41y^2+28y$; $8+6b-19b^2-15b^3$

[42] 4. a) $45a^2-16ab-18b^2$
b) $-79x^2-245xy-182y^2$
c) $20u^2+88uv$
d) $-75rs+41s^2-116r^2$
e) $32a^2+21ac-61c^2$
f) $-4y^2-45yz+36z^2$
g) $39st+2s^2-61t^2$
h) $-6u^3+44u^2v-27uv^2-24v^3$

5. a) $(7x-3y)(5+3a)$; $(u-3)(6a-4b)$; $(x-2)(2x+x^2)$; $(2a+3b)(3c-4d)$
b) $(2a+b)(a-3ab)$; $(x-y)(12x^2-2x)$; $(-2b+c)(a^2+3b^2)$; $(3u-5v)(3t+7t^2)$
c) $(a-4)(7-a)$; $(x+y)^2(x+y-1)$; $(x-y)(x^2-y^2)$; $(a-b)(5ac^2-5bc^2+1)$

6. a) $(a+b)(3+x)$
b) $(3a+1)(3b+2)$
c) $(y-4)(5-2x)$
d) $(2a-3b)(a^2+3b)$
e) $(2u-3v)(u^2-3v)$
f) $(2r+s)(4r-3s)$

7.7 Anwendungen der binomischen Formeln

1. a) $x^2 + 2xy + y^2$; $x^2 - 2xy + y^2$; $x^2 - y^2$
b) $c^2 + 2cd + d^2$; $c^2 - 2cd + d^2$; $c^2 - d^2$
c) $e^2 + 2ef + f^2$; $e^2 - 2ef + f^2$; $e^2 - f^2$
d) $r^2 + 2rs + s^2$; $r^2 - 2rs + s^2$; $r^2 - s^2$

2. a) $b^2 + 14b + 49$; $u^2 - 4u + 4$; $r^2 - 9$; $z^2 - z + \frac{1}{4}$
b) $36 + 12y + y^2$; $16 - 8d + d^2$; $49 - c^2$; $\frac{9}{16} - \frac{3}{2}a + a^2$

3. a) $9a^2 + 6ab + b^2$; $49x^2 - 14xy + y^2$; $25r^2 - 36$; $\frac{1}{4}r^2 - \frac{3}{4}r + \frac{9}{16}$
b) $25a^2 + 60ab + 36b^2$; $81y^2 - 126yz + 49z^2$; $49a^2 + 112ab + 64b^2$; $\frac{1}{9}x^2 + \frac{2}{15}xy + \frac{1}{25}y^2$
c) $49 - 70a + 25a^2$; $144 + 72x + 9x^2$; $81 - 4z^2$; $\frac{4}{9} - 2y + \frac{9}{4}y^2$
d) $25r^2 - 40rs + 16s^2$; $49v^2 - 100u^2$; $16r^2 - 9s^2$; $0{,}09u^2 - 0{,}16v^2$
e) $121x^2 - 144y^2$; $49r^2 - 42rs + 9s^2$; $16a^2 + 4ab + \frac{1}{4}b^2$; $1{,}44c^2 - 3{,}6cd + 2{,}25d^2$

[43] 4. a) $16 - 8x + x^2$; $a^2 - 14a + 49$; $9 + 6z + z^2$; $25 - 10a + a^2$; $y^2 + 2yz + z^2$
b) $9x^2 - 12xy + 4y^2$; $16a^2 + 40ab + 25b^2$; $49r^2 - 42rs + 9s^2$; $25c^2 - 60cd + 36d^2$; $36y^2 - 84yz + 49z^2$
c) $36u^2 + 36uv + 9v^2$; $16z^2 - 16yz + 4y^2$; $81a^2 + 144ab + 64b^2$; $25c^2 + 60cd + 36d^2$; $81x^2 - 36xy + 4y^2$

5. a) $a^2 + 2ab + b^2 - c^2$; $a^2 - 2ab + b^2 - c^2$; $u^2 - v^2 - 2vw - w^2$; $x^2 - y^2 + 2yz - z^2$; $a^2 + b^2 - 2bc + c^2$; $r^2 + s^2 + 2\,st + t^2$
b) $9a^2 + x^2 - 6xy + 9y^2$; $1 + r^2 + 4rs + 4s^2$; $7x^2 - a^2 + 10ab - 25b^2$; $3 - u^2 - 14uv - 49v^2$; $4u + 4a^2 - 12ab + 9b^2$; $6y - x^2 + 8xz - 16z^2$
c) $a^2 - 2ab + b^2 + c^2 + 2cd + d^2$; $a^2 + 2ab + b^2 + c^2 - 2cd + d^2$; $a^2 - 2ab + b^2 - c^2 - 2cd - d^2$; $a^2 + 2ab + b^2 - c^2 + 2cd - d^2$; $a^2 - 2ab + b^2 - c^2 + 2cd - d^2$; $a^2 - 2ab + b^2 + c^2 - 2cd + d^2$
d) $9a^2 - 12ab + 4b^2 - 49c^2 - 70cd - 25d^2$; $36x^2 + 60xy + 25y^2 + 16r^2 - 64rs + 64s^2$; $36r^2 - 84rs + 49s^2 + a^2 - 4ab + 4b^2$; $81a^2 + 144ab + 64b^2 - 121x^2 - 264xy - 144y^2$; $25x^2 - 40xy + 16y^2 - 36a^2 + 84ab - 49b^2$; $49c^2 + 84cd + 36d^2 + 64a^2 - 144ab + 81b^2$

6. a) $8a + 8$; $29x^2 - 26xy + 10y^2$; $5r^2 - 4rs - 9s^2$; $41a^2 + 116ab + 85b^2$
b) $-56r^2 + 886rs - 279s^2$; $89a^2 + 48ab + 9b^2 - 4$; $74x^2 - 90xy + 45y^2$; $313u^2 - 622uv + 317v^2$
c) $77x^2 - 126xy + 58y^2$; $153u^2 - 48uv + 39v^2$; $202a^2 - 408ab + 208b^2$; $-175x^2 + 390xy - 200y^2$
d) $116a^2 + 196ab + 114b^2$; $194x^2 - 225y^2$; $-385r^2 + 1218rs - 513s^2$; $229c^2 - 758cd + 231d^2$

7.

a)	b)	c)	d)	e)
$(r + s)(r - s)$	$(b + 3)(b - 3)$	$(0{,}6 + a)(0{,}6 - a)$	$(a + 2b)(a - 2b)$	$(9x + 8y)(9x - 8y)$
$(u + v)(u - v)$	$(d + 1)(d - 1)$	$(x + 1{,}2)(x - 1{,}2)$	$(3x + v)(3x - v)$	$(15a + 13b)(15a - 13b)$
$(c + d)(c - d)$	$(1 + a)(1 - a)$	$(r + \frac{9}{5})(r - \frac{9}{5})$	$(z + 4x)(z - 4x)$	$(5r + 4\,s)(5r - 4s)$
$(y + z)(y - z)$	$(9 + x)(9 - x)$	$(\frac{3}{4} + c)(\frac{3}{4} - c)$	$(u + \frac{2}{3}w)(u - \frac{2}{3}w)$	$(0{,}3u+0{,}7v)(0{,}3u-0{,}7v)$
$(b + a)(b - a)$	$(6 + y)(6 - y)$	$(0{,}9 + z)(0{,}9 - z)$	$(y + \frac{5}{6}x)(y - \frac{5}{6}x)$	$(12c + 11d)(12c - 11d)$

8. a) $(u + v)^2$; $(c - d)^2$; $(a + 8)^2$; $(z - 12)^2$; $(y - 7)^2$; $(6 - b)^2$; $(5 + u)^2$; $(r - 9)^2$; $(3 + x)^2$
b) $(x + 5)^2$; $(r - 4)^2$; $(z + 3)^2$; $(y - 7)^2$; $(a + 6)^2(9 - z)^2$; $(\frac{2}{3} + c)^2$; $(c - 7)^2$; $(2 + d)^2$
c) $(3a + b)^2$; $(8y - z)^2$; $(x + 4z)^2$; $(r - 8s)^2$; $(2z - y)^2$; $(6r + s)^2$; $(a - 5b)^2$; $(c + 3d)^2$; $(7y - x)^2$
d) $(6a - 4b)^2$; $(4r + 3s)^2$; $(7x - 5y)^2$; $(9x - 8y)^2$; $(2a + 10b)^2$; $(6r + 3s)^2$; $(0{,}4a + 0{,}6b)^2$; $(5c + 8d)^2$; $(12z - 15y)^2$

8 Lösen linearer Gleichungen und Ungleichungen

8.1 Umformungsregeln für Gleichungen

[44] 1. a) Additionsregel b) Subtraktionsregel c) Divisionsregel d) Multiplikationsregel

2.

x	$2 \cdot x = 6$	w/f	$2 \cdot x + 1 = 6 + 1$	w/f	$2 \cdot x - 3 = 6 - 3$	w/f	$8 \cdot x = 24$	w/f
0	$2 \cdot \mathbf{0} = 6$	f	$2 \cdot \mathbf{0} + 1 = 6 + 1$	f	$2 \cdot \mathbf{0} - 3 = 6 - 3$	f	$8 \cdot \mathbf{0} = 24$	f
1	$2 \cdot \mathbf{1} = 6$	f	$2 \cdot \mathbf{1} + 1 = 6 + 1$	f	$2 \cdot \mathbf{1} - 3 = 6 - 3$	f	$8 \cdot \mathbf{1} = 24$	f
2	$2 \cdot \mathbf{2} = 6$	f	$2 \cdot \mathbf{2} + 1 = 6 + 1$	f	$2 \cdot \mathbf{2} - 3 = 6 - 3$	f	$8 \cdot \mathbf{2} = 24$	f
3	$2 \cdot \mathbf{3} = 6$	w	$2 \cdot \mathbf{3} + 1 = 6 + 1$	w	$2 \cdot \mathbf{3} - 3 = 6 - 3$	w	$8 \cdot \mathbf{3} = 24$	w
4	$2 \cdot \mathbf{4} = 6$	f	$2 \cdot \mathbf{4} + 1 = 6 + 1$	f	$2 \cdot \mathbf{4} - 3 = 6 - 3$	f	$8 \cdot \mathbf{4} = 24$	f

8.2 Lineare Gleichungen ohne Klammer

1. **a)** 3; 0; -16; 0,7; $\frac{1}{4}$; $-\frac{1}{2}$ **b)** 24; −12; 0; $8\frac{1}{4}$; 58,2; $1\frac{1}{6}$

2. **a)** 12; −8; −7; 8; 9 **b)** 18; −35; −21; 48; $\frac{7}{2}$ **c)** 26; 39; −11; $\frac{3}{2}$; 8 **d)** −5; $\frac{6}{5}$; 6; 2,3; $-\frac{5}{6}$

[45] **3.** **a)** 3 **d)** 0 **g)** −6 **j)** 8 **m)** 12 **p)** 1 **s)** $\frac{1}{2}$ **v)** $-\frac{1}{3}$
b) 2 **e)** 6 **h)** 10 **k)** 3 **n)** 0 **q)** 9 **t)** $\frac{3}{4}$ **w)** $\frac{4}{5}$
c) 4 **f)** −5 **i)** 7 **l)** −35 **o)** −2 **r)** −1 **u)** $-\frac{2}{3}$ **x)** $\frac{5}{6}$

4. **a)** 4 **b)** 15 **c)** 11 **d)** 1 **e)** 3 **f)** 6 **g)** $6\frac{1}{4}$ **h)** 1,7

5. **a)** 5 **d)** 9 **g)** 3 **j)** 7 **m)** 2 **p)** 5 **s)** 2
b) 4 **e)** 8 **h)** 3 **k)** 8 **n)** 7 **q)** 20 **t)** 0,25
c) 5 **f)** 5 **i)** −3 **l)** 5 **o)** 4 **r)** 1 **u)** 0

8.3 Lineare Gleichungen mit Klammern

1. **a)** 1 **d)** 9 **g)** −6 **j)** −4 **m)** $-\frac{14}{41}$ **p)** $-\frac{17}{13}$ **s)** 28 **v)** $-\frac{1}{10}$ **y)** { }
b) 4 **e)** 5 **h)** −1 **k)** $\mathbb{R}$ **n)** $\frac{1}{2}$ **q)** $\frac{16}{5}$ **t)** $-\frac{1}{4}$ **w)** 7 **z)** $\mathbb{R}$
c) 3 **f)** 6 **i)** −2 **l)** 1 **o)** $-\frac{1}{3}$ **r)** −6 **u)** $\frac{3}{5}$ **x)** 4

[46] **2.** **a)** 3 **d)** −40 **g)** 48 **j)** $\mathbb{R}$ **m)** −6 **p)** 10 **s)** −1 **v)** $\frac{85}{8}$
b) −1 **e)** −2 **h)** 15 **k)** 40 **n)** 28 **q)** −2 **t)** $\frac{59}{13}$ **w)** $-\frac{67}{11}$
c) −8 **f)** −5 **i)** −12 **l)** ∅ **o)** ∅ **r)** −30 **u)** $-\frac{7}{59}$

3. **a)** 14 **b)** 3 **c)** 8 **d)** $\frac{5}{3}$ **e)** 5 **f)** $-\frac{1}{6}$ **g)** 4 **h)** $\frac{1}{4}$ **i)** 1

4. **a)** 5 **b)** −4 **c)** −1 **d)** 3 **e)** −2 **f)** 10 **g)** −1 **h)** 117 **i)** −75

5. **a)** 4 **b)** 5 **c)** $\frac{3}{2}$ **d)** 4 **e)** 5 **f)** 2 **g)** −3 **h)** 3

6. **a)** −2 **b)** 2 **c)** 6 **d)** −2 **e)** −2 **f)** 1 **g)** −7 **h)** 1

8.4 Anwenden linearer Gleichungen

[47] **1.** −0,6 **2.** 4 **3.** 5 **4.** 22

5. Laura: 8 Jahre; Mutter: 32 Jahre **6.** Frank: 35 Jahre; Julian: 15 Jahre **7.** Länge längere Seite: 9 cm

8. Schenkel: 11 cm; Basis: 7 cm **9.** Schenkel: 10 cm; Basis: 7,5 cm **10.** Winkel $\alpha = 36°$; $\beta = 144°$

11. Basiswinkel: 30°; Winkel zwischen den Schenkeln: 120° **12.** Ursprüngliche Seitenlänge: 6 cm **13.** Grundseite: 5 cm; zugehörige Höhe: 8 cm

14. Kantenlängen der Größe nach: 6,9 cm; 6,95 cm; 13,9 cm **15.** 0,39 € **16.** 1,27 €

8.5 Produktgleichungen

[48] **1.** **a)** {1; 6}; {−3; 2}; {−7; −4} **b)** {2,5; 3,4}; {−5,8; 4,1}; {−9,4; −6,2} **c)** {0; 11}; {−15; 0}; {0; 8,3}

2. **a)** {−1; 3}; {−3; 8}; {−7} **b)** {−5; 4}; {−4; −3}; {−1,5; $\frac{2}{3}$} **c)** {$-\frac{5}{6}$; $\frac{3}{7}$}; {0; $\frac{5}{2}$}; {0; $\frac{5}{2}$}

3. **a)** $(x - 3)(x - 7) = 0$ **c)** $(x - 5)(x + 5) = 0$ **e)** $(x - 1{,}2)(x + 2{,}9) = 0$
b) $(x + 2)(x - 9) = 0$ **d)** $(x + 6)x = 0$

4. **a)** {0; 3}; {−5; 0}; {0; 6} **b)** {0; 3}; {−3; 0}; {0; 3} **c)** {0; $\frac{5}{7}$}; {$-\frac{4}{5}$; 0}; {$-\frac{11}{9}$; 0}

5. a) $\{-2; 2\}$; $\{-6; 6\}$; $\{-3; 3\}$ b) $\{-0{,}3; 0{,}3\}$; $\{-1{,}5; 1{,}5\}$; $\{-\frac{4}{5}; \frac{4}{5}\}$ c) $\{-4; 4\}$; $\{-2; 2\}$; $\{-8; 8\}$

6. a) $\{-3\}$; $\{4\}$; $\{6\}$ b) $\{1{,}5\}$; $\{-0{,}6\}$; $\{\frac{4}{5}\}$ c) $\{-2\}$; $\{4\}$; $\{\frac{1}{2}\}$

7. a) $\{-7; 0\}$; $\{0; 5\}$ b) $\{0; 2\}$; $\{-5; 0\}$ c) $\{0; \frac{1}{6}\}$; $\{0; \frac{53}{20}\}$

8. a) -9 b) -14

8.6 Lineare Ungleichungen

[49] 1. a) $x > 4$; $x < 3$; $x < -4$; $a > -3$
b) $x < 10$; $x > 18$; $x > -2$; $z < 2$
c) $x < 6$; $x > 12$; $x < -7$; $y > -8$
d) $x > 30$; $x > -44$; $x < 39$; $c < -72$
e) $x > -12$; $x < -20$; $x > 7$; $r < 48$

2. a) $x > 6$ b) $x < 4$ c) $x > 3$ d) $x > 1\frac{11}{12}$ e) $x < 5$ f) $x > 4$ g) $x > 3$ h) $x > -4$ i) $x < -1$ j) $x < \frac{2}{3}$ k) $x > 4$ l) $y < -4$ m) $z > -7$ n) $a > \frac{3}{4}$ o) $x > 3$

3. a) $x < 3$ b) $x < 4$ c) $x > 20$ d) $x > 2$ e) $x < 11$ f) $x > -2$ g) $x < 2$ h) $z < 1$ i) $y > 11$ j) $x > 3\frac{2}{3}$ k) $z < -2\frac{1}{6}$ l) $y > \frac{3}{5}$

4. a) $x < 2$ b) $x < -45$ c) $x < 3$ d) $x > -3$ e) $x > 73$ f) $\emptyset$

5. a) $x < -6$ b) $x < 6$ c) $x > -11$ d) $x < \frac{1}{4}$ e) $x < 10$ f) $x > 2$

9 Umformen gebrochenrationaler Terme (Bruchterme)

9.1 Bruchterme

[50] 1. a) $\frac{a}{7} \cdot \frac{b}{4}$ b) $\frac{a+3}{b-4}$ c) $\frac{\frac{x}{3}}{\frac{y}{5}}$

2. a) $x : 8 + y : 7$ b) $(5x + 5y) : (7x - 7y)$ c) $(x^2 + y^2) : 7$ d) $(a + b) : (x - y)$

3. a) $a \neq -5$ b) $y \neq 2$ c) $x \neq -y$ d) $x \neq y$ e) $x \neq 0, x \neq y$ f) $r \neq s$ g) $x \neq -y$ h) $a \neq b,\ a \neq -b$ i) $z \neq 5,\ z \neq -5$ j) $a \neq 0,\ a \neq b$

9.2 Kürzen und Erweitern von Bruchtermen

1. a) $\frac{5x}{5y}$ b) $\frac{xy}{y^2}$ c) $\frac{-x^2}{-xy}$ d) $\frac{2x^2}{2xy}$ e) $\frac{xy^2}{y^3}$ f) $\frac{2x^2y}{2xy^2}$ g) $\frac{x(x+y)}{y(x+y)} = \frac{x^2+xy}{y^2+xy}$

2. a) $\frac{18a}{42b}$ b) $\frac{-15a}{-35b}$ c) $\frac{3ab}{7b^2}$ d) $\frac{60a^2}{140ab}$ e) $\frac{12ab^2}{28b^3}$ f) $\frac{18a^3b}{42a^2b^2}$

3. a) $\frac{49r + 28s}{35r - 21s}$ b) $\frac{28r^2 + 16rs}{20r^2 - 12rs}$ c) $\frac{63rs + 36s^2}{45rs - 27s^2}$ d) $\frac{14r^2 + rs - 4s^2}{10r^2 - 11rs + 3s^2}$ e) $\frac{21r^2 + 40rs + 16s^2}{15r^2 + 11rs - 12s^2}$

4. a) $\frac{3a}{3b}$ b) $\frac{7ab}{7b^2}$ c) $\frac{9a^3}{9a^2b}$ d) $\frac{3a(a-b)}{3b(a-b)}$

5. a) $\frac{12x}{28y}$ b) $\frac{15x}{35y}$ c) $\frac{3xy}{7y^2}$ d) $\frac{12x^3}{28x^2y}$ e) $\frac{21x^3y}{49x^2y^2}$

6. a) $\frac{18x - 21y}{9x - 6y}$ b) $\frac{a(6x - 7y)}{a(3x - 2y)}$ c) $\frac{x^2(6x - 7y)}{x^2(3x - 2y)}$

[51] 7. a) $\frac{27(x+y)^2}{27x^2 - 27y^2}$ b) $\frac{27(x-y)^2}{27x^2 - 27y^2}$ c) $\frac{36xy}{27x^2 - 27y^2}$ d) $\frac{15y^2}{27x^2 - 27y^2}$ e) $\frac{63x^3(x-y)}{27x^2 - 27y^2}$

8. a) $\frac{15x}{5a}; \frac{7a^2}{5a}$ b) $\frac{35y}{10z}; \frac{18x}{10z}$ c) $\frac{15x}{24r^2}; \frac{22y}{24r^2}$ d) $\frac{13x}{2x^2y^2}; \frac{5y}{2x^2y^2}$ e) $\frac{10bx}{45a^2b^2}; \frac{12ay}{45a^2b^2}$

9. a) $\frac{2x}{3y}$ b) $\frac{11}{3}$ c) 6 d) -3 e) $\frac{3}{4b}$ f) $-\frac{2s}{3t}$ g) $\frac{5a}{2}$ h) $\frac{-4y}{3}$ i) $\frac{1}{2z}$ j) $\frac{2ab}{5}$ k) $\frac{5r}{2s}$ l) $\frac{3xz}{5y}$

10. a) $\frac{a-b}{3(r+s)}$ b) $\frac{3}{5}$ c) $\frac{6}{7}$ d) $-\frac{4}{5}$ e) $\frac{2(x+y)}{3}$ f) $\frac{2(b-a)}{3}$ g) $\frac{3}{7}$ h) $9a$ i) 1 j) $\frac{2r}{5xa}$

11. a) $\frac{a-b}{3}$ b) $\frac{4}{x+y}$ c) $\frac{3}{2r-s}$ d) $\frac{4c+5d}{3}$ e) $\frac{4b+7c}{3}$ f) $\frac{3}{8b^2-5}$ g) $\frac{2}{x+y}$ h) $\frac{b-a}{5}$ i) yz j) a k) $\frac{z+1}{z-1}$ l) $\frac{1}{4}$ m) 3 n) $\frac{z}{y}$ o) $\frac{1}{4}$ p) $\frac{4a}{3}$ q) $-\frac{8}{9}$ r) $\frac{b}{a}$

12. a) $\frac{1}{a+3}$ b) $x-5$ c) $\frac{z-4}{2}$ d) $\frac{b+6}{b-6}$ e) $\frac{a+b}{a-b}$ f) $-(x+y)$ g) $\frac{z}{y-5}$ h) 1 i) $\frac{a-1}{3}$ j) $5(x+y)$

9.3 Addition und Subtraktion von Bruchtermen

1. a) $\frac{11x}{9}$; $\frac{29a}{11}$; $\frac{34z}{7}$; $\frac{4r^2}{3}$; $-\frac{10x^3}{21}$ b) $-\frac{9}{x}$; $\frac{16}{a^2}$; $\frac{11}{z}$; $\frac{18}{xy}$; $-\frac{4}{x^3}$ c) $\frac{9b}{5a}$; $-\frac{3y^2}{4z}$; $-\frac{7s}{r}$ d) $\frac{x}{y}$; $-\frac{5y}{7a^2}$; $\frac{2z^2}{c^2}$

[52] 2. a) $\frac{x}{2}$; $\frac{2b}{3}$; $-\frac{15}{2}$; $-r+s$; $\frac{3a+b}{7}$ b) $\frac{19a-b}{3}$; $r+s$; $\frac{10}{11}$; $\frac{x^2+3y^2}{15}$; $\frac{-a^2-4a+1}{5}$ c) $\frac{a+4b}{4x}$; $\frac{3x+7y}{9rs}$; $\frac{y+6z}{13a}$; $\frac{x}{3z^2}$; $\frac{6r+s}{ab}$

3. a) $\frac{48}{x+y}$; $-\frac{6}{a-b}$ b) $\frac{5x-4}{z-5}$; $\frac{11a+2b}{a+b}$

4. a) $\frac{18}{3r-s}$; $\frac{7}{3a+2b}$ b) $\frac{x^2+5z}{a^2-b^2}$; $\frac{7s-3r}{5x-7y}$ c) $\frac{2a+21b}{x^2-y^2}$; $r-1$

5. a) $\frac{5x-3y}{15}$; $\frac{2a+7b}{14}$; $\frac{18x+32y-15z}{24}$; $\frac{12r-10s+7t}{36}$
b) $\frac{7y+5x}{xy}$; $\frac{3b^2-2a^2}{a^2b^2}$; $\frac{6yz-8xz+9xy}{xyz}$; $\frac{24bc-45ac+80ab}{60abc}$
c) $\frac{20x^2z+45y^2z+24yz^2}{30xyz}$; $\frac{12xa-32yb+63zc}{72abc}$
d) $\frac{8a+4bx-cx}{8x^2}$; $\frac{81r-48sy-14ty^2}{18y^3}$

6. a) $\frac{5x-3y+8}{6}$; $\frac{30a-31b}{12}$; $\frac{18r-11s}{48}$; $\frac{29-10y}{24}$
b) $\frac{2a^2+3a+2ab+b}{ab}$; $\frac{2y^2+8xy-4x^2}{xy}$; $\frac{b^2+14ab-7a^2}{ab}$; $\frac{x^2(7y-8z)+y^2(9z-6x)-z^2(4y+5x)}{xyz}$
c) $\frac{-9c^2+bc-5b^2}{75bc}$; $\frac{15by(a-x)+4ax(b+y)}{36abxy}$; $\frac{x^2(15y+16z)-3y^2(7x+6z)+12z^2(x-y)}{12xyz}$; $\frac{r(30a^2-21a-44)-s(36a^2+27a+32)}{24a^3}$

7. a) $\frac{5x+y}{x^2-y^2}$; $\frac{r-19}{r^2-2r-35}$ b) $\frac{15xy+15y+20z}{9y^2+12yz}$; $\frac{c^2+85c}{c^2-25}$ c) $\frac{13x+18y}{6(a-b)}$; $\frac{7r^2-24s^2}{12r^2+11rs-5s^2}$

8. a) $\frac{a^2+4a+5}{a^3+6a^2+11a+6}$; $\frac{4x-2y-2}{x^2-y^2}$ b) $\frac{-2a(x+xy+4y)}{x^2-y^2}$; $\frac{2r(2r^2+5r-3)}{r^3+7r^2+14r+8}$ c) $\frac{6a^3+a^2(14-b)+a(2b-4)+7b}{a^3+3a^2-a-3}$; $\frac{3}{z^2+7z+12}$

9. a) $\frac{3x+y+z}{3}$; $\frac{ax-b+c}{x}$; $\frac{113a}{7}$ b) $\frac{a^2+6ab+b^2}{4ab}$; $\frac{2y^2}{x-y}$; $\frac{rs+2s^2}{r-s}$ c) $\frac{11a+4b}{3a+2b}$ d) $-\frac{3x^2-2xy-y^2}{4x}$

9.4 Multiplikation von Bruchtermen

[53] 1. a) $\frac{6}{7x}$; $\frac{10}{xy}$; $\frac{8a}{7c}$; $\frac{y^2}{x^2}$; $-\frac{ax}{by}$; $-\frac{ry}{sz}$
b) $\frac{2}{3}$; $\frac{7ax}{15by}$; $\frac{15a^2}{44b^2}$; $\frac{4ax}{3br}$; $-\frac{5az}{2y}$; $-\frac{2z}{3x}$
c) $-\frac{ac}{df}$; $\frac{1}{42a^2b^2}$; $\frac{1}{10}$; $\frac{xyz}{3}$
d) $\frac{4tu}{3r^2s^2}$; $\frac{a^3}{2x^3y^2}$; $\frac{ac^4}{b}$; $-\frac{y}{2zx}$

2. a) $\frac{a^2}{16}$; $\frac{9}{x^2}$; $\frac{c^2}{25}$ b) $\frac{9a^2}{b^2}$; $\frac{x^2}{25z^2}$; $\frac{4r^2}{49s^2}$ c) $\frac{16x^2y^2}{81a^2}$; $\frac{36x^2y^2}{49a^2b^2}$; $\frac{16r^2s^2}{81y^2z^2}$ d) $\frac{25a^2b^2}{49r^2s^2}$; $\frac{49x^2y^2}{9r^2s^2}$; $\frac{25a^2z^2}{4b^2x^2}$ e) $\frac{64c^2d^2}{9u^2v^2}$

3. a) $\frac{3}{5}$; $\frac{6x}{7y^2}$; $\frac{7(x-y)}{5b}$; $\frac{a}{a+b}$ b) $\frac{21d}{5c}$; $-\frac{9cd}{ab}$; $\frac{3}{2(x+y)}$; $\frac{a(a-3)}{a-b}$ c) $\frac{5}{9}$; $\frac{1+a}{x+y}$ d) $\frac{x-3}{x+2}$; $\frac{(7r+1)(a+b)}{a-b}$

4. a) $\frac{35}{a^2}$; $\frac{18x}{11}$; $\frac{8a}{3b}$ b) $20az$; $-\frac{3xz}{4y}$; $-\frac{96ab}{11}$ c) $7a(x+y)$; $9(a^2-b^2)$; $\frac{y^2z}{x-3}$ d) $(2x+3y)^2$; $\frac{2ab}{5(a-b)}$; $24(5y+2z)^2$

5. a) $15ax-21y-6\frac{2}{3}a^2z$; $20yz+36xz+42xy$
b) $5x^2z-3xy^2-2{,}5xz^2$; $2a^2-ab-3b^2$
c) $2x^2+5xy+3y^2$; $\frac{3rs-5t}{5r-4s}$
d) $\frac{15}{2}-\frac{8}{5}x+\frac{20x^2}{y^2}$; $\frac{4z}{7}-\frac{39bz}{35a}-\frac{32cy}{5a}$

6. a) $\frac{xy-8x^2+9y^2}{3xy}$; $\frac{ab-3a^2+2b^2}{6ab}$
b) $\frac{12a^2-9a^3+56a-64}{8a^2}$; $\frac{4z^3y^2+54z^2y^2-54z^2y-729zy-90z-1215}{27y^3z}$
c) $\frac{b^2+2ab+a^2}{a^2b^2}$; $\frac{25a^2-30ab+9b^2}{225}$

9.5 Division von Bruchtermen

[54] **1.** a) $\frac{5x}{6}$; $\frac{14}{3y}$; $\frac{3s}{5r}$; $\frac{2a}{xy}$ b) $\frac{4a}{bc}$; $\frac{22bx}{15ay}$; $\frac{3}{2}$; $\frac{7a}{10s}$ c) $\frac{a}{b}$; $\frac{8x}{15y}$; $\frac{10ab}{3xy}$; $\frac{21r^3s^3}{4x^2y^5}$ d) $\frac{2}{x+y}$; $\frac{3c}{5d(a-b)}$

2. a) $\frac{7b}{a}$; $\frac{27}{2z}$; $\frac{44s}{3r}$; $\frac{15y}{x}$ b) $\frac{7x}{3}$; $\frac{xy}{4}$; $\frac{ac}{b}$; 2s c) 39a; 3y; $\frac{20y}{3}$; 21s d) $\frac{a^3}{2}$; ts; $15x^2y^2z^2$; 15xy

3. a) $\frac{(x-y)^2(x+y)}{7}$ b) $\frac{3c}{a-b}$ c) $\frac{(r+s)(r^2+s^2)}{r-s}$

4. a) $\frac{2a}{11b}$; $\frac{3x}{14y}$; $\frac{z^7}{10x}$; $\frac{5r}{28s^3}$ b) $\frac{7x}{5y}$; $\frac{3ab}{5c}$; $\frac{5rs^2}{7t}$; $\frac{x^2}{z}$ c) $\frac{x}{3y}$; $\frac{3y}{11az}$; $\frac{11a}{21}$; $\frac{3y}{8z}$ d) $\frac{4a}{27c}$; $\frac{4rs}{39}$; $\frac{5x^2y^2}{21z^2}$; $\frac{3y^3z^2}{10x^2}$

5. a) $\frac{5x}{4}$ b) $\frac{2(a+b)}{d}$ c) $\frac{2}{z(x-y)}$

6. a) $\frac{yz}{x}$ b) $\frac{adf}{bce}$ c) $\frac{ade}{bcf}$ d) a^4 e) $\frac{24}{5}$ f) $\frac{4x^2y^2}{7z^6}$ g) $\frac{z}{a}$ h) $\frac{1}{6c}$

7. a) $\frac{2}{39x} - \frac{8c}{25yb} + \frac{5c}{17za}$ b) $-\frac{3a^2}{4y} + \frac{4a}{3x}$ c) $\frac{46a}{z} + \frac{69a}{y} - \frac{115a}{x}$

8. a) $\frac{2(x+y)}{(x-y)^2}$ b) $\frac{3a}{5c(a-b)}$ c) $\frac{2-z}{x+1}$ d) $-\frac{x}{3}$ e) $(a+5)(a+2)$

9. a) $\frac{6}{5}$ b) $\frac{x^2}{x+1}$ c) $\frac{z}{z^2+1}$ d) $\frac{ac-b}{cd}$ e) $\frac{2(3x+2)}{x}$ f) $\frac{y}{xy-x}$ g) $2(b+1)$ h) $\frac{2(2a-c)}{d}$

10 Bruchgleichungen und Bruchungleichungen

10.1 Lösen von Bruchgleichungen, die auf lineare Gleichungen führen

[55] **1.** a) 84 b) 42 c) 24 d) –25 e) $\frac{7}{8}$ f) $-\frac{11}{5}$ g) 24 h) –14 i) 16 j) 113

2. a) 40 b) 36 c) 6 d) 24 e) 42 f) –30 g) $\frac{1}{4}$ h) –3 i) 20 j) 24 k) –630 l) $86\frac{2}{3}$ m) $2\frac{2}{3}$ n) $\frac{15}{4}$ o) 1 p) $7\frac{1}{5}$

3. a) 20 b) 12 c) 24 d) 13 e) $\frac{17}{9}$ f) $\frac{17}{2}$ g) 162 h) 12 i) $-\frac{25}{33}$ j) 12 k) 5 l) 23

4. a) 60 b) –60 c) 60

5. Anja: 1 200 €; Julia: 600 €; Laura: 400 €

[56] **6.** Die Variablen (x, z, y, u) seien ungleich Null.

a) $\frac{1}{2}$ b) $\frac{3}{20}$ c) 20 d) 8 e) $\frac{3}{5}$ f) $\frac{1}{4}$ g) $\frac{1}{3}$ h) $\frac{22}{35}$ i) 3 j) $\frac{38}{21}$ k) –20 l) –8

7. a) 10 $(x \neq -2)$ b) $6\frac{3}{4}$ $(x \neq 3)$ c) 7 $(z \neq \frac{5}{7})$ d) 2 $(x \neq -8; 0)$ e) 7 $(y \neq 0; -\frac{7}{5})$ f) 15 $(x \neq 0; 5\frac{10}{11})$ g) 3 $(x \neq -1; -2)$ h) 7 $(x \neq -\frac{5}{3}; \frac{3}{5})$ i) 1 $(y \neq -5{,}5)$ j) 4 $(x \neq 0; 3)$ k) 1 $(x \neq 0; \frac{5}{3})$ l) 6 $(x \neq 0; \frac{9}{4})$

8. a) 4 $(x \neq 0; 1; -2)$ b) $1\frac{1}{11}$ $(x \neq 0; 1; 2)$ c) 5 $(y \neq -1; 1; 2)$ d) $\frac{5}{13}$ $(x \neq 1; -1; 2)$ e) –5,5 $(z \neq -\frac{1}{2}; -\frac{1}{4}; \frac{1}{3})$ f) 7 $(x \neq -1{,}25; 1{,}5; 0{,}4)$

9. a) 7 $(x \neq 5; -7)$ b) 133 $(x \neq 3; -7)$ c) 11 $(z \neq 3; 7)$ d) –5 $(x \neq -8; -10)$ e) –2 $(x \neq 2; -6)$ f) –1 $(y \neq 1; -3)$ g) 5 $(x \neq 4; -4)$ h) 3 $(z \neq 2; -2)$ i) –2 $(x \neq 1{,}5; -1{,}5)$

10. a) $(c-f) \cdot a$ b) $d + c$ c) $\frac{bf-ec}{af-cd}$ d) $\frac{be}{af+bd}$ e) $\frac{a+b+ab}{abc}$ f) $\frac{3b+2c+abc}{bcd}$

11. a) $\frac{15}{2}$ b) –3

10.2 Lösen von Bruchungleichungen

[57] 1. a) $L = \{x \mid x > 6{,}4\}$ c) $L = \{x \mid x < 1\frac{19}{43}\}$ e) $L = \{x \mid x < -4\frac{2}{11}\}$
b) $L = \{x \mid x < 4\frac{5}{7}\}$ d) $L = \{x < -1\}$ f) $L = \{z \mid z > -3\}$

2. a) $L = \{x \mid 0 < x < \frac{1}{5}\}$ d) $L = \{x \mid x < -\frac{1}{5}\} \cup \{x \mid x > 0\}$ g) $L = \{z \mid z > \frac{22}{75}\} \cup \{z \mid z < 0\}$
b) $L = \{x \mid -\frac{4}{3} < x < 0\}$ e) $L = \{y \mid 0 < y < 3\}$ h) $L = \{x \mid x < 0\} \cup \{x \mid x > \frac{5}{42}\}$
c) $L = \{z \mid z < 0\} \cup \{z \mid z > \frac{1}{2}\}$ f) $L = \{x \mid 0 < x < \frac{1}{8}\}$

3. a) $L = \{x \mid -3 < x < 2\}$ d) $L = \{x \mid x > 4\} \cup \{x \mid x < 1\}$ g) $L = \{x \mid x < -3\} \cup \{x \mid x > -1\frac{9}{14}\}$
b) $L = \{x \mid -4 < x < 7\}$ e) $L = \{x \mid -12 < x < -2\}$ h) $L = \{x \mid x < -9\} \cup \{x \mid x > 3\}$
c) $L = \{x \mid x > 2\} \cup \{x \mid x < -5\}$ f) $L = \{x \mid -2 < x < 1\}$

4. a) $L = \{x \mid 0 < x < 1\}$ c) $L = \{x \mid x > 3\} \cup \{x \mid x < \frac{4}{7}\}$ d) $L = \{x \mid x < 0\} \cup \{x \mid x > 9\}$
b) $L = \{x \mid x > 0\} \cup \{x \mid x < -3\}$

5. a) $L = \{x \mid x < -\frac{19}{2}\} \cup \{x \mid -2 < x < 1\}$ c) $L = \{y \mid y < \frac{1}{2}\} \cup \{y \mid \frac{8}{7} < y < 2\}$
b) $L = \{x \mid x > \frac{49}{13}\} \cup \{x \mid -2 < x < 3\}$ d) $L = \{z \mid z < -\frac{2}{3}\} \cup \{z \mid -\frac{2}{9} < z < \frac{2}{3}\}$

6. a) $L = \{x \mid x > -4\}$ c) $L = \{x \mid x > -\frac{4}{3}\} \cup \{x \mid -4 < x < -2\}$
b) $L = \{x \mid x < -\frac{1}{2}\} \cup \{x \mid 1 < x < 2\}$ d) $L = \{x \mid x < -2\} \cup \{x \mid -\frac{1}{2} < x < 1\}$

7. a) $L = \{x \mid 0 < x < 5\}$ b) $L = \{x \mid x < 5\} \cup \{x \mid x > 6\}$

11 Lineare Funktionen

11.1 Proportionale Funktionen

[58] 1. a) P_1 und P_3 b) A(2|−1); B(−8|4); C(10|−5); D(−1,5|0,75)

2. a) y = 3x b) y = −2,5x c) y = 1,2x d) y = −0,75x

[59] 3. — 4. —

5. a) y = 1,62x b) y = 6,8x c) y = 9,2x d) y = 0,75x e) y = 0,25x f) y = 2,8x g) y = 0,069x

6. a) ja b) nein c) ja d) nein

11.2 Lineare Funktionen

[60] 1. a) P_1 und P_3 b) $P_1(8|5)$; $P_2(-2|2{,}5)$; $P_3(-44|-8)$; $P_4(-18|-1{,}5)$

2. —

[61] 3. a) $A_1(0|-1)$; $[A_2(0{,}4|0)]$; nicht durch P, aber durch Q c) $A_1(0|3)$; $[A_2(2|0)]$; durch P, nicht durch Q
b) $A_1(0|2)$; $[A_2(-\frac{20}{7}|0)]$; weder durch P noch durch Q d) $A_1(0|-1{,}5)$; $[A_2(-1|0)]$; weder durch P noch durch Q

4. a) y = 0,3x + 1,5 b) y = 0,237x + 94 c) y = −0,0032x + 21,6

[62] 5. —

6. a) y = 2x + 1 b) y = −x + 2 c) y = −2x − 2 d) y = 3x − 1 e) $y = \frac{1}{2}x + 1$ f) $y = -\frac{3}{2}x + 1$

11.3 Nullstellen von Funktionen

[63] 1. a) −2,5 b) 2 c) −4 d) 1,2 e) −8

2. a) y = 0,118x b) etwa 678 km

11.4 Aufstellen der Gleichung einer Geraden

1. a) $y = x + 1$ b) $y = \frac{1}{2}x + 4,5$ c) $y = x - 3$ d) $y = -0,45x + 0,075$

2. a) $y = -3x + 23$ b) Ursprünglich 23 cm; um 3 cm pro Stunde c) Nach insgesamt 7 Stunden und 40 Minuten.

3. $y = 2,15x + 23,15$; Die Steigung gibt den Verbrauchspreis an: 2,15 €; der y-Achsenabschnitt liefert die Grundgebühr: 23,15 €/Jahr.

4. $y = 1,7x + 3$; Die Steigung gibt den Preis pro gefahrenen km an: 1,70 €; der y-Achsenabschnitt liefert die Grundgebühr: 3 €.

12 Systeme linearer Gleichungen

12.1 Lineare Gleichungen mit zwei Variablen

[64] 1. z. B. a) $(-\frac{1}{2}; 2)$, $(1; 1)$, $(\frac{5}{2}; 0)$, $(4; -1)$, $(\frac{11}{2}; -2)$
b) $(-2; \frac{1}{2})$, $(-1; 2)$, $(0; \frac{7}{2})$, $(1; 5)$, $(2; \frac{13}{2})$
c) (–1; –2), (–0,2; –1), (0,6; 0), (1,4; 1), (2,2; 2)
d) (–5; 2), (–3,5; 1), (–2; 0), (–0,5; –1), (1; –2)
e) (–3; 2), (–2; 1), (–1; 0), (0; –1), (1; –2)
f) (–16; –2), (–8; –1), (0; 0), (8; 1), (16; 2)
g) (2,6; –2), (2,8; –1), (3; 0), (3,2; 1), (3,4; 2),
h) (–15; 2), (–12; 1), (–9; 0), (–6; –1), (–3; –2)
i) (5; –4), (5; –2), (5; 0), (5; 2), (5; 4)
j) (–6; 2), (–3; 2), (0; 2), (3; 2), (6; 2)

2. —

3. —

12.2 Systeme von zwei linearen Gleichungen mit zwei Variablen

[65] 1. a) (1; 2) b) (7; 1) c) (3; –1) d) (–4; –5) e) (3; 0) f) (3; 2) g) { } h) $\{(x; y) \mid y = \frac{1}{2}x - 5\}$ i) (4; –3) j) (3; 5) k) (4; 2) l) (3; –2) m) (–3; 3) n) (2; 3) o) $(\frac{9}{14}; -\frac{19}{7})$ p) (0,5; –1,3)

12.3 Rechnerische Verfahren zur Lösung linearer Gleichungssysteme

[66] 1. a) (5; 3) b) (5; 7) c) (–5; –4) d) (1; 8) e) (–3; –14) f) (–6; –1) g) (21; 10) h) { }

2. a) (5; 4) b) (–15; –5) c) (3; –1) d) (2; –1) e) (3; –2) f) (2; 2) g) (6; –5) h) (6; 0)

[67] 3. a) (5; 7) b) (1; 3) c) (9; 8) d) (10; 8) e) $(4; 13\frac{2}{3})$ f) (71; 14) g) (–8; –4) h) (10; 3) i) (10; 10) j) (0,5; 0) k) $(2\frac{1}{2}; -3\frac{1}{3})$ l) (2; –3) m) (14; 16) n) (7; 9) o) (2; 1) p) (8; 1) q) (–1; 1) r) (–2; –3) s) (–0,75; 0,5) t) (11; 10) u) (12; 8) v) (12; 4) w) (7; 6) x) (8; 9)

4. a) (7; 8) b) (6; 2) c) (4; 3) d) (0; 1) e) (3; 3) f) (3; –1) g) $\{(x; y) \mid y = -\frac{1}{3}x + \frac{10}{3}\}$ h) (4; 3) i) (3; 4) j) (1; 1) k) (3; 2) l) (2; 1)

5. a) (2; 1) b) (9; 6) c) (2; 2) d) (1; 3)

12.4 Systeme von drei linearen Gleichungen mit drei Variablen

[68] 1. a) (15; 12; 10) b) (14; –8; 3) c) (3; –2; 1) d) (3; 5; 7) e) (2; 2,5; –1,5) f) (7,25; 8,25; 9,25) g) $(3\frac{1}{7}; 2\frac{1}{7}; 1\frac{1}{7})$ h) $(\frac{34}{27}; \frac{52}{9}; -\frac{26}{27})$ i) $(\frac{531}{433}; \frac{412}{433}; \frac{485}{433})$

12.5 Anwenden linearer Gleichungssysteme

[69] 1. (630; 330)

2. (13; 5)

3. $\frac{36}{48}$

4. Vater 30 Jahre, Sohn 2 Jahre

5. 4 Söhne, 3 Töchter, 7 Kinder

6. 28 cm, 12 cm

7. 7 cm, 3 cm

8. Schenkel 20 cm, Basis 15 cm

9. Winkel in der Spitze 108°; Basiswinkel 36°

10. a) Röhre 1: 360 Minuten, Röhre 2: 120 Minuten   b) 90 Minuten

11. (222; 333; 444)

12. Für Zucker 1 €, für Mehl 1,50 €, für Kaffee 9 €

13. A: 20 Tage; B: 30 Tage; C: 60 Tage; zusammen 10 Tage

14. a) Die längere Seite in 14,5 cm, die kürzere 9,5 cm lang.
b) Die längere Seite ist 15,25 cm, die kürzere 8,75 cm lang.

13 Quadratwurzeln – Rechnen mit Quadratwurzeln

13.1 Quadratwurzelbegriff

[70] 1. a) 9 c) 5 e) 6 g) 25 i) 21 k) 18 m) 30 o) 70 q) 100
b) 10 d) 13 f) 7 h) 20 j) 24 l) 15 n) 50 p) 80 r) 1000

2. a) $\frac{1}{2}$ c) $\frac{7}{10}$ e) $\frac{3}{8}$ g) 0,2 i) 1,1 k) 1,6
b) $\frac{4}{5}$ d) $\frac{6}{9}$ f) $\frac{4}{5}$ h) 0,5 j) 1,4 l) 0,1

3. a) 41; 13; 0,4; 3,8; 12,7; 101   b) 17; 3,8; 0,2; 103; 61; 17,6; 0,03; $\frac{17}{18}$

4. a) 5 a c) 7y e) 0,3x g) ab i) x + y
b) 9b d) 12z f) $\frac{1}{3}$r h) 4xy j) 4(a – b)

5. a) x + y b) a + 4 c) 2x + 3 d) 3b – 4c

13.2 Multiplizieren und Dividieren von Quadratwurzeln

[71] 1. a) 8 b) 12 c) 70 d) 5 e) 12 f) 0,9

2. a) 18 b) 108 c) 11 d) 10,4 e) 0,12 f) 3,57

3. a) 7 b) 9 c) 8 d) 11 e) 4 f) 8

4. a) $\frac{6}{7}$ c) $\frac{5}{11}$ e) $\frac{13}{20}$ g) $\frac{1,1}{1,3}$ i) $\frac{0,3}{0,4} = \frac{3}{4}$
b) $\frac{8}{3}$ d) $\frac{14}{15}$ f) $\frac{4}{5}$ h) $\frac{1,6}{1,9}$ j) $\frac{0,03}{0,04} = \frac{3}{4}$

5. a) $9x;\ 12a;\ 0{,}6r$ c) $4a;\ 10x;\ 8ab;\ xyz$ e) $a;\ 6x;\ 5z$ g) $\frac{a}{4};\ \frac{2}{a};\ \frac{5axy}{8}$
b) $z^2;\ 6b^2;\ 12xy$ d) $6r^2 s;\ 7ab^2c^3;\ 5x^2yz^4$ f) $\frac{x}{y};\ s;\ yz$ h) $\frac{5y}{4xz^2};\ 1$

6. a) $5\sqrt{3};\ 3\sqrt{3};\ 2\sqrt{6};\ 5\sqrt{5};\ 6\sqrt{3};\ 7\sqrt{2}$
b) $\frac{1}{9}\sqrt{7};\ \frac{1}{7}\sqrt{5};\ \frac{2}{11}\sqrt{2};\ \frac{4}{13}\sqrt{2};\ \frac{1}{2}\sqrt{2};\ 2\sqrt{0{,}6} = 2\sqrt{\frac{3}{5}}$
c) $4\sqrt{x};\ x\sqrt{5};\ 5a\sqrt{2};\ 2x\sqrt{7y};\ ab^2\sqrt{5}$
d) $\frac{1}{6}\sqrt{a};\ \frac{1}{x}\sqrt{10};\ \frac{6}{b}\sqrt{2};\ \frac{3}{y}\sqrt{5x};\ \frac{5a}{3b}\sqrt{a};\ \frac{z}{xy^2}\sqrt{11z}$
e) $\frac{2x^2}{y} \cdot \sqrt{\frac{2}{y}};\ \frac{a}{b}\sqrt{7};\ \frac{6}{s} \cdot \sqrt{r};\ \frac{3}{7}\sqrt{\frac{x}{y}};\ \frac{9y}{r^2s}\sqrt{\frac{x}{5s}}$

7. a) $4\sqrt{a-b}$ b) $9\sqrt{x+y}$ c) $(x+y)\sqrt{5}$ d) $(a-b)\sqrt{7}$

8. a) $10x\ (x \geq 0)$ b) $a\sqrt{b} - b\sqrt{a}\ (a \geq 0;\ b \geq 0)$ c) $2r + 2\sqrt{r^2-1}\ (r \geq 1)$ d) $a^2 - b\ (b \geq 0)$

14 Quadratische Gleichungen – Wurzelgleichungen

14.1 Quadratische Gleichungen

[72] 1. a) {9; –9} c) $\{\sqrt{19}; -\sqrt{19}\}$ e) { } g) $\{\frac{14}{9}; -\frac{14}{9}\}$ i) $\{\frac{8}{7}; -\frac{8}{7}\}$ k) {2,5; –2,5}
b) {11; –11} d) {0} f) $\{\frac{8}{7}; -\frac{8}{7}\}$ h) { } j) {0,9; –0,9} l) {0,2; –0,2}

2. a) $\{6; -6\}$ c) $\{2\sqrt{3}; -2\sqrt{3}\}$ e) $\{\ \}$ g) $\{40; -40\}$ i) $\{5\sqrt{2}; -5\sqrt{2}\}$
b) $\{9; -9\}$ d) $\{5\sqrt{7}; -5\sqrt{7}\}$ f) $\{\frac{1}{12}; -\frac{1}{12}\}$ h) $\{0{,}8; -0{,}8\}$ j) $\{0\}$

3. a) $\{8; -8\}$ c) $\{\frac{3}{7}; -\frac{3}{7}\}$ e) $\{3\sqrt{3}; -3\sqrt{3}\}$ g) $\{0{,}5; -0{,}5\}$
b) $\{\ \}$ d) $\{7; -7\}$ f) $\{6; -6\}$ h) $\{2\sqrt{2}; -2\sqrt{2}\}$

4. a) $\{-\frac{7}{3}; \frac{7}{3}\}$ b) $\{0\}$ c) $\{-8; 8\}$

5. a) $\{43; -7\}$ b) $\{4; -18\}$ c) $\{8; -2\}$ d) $\{-2{,}7; -7{,}3\}$

6. a) $\{11; -1\}$ c) $\{0{,}5; -2{,}25\}$ e) $\{-9\}$
b) $\{8; -22\}$ d) $\{6 + \sqrt{13}; 6 - \sqrt{13}\}$ f) $\{\ \}$

[73] 7. a) $\{7; -9\}$ d) $\{10; -3\}$ g) $\{-1 + \sqrt{2}; -1 - \sqrt{2}\}$ j) $\{1; -0{,}5\}$ m) $\{-5; -7\}$
b) $\{7; -13\}$ e) $\{\ \}$ h) $\{37; 3\}$ k) $\{0{,}5; 0{,}25\}$ n) $\{-4; -6\}$
c) $\{10; 1\}$ f) $\{12; 5\}$ i) $\{3 + \sqrt{5}; 3 - \sqrt{5}\}$ l) $\{2; 1{,}4\}$ o) $\{-1; -17\}$

8. a) $\{5; \frac{7}{3}\}$ d) $\{2\frac{1}{3}; 0{,}6\}$ g) $\{5{,}5; -\frac{3}{7}\}$ j) $\{\frac{3}{5} + \frac{1}{5}\sqrt{7}; \frac{3}{5} - \frac{1}{5}\sqrt{7}\}$
b) $\{\frac{5}{7}; -\frac{9}{13}\}$ e) $\{\ \}$ h) $\{-6 + 3\sqrt{6}; -6 - 3\sqrt{6}\}$ k) $\{\frac{35}{8} + \frac{3}{8}\sqrt{65}; \frac{35}{8} - \frac{3}{8}\sqrt{65}\}$
c) $\{\ \}$ f) $\{3{,}5; -5\}$ i) $\{1 + 0{,}5\sqrt{23}; 1 - 0{,}5\sqrt{23}\}$

9. a) $\{7; -8\}$ f) $\{\ \}$ k) $\{3; -2\frac{2}{3}\}$ p) $\{\frac{3}{7}; -5{,}5\}$ u) $\{\frac{3}{7}; -4\}$
b) $\{10; -1\}$ g) $\{-\frac{1}{2} + \frac{1}{2}\sqrt{5}; -\frac{1}{2} - \frac{1}{2}\sqrt{5}\}$ l) $\{7; -7\frac{1}{7}\}$ q) $\{-0{,}6 + 0{,}2\sqrt{7}; -0{,}6 - 0{,}2\sqrt{7}\}$ v) $\{\frac{1}{3}; -1{,}5\}$
c) $\{-3; -10\}$ h) $\{\frac{7}{2} + \frac{1}{2}\sqrt{3}; \frac{7}{2} - \frac{1}{2}\sqrt{3}\}$ m) $\{-\frac{7}{3}; -5\}$ r) $\{6{,}2; 5\frac{2}{3}\}$ w) $\{2\frac{2}{3}; -3{,}5\}$
d) $\{12; 5\}$ i) $\{-0{,}5; -1\}$ n) $\{\frac{9}{13}; -\frac{5}{7}\}$ s) $\{1{,}5; -1\frac{2}{3}\}$ x) $\{0{,}75; -0{,}8\}$
e) $\{\ \}$ j) $\{-0{,}25; -0{,}5\}$ o) $\{\frac{3}{5}; -\frac{7}{3}\}$ t) $\{1{,}5; \frac{2}{3}\}$

10. a) $\{0; 7\}$ b) $\{0; -10\}$ c) $\{0; 6{,}5\}$ d) $\{0; -18\}$ e) $\{0; 4\}$ f) $\{0; -7\}$ g) $\{0; 4{,}5\}$ h) $\{0; -7\}$ i) $\{0; 4\}$

11. a) $\{0; -5\}$ b) $\{0; -24{,}5\}$ c) $\{0; -1{,}425\}$

[74] 12. a) $\{4 + \sqrt{23}; 4 - \sqrt{23}\}$ e) $\{\frac{7}{2} + \frac{1}{2}\sqrt{37}; \frac{7}{2} - \frac{1}{2}\sqrt{37}\}$ i) $\{-6\}$
b) $\{\ \}$ f) $\{4 + \sqrt{6}; 4 - \sqrt{6}\}$ j) $\{\ \}$
c) $\{8\}$ g) $\{-2{,}5 + 0{,}5\sqrt{33}; -2{,}5 - 0{,}5\sqrt{33}\}$ k) $\{2{,}5 + 0{,}5\sqrt{\frac{47}{3}}; 2{,}5 - 0{,}5\sqrt{\frac{47}{3}}\}$
d) $\{\ \}$ h) $\{-9{,}5 + 0{,}5\sqrt{329}; -9{,}5 - 0{,}5\sqrt{329}\}$ l) $\{\ \}$

13. a) $\{4; -13\}$ b) $\{4{,}2; -15\}$ c) $\{\ \}$ d) $\{8; -6{,}5\}$ e) $\{-1{,}4\}$ f) $\{\ \}$
$\{\ \}$ $\{1{,}2; -3{,}75\}$ $\{\ \}$ $\{\ \}$ $\{\frac{8}{3}; -1{,}2\}$ $\{2{,}4\}$

14. a) $\{8; -10\}; \{12; -12\}$ b) $\{10; 2{,}4\}; \{5; -3{,}6\}$ c) $\{9; 4\}; \{8; 2\}$

15. a) $\{3; -2\}; \{4; 1{,}1\}$ b) $\{6; -2{,}4\}; \{1; 0{,}44\}$

[75] 16. a) $\{7; -3\}$ b) $\{2; -4\}$ c) $\{0; 6\}$ d) $\{12; 5\}$ e) $\{3; 0{,}5\}$ f) $\{11{,}5; 2\}$ g) $\{0{,}25; -2\}$ h) $\{0; -1\}$

17. a) $\{-2{,}5; 4\}$ b) $\{-5; 1{,}4\}$

18. a) $\{1; -\frac{7}{2}\}$ b) $\{-1{,}2; 1\}$ c) $\{1; \frac{12}{31}\}$

19. a) $\{3; -3\}$ b) $\{-9; 1; -1; 9\}$ c) $\{10; -10\}$ d) $\{-5; -\sqrt{5}; 5; \sqrt{5}\}$ e) $\{7; -7\}$ f) $\{-3; 3\}$

14.2 Wurzelgleichungen

[76] 1. a) $\{36\}$ c) $\{\frac{16}{81}\}$ e) $\{1{,}44\}$ g) $\{25\}$ i) $\{36\}$ k) $\{48\}$
b) $\{49\}$ d) $\{56{,}25\}$ f) $\{6{,}76\}$ h) $\{16\}$ j) $\{32\}$ l) $\{18\}$

2. a) {2} c) {4} e) $\{-\frac{3}{8}\}$ g) {10}
   b) {1} d) {2} f) {44} h) {3}

[77] 3. a) {2} b) {1} c) {7} d) {7} e) {9} f) {3}

4. a) {25} b) $\{\frac{16}{9}\}$ c) {12} d) { }

5. a) {4} b) {3; –3} c) {3} d) {4} e) { } f) {10; 5}

6. a) {6} b) {7} c) {3}

14.3 Anwenden quadratischer Gleichungen

1. Es gibt zwei mögliche Lösungen: 4; –24.

2. Es gibt zwei mögliche Lösungen: 20; –12.

3. Es gibt zwei mögliche Lösungen: 14, 15, 16 oder –16, –15, –14.

4. 16 cm, 4 cm 5. 8 cm, 15 cm 6. 144 cm, 17 cm

7. {10; 24}. Es gibt zwei mögliche Lösungen: Basis = 10 oder Basis = 24.

8. 3 cm, 5 cm 9. 6,4 cm

10. Grundkante 27 cm, Höhe etwa 38,71 cm, Seitenkante etwa 43,17 cm

11. Die Länge der Diagonalen ist $64\sqrt{2}$ cm ≈ 90,50 cm.

12. Der Zaun ist 192 m lang.

13. Eine Grundkante ist 4 cm lang.

15 Quadratische Funktionen

[78] 1. a) Näherungswerte: 0,35; 1,95; 7,3; 0,15; 2,55; 5,75 b) Näherungswerte: 2,2; 2,1; 2,45; 2,7; 0,9; 0

2. a) P_5 b) P_1 c) P_3 d) P_2 e) P_4

3. a) $x_1 = \sqrt{3}$; $x_2 = -\sqrt{3}$ [nie; x = 0]
   b) $x_1 = \sqrt{30}$; $x_2 = -\sqrt{30}$ [nie; x = 0]
   c) nie; [$x_1 = \sqrt{5}$, $x_2 = -\sqrt{5}$; x = 0]
   d) nie; [$x_1 = 2\sqrt{10}$, $x_2 = -2\sqrt{10}$; x = 0]

[79] 4. a) $\sqrt{3}$; $-\sqrt{3}$ b) keine NS c) 2,5; –2,5 d) keine NS e) keine NS f) 1; –1

5. a) $y = x^2 + 1{,}8$ b) $y = x^2 - 2{,}4$

[80] 6. a) $y = x^2 - 6x + 7$ c) $y = x^2 - x + 3{,}25$ e) $y = x^2 - 5x + 3{,}75$
   b) $y = x^2 + 7x + 13{,}75$ d) $y = x^2 + 3x + 1{,}25$

7. a) $S(-\frac{1}{2} \mid -2\frac{1}{4})$; $P(0 \mid -2)$; Nullstellen: $x_{01} = 1$; $x_{02} = -2$
   c) $S(-\frac{7}{4} \mid -\frac{1}{16})$; $P(0 \mid 3)$; Nullstellen: $x_{01} = -2$; $x_{02} = -\frac{3}{2}$
   b) $S(2 \mid 1{,}5)$; $P(0 \mid 5{,}5)$; keine NS

8. a) $y = x^2 + 2x + 3$ b) $y = x^2 - 3x + 1$

9. $S(2{,}2 \mid 2{,}24)$

10. a) Um 1 Einheit (parallel zur x-Achse) nach rechts, um 2 Einheiten (parallel zur y-Achse) nach oben verschoben; $y = x^2 - 2x + 3$; keine NS
   b) Um 2 Einheiten nach rechts, um 1 Einheit nach unten verschoben; $y = x^2 - 4x + 3$; Nullstellen: $x_{01} = 1$; $x_{02} = 3$
   c) Um 2 Einheiten nach links, um 4 Einheiten nach oben verschoben; $y = x^2 + 4x + 8$; keine NS
   d) Um 1,5 Einheiten nach links, um 0,8 Einheiten nach oben verschoben; $y = x^2 + 3x + 3{,}05$; keine NS
   e) Um 1 Einheit nach rechts, um 1,2 Einheiten nach unten verschoben: $y = x^2 - 2x - 0{,}2$; Nullstellen: $x_{01} = -0{,}1$; $x_{02} = 2{,}1$
   f) Um 0,7 Einheiten nach links, um 1,1 Einheiten nach unten verschoben: $y = x^2 + 1{,}4x - 0{,}61$; Nullstellen: $x_{01} = -1{,}75$; $x_{01} = 0{,}35$

[81] **11.** **a)** $S(2\,|-1)$; Symmetrieachse: $x = 2$; nach oben geöffnet; $y = 1{,}5x^2 - 6x + 5$; Nullstellen: $x_{01} = 2 + \sqrt{\frac{2}{3}}$; $x_{02} = 2 - \sqrt{\frac{2}{3}}$

b) $S(-3\,|\,4)$; Symmetrieachse: $x = -3$; nach unten geöffnet; $y = -2x^2 - 12x - 14$; Nullstellen: $x_{01} = -3 + \sqrt{2}$; $x_{02} = -3 - \sqrt{2}$

12. **a)** Nullstellen: $x_{01} = -3$; $x_{02} = 1$; $y = \frac{1}{2}(x + 1)^2 - 2$; $S(-1\,|-2)$; Symmetrieachse: $x = -1$; nach oben geöffnet.
Die Normalparabel wird um 1 Einheit parallel zur x-Achse nach links verschoben, dann parallel zur y-Achse mit dem Faktor $\frac{1}{2}$ gestaucht und um 2 Einheiten parallel zur y-Achse nach unten verschoben. Für alle $x < -1$ fällt die Parabel, für alle $x > -1$ steigt sie. $P(0\,|-1{,}5)$

b) keine NS; $y = 2(x - 1{,}5)^2 + 3{,}5$; $S(1{,}5\,|\,3{,}5)$; Symmetrieachse: $x = 1{,}5$; nach oben geöffnet.
Die Normalparabel wird um 1,5 Einheiten parallel zur x-Achse nach rechts verschoben, dann parallel zur y-Achse mit dem Faktor 2 gestreckt und um 3,5 Einheiten parallel zur y-Achse nach oben verschoben. Für alle $x < 1{,}5$ fällt die Parabel, für alle $x > 1{,}5$ steigt sie. $P(0\,|\,8)$

c) keine NS; $y = -2(x - 1)^2 - 1$; $S(1\,|-1)$; Symmetrieachse: $x = 1$; nach unten geöffnet.
Die Normalparabel wird um 1 Einheit parallel zur x-Achse nach rechts verschoben, dann parallel zur y-Achse mit dem Faktor 2 gestreckt und an der x-Achse gespiegelt und schließlich um 1 Einheit parallel zur y-Achse nach unten verschoben. Für alle $x < 1$ steigt die Parabel, für alle $x > 1$ fällt sie. $P(0\,|-3)$

16 Potenzen mit ganzzahligen Exponenten

16.1 Potenzen mit natürlichen Exponenten

[82] **1.** **a)** 243 und 15 **b)** 125 und 15 **c)** 16 und −8 **d)** $\frac{8}{27}$ und 2

2. **a)** 25 und 32 **b)** 81 und 64 **c)** 16 und −16 **d)** 243 und −243

3. **a)** 64; 625; 256; 1; 0; 729; 64; 1 000 000; 729; 1 024; 216; 5

b) $\frac{1}{8} = 0{,}125$; $\frac{25}{81}$; $\frac{1}{10000}$; $\frac{27}{125}$; $\frac{625}{81}$; $\frac{36}{49}$; $\frac{343}{216}$; $\frac{243}{1024}$; $\frac{729}{64}$

c) 0,008; 0,36; 0,064; 0,0004; 0,000001; 0,00000256; 1,44; 2,25; 4,8; 10,24; 0,0081

d) −8; 36; 81; −1 024; −1; 1; $\frac{1}{16}$; $-\frac{32}{243}$; −0,00032

e) $4\sqrt{2}$; 9; $7\sqrt{7}$; $36\sqrt{6}$; 32; $27\sqrt{3}$; $25\sqrt{5}$; 49; $\sqrt{8}$

4. **a)** 2^5 **b)** 5^3 **c)** 8^2; 4^3; 2^6 **d)** 16^2; 4^4; 2^8 **e)** 10^3 **f)** 2^{10} **g)** 25^2 **h)** 12^2

5. **a)** 41 **b)** 14 **c)** 1 225 **d)** 418 **e)** 269 **f)** 95 **g)** 198 **h)** 2 308

6. **a)** 16 **b)** 5 145 **c)** −1 029 **d)** 0,8125 **e)** 180 **f)** 24,5 **g)** 0,375 **h)** $2\frac{2}{3}$

7. **a)** $2x^2$ **b)** $16y^3$ **c)** $2b^3$ **d)** $-1{,}8a^4$ **e)** $-7x^5$ **f)** $8z^8$

[83] **8.** **a)** $3{,}54 \cdot 10^3$ **b)** $2{,}85 \cdot 10^4$ **c)** $8{,}64 \cdot 10^5$ **d)** $1{,}23 \cdot 10^6$ **e)** $5{,}41 \cdot 10^8$ **f)** $2{,}98 \cdot 10^{11}$

9. **a)** 1 200 **b)** 960 000 **c)** 310 **d)** 74 500 **e)** 5 140 **f)** 638 **g)** 2 470 000 **h)** 418 000 000

16.2 Potenzgesetze für natürliche Exponenten – Rechnen mit Potenzen

1. **a)** 5^6 **b)** 10^6 **c)** $(\frac{2}{3})^6$ **d)** $2{,}4^7$ **e)** $(-2)^8$ **f)** z^{12} **g)** a^6 **h)** $(-x)^7$ **i)** c^{12} **j)** n^{10} **k)** $35x^7$ **l)** $45y^{22}$ **m)** $\frac{27}{4}v^8$ **n)** $0{,}28b^{10}$ **o)** $72z^9$ **p)** x^7y^7 **q)** r^8s^6 **r)** $288a^5b^6$ **s)** $6a^3b^3$

2. **a)** $(x + y)^5$ **b)** $(a - b)^8$ **c)** $7(y + z)^5$ **d)** $a(x - y)^5$

3. **a)** $\frac{a^7b^{19}}{12}$ **b)** $\frac{x^7y^4}{10}$ **c)** $\frac{5r^3s^3}{2}$ **d)** $90a^5y^6$ **e)** $\frac{b^3x^7y^5}{20}$ **f)** $\frac{r^3s^2}{3}$ **g)** $\frac{a^5b^{16}}{c^9}$ **h)** $\frac{2x^{14}y^{10}}{z^7}$

4. **a)** $10a^4 + 18a^5$ **b)** $3x^{10} - 5x^{12}$ **c)** $10z^6 + 6z^7 + z^8$ **d)** $4r^{10} + 28r^8 - 36r^6$ **e)** $21a^5b^5c^7 - 30a^3b^7c^{10} + 36a^6b^9c^{12}$ **f)** $0{,}6x^3y^6z^6 - 0{,}96x^2y^7z^9 + 1{,}44x^2y^6z^8$

5. **a)** $a^3 - 1$ **b)** $z^3 + 1$ **c)** $125x^3 - 64y^3$ **d)** $125x^3 + 64y^3$ **e)** $16a^6b^2 - 20a^5b^3 + 20a^5b^4 - 25a^4b^5$ **f)** $4x^6y - \frac{8}{3}x^5y^2 + 2x^4y^3 + \frac{3}{2}x^3y^3 - x^2y^4 + \frac{3}{4}xy^5$

6. **a)** $4b^{3m+7} - 5b^{5m+6}$ **b)** $u^{3m+1} - u^{3m+2} + u^{4m+3} - u^{5m+3}$

7. **a)** $a^6(a^2 - 1)$; $x^4(1 - x^3)$; $y^3(y^6 - 1)$ **b)** $4x^2(3x^7 - 2)$; $5a^3(3 + 2a^6)$; $12z(2 - 3z^4)$ **c)** $6y(8y^5 - 5y^3 + 2y + 1)$; $9b^2(b^2 + 3b^3 - 2 - 5b^5)$ **d)** $\frac{4}{3}x(\frac{2}{3}x^4 + \frac{4}{27}x^3 - \frac{8}{9}x - 1)$; $\frac{2}{5}z^2(z - \frac{2}{3} + 2z^3 - \frac{6}{5}z^2)$

[84] **8.** **a)** 11^5 **b)** 7^6 **c)** 5^3 **d)** $(\frac{4}{5})^5$ **e)** $2{,}4^3$ **f)** -2 **g)** a^3 **h)** x^{10} **i)** b^2 **j)** $(2b)^3$ **k)** $(rs)^2$ **l)** $(abc)^3$ **m)** $(x + y)^5$ **n)** $(a-b)^7$ **o)** $2a^6$ **p)** $3z^9$ **q)** $\frac{2y^{15}}{3}$ **r)** $\frac{2x^2y^8}{3}$ **s)** $\frac{2r^2s^6}{3}$ **t)** $\frac{7a^3b^9}{12}$ **u)** $a^3(a + b)^3$ **v)** $(x-y)^3 z^5$ **w)** $(x + y)^6(y-z)^3$

9. **a)** x^2y^2 **b)** $\frac{ab^2}{2}$ **c)** $\frac{35x^2z^4}{12}$ **d)** $\frac{3rs^3xy^2}{2}$ **e)** a^4b^2 **f)** $\frac{12x^5}{25z^2}$ **g)** $\frac{2a^3b^2x^2y}{3}$ **h)** $\frac{r^2s^4}{18}$

10. **a)** $a^3 - a^2 + a$ **b)** $x^6 + 3x^5 - x$ **c)** $y^3 - 5y^2 - y^5$ **d)** $2z - \frac{3}{2}z^2 - 3z^3$ **e)** $10r^3 - 6r^2 + 8r$ **f)** $4a^2 + 6a - 8$ **g)** $x^3 - 2x^2 - 3x$ **h)** $xy^3 - y^2 + x^2y$ **i)** $s - r + r^2s^2$

11. **a)** 180 **b)** $-1024\sqrt{2}$ **c)** 225 **d)** $42\sqrt{42}$ **e)** $9a^2$ **f)** $32x^5$ **g)** $128x^7y^7$ **h)** $625a^4c^4$ **i)** $\frac{1}{8}u^3v^3$ **j)** $81x^4y^4z^4$ **k)** $-1\,000x^3y^3$ **l)** $\frac{4}{25}a^2b^2$ **m)** x^3y^3 **n)** $25(a^2 + 2ab + b^2)$ **o)** $64(x - y)^3$ **p)** $x^2(y^2 + 2yz + z^2)$ **q)** $a^2(b - c)^2$ **r)** $8r^3(s + t)^3$

12. **a)** $1024a^7b^4$ **b)** $108r^5s^3$ **c)** $5488x^5y^2$ **d)** $512a^7b^5c^2$

13. **a)** 1000 **b)** 160000 **c)** 1000000000 **d)** 16 **e)** 36 **f)** 125 **g)** 10000 **h)** 8 **i)** 625 **j)** 27 **k)** −1000

14. **a)** $(ab)^2$ **b)** $(xy)^5$ **c)** $(-yz)^3$ **d)** $(ab)^4$ **e)** $(a^2 - 1)^3$ **f)** $(x^2 - 4)^4$ **g)** $(9a^2 - b^2)^2$

[85] **15.** **a)** $(\frac{a-b}{a+b})^4$ **b)** $(\frac{x-y}{x+y})^5$ **c)** 8 **d)** $(\frac{7r^2}{r-s})^4$ **e)** 9 **f)** $\frac{8}{27}$

16. **a)** $\frac{8}{125}$ **b)** $\frac{16}{25}$ **c)** $\frac{4}{81}$ **d)** $\frac{125}{27}$ **e)** $\frac{400}{49}$ **f)** $\frac{8\sqrt{3}}{45\sqrt{5}}$ **g)** $\frac{x^3}{27}$ **h)** $\frac{y^4}{625}$ **i)** $\frac{4a^2}{b^2}$ **j)** $\frac{1}{64x^3}$ **k)** $\frac{81x^4}{16y^4}$ **l)** $\frac{27a\sqrt{a}}{64b\sqrt{b}}$ **m)** $\frac{25c^2}{49d^2}$ **n)** $\frac{8a^3b^3}{27x^3y^3}$ **o)** $\frac{81r^4}{256x^4y^4}$ **p)** $\frac{a^5b^2\sqrt{b}}{x^5y^2\sqrt{y}}$

17. **a)** $\frac{1}{x^3y^2}$ **b)** $\frac{72}{a^3b^2c^4}$ **c)** $\frac{a^2b}{162c^3}$ **d)** $\frac{27x^7y}{32}$

18. **a)** 9 **b)** 729 **c)** 10000 **d)** $\frac{1}{64}$ **e)** 256 **f)** 100000 **g)** 9 **h)** $-\frac{8}{27}$ **i)** 243 **j)** $\frac{8}{125}$ **k)** $\frac{1}{36}$ **l)** 2187 **m)** $\frac{4096}{50625}$ **n)** $\frac{1}{32}$ **o)** 27 **p)** $\frac{1}{9}$

19. **a)** $(\frac{x}{2})^4$ **b)** $(\frac{a}{2})^6$ **c)** $(\frac{2}{z})^5$ **d)** $(\frac{3c}{10})^4$

20. **a)** $125a^3$ **b)** $\frac{289}{16}$ **c)** 81 **d)** a^{10} **e)** $\frac{1}{y^7}$ **f)** $\frac{y^8}{256}$ **g)** $(a - b)^3$ **h)** 243 **i)** 64

21. **a)** 81 **b)** 64 **c)** 1000000 **d)** 64 **e)** 100000000 **f)** $\frac{1}{1024}$ **g)** $-\frac{1}{512}$ **h)** 1024 **i)** $\frac{1}{64}$

22. **a)** 6^{10} **b)** 2^{15} **c)** 10^{12} **d)** 3^8 **e)** 5^{21}

[86] **23.** **a)** x^{12} **b)** z^{12} **c)** g^{10} **d)** b^{15} **e)** a^{49} **f)** c^{48} **g)** x^6 **h)** a^{12} **i)** $(a + b)^{15}$

24. **a)** $81a^8$ **b)** $25x^6$ **c)** $32z^{20}$ **d)** $16x^{12}$ **e)** $16a^2b^2$ **f)** $-27a^6y^3$ **g)** $-x^6$ **h)** a^{20} **i)** $-z^{21}$ **j)** a^6b^6 **k)** x^8y^{12} **l)** $r^{21}s^{28}$ **m)** $9u^4v^6$ **n)** $-64x^3y^6$ **o)** $a^{10}b^{20}c^{20}$ **p)** $-x^{21}y^{35}z^{14}$

25. **a)** $\frac{1}{81x^{16}}$ **b)** $\frac{243x^{15}}{32y^{10}}$ **c)** a^9 **d)** $\frac{x^9}{125y^2}$ **e)** $\frac{x^{23}}{y^{16}}$ **f)** $b^{18}c^7$ **g)** $\frac{a^8}{b^6c}$ **h)** $\frac{1}{12x^6y^8z^{11}a^7b^6}$

26. **a)** $\frac{a^6b^3(729b^9 + 8)}{64c^6}$ **b)** $\frac{y^4z^2(25 + 81z^6)}{16x^4}$ **c)** $\frac{s^{12}t^8(s^4t^8 - 2^8 \cdot 3^4)}{2^8r^8}$ **d)** $\frac{r^4 + r^3t}{s^6t^4}$ **e)** $\frac{z^2(z^2 + x^6)}{x^8y^4}$ **f)** $\frac{a^2b^2(c^2d^8 - a^2b^2)}{c^8d^{12}}$ **g)** $\frac{675x^4y^2z^4 + 32x^6y^9}{108z^6}$ **h)** $\frac{-72a^3b^6 - 25a^4b^4c^4}{9c^6}$ **i)** $\frac{r^6s^3(r^2s^9 + uv^2)}{u^4v^8}$

27. a) $25x^4 - 40x^2y^2 + 16y^4$ b) $49x^6 + 84a^3b^3 + 36b^6$ c) $a^4b^6 - 2a^2b^3cd^4 + c^2d^8$ d) $4a^4b^6 + 12a^2b^3c^3d^4 + 9c^6d^8$ e) $25x^8y^{10} - 70x^9y^9 + 49y^8x^{10}$ f) $36a^4b^8c^6 + 108a^7b^6c^9 + 81a^{10}b^4c^{12}$

28. a) $a^6 - b^6$ b) $x^{10} - y^6$ c) $4x^{12} - 9y^{10}$

29. a) a^2 b) $\frac{x^4}{1 + 2x}$ c) $\frac{6 + 3y}{y^2}$

16.3 Potenzen mit Exponenten 0 und mit negativen Exponenten

1. a) 1; 1; 1; 1; 1; 1; 2
b) 1; 1; 1; 1; 2; 1
c) $\frac{1}{8}$; $\frac{1}{9}$; $\frac{1}{25}$; $\frac{1}{10000}$; $\frac{1}{11}$; $\frac{1}{1024}$; $\frac{1}{81}$
d) $-\frac{1}{8}$; $\frac{1}{9}$; $-\frac{1}{125}$; $-\frac{1}{3}$; $-\frac{1}{16}$; $-\frac{1}{1000000}$
e) 8; $\frac{5}{4}$; $\frac{16}{625}$; 100000; $\frac{81}{16}$; -32
f) $\frac{1}{4}$; $\frac{1}{3\sqrt{3}}$; $\frac{1}{125}$; $-\frac{1}{2\sqrt{2}}$; $\frac{1}{9}$
g) $\frac{2}{125}$; $\frac{7}{16}$; $\frac{3}{32}$; $\frac{3}{125}$
h) 8; 32; 1000000; $\frac{27}{4}$; $\frac{64}{81}$; 1250000

2. a) 2^{-2}; 3^{-2}; 2^{-4}; 2^{-5}; 10^{-3}; 5^{-3}; $9^{-2} = 3^{-4}$; $8^{-2} = 2^{-6}$; 10^{-1}; 10^{-2}
b) 10^{-3}; $2 \cdot 5^{-1}$; $2^5 \cdot 10^{-3}$; $2^4 \cdot 10^{-4} = 5^{-4}$; $5 \cdot 2^{-1}$; $8^2 \cdot 10^{-2} = 4^2 \cdot 5^{-2}$; $6^2 \cdot 10^{-1}$; $9^2 \cdot 10^{-3} = 3^4 \cdot 10^{-3}$

[87] **3.** a) $\frac{1}{y^2}$ b) $\frac{1}{a^5}$ c) $\frac{2}{z^3}$ d) $\frac{a^2}{b^3}$ e) $\frac{1}{x^3y^2}$ f) $\frac{s^5}{r^4}$ g) a^3 h) $\frac{y}{x}$ i) $\frac{r^4}{16}$ j) a^2b^3 k) $\frac{1}{x^3y^5}$ l) $\frac{1}{(x + y)^3}$ m) $2 + \frac{1}{a^3}$ n) $\frac{1}{x^2} - \frac{1}{y^3}$

4. a) $3 \cdot x^{-1}$ b) $8 \cdot y^{-2}$ c) z^{-3} d) $x \cdot y^{-1}$ e) $x^2 \cdot y^{-2}$ f) $2 \cdot 3^{-1}a^{-1}$ g) $5 \cdot x^{-4}y^{-4}$ h) $x \cdot y^{-2}z^{-3}$ i) $a \cdot z^{-8}$ j) $4(x + y)^{-1}$ k) $2z(a - b)^{-2}$ l) $z^{-1} - 3$
m) $5x^{-1} - 4x^{-2} = (5x - 4)\,x^{-2}$
n) $2y^{-2} - 4z \cdot y^{-5} = (2y^3 - 4z)\,y^{-5}$
o) $7a^{-3} + 3a^{-5} = a^{-3}(7 + 3a^{-2})$
p) $ax^{-2} + bx^{-4} = x^{-2}(a + bx^{-2})$

5. a) $5{,}8 \cdot 10^{-3}$ b) $4{,}83 \cdot 10^{-2}$ c) $8{,}9 \cdot 10^{-4}$ d) $1{,}23 \cdot 10^{-3}$ e) $7{,}3 \cdot 10^{-6}$ f) $2{,}59 \cdot 10^{-5}$ g) $7{,}1 \cdot 10^{-7}$ h) $9{,}43 \cdot 10^{-6}$ i) $4{,}7 \cdot 10^{-9}$ j) $1{,}4 \cdot 10^{-10}$

6. a) 0,07 b) 0,0024 c) 0,000041 d) 0,000314

16.4 Potenzgesetze für ganzzahlige Exponenten – Rechnen mit Potenzen

1. a) $2^3 = 8$ b) $3^2 = 9$ c) 5^{-5} d) 3^{-3} e) 7^{-2} f) $(-2)^{-2} = 2^{-2}$ g) $(-3)^{-5}$ h) $(-5)^{-11}$ i) a^{-2} j) y^{-5} k) 1 l) b^{-10} m) $6x^{-3}$ n) $-12a^3$ o) $-x^{-5}$

2. a) $2^2 = 4$ b) $3^3 = 27$ c) $2^{10} = 1024$ d) a^8 e) z^{-10} f) x g) c^8 h) r^3 i) y^{-15} j) b^{-4} k) $(x + y)^2$ l) $(a-b)^6$

[88] **3.** a) $\frac{4}{3}x^{-2}$ b) $\frac{3}{5}a^{-2}b^{-2}$ c) $2r^{-3}s^{-3}$ d) $0{,}4x^{-6}y^{-5}$ e) $2^6x^{-5}y^{-3}$ f) $\frac{5}{18}a^{-1}b^{-5}x^{-1}y^4$ g) $\frac{20}{9}r^{-4}sxy^9$ h) $\frac{21}{20}a^{-2}b^{-6}x^{-4}z^{-6}$

4. a) $12a^{-8} - 8a^{-10} + 10a^{-3}$ b) $10x^{-1} - 15x - 8x^{-6}$ c) $4z^{-7} + 3z^3 - 6z^{-8}$ d) $8a^{-2} + 7a^4 - 2a^{-1}$

5. a) $20^{-2} = \frac{1}{20^2} = \frac{1}{400}$ b) $6^{-1} = \frac{1}{6}$ c) 10^{-2} d) 2^{-4} e) $(xy)^{-7}$ f) $(rs)^{-4}$ g) $(a^2-b^2)^{-3}$

6. a) 3^{-3} b) 2^{-5} c) 3^3 d) 2^{-4} e) $(\frac{x}{y})^{-7}$ f) a^{-6} g) y^{-1} h) rs^2 i) $(x-y)^{-2}$ j) $a + b$

7. a) 10^{-6} b) 2^{-10} c) 10^{-12} d) 2^{12} e) x^{-15} f) y^{-12} g) z^{24} h) a^4 i) 2^{-6} j) $3^{-3}z^{12}$ k) $2^{-5}a^{-10}$ l) $-x^{-15}$ m) $a^{10}b^{-20}$ n) $x^{-8}y^{-12}$ o) $r^2 s^6$ p) y^6

8. a) 3^{n+7} b) $25 \cdot 30^m$ c) x^{m+3n} d) a^{2k+n+1} e) c^{4m} f) $-21 \cdot a^{3n+3}$ g) $32 \cdot x^{3m-3}$ h) z^{6k} i) x^{12n-15} j) $3a^{n+7}$ k) a^{6n} l) x^{-8n} m) z^{-8n} n) $-a^{8k+4}$ o) b^{-2mn} p) $(x \cdot y \cdot z)^n$ q) $(a \cdot b \cdot c)^5$ r) $30(x \cdot y \cdot c)^k$ s) $(a \cdot b)^{1-n}$ t) z^{3n-9}

9. a) a^n b) x^{3n} c) z^3 d) b^{4-n} e) a^{k-10} f) c^{2n} g) y^{3m-2n} h) r^{n-2} i) $(x+y)^{n+1}$ j) $a+b$ k) a^k l) $(\frac{xz}{y})^n$ m) 5^{-k} n) $(\frac{n}{2})^m$ o) $(\frac{y}{3})^{-n} = (\frac{3}{y})^n$ p) $(\frac{2ab}{5cd})^n$ q) $(\frac{2}{5}a^{-3}b^{-1}c^{-2}d^2)^m$ r) $(\frac{1}{a+b})^{n-1} = (a+b)^{1-n}$ s) $(b+c)^n$ t) $(x-y)^{1-n}$

10. a) $9a^{-4} + 24a^{-2}b^{-3} + 16b^{-6}$ b) $25x^{-8} - 20x^{-4}y^3 + 4y^6$ c) $81r^{10} + 126r^5s^{-5} + 49s^{-10}$ d) $a^{-2}b^2 - 2a^{-1}bcd^{-2} + c^2d^{-4}$ e) $x^{-4}y^{-8} + 2x^{-1}y^{-7} + x^2y^{-6}$ f) $4a^{-2}b^{-4} - 24a^{-4}b^{-3} + 36a^{-6}b^{-2}$

11. a) $12x^{-8} - 8x^{-10} + 10x^{-3}$ b) $3a^{-2} + 4{,}6a^{-3} - 2{,}6a$ c) $10y^{-1} - 15y - 8y^{-6}$ d) $4z^{-7} + 3z^3 - 6z^{-8}$ e) $\frac{3}{2}r^5 + \frac{4}{3}r^7 - \frac{6}{5}r^{-2}$ f) $3a^7 - 5a^{-1} - 7a^{-2}$

12. a) $(a+b)^{-2}$ b) $(x+y)^3$ c) $(rs)^{24}$ d) $\frac{1}{3}x^4y^4$

17 Wurzeln – Potenzen mit rationalen Exponenten

17.1 Begriff der n-ten Wurzel

[89] **1.** a) 2 b) 3 c) 6 d) 1 e) 0 f) 10 g) $\frac{1}{2}$ h) $\frac{1}{4}$ i) $\frac{2}{3}$ j) $\frac{6}{5}$ k) $\frac{4}{10}$ l) 0,1 m) 0,2 n) 0,5 o) 0,4 p) 0,7 q) 20 r) 50 s) 30 t) 40

2. a) 5 b) 1 c) 3 d) 0 e) 10 f) 4 g) $\frac{3}{4}$ h) $\frac{5}{2}$ i) 0,3 j) 0,5 k) 1 l) 0 m) 2 n) 3 o) 0,1 p) 0,2 q) 1 r) 0 s) 2 t) 2

3. a) 100 b) 348 c) 2,5 d) 26 e) 1,5 f) $\frac{3}{4}$ g) 12 h) $\frac{2}{3}$ i) 0,2 j) 3 k) 3,4 l) 19 m) 3 n) 6 o) 8 p) 4 q) 10 r) $\frac{1}{2}$

4. a) x; a; r b) z; y; x c) a + b; x – y; 2r + 3s d) ab; rs; xyz e) x^2; y^3; z^{-2}

17.2 Potenzen mit rationalen Exponenten

[90] **1.** a) $\sqrt[2]{5}$ b) $\sqrt[3]{4}$ c) $\sqrt[4]{\frac{2}{3}}$ d) $\sqrt[3]{9}$ e) $\sqrt[6]{32}$ f) $\sqrt[4]{2{,}5^3}$ g) $\sqrt[5]{\frac{1}{3}}$ h) $\sqrt[3]{\frac{1}{36}}$ i) $\sqrt[5]{7^{-6}}$ j) $\sqrt[2]{a}$ k) $\sqrt[4]{z}$ l) $\sqrt[3]{\frac{1}{y}}$ m) $\sqrt[4]{c^3}$ n) $\sqrt[5]{y^3}$ o) $\sqrt[3]{\frac{1}{a^2}}$ p) $\sqrt[5]{x^2}$ q) $\sqrt[5]{y^6}$ r) $\sqrt[2]{z^{-5}}$ s) $\sqrt[5]{x+y}$ t) $\sqrt[3]{(1-a)^2}$ u) $\sqrt[5]{a^{-4}b^{-4}}$

2. a) $3^{\frac{1}{2}}$ b) $2^{\frac{1}{3}}$ c) $5^{\frac{1}{4}}$ d) $5^{\frac{3}{2}}$ e) $2^{\frac{4}{3}}$ f) $5^{\frac{3}{4}}$ g) $a^{\frac{1}{3}}$ h) $b^{\frac{1}{4}}$ i) $z^{\frac{1}{2}}$ j) $a^{\frac{7}{3}}$ k) $c^{\frac{5}{6}}$ l) $b^{\frac{3}{4}}$ m) $(x-y)^{\frac{1}{4}}$ n) $(a+b)^{\frac{2}{3}}$ o) $(r-s)^{\frac{1}{2}}$ p) $x^{-\frac{1}{3}}$ q) $a^{-\frac{3}{4}}$ r) $(x+y)^{-\frac{3}{2}}$ s) $x^{\frac{n}{4}}$ t) $a^{\frac{3}{m}}$ u) $z^{-\frac{p}{3}}$

3. a) 4 b) 3 c) 2 d) 1 e) 3 f) 2 g) 4 h) 8 i) 3125 j) 8 k) $\frac{1}{27}$ l) 256 m) 0,6 n) $\frac{1}{0{,}7}$ o) 0,25 p) 125 q) $\frac{1}{8}$ r) 8

4. a) $\frac{1}{3}$ b) $\frac{3}{2}$ c) $\frac{1}{3}$ d) $\frac{64}{729}$ e) $\frac{343}{8}$ f) $\frac{9}{25}$ g) $\frac{2}{3}$ h) $\frac{5}{6}$ i) $\frac{2}{5}$ j) $\frac{27}{343}$ k) $\frac{4}{9}$ l) 1331

5. a) $x > 1$ b) $x > -2$ c) $x > 4$ d) $x > -3$ e) $x > -\frac{2}{3}$ f) $x > -\frac{1}{4}$ g) $x > \frac{3}{2}$ h) $x > \frac{2}{5}$ i) $x < \frac{3}{5}$ j) $x < 3$ k) $x < \frac{5}{2}$

6. a) $x > \frac{y}{3}$ b) $a > -\frac{b}{7}$ c) $r > -7s$ d) $a > 2b$ e) $x > -\frac{5}{4}y$ f) $a > \frac{4}{3}b$ g) $r > -\frac{5}{2}s$ h) $c > \frac{3}{7}d$ i) $x > \frac{4}{3}y$ j) $a > -\frac{3}{2}b$ k) $r > \frac{3}{2}s$

7. a) $\sqrt[4]{(x+1)^3}$ $(x > -1)$ b) $\sqrt[4]{\frac{1}{(y-2)^3}}$ $(y > 2)$ c) $\sqrt[3]{(3-z)^2}$ $(z < 3)$ d) $\sqrt{(3x+12)^3}$ $(x > -4)$ e) $\sqrt{\frac{1}{(5x-10)^3}}$ $(x > 2)$

17.3 Potenzgesetze für rationale Zahlen als Exponenten

[91] **1.** a) $7^{\frac{3}{4}}$ c) $5^{\frac{17}{12}}$ e) $x^{\frac{1}{2}}$ g) $c^{-\frac{3}{8}}$ i) $a^{-\frac{2}{5}}$ k) z m) $a^{\frac{29}{12}}$
b) $6^{\frac{5}{6}}$ d) $a^{\frac{5}{6}}$ f) $z^{\frac{3}{8}}$ h) $y^{-\frac{17}{12}}$ j) $x^{\frac{5}{3}}$ l) 1 n) $r^{\frac{1}{6}}$

2. a) $x^{\frac{3}{2}}y^{\frac{3}{2}}z^{\frac{2}{3}}$ b) $r^{\frac{1}{2}}s^{\frac{1}{2}}t^{-\frac{1}{5}}$ c) $a^{\frac{1}{2}}b^2c^{-1}$ d) $x^{\frac{1}{8}}y^{-\frac{5}{12}}$ e) $a^{-\frac{17}{30}}b^{\frac{1}{3}}$ f) $rs^{2,2}$

3. a) $3^{\frac{1}{4}}$ c) $a^{\frac{1}{6}}$ e) $c^{\frac{1}{8}}$ g) $z^{\frac{1}{4}}$ i) $r^{\frac{1}{6}}$ k) $x^{-\frac{1}{6}}$ m) $a^{-\frac{1}{8}}$
b) $4^{\frac{1}{6}}$ d) $z^{\frac{1}{12}}$ f) $y^{\frac{7}{8}}$ h) $b^{-\frac{1}{2}}$ j) $s^{-\frac{1}{2}}$ l) $y^{\frac{1}{4}}$ n) $c^{\frac{1}{4}}$

4. a) 4 c) $(a \cdot b)^{\frac{1}{3}}$ e) $(x \cdot y)^{\frac{2}{3}}$ g) 8 i) $(\frac{x}{y})^{\frac{3}{5}}$ k) $(cd)^{\frac{5}{3}}$ m) $(ab)^{\frac{5}{6}}$
b) 64 d) $(y \cdot z)^{\frac{1}{4}}$ f) $(r \cdot s)^{\frac{3}{4}}$ h) 4 j) $(\frac{a}{b})^{\frac{8}{7}}$ l) $(\frac{c}{d})^{\frac{7}{8}}$ n) $(\frac{a}{b})^{\frac{1}{6}}$

5. a) $a^{\frac{7}{2}}$ c) $x^{\frac{1}{2}}$ e) r^4 g) $a^{\frac{1}{3}}$ i) z k) x^{-6} m) $y^{\frac{4}{5}}$
b) b^5 d) z^3 f) $y^{\frac{21}{4}}$ h) $b^{\frac{1}{2}}$ j) $a^{-\frac{5}{3}}$ l) $z^{-\frac{3}{2}}$ n) $e^{-\frac{1}{2}}$

6. a) $(x^3y)^{\frac{1}{5}}$ c) $(r^5s)^{\frac{1}{6}}$ e) $(a^2b)^{\frac{1}{4}}$ g) $(x^2y^3)^{\frac{1}{4}}$ i) $(a^6b^5)^{\frac{1}{8}}$ k) $(\frac{a^2}{b})^{\frac{1}{3}}$ m) $(\frac{a^2}{b})^{\frac{1}{4}}$
b) $(y^2z)^{\frac{1}{3}}$ d) $(a^2b^3)^{\frac{1}{5}}$ f) $(r^3s^2)^{\frac{1}{6}}$ h) $(r^6s^4)^{\frac{1}{9}}$ j) $(\frac{x^2}{y})^{\frac{1}{5}}$ l) $(\frac{r^7}{s^5})^{\frac{1}{8}}$ n) $(\frac{x}{z})^{\frac{1}{2}}$

[92] **7.** a) $x^{\frac{1}{5}}y^{\frac{1}{3}}$ c) $x^{-3}y^{-\frac{1}{10}}$ e) $x^{-\frac{3}{10}}y^{\frac{9}{8}}$ g) $a^{\frac{5}{3}}y^{-\frac{5}{2}}$ i) $c^{-\frac{1}{3}}d^{\frac{3}{8}}$
b) r^3s^4 d) $a^{\frac{5}{6}}b^{\frac{2}{3}}$ f) $x^{\frac{1}{2}}y^{-\frac{3}{4}}$ h) r^4s^{-1}

17.4 Wurzelrechnung

1. a) 10 c) $5\sqrt{6}$ e) 3 g) 6 i) $30\sqrt{10}$ k) 15 m) $\sqrt[4]{56}$
b) 14 d) $\frac{3}{35}\sqrt{14}$ f) 4 h) $\sqrt[3]{\frac{3}{10}}$ j) 600 l) $2 \cdot \sqrt[4]{4} = 2 \cdot \sqrt[2]{2}$ n) 2

2. a) $a\sqrt{3}$ c) $6x^2\sqrt{10}$ e) $378a\sqrt{3}$ g) $3a$ i) $5x^4\sqrt{3x}$ k) $x^3 \cdot \sqrt[3]{75}$ m) $2a^2\sqrt[4]{4a}$
b) $12b$ d) $28x\sqrt{15}$ f) $2a\sqrt[3]{3}$ h) $5x\sqrt[3]{10x}$ j) $24a^7$ l) $20z^3 \cdot \sqrt[3]{36}$

3. a) 44 c) $21\sqrt[3]{4} - 15\sqrt[3]{12} - 9\sqrt[3]{10} + 24\sqrt[3]{5}$
b) $3\sqrt{2} - \sqrt{6}$ d) $16\sqrt[3]{25} - 28\sqrt[3]{50} - 12\sqrt[3]{60} + 12\sqrt[3]{180}$

4. a) $\sqrt{21} - \sqrt{14} - 3 + \sqrt{6}$ c) $12 + \sqrt{6}$ e) $5 + \sqrt[3]{12} + \sqrt[3]{18}$
b) $3\sqrt{2} - 2\sqrt{3} - \sqrt{6} + 3$ d) $205 - 56\sqrt{35}$ f) $2\sqrt[3]{18} - 3\sqrt[3]{12}$

[93] **5.** a) 16 c) $5 + 2\sqrt{6}$ e) $7 + 5\sqrt{2}$ g) $1 - 3\sqrt[3]{18} + 3\sqrt[3]{12}$
b) 1 d) $5 - 2\sqrt{6}$ f) $8\sqrt{5} - 16$ h) $1 - 3\sqrt[3]{100} + 6\sqrt[3]{10}$

6. a) $a + 2\sqrt{ab} + b$ c) $a^2 + 2a\sqrt{b} + b$ e) $x + 2\sqrt{xy} + y$ g) $4x + 12\sqrt{xy} + 9y$
b) $x - 2\sqrt{xy} + y$ d) $a^2 - 2a\sqrt{b} + b$ f) $a - 2\sqrt{ab} + b$ h) $25r - 70\sqrt{rs} + 49s$

7. a) 8 c) 20 e) $3x$ g) ab i) $9rs$ k) $5ab^2$ m) $xy^2\sqrt[4]{25b}$ o) $2ab$
b) 12 d) $9z^2$ f) $2z\sqrt[4]{4}$ h) xyz j) xy l) $3xy^3$ n) $3rs^2$ p) ab

8. a) $20x$ b) $11xy + 8yz$

9. a) 5 c) 2 e) $\sqrt[3]{7a}$ g) $\sqrt{2}$ i) $\frac{2}{7}a$ k) $\sqrt[3]{a}$ m) $\frac{5}{2}\sqrt[3]{\frac{x^2}{9}}$ o) $\frac{b}{a}$
b) 5 d) a f) z^2 h) $\sqrt[3]{\frac{v}{w}}$ j) yz l) $\sqrt[3]{x + y}$ n) $a\sqrt[4]{\frac{40b}{3}}$ p) $\frac{1}{x}\sqrt{\frac{7y}{x}}$

10. a) $\frac{5}{7}$ c) $\frac{9}{4}$ e) $\frac{3}{2}$ g) $\frac{4r}{9s}$ i) $\frac{3x}{2y^2}$ k) $\frac{2r^2st^3}{p^3q^2}$ m) $x\sqrt{x^2 + y^2}$ o) $\frac{3(x + y)}{\sqrt[3]{x^3 + y^3}}$
b) $\frac{4}{3}$ d) $\frac{3}{4}$ f) $\frac{5}{2}$ h) $\frac{3}{7ab}$ j) $\frac{2a^2b}{3xy^3z}$ l) $\frac{2xy^2z^4}{5a^2bc^3}$ n) $\frac{1}{4c}\sqrt[3]{a^3 - b^3}$ p) $\frac{2c}{a}\sqrt[4]{a^4 + b^4}$

11. a) 9 b) $15 - 6\sqrt{2}$ c) 8 d) 1 e) $a\sqrt{b} - b\sqrt{c}$ f) $\sqrt{b} + \sqrt{c}$

12. a) 2 c) $\sqrt{6}$ e) x g) $ay^2\sqrt[3]{2}$ i) $x\sqrt[3]{3}$ k) $u\sqrt{5v}$ m) $\sqrt{2}$ o) $\sqrt{x}$
b) 5 d) $\sqrt[3]{9}$ f) a^2 h) $s\sqrt[3]{r^2}$ j) $\sqrt[5]{2ab^3}$ l) $2xy^2$ n) $\sqrt[6]{a^5}$ p) $\sqrt[5]{y}$

13. a) x b) $\sqrt[24]{a}$ c) $\sqrt[16]{x}$ d) z^2 e) $\sqrt{c}$

14. a) $a - 2 + \frac{1}{a}$ b) $\frac{a}{a+b} - 2a\sqrt{\frac{1}{a^2+b^2}} + \frac{a}{a-b}$ c) $(a-b)\sqrt[3]{\frac{1}{a}}$

15. a) $\sqrt[2n]{x}$ b) $\sqrt[2n]{x}$ c) $\sqrt[3n]{y}$ d) $\sqrt[4n]{a}$ e) $\sqrt[n]{z^2}$

18 Logarithmen – Exponentialgleichungen

18.1 Begriff des Logarithmus

[94] **1.** a) 2 c) 2 e) 2 g) 7 i) 3 k) 4 m) 0 o) 2 q) 0 s) n
b) 2 d) 2 f) 3 h) 1 j) 5 l) 3 n) 1 p) 3 r) 0 t) x

2. a) −2 c) −2 e) −7 g) $\frac{1}{2}$ i) $\frac{1}{3}$ k) $\frac{1}{2}$ m) $\frac{1}{3}$ o) −n
b) −2 d) −5 f) −2 h) $\frac{1}{2}$ j) $\frac{1}{3}$ l) $\frac{1}{4}$ n) −3

3. a) 64 c) 49 e) 128 g) 125 i) 3125 k) 16 m) 4 o) $\frac{1}{16}$ q) $\frac{1}{9}$
b) 64 d) 10000 f) 1024 h) 256 j) 4 l) 2 n) $\frac{1}{8}$ p) 81 r) $\frac{1}{1000000}$

4. a) 27 b) 16 c) 4 d) 1 e) 4 f) 2 g) 5 h) 6 i) 10 j) n

5. a) 5; 7; 3; 2 b) 5; 10; 7; 6 c) 7; 3; 5; 8 d) 2; 3; 5; 6 e) $\frac{1}{9}; \frac{1}{5}; \frac{1}{3}; \frac{1}{2}$

6. a) 11 b) 25 c) 7 d) 40 e) $-\frac{5}{2}$ f) 23 g) 11 h) 31

18.2 Logarithmengesetze

[95] **1.** a) $\log 100 = 2$ b) $\log 100 = 2$ c) $\log 10 = 1$ d) $\log_2 32 = 5$ e) $\log_2 8 = 3$ f) $\log_2 16 = 4$

2.
a) $\log_a x + \log_a y$
b) $\log_a x + \log_a y + \log_a z$
c) $\log_a x + \log_a (y + z)$
d) $\log_a (u + v) + \log_a (r + s)$
e) $\log_a x - \log_a y$
f) $\log_a x - \log_a y - \log_a z$
g) $\log_a x + \log_a y - \log_a r - \log_a s$
h) $\log_a x + \log_a y + \log_a z - \log_a r$
i) $\log_a (x + y) - \log_a z$
j) $\log_a (x + y) - \log_a (r - s)$
k) $\log_a x + \log_a (y + z) - \log_a s - \log_a t$
l) $\log_a x + \log_a (y + z) - \log_a r - \log_a (s - t)$
m) $-\log_a x - \log_a y$
n) $-\log_a x - \log_a (y + z)$

3.
a) $4\log_a x$
b) $7\log_a z$
c) $n \cdot \log_a y$
d) $2\log_a x + 2\log_a y$
e) $2\log_a x - 2\log_a y$
f) $3\log_a x + 5\log_a y$
g) $-3\log_a x$
h) $-2\log_a z$
i) $4\log_a x - 7\log_a y$
j) $-2\log_a x - 3\log_a y$
k) $\log_a 6 + 3\log_a x - \log_a 7 - \log_a z$
l) $\frac{1}{2}\log_a x$
m) $\frac{1}{4}\log_a y$
n) $\frac{1}{2}\log_a x - \frac{1}{2}\log_a y$
o) $\frac{1}{3}\log_a x + \frac{1}{3}\log_a y - \frac{1}{3}\log_a z$
p) $\frac{3}{4}\log_a x$
q) $-\frac{2}{3}\log_a x$
r) $2\log_a (x + y)$
s) $-2\log_a (x - y)$
t) $\log_a x + \frac{1}{2}\log_a (y - z)$
u) $\frac{2}{3}\log_a x + 2\log_a y$
v) $2\log_a r + 3\log_a s + \frac{3}{4}\log_a u + \frac{1}{2}\log_a v$

4. a) $\log_a \frac{xy}{z}$ b) $\log_a \frac{x^3y^5}{z^3}$ c) $\log_a \frac{x^3}{\sqrt{y} \cdot \sqrt[3]{z}}$ d) $\log_a ((x-y)^2 \cdot \sqrt{x+y})$ e) $\log_a \frac{\sqrt[3]{x^2+y^2}}{x^3}$

5. a) ≈ 0,63 c) ≈ 2,32 e) ≈ 1,43 g) ≈ −0,76
b) ≈ 1,77 d) ≈ 3,58 f) ≈ 1,68 h) ≈ −2,77

18.3 Lösen von Exponentialgleichungen

[96] 1. a) $x = 4$ b) $x = \frac{5}{4}$ c) $x = \frac{1}{2}$ d) $x = 4$ e) $x = -\frac{5}{3}$ f) $x = -\frac{2}{3}$ g) $x = 3$ h) $x = \frac{1}{5}$

2. a) $\frac{\log_{10}14}{\log_{10}5} \approx 1{,}6$ e) $\frac{\log_{10}18}{\log_{10}1{,}75} \approx 5{,}2$ i) $\frac{\log_{10}7 - \log_{10}8}{\log_{10}12 - 1} + 1 \approx 0{,}3$

b) $\frac{\log_{10}48}{\log_{10}16} \approx 1{,}4$ f) $\frac{\log_{10}2}{\log_{10}1{,}002} \approx 346{,}9$ j) $\frac{\log 4 - \log 17 + 5\log 3}{\log 3 - 2\log 9} \approx -1{,}23$

c) $\frac{\log_{10}30}{\log_{10}3} + 2 \approx 5{,}1$ g) $\frac{\log_{10}3 - 4\log_{10}7}{\log_{10}7 - 2\log_{10}5} \approx 5{,}25$ k) $\frac{\log_{10}2 - 2\log_{10}7}{\log_{10}7 + 2\log_{10}2} \approx -0{,}96$

d) $\frac{\log 8}{\log 0{,}5} = -3$ h) $7 + \frac{\log_{10}5}{\log_{10}2} \approx 9{,}3$ l) $\frac{\log_{10}2{,}08 - \log_{10}1{,}2 - 2\log_{10}1{,}6}{\log_{10}1{,}6 - \log_{10}1{,}2} \approx -1{,}36$

19 Potenzfunktionen – Wurzelfunktionen

[97] 1. a) 0,064 [0,0256]; –0,064 [0,0256]; 4,913 [8,3521]; –4,913 [8,3521]; 54,872 [208,5136]; –54,872 [208,5136]

b) $y = 3$ für $x = \sqrt[3]{3} \approx 1{,}44$ [$\sqrt[4]{3} \approx 1{,}32$; $-\sqrt[4]{3} \approx -1{,}32$]; $y = -2$ für $x = -\sqrt[3]{2} \approx -1{,}26$ [nie]

2. Zum Graphen der Funktion mit $y = x^3$ gehören P_1, P_4; zum Graphen der Funktion mit $y = x^4$ gehören P_5, P_6.

[98] 3. 0,84 [0,89]; 1,14 [1,09]; 2,12 [1,65]; 2,47 [1,83]

4. $y = 1{,}5$ für $x = 2{,}25$ [3,375]; $y = 0{,}5$ für $x = 0{,}25$ [0,125]

5. (1) Zu $y = \sqrt{x}$ gehören P_2, P_5 und P_6. (2) Zu $y = \sqrt[3]{x}$ gehören P_1, P_4 und P_7.

6. $\frac{4}{3}$ [$\frac{8}{9}$]; $-\frac{4}{3}$ [$\frac{8}{9}$]; $\frac{2}{3}$ [$\frac{4}{9}$]; $-\frac{2}{3}$ [$\frac{4}{9}$]; $\frac{1}{4}$ [$\frac{1}{16}$]; $-\frac{1}{4}$ [$\frac{1}{16}$]

7. $y = 2$ für $x = \frac{1}{2}$ [$\sqrt{\frac{1}{2}}$]; $y = \frac{1}{4}$ für $x = 4$ [2]; $y = -2$ für $x = -\frac{1}{2}$ [nie]; $y = -\frac{1}{4}$ für $x = -4$ [nie]

8. P_1, P_3 [P_5, P_6]

9. a) $(-0{,}5)^{-1}$; $(-1{,}7)^{-1}$; $(-3{,}8)^{-1}$; $4{,}3^{-1}$; $3{,}4^{-1}$; $0{,}5^{-1}$ b) 10^{-2}; $4{,}7^{-2}$; $3{,}9^{-2}$; $(-3{,}6)^{-2}$; $(-1{,}3)^{-2}$

20 Exponentialfunktionen – Logarithmusfunktionen

20.1 Exponentialfunktionen – Exponentielles Wachstum

[99] 1. a) 5,2; 0,2; 0,6; 1,7; 13,95; 0,1; 0,05; 19,4 b) –0,65; 0,35; 1; 1,65 [0,65; –0,35; –1; –1,65]
c) $P_1(0{,}7|2{,}2)$, $P_2(-0{,}7|0{,}5)$, $P_3(1{,}9|8{,}1)$, $P_4(-1{,}5|0{,}2)$, $P_5(-0{,}6|0{,}5)$, $P_6(1{,}5|5{,}4)$, $P_7(1{,}9|7{,}8)$

2. a) · 3 [: 3] b) · 9 [: 9] c) · 81 [: 81] d) : 3 [· 3] e) : 81 [· 81] f) potenziert mit 2 [2. Wurzel]

3. a) 4 b) $\frac{1}{5}$ c) 2,5 d) 0,1

[100] 4. a) $y = 5 \cdot 2^x$ (y eingenommene Fläche in m²; x Zeitdauer in Wochen)
b) 20480 m² c) 12,77 ≈ 13 Wochen d) 1,104

5. a) 25130,23 € b) $\frac{\log_{10}2}{\log_{10}1{,}035} = 20{,}148$ ≈ nach 20,15 Jahren

6. a) $y = 6 \cdot 0{,}9^x$ (y Medikament in mg; x Zeitdauer in Tagen) b) $\frac{\log_{10}0{,}5}{\log_{10}0{,}9} = 6{,}578$ ≈ nach 6,6 Tagen

7. a) um ≈ 21,9 % b) nach ≈ 6,5 Jahren

8. a) $y = 4 \cdot 1{,}0447^x$ (y in kg; x Zeitdauer in Stunden) b) $y = 300 \cdot 0{,}9438^x$ (y in g; x Zeitdauer in Stunden)

20.2 Logarithmusfunktionen

[101] 1. a) –0,65; 0,65; 0,85; –0,85; 1,45; –1,45 b) 1,75 [0,6]; 5,2 [0,2]; 0,6 [1,75]; 0,1 [9]

2. a) $+\log_3 2$ [$+\log_{\frac{1}{3}} 2$] b) +1 [–1] c) $+\log_3 \frac{1}{2} = -\log_3 2$ [$+\log_{\frac{1}{3}} \frac{1}{2} = -\log_{\frac{1}{3}} 2$] d) –1 [+1]

3. a) $\sqrt[8]{2}$ b) 3 c) $\frac{5}{10}$ d) 2

4. $y = \log_2 x$ [$y = \log_{0{,}5} x$]

21 Winkelsätze

21.1 Winkelsätze an geschnittenen Geraden

[102] **1.** **a)** Scheitelwinkel: α zu γ und γ zu α sowie β zu δ und δ zu β
Nebenwinkel: α zu β und β zu α sowie β zu γ und γ zu β sowie γ zu δ und δ zu γ sowie δ zu α und α zu δ
b) $\beta = 42°$; $\alpha = \gamma = 138°$

2.

	a)	b)	c)	d)
Scheitelwinkel	48°	90°	134°	—
Nebenwinkel	132°	90°	46°	—

3. In beiden Fällen sind α und γ keine Scheitelwinkel zueinander, denn es liegt keine Geradenkreuzung vor.

[103] **4.** **a)** $\alpha = 40°$ **b)** $\alpha = 125°$ **c)** $\alpha = 50°$ **d)** $\alpha = 135°$

5. **a)**
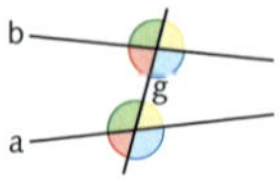

b)
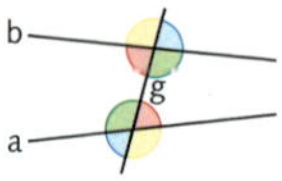

[104] **6.** **a)** $\alpha = \gamma = 55°$; $\beta = \delta = 125°$ **b)** $\alpha = \gamma = 22°$; $\beta = \delta = 158°$ **c)** $\alpha = \gamma = 48°$; $\beta = \delta = 132°$ **d)** $\alpha = \gamma = 48°$; $\beta = \delta = 132°$

7. **a)** $\alpha = 115°$ **b)** $\alpha = 45°$ **c)** $\alpha = 30°$ **d)** $\alpha = 135°$

8. $\alpha = \beta = \gamma = 55°$; $\varepsilon = 125°$

9. **a)** ja **b)** nein **c)** ja **d)** ja

10. $\alpha = 73°$; $\beta = 144°$

21.2 Winkel in Dreiecken und Vierecken

[105] **1.** **a)** (1) $\beta = 60°$ spitzwinkliges Dreieck (3) $\gamma = 77°$; spitzwinkliges Dreieck (5) $\beta = 116°$ stumpfwinkliges Dreieck
(2) $\gamma = 5°$ stumpfwinkliges Dreieck (4) $\alpha = 59°$; rechtwinkliges Dreieck (6) $\alpha = 90°$ rechtwinkliges Dreieck
b) (1) ja (2) nein, da $\alpha + \beta + \gamma > 180°$ (3) nein, da $\alpha + \beta + \gamma > 180°$
c) (1) $\beta = 61°$ (2) $\beta = 13°$

2. $\alpha_1 = 55°$; $\gamma_1 = 55°$; $\gamma_2 = 35°$

[106] **3.** **a)** $\alpha = 53°$ **b)** $\alpha = 110°$ **c)** $\alpha = 155°$ **d)** $\alpha = 30°$

4. $\beta = 45°$; $\gamma = 75°$

5. **a)** (1) $b > c$; $b + a > a$; $a > b$; $a + b > c$; $a > c$; $a + c > b$; also a ist am längsten
(2) $b < c$; $b + c > a$; $a < b$; $a + b > c$; $a < c$; $a + c > b$; also c ist am längsten
b) $\alpha > \beta$; $\alpha < \gamma$; $\beta < \gamma$; γ ist der größte Winkel.

[107] **6.** (1) $\beta = \gamma = 28°$ (2) $\gamma = 38°$; $\alpha = 104°$ (3) $\beta = 48°$; $\alpha = 84°$

7.

α	β	γ	$a \gtreqless b$	$a \gtreqless c$	$b \gtreqless c$	Dreiecksart nach Winkeln	Dreiecksart nach Seiten
75°	62°	43°	a > b	a > c	b > c	spitzwinklig	unregelmäßig
90°	32°	58°	a > b	a > c	b < c	rechtwinklig	unregelmäßig
29°	111°	40°	a < b	a < c	b > c	stumpfwinklig	unregelmäßig
30°	30°	120°	a = b	a < c	b < c	stumpfwinklig	gleichschenklig
90°	48°	42°	a > b	a > c	b > c	rechtwinklig	unregelmäßig
55°	70°	55°	a < b	a = c	b > c	spitzwinklig	gleichschenklig
60°	60°	60°	a = b	a = c	b = c	spitzwinklig	gleichseitig
60°	60°	60°	a = b	a = c	b = c	spitzwinklig	gleichseitig

8. $\alpha = 75°$

9. (1) $\beta = 120°$ (2) $\beta = 60°$ (3) $\beta = 11{,}25°$

10. **a)** $\beta = 74°$ **b)** (1) $\beta = 45°$ (2) $\beta = 35°$ (3) $\beta = 24°$

[108] 11. a) $\alpha = 40°$; $\beta = 50°$; $\gamma = 80°$ b) $\alpha = \beta = 55°$ c) $\alpha = \beta = 20°$

12. a) $\delta = 122°$ b) $\beta = 64°$

13. a) $\beta = 115°$; $\gamma = 65°$; $\delta = 115°$ b) $\beta = 25°$; $\delta = 115°$
c) $\beta = 65°$; $\gamma = 115°$; $\delta = 115°$ d) $\gamma = 47°$; $\delta = 124°$

22 Ähnlichkeit – Strahlensätze

22.1 Längenverhältnis zweier Strecken

[109] 1. a) $\frac{2}{3}$ b) $\frac{3}{5}$ c) $\frac{1}{2}$ d) $\frac{6}{5}$ e) $\frac{2}{3}$ f) 2

2. a) $\frac{a}{b} = 3$, $\frac{b}{a} = \frac{1}{3}$ b) $\frac{a}{b} = \frac{6}{5}$, $\frac{b}{a} = \frac{5}{6}$ c) $\frac{a}{b} = \frac{3}{5}$, $\frac{b}{a} = \frac{5}{3}$ d) $\frac{a}{b} = \frac{2}{3}$, $\frac{b}{a} = \frac{3}{2}$ e) $\frac{a}{b} = \frac{3}{8}$, $\frac{b}{a} = \frac{8}{3}$ f) $\frac{a}{b} = \frac{4}{3}$, $\frac{b}{a} = \frac{3}{4}$

3 —

4. a) $|AB| = 18$ cm b) $|AB| = 40$ m c) $|CD| = 120$ dm d) $|CD| = 108$ mm

5. $\frac{a}{b} = \frac{3}{2}$, $\frac{a}{c} = \frac{2}{3}$, $\frac{b}{a} = \frac{2}{3}$, $\frac{b}{c} = \frac{4}{9}$, $\frac{c}{a} = \frac{3}{2}$, $\frac{c}{b} = \frac{9}{4}$

6. a) (1) 100 cm [2,5 cm]; (2) 240 cm [6 cm] b) (1) 10,5 cm; (2) 4 cm

22.2 Ähnlichkeit von ebenen Figuren

[110] 1. (1) ja; k = 2 (2) ja; k = 3 (3) nein

[111] 2. $\frac{a}{r} = \frac{b}{s} = \frac{c}{t} = k$; $\frac{a}{b} = \frac{r}{s}$; $\frac{a}{c} = \frac{r}{t}$; $\frac{b}{c} = \frac{s}{t}$

3. a) $b' = 9$ cm, $c' = 13{,}6$ cm b) $a' = 1{,}8$ cm, $c' = 1{,}1$ cm c) $a' = 5{,}4$ cm, $b' = 7{,}2$ cm d) $b = 6{,}4$ cm, $c = 5{,}2$ cm

4. (1) 1. $A_{ABCD} = 31{,}5\ cm^2$; $A_{A'B'C'D'} = \left(\frac{1}{3}\right)^2 \cdot 31{,}5\ cm^2 = 3{,}5\ cm^2$ 2. $b' = 1{,}4$ cm; $A_{A'B'C'D'} = 2{,}5\ cm \cdot 1{,}4\ cm = 3{,}5\ cm^2$
(2) 1. $u_{ABCD} = 23{,}4$ cm; $u_{A'B'C'D'} = \frac{1}{3} \cdot 23{,}4\ cm = 7{,}8$ cm 2. $u_{A'B'C'D'} = 2 \cdot (2{,}5\ cm + 1{,}4\ cm) = 7{,}8$ cm

5. 1. $A_{ABC} = 3{,}06\ cm^2$; $A_{A'B'C'} = 2{,}5^2 \cdot 3{,}06\ cm^2 = 19{,}125\ cm^2$ 2. $c' = 8{,}5$ cm; $A_{A'B'C'} = \frac{8{,}5\ cm \cdot 4{,}5\ cm}{2} = 19{,}125\ cm^2$

6. k = 2

[112] 7. a) ähnlich; $\frac{a}{a^*} = \frac{b}{b^*} = \frac{c}{c^*}$ b) nicht ähnlich c) nicht ähnlich d) ähnlich; $\frac{a}{b^*} = \frac{b}{c^*} = \frac{c}{a^*}$

22.3 Strahlensätze – Anwendungen

1. a) $\frac{|ZA|}{|ZB|} = \frac{|AR|}{|BS|}$ c) $\frac{|AR|}{|BS|} = \frac{|ZR|}{|ZS|}$ e) $\frac{|ZT|}{|ZS|} = \frac{|ZC|}{|ZB|}$ g) $\frac{|AR|}{|CT|} = \frac{|ZA|}{|ZC|}$ i) $\frac{|ZB|}{|ZC|} = \frac{|ZS|}{|ZT|}$ k) $\frac{|BS|}{|CT|} = \frac{|ZB|}{|ZC|} = \frac{|ZS|}{|ZT|}$
b) $\frac{|ZR|}{|ZS|} = \frac{|AR|}{|BS|}$ d) $\frac{|ZC|}{|ZA|} = \frac{|ZT|}{|ZR|}$ f) $\frac{|CT|}{|BS|} = \frac{|ZT|}{|ZS|}$ h) $\frac{|ZT|}{|ZR|} = \frac{|ZC|}{|ZA|}$ j) $\frac{|ZA|}{|ZC|} = \frac{|ZR|}{|ZT|}$ l) $\frac{|ZA|}{|AB|} = \frac{|ZR|}{|RS|}$

2. $\frac{|ZD|}{|ZE|} = \frac{|ZA|}{|ZB|} = \frac{6\ cm}{4\ cm} = \frac{3}{2}$; $\frac{|ZD|}{|ZF|} = \frac{|ZA|}{|ZC|} = \frac{6\ cm}{9\ cm} = \frac{2}{3}$; $\frac{|ZE|}{|ZF|} = \frac{|ZB|}{|ZC|} = \frac{4\ cm}{9\ cm} = \frac{4}{9}$;
$\frac{|AD|}{|BE|} = \frac{|ZA|}{|ZB|} = \frac{6\ cm}{4\ cm} = \frac{3}{2}$; $\frac{|AD|}{|CF|} = \frac{|ZA|}{|ZC|} = \frac{6\ cm}{9\ cm} = \frac{2}{3}$; $\frac{|BE|}{|CF|} = \frac{|ZB|}{|ZC|} = \frac{4\ cm}{9\ cm} = \frac{4}{9}$

3. —

[113] 4. a) $a_2 = 3{,}5$ cm, $c_2 = 5{,}6$ cm c) $a_1 = 4$ cm, $b_1 = 6$ cm e) $a_1 = 4{,}5$ cm, $c_1 = 3{,}3$ cm
b) $a_2 = 9{,}9$ cm, $b_1 = 5{,}4$ cm d) $b_2 = 7{,}2$ cm, $c_1 = 2{,}6$ cm f) $b_1 = 6$ cm, $c_2 = 5{,}4$ cm

5. a) x = 110,38 m b) x = 204,05 m

6. a) x = 52,62 m b) x = 39,91 m

7. 36,3 m

23 Flächensätze am rechtwinkligen Dreieck

[114] **1.** **a)** 15 cm **c)** 25,96 dm **e)** 3,75 km **g)** 2,67 cm **i)** 9,35 dm
b) 8,66 mm **d)** 12,96 m **f)** 5,08 cm **h)** 5,57 m

2. **a)** 6,7 cm **b)** 5,8 cm **c)** 14,9 cm **d)** 5,8 cm **e)** 9,1 cm **f)** 9,7 cm

[115] **3.** **a)** e = 9,85 cm **b)** e = 12,08 dm **c)** e = 2,82 km **d)** a = 3,46 m **e)** e = 128,82 mm **f)** b = 0,77 km

4. **a)** 8,49 cm [d = 0,42 cm] **b)** 7,07 cm [a = 0,71 m] **c)** 12,5 cm^2 [A = 0,03 m^2]

5. **a)** 5,83 cm **b)** 6 mm **c)** 2,88 m **d)** 7,71 km **e)** 0,25 m **f)** 0,92 km

6. **a)** 3 cm **b)** 4,55 m **c)** 9,17 dm **d)** 3,15 km **e)** 29 mm **f)** 0,72 km

7. **a)** h = 6,93 cm; A = 27,71 cm^2 [h = 0,78 m; A = 0,35 m^2]
b) a = 6,93 m; A = 20,79 m^2 [a = 3,7 m; A = 5,91 m^2]
c) a = 8,6 cm; h = 7,44 cm [a = 1,05 cm; h = 0,91 cm]

8. 93,53 cm^2

9. **a)** a = 11,94 cm **b)** h = 4,33 cm

[116] **10.** **a)** 3,47 cm [0,39 m] **b)** 3,6 cm

11. **a)** b = 6,71 cm; c = 9 cm; q = 5 cm; h = 4,47 cm
b) a = 3,35 cm; c = 4,5 cm; p = 2,5 cm; h = 2,24 cm
c) b = 3,75 cm; c = 6,25 cm; q = 2,25 cm; p = 4 cm
d) a = 9,37 cm; b = 7,81 cm; c = 12,2 cm; p = 7,2 cm
e) a = 3,16 cm; b = 9,49 cm; c = 10 cm; q = 9 cm
f) a = 8,94 cm; b = 4,47 cm; c = 10 cm; h = 4 cm
g) a = 3,35 cm; b = 3 cm; p = 2,5 cm; h = 2,24 cm
h) b = 6,87 cm; p = 2,94 cm; q = 5,56 cm; h = 4,04 cm
i) a = 6 cm; p = 3,6 cm; q = 6,4 cm; h = 4,8 cm
j) 2 Lösungen: I) a = 7,21 cm, b = 10,82 cm; p = 4 cm; q = 9 cm
II) a = 10,82 cm; b = 7,21 cm; p = 9 cm; q = 4 cm
k) b = 5,44 cm; c = 7,39 cm; p = 3,39 cm; h = 3,68 cm
l) a = 9,82 cm; c = 12,06 cm; q = 4,06 cm; h = 5,70 cm

12. 4,8 cm

13.
a) d_{ab} = 5 cm; d_{ac} = 12,37 cm; d_{bc} = 12,65 cm; d_R = 13 cm
b) d_{ab} = 20 mm; d_{ac} = 26,40 mm; d_{bc} = 24,19 mm; d_R = 29 mm
c) d_{ab} = 15 m; d_{ac} = 10,30 m; d_{bc} = 13 m; d_R = 15,81 m
d) d_{ab} = 5,83 dm; d_{ac} = 3,61 dm; d_{bc} = 5,39 dm; d_R = 6,16 dm
e) d_{ab} = 8,49 cm; d_{ac} = 9,22 cm; d_{bc} = 9,22 cm; d_R = 11 cm
f) d_{ab} = 6,13 cm; d_{ac} = 4,47 cm; d_{bc} = 5,87 cm; d_R = 6,78 cm

14. Flächendiagonale: d_A = 8,49 cm; Raumdiagonale: d_R = 10,39 cm

15. **a)** 6,78 cm **b)** 7,42 cm **c)** 22,25 cm^2

16. **a)** 3,71 m **b)** 7,87 m

24 Berechnungen an Vielecken und am Kreis

24.1 Berechnungen an Vielecken

[117] **1.** **a)** A = 45 cm^2; u = 28 cm
b) A = 77 cm^2; u = 36 cm
c) A = 667 mm^2; u = 104 mm
d) A = 666 mm^2; u = 110 mm
e) A = 17,94 cm^2; u = 20,2 cm
f) A = 19,04 cm^2; u = 18 cm
g) A = 442 m^2; u = 86 m
h) A = 1247 m^2; u = 144 m
i) A = 28,8 km^2; u = 21,8 km
j) A = 112,66 km^2; u = 43,4 km

2. **a)** b = 4 cm; u = 20 cm
b) b = 2,3 m; u = 13 m
c) a = 6 mm; u = 34 mm
d) a = 6,2 cm; u = 18,2 cm
e) b = 12 cm; A = 48 cm^2
f) a = 10,4 m; A = 81,12 m^2
g) a = 3 mm; b = 5 mm oder a = 5 mm; b = 3 mm

3. 707,44 m^2 **4.** 6630 m^2 = 66,3 a; 362 m **5.** 614,15 € **6.** 387,57 € **7.** 240

8. **a)** 1200 cm^2
b) (1) 12 cm^2 weniger als ursprünglich, das sind 1 %.
(2) 252 cm^2 mehr als ursprünglich, das sind 21 %. [228 cm^2 weniger als ursprünglich, das sind 19 %.]

[118] 9.
a) A = 36 cm^2; u = 24 cm
b) A = 196 mm^2; u = 56 mm
c) A = 33,64 cm^2; u = 23,2 cm
d) A = 625 m^2; u = 100 m
e) A = 5,76 km^2; u = 9,6 km
f) A = 25 km^2; u = 20 km
g) A = 125,44 m^2; u = 44,8 m
h) A = 54,0225 m^2; u = 29,4 m
i) A = 14,44 km^2; u = 15,2 km
j) A = 82,81 cm^2; u = 36,4 cm

10.
a) A = 20,25 m^2; u = 18 m
b) a = 7 cm; u = 28 cm
c) a = 2,5 km; u = 10 km
d) a = 6,5 cm; u = 26 cm
e) a = 3 cm; A = 9 cm^2
f) a = 6,5 m; A = 42,25 m^2
g) a = 7,3 km; A = 53,29 km^2

11.
a) A = 9 cm^2; u = 12,8 cm
b) A = 16,8 cm^2; u = 18,2 cm
c) A = 12,4 cm^2; u = 14,8 cm
d) A = 9,8 cm^2; u = 13,6 cm

12.
a) A = 9,1 cm^2
b) A = 42,34 cm^2
c) A = 1,92 km^2
d) A = 87,33 dm^2
e) A = 1 081 mm^2
f) A = 5 336 cm^2
g) A = 68 328 m^2

[119] 13.
a) h = 3 cm
b) h = 4,5 cm
c) h = 5,1 m
d) h = 6,9 km
e) g = 12 cm
f) g = 7,5 m
g) g = 8,4 km

14.
a) A = 11,7 m^2
b) 775,13 €

15.
a) A = 92 250 m^2
b) 55 350 €

16.
a) A = 18 cm^2; u = 21,1 cm
b) A = 12 cm^2; u = 17,2 cm
c) A = 14,4 cm^2; u = 18 cm
d) A = 8 cm^2; u = 13 cm

17.
a) u = 320 mm = 32 cm; A ≈ 4418 mm^2 ≈ 44 cm^2
b) u = 8,2 cm; A = 3,1 cm^2
c) u = 7 m; A = 2,31 m^2

[120] 18.
a) A = 53,32 cm^2
b) A = 56,7 cm^2
c) A = 4,2 km^2
d) A = 9,145 dm^2
e) A = 672 mm^2
f) A = 4 306,5 cm^2
g) A = 262 725 m^2

19.
a) h = 3 cm
b) h = 2,5 cm
c) h = 7 m
d) h = 4,3 km
e) g = 9 cm
f) g = 8,5 m
g) g = 13,8 km

20.
a) A = 84 m^2
b) Kosten: 6 720 €

21.
a) A = 0,75 m^2
b) Kosten: 37,80 €

22.
a) A = 22 cm^2; u = 20,5 cm
b) A = 52,5 cm^2; u = 30,5 cm
c) A = 32,5 cm^2; u = 24,2 cm
d) A = 67,2 cm^2; u = 36,7 cm

[121] 23.
a) A = 48 cm^2
b) A = 3 136 m^2
c) A = 31,36 km^2
d) A = 4 187 mm^2
e) A = 242 dm^2
f) A = 2,73 m^2
g) A = 38 377,5 m^2

24.
a) h = 3 cm
b) h = 3,6 cm
c) h = 2,5 km
d) c = 6 cm
e) c = 4,1 m
f) a = 11 m
g) a = 4,6 cm

25.
a) A = 5 100 cm^2
b) Kosten: 72,93 €

26.
a) 7 092,75 €
b) 2 354,60 €
c) 9 408,75 €

24.2 Berechnungen am Kreis

Im folgenden ist für π der Näherungswert eines Taschenrechners benutzt worden.

[122] 1.
a) A = 19,63 cm^2; u = 15,71 cm
b) A = 102,07 cm^2; u = 35,81 cm
c) A = 17,80 m^2; u = 14,95 m
d) A = 0,07 km^2; u = 0,94 km
e) A = 1 017,88 mm^2; u = 113,1 mm
f) A = 38,48 m^2; u = 21,99 m
g) A = 4,91 km^2; u = 7,85 km
h) A = 36,32 dm^2; u = 21,36 dm
i) A = 5 541,77 mm^2; u = 263,89 mm
j) A = 30,19 cm^2; u = 19,48 cm

2.
a) r = 1,43 cm; A = 6,45 cm^2
b) r = 0,48 m; A = 0,72 m^2
c) r = 0,32 km; A = 0,32 km^2
d) r = 1,18 dm; A = 4,36 dm^2
e) r = 26,26 m; A = 2 166,50 m^2

3.
a) r = 4,3 cm; u = 27 cm
b) r = 0,56 m; u = 3,54 m
c) r = 1,32 dm; u = 8,3 dm
d) r = 31,92 m; u = 200,53 m
e) r = 1092,55 m; u = 6864,68 m

4. 17,51 cm [0,43 m; 1,1 m]; 240,72 cm^2 [0,15 m^2; 0,95 m^2]

5. 7,98 mm [1,13 cm; 0,94 mm]

6. a) $62{,}83\ cm^2$ b) $4{,}47\ cm$

7. $2\ cm\ [3{,}17\ cm]$

8. a) $b_\alpha = 5{,}24\ cm$; $A_\alpha = 13{,}10\ cm^2$
b) $b_\alpha = 5\ m$; $\alpha = 71{,}62°$
c) $\alpha = 229{,}18°$; $A_\alpha = 0{,}5\ m^2$
d) $r = 41{,}25\ mm$; $A_\alpha = 371{,}28\ mm^2$
e) $b_\alpha = 4\ m$; $\alpha = 45{,}84°$
f) $r = 5{,}64\ cm$; $b_\alpha = 7{,}09\ cm$
g) $r = 6\ m$; $\alpha = 143{,}24°$
h) $\alpha = 286{,}48°$; $A_\alpha = 160\ cm^2$
i) $r = 12{,}73\ m$; $A_\alpha = 381{,}97\ m^2$
j) $r = 2{,}62\ dm$; $A_\alpha = 2{,}10\ dm^2$

9. a) $3{,}26\ cm^2$ b) $10{,}27\ cm^2$ c) $22{,}11\ cm^2$

25 Berechnungen an Körpern

25.1 Berechnungen am Quader

[123] 1. a) $V = 420\ cm^3$; $O = 358\ cm^2$; $d = 14{,}76\ cm$
b) $V = 4896\ dm^3$, $O = 2328\ dm^2$; $d = 42{,}05\ cm$
c) $V = 70200\ mm^3$; $O = 18930\ mm^2$; $d = 136{,}77\ cm$
d) $V = 60750\ cm^3$; $O = 12150\ cm^2$; $d = 101{,}73\ cm$
e) $V = 945\ m^3$; $O = 606\ m^2$; $d = 18{,}84\ m$
f) $V = 0{,}126\ m^3$; $O = 1{,}62\ m^2$; $d = 0{,}97\ m$
g) $V = 12{,}586\ cm^3$; $O = 34{,}78\ cm^2$; $d = 4{,}47\ cm$
h) $V = 7{,}668\ dm^3$; $O = 31{,}98\ dm^2$; $d = 7{,}257\ dm$
i) $V = 0{,}7967\ m^3$; $O = 8{,}2787\ m^2$; $d = 2{,}864\ cm$
j) $V = 23{,}52\ m^3$; $O = 57{,}68\ m^2$; $d = 6{,}505\ cm$

2. a) $c = 11\ cm$ b) $a = 2\ m$ c) $b = 0{,}02\ dm$ d) $c = 7\ cm$ e) $a = 0{,}7\ m$

3. a) $55{,}65\ m^3$ b) $69{,}76\ m^2$

4. a) $0{,}6094\ m^3$ b) $4{,}475\ m^2$

[124] 5. 356345 € 6. $2362{,}5\ m^3$ 7. $335{,}61\ m^3$ 8. a) 40704 € b) 2160 €

9. $c = 6\ cm$; $V = 576\ cm^3$; $m = 403{,}2\ g$

25.2 Berechnungen am Würfel

1. a) $V = 125\ cm^3$; $O = 150\ cm^2$; $d = 8{,}66\ cm$
b) $V = 9261\ dm^3$; $O = 2646\ dm^2$; $d = 36{,}37\ dm$
c) $V = 2{,}744\ m^3$; $O = 11{,}76\ m^2$; $d = 242{,}49\ cm$
d) $V = 166375\ cm^3$; $O = 18150\ cm^2$; $d = 95{,}26\ cm$
e) $V = 125\ m^3$; $O = 150\ m^2$; $d = 8{,}66\ m$
f) $V = 0{,}343\ m^3$; $O = 2{,}94\ m^2$; $d = 1{,}21\ m$
g) $V = 2{,}744\ dm^3$; $O = 11{,}76\ dm^2$; $d = 2{,}42\ dm$
h) $V = 6{,}859\ cm^3$; $O = 21{,}66\ cm^2$; $d = 3{,}29\ cm$
i) $V = 42{,}875\ m^3$; $O = 73{,}5\ m^2$; $d = 6{,}06\ m$
j) $V = 20{,}796875\ m^3$; $O = 45{,}375\ m^2$; $d = 4{,}76\ m$

2. a) $a = 2\ m$ b) $a = 5\ cm$ c) $a = 3\ dm$ d) $a = 4\ mm$ e) $a = 0{,}6\ m$

3. a) $a = 5\ cm$ b) $a = 13\ dm$ c) $a = 3{,}5\ m$ d) $a = 5{,}099\ cm$ e) $a = 6{,}338\ m$

4. a) $a = 1{,}732\ m\ (\sqrt{3}\ m)$ b) $a = 2{,}309\ dm$ c) $a = 3{,}464\ m$ d) $a = 8{,}66\ cm$ e) $a = 19{,}63\ cm$

5. $V = 0{,}343\ m^3$; $O = 2{,}94\ m^2$; $d = 1{,}21\ m$

25.3 Berechnungen am Prisma

[125] 1. a) $V = 35{,}568\ cm^3$; $O = 92{,}04\ cm^2$ b) $V = 23{,}06\ cm^3$; $O = 72{,}19\ cm^2$ c) $V = 79{,}8\ cm^3$; $O = 131{,}96\ cm^2$

2. $h_D = 5{,}20\ m$; $V = 124{,}8\ m^3$; $O = 175{,}2\ m^2$

3. a) $M = 75{,}35\ cm^2$; $O = 94{,}05\ cm^2$
b) $u = 19{,}82\ m$; $O = 354{,}435\ m^2$
c) $G = 88{,}5\ cm^2$; $h = 30{,}12\ cm$
d) $M = 1200{,}6\ dm^2$; $G = 117{,}135\ dm^2$

[126] 4. $36270\ m^3$ 5. $356{,}6\ m^3$ 6. $2580{,}75\ kg$ 7. a) $268{,}8\ \ell$ b) $2{,}08\ m^2$ 8. $56{,}2\ \ell$

25.4 Berechnungen am Zylinder

1. a) $V = 3141{,}59\ cm^3$; $M = 1256{,}64\ cm^2$; $O = 1413{,}72\ cm^2$
b) $V = 56548{,}67\ mm^3$; $M = 7539{,}82\ mm^2$; $O = 8953{,}54\ mm^2$
c) $V = 942{,}48\ dm^3$; $M = 376{,}99\ dm^2$; $O = 534{,}07\ dm^2$
d) $V = 339{,}29\ m^3$; $M = 226{,}19\ m^2$; $O = 282{,}74\ m^2$
e) $V = 35{,}29\ m^3$; $M = 58{,}81\ m^2$; $O = 67{,}86\ m^2$
f) $V = 3463{,}61\ cm^3$; $M = 1979{,}20\ cm^2$; $O = 2056{,}17\ cm^2$
g) $V = 6283{,}19\ mm^3$; $M = 3141{,}59\ mm^2$; $O = 3242{,}12\ mm^2$
h) $V = 9500{,}18\ dm^3$; $M = 3166{,}73\ dm^2$; $O = 3392{,}92\ dm^2$
i) $V = 1256{,}64\ m^3$; $M = 628{,}32\ m^2$; $O = 728{,}85\ m^2$
j) $V = 144{,}03\ m^3$; $M = 151{,}61\ m^2$; $O = 174{,}30\ m^2$

2. a) $V = 326,73\ cm^3$; $M = 163,36\ cm^2$; $O = 263,89\ cm^2$
b) $r = 0,5\ m$ (≈ 0,497 m); $V = 6,22\ m^3$; $O = 26,55\ m^2$
c) $r = 0,36\ m$; $h = 0,18\ m$; $V = 0,07\ m^3$
d) $h = 1,39\ dm$; $M = 8,72\ dm^2$; $V = 4,36\ dm^3$
e) $h = 2,65\ cm$; $M = 50\ cm^2$; $O = 106,55\ cm^2$
f) $r = 1,26\ dm$; $M = 39,63\ dm^2$; $O = 49,63\ dm^2$
g) $V = 942\,477,8\ cm^3$; $M = 75\,398,22\ cm^2$; $O = 79\,325,21\ cm^2$
h) $h = 25,46\ cm$; $M = 400\ cm^2$; $O = 439,27\ cm^2$
i) $r = 0,5\ m$; $h = 0,38\ m$; $O = 2,77\ m^2$
j) $r = 0,08\ m$; $V = 0,08\ m^3$; $M = 1,96\ m^2$

[127] 3. a) 298,65 ℓ b) 60,27 cm

4. $0,8796\ m^2 \approx 0,88\ m^2$

5. 15,78 m

6. $9,1\ m^2$

7. $\approx 96,52\ m^2$

8. $19,23\ m^3$

9. 589,564 kg

25.5 Berechnungen an der Pyramide

1. a) $V = 132\ m^3$; $M = 136,82\ m^2$; $O = 172,82\ m^2$
b) $V = 54,621\ m^3$; $M = 69,32\ m^2$; $O = 95,33\ m^2$
c) $V = 32\ cm^3$; $M = 50,60\ cm^2$; $O = 66,60\ cm^2$
d) $V = 621\ mm^3$; $M = 421,85\ mm^2$; $O = 502,85\ mm^2$
e) $V = 235,468\ m^3$; $M = 198,618\ m^2$; $O = 253,378\ m^2$

2. $V = 27,993\ m^3$; $M = 42,65\ m^2$; $O = 69,31\ m^2$

3. $V = 39,911\ cm^3$; $M = 61,97\ cm^2$; $O = 77,97\ cm^2$

[128] 4. a) $V = 11,7045\ m^3$ b) $V = 25,194\ m^3$

5. $V = 11,547\ m^3$; $M = 30,79\ m^2$; $O = 37,72\ m^2$

6. 7329,37 € ≈ 7330 €

25.6 Berechnungen am Kegel

1. a) $V = 94,25\ m^3$; $M = 98,40\ m^2$; $O = 126,67\ m^2$
b) $V = 2\,881,89\ cm^3$; $M = 1\,099,25\ cm^2$; $O = 1\,300,31\ cm^2$
c) $V = 28,48\ dm^3$; $M = 54,62\ dm^2$; $O = 104,88\ dm^2$
d) $V = 30\,999,14\ mm^3$; $M = 5\,024,27\ mm^2$; $O = 6\,158,39\ mm^2$
e) $V = 432,60\ m^3$; $M = 295,33\ m^2$; $O = 358,95\ m^2$
f) $V = 5\,277,88\ cm^3$; $M = 1\,394,87\ cm^2$; $O = 1\,847,26\ cm^2$
g) $V = 3\,591,36\ dm^3$; $M = 1\,169,02\ dm^2$; $O = 1\,452,55\ dm^2$
h) $V = 3\,329,04\ mm^3$; $M = 1\,196,68\ mm^2$; $O = 1\,423,66\ mm^2$
i) $V = 243,74\ m^3$; $M = 212,43\ m^2$; $O = 250,92\ m^2$
j) $V = 199,45\ m^3$; $M = 189,73\ m^2$; $O = 221,90\ m^2$

2. a) $s = 3,61\ cm$; $V = 12,57\ cm^3$; $M = 22,65\ cm^2$; $O = 35,22\ cm^2$
b) $r = 3\ dm$; $V = 37,70\ dm^3$; $M = 47,12\ dm^2$; $O = 75,40\ dm^2$
c) $h = 5,29\ cm$; $V = 199,48\ cm^3$; $M = 150,8\ cm^2$; $O = 263,89\ cm^2$
d) $h = 14,92\ cm$; $M = 425,50\ cm^2$; $O = 626,56\ cm^2$; $s = 16,93\ cm$
e) $r = 0,455\ m$; $h = 0,532\ m$; $V = 0,115\ m^3$; $O = 1,65\ m^2$
f) $s = 1,61\ m$; $h = 1,582\ m$; $V = 0,149\ m^3$; $M = 1,517\ m^2$
g) $r = 13,058\ cm$; $s = 19,145\ cm$; $M = 785,402\ cm^2$; $O = 1\,321,117\ cm^2$
h) $r = 2,371\ dm$; $h = 1,838\ dm$; $V = 10,82\ dm^3$; $M = 22,343\ dm^2$
i) $r = 0,564\ m$; $s = 1,975\ m$; $h = 1,892\ m$; $V = 0,631\ m^3$
j) $h = 5,775\ cm$; $s = 13,77\ cm$; $M = 540,736\ cm^2$; $O = 1\,031,61\ cm^2$

[129] 3. 9,549 cm

4. a) $89,907\ m^3$ b) $94,248\ m^2$ c) ≈ 7351,33 €

5. a) $h = 3,76\ m$ b) Kantenlänge des Würfels: 1,62 m c) 6,75 t

25.7 Berechnungen an der Kugel

1. a) $268,08\ cm^3$; $201,06\ cm^2$
b) $195\,432,196\ mm^3$; $16\,286,016\ mm^2$
c) $17157,285\ dm^3$; $3216,991\ dm^2$
d) $904,779\ m^2$; $452,389\ m^2$
e) $623,615\ m^3$; $352,989\ m^2$
f) $179,594\ cm^3$; $153,938\ cm^2$
g) $41\,629,768\ mm^3$; $5\,808,805\ mm^2$
h) $65,45\ dm^3$; $78,54\ dm^2$
i) $1\,767,146\ m^3$; $706,858\ m^2$
j) $421,16\ m^3$; $271,716\ m^2$

2. a) $V = 2,145\ m^3$; $O = 8,042\ m^2$
b) $r = 0,282\ dm$; $V = 0,094\ dm^3$
c) $r = 6,204\ cm$; $O = 483,597\ cm^2$
d) $r = 0,564\ m$; $V = 0,752\ m^3$
e) $r = 1,337\ m$; $O = 22,447\ m^2$

3. a) $2\,171,469\ cm^2$ b) $928,19\ cm^2$

4. $2 \cdot 10^{-3}\ mm$

5. $2,21 \cdot 10^{10}\ km^3$; $3,8 \cdot 10^{7}\ km^2$

6. $1,08 \cdot 10^{12}\ km^3$; $5,1 \cdot 10^{8}\ km^2$

7. 10,47 kg

26 Trigonometrie

26.1 Sinus, Kosinus, Tangens für den Bereich $0 \leq \alpha \leq 360°$

[130] 1. **a)** $\sin\alpha = 0{,}923$; $\sin\beta = 0{,}3846$; $\cos\alpha = 0{,}3846$; $\cos\beta = 0{,}923$; $\tan\alpha = 2{,}4$; $\tan\beta = 0{,}4167$
b) $\sin\alpha = 0{,}8$; $\sin\beta = 0{,}6$; $\cos\alpha = 0{,}6$; $\cos\beta = 0{,}8$; $\tan\alpha = 1{,}33$; $\tan\beta = 0{,}75$
c) $\sin\alpha = 0{,}4706$; $\sin\beta = 0{,}8824$; $\cos\alpha = 0{,}8824$; $\cos\beta = 0{,}4706$; $\tan\alpha = 0{,}533$; $\tan\beta = 1{,}875$

2. **a)** $\sin\alpha = 0{,}47$; $\cos\alpha = 0{,}88$; $\tan\alpha = 0{,}53$
b) $\sin\alpha = 0{,}67$; $\cos\alpha = 0{,}74$; $\tan\alpha = 0{,}90$
c) $\sin\alpha = 0{,}87$; $\cos\alpha = 0{,}5$; $\tan\alpha = 1{,}73$
d) $\sin\alpha = 0{,}98$; $\cos\alpha = 0{,}21$; $\tan\alpha = 4{,}07$
e) $\sin\alpha = 0{,}98$; $\cos\alpha = 0{,}17$; $\tan\alpha = 5{,}67$

3. **a)** $\alpha = 19{,}5°$ **b)** $\alpha \approx 37°$ **c)** $\alpha \approx 37°$

4. **a)** $\sin 12° = \cos 78°$; $\sin 27° = \cos 63°$; $\sin 34° = \cos 56°$; $\sin 48° = \cos 42°$; $\sin 67° = \cos 23°$
b) $\cos 19° = \sin 71°$; $\cos 33° = \sin 57°$; $\cos 41° = \sin 49°$; $\cos 58° = \sin 32°$; $\cos 82° = \sin 8°$

[131] 5. **a)** $\cos\alpha$: $\frac{4}{5}$ $\left[\frac{\sqrt{21}}{5}; \frac{12}{13}; 0{,}95; 0{,}97; 0{,}94\right]$
$\tan\alpha$: $\frac{3}{4}$ $\left[\frac{2}{\sqrt{21}}; \frac{5}{12}; 0{,}31; 0{,}25; 0{,}36\right]$
b) $\sin\alpha$: $\frac{\sqrt{21}}{5}$ $\left[\frac{1}{2}\sqrt{3}; \frac{1}{4}\sqrt{15}; \frac{24}{25}; 0{,}98; 0{,}99\right]$
$\tan\alpha$: $\frac{\sqrt{21}}{2}$ $\left[\sqrt{3}; \sqrt{15}; 3\frac{3}{7}; 4{,}9; 8{,}27\right]$

6. **a)** 0,4384 **b)** 0,6820 **c)** 0,9848 **d)** 0,0872
e) −0,1736 **f)** −0,5 **g)** −0,8660 **h)** −0,2588
i) −0,1908 **j)** −0,6293 **k)** −0,0349 **l)** −0,9781
m) 0,6428 **n)** −0,7986 **o)** 0,9945 **p)** −0,4540
q) −8,1443 **r)** −2,9042 **s)** −0,4663 **t)** −1,3270
u) 0,3640 **v)** −1,8040 **w)** −0,3443 **x)** −2,3559

7. **a)** {26°; 154°} **b)** {195°; 345°} **c)** {54°; 126°} **d)** {17°; 163°} **e)** {50°; 310°} **f)** {170°; 190°} **g)** {48°; 312°} **h)** {83°; 277°} **i)** {60°; 240°} **j)** {139°; 319°}

26.2 Berechnungen am rechtwinkligen Dreieck

[132] 1. **a)** a = 1,62 cm; c = 7,18 cm; $\beta = 77°$
b) a = 6,31 cm; c = 4,61 cm; $\gamma = 47°$
c) a = 94,54 m; c = 170,55 m; $\alpha = 29°$
d) a = 33,92 cm; b = 21,2 cm; $\alpha = 58°$
e) a = 28,99 m; c = 35,39 m; $\alpha = 55°$
f) c = 33,17 m; $\beta = 56{,}4°$; $\gamma = 33{,}6°$
g) a = 236,20 cm; b = 90,67 cm; $\alpha = 69°$
h) b = 93,52 m; $\alpha = 27{,}2°$; $\gamma = 62{,}8°$
i) a = 119,10 m; $\beta = 35{,}1°$; $\gamma = 54{,}9°$
j) b = 360,79 m; $\alpha = 18{,}3°$; $\gamma = 71{,}7°$
k) b = 225 mm; $\alpha = 50{,}4°$; $\beta = 39{,}6°$
l) c = 264,31 cm; $\alpha = 14°$; $\gamma = 76°$
m) b = 115,85 m; c = 238,96 m; $\beta = 29°$
n) a = 18,89 m; c = 10,83 m; $\gamma = 35°$
o) a = 207,60 m; b = 105,78 m; $\beta = 27°$
p) b = 788,672 km; c = 685,582 km; $\beta = 49°$

2. $47{,}98° \approx 48°$ 3. 100,29 m 4. 35,26° 5. **a)** 33,69° **b)** 47,97°

26.3 Berechnungen am gleichschenkligen Dreieck

[133] 1. **a)** h = 12 m; $\alpha = 53{,}13°$; $\gamma = 73{,}74°$
b) s = 89,01 m; h = 39,02 m; $\alpha = 26°$
c) s = 57,65 m; h = 56,59 m; $\gamma = 22°$
d) c = 60,78 m; h = 62,30 m; $\alpha = 64°$
e) h = 24,23 cm; c = 209,88 cm; $\gamma = 154°$
f) s = 41,84 m; c = 68,55 m; $\gamma = 110°$

2. 7 cm; 73,74°; 106,26° 3. 6,57 cm; 8,57 cm

4. **a)** $\beta = 102°$
e = 95,74 m
f = 77,53 m
A = 3711,64 m^2
b) $\alpha = 109{,}91°$
$\beta = 70{,}09°$
e = 78,55 km
A = 4398,80 km^2
c) $\alpha = 29{,}86°$
$\beta = 150{,}24°$
a = 0,78 m
A = 0,3 m^2

5. $\beta = 93{,}64°$; $\gamma = 66{,}72°$; $\delta = 93{,}64°$; e = 7,62 cm; f = 6,71 cm

6. s = 4,59 cm; h = 2,51 cm

7. $\alpha = 38{,}211°$; h = 4,33 m

26.4 Berechnungen an beliebigen Dreiecken

[135] **1.**
a) $b = 29{,}45$ m; $c = 27{,}16$ m; $\gamma = 63°$
b) $a = 117{,}36$ cm; $c = 128{,}81$ cm; $\gamma = 113°$
c) $a = 38{,}88$ cm; $b = 32{,}58$ cm; $\gamma = 85°$
d) $b = 6{,}07$ m; $c = 8{,}95$ m; $\alpha = 15°$
e) $a = 40{,}17$ m; $c = 42{,}23$ m; $\beta = 32°$
f) $b = 6{,}38$ km; $c = 6{,}10$ km; $\alpha = 66°$
g) $a = 1\,028{,}90$ m; $c = 1\,077{,}06$ m; $\gamma = 73°$
h) $a = 9{,}79$ cm; $b = 9{,}56$ cm; $\alpha = 56°$
i) $b = 104{,}90$ m; $\alpha = 22{,}45°$; $\beta = 115{,}55°$
j) $c = 12{,}81$ cm; $\beta = 13{,}84°$; $\gamma = 16{,}16°$
k) $\alpha_1 = 80{,}6°$; $\gamma_1 = 74{,}4°$; $c_1 = 68{,}83$ m; $\alpha_2 = 99{,}4°$; $\gamma_2 = 55{,}6°$; $c_2 = 58{,}96$ m
l) $\beta = 27{,}01°$; $\gamma = 33{,}99°$; $c = 144{,}65$ m
m) $\alpha_1 = 92{,}25°$; $\gamma_1 = 52{,}75°$; $a_1 = 11{,}18$ km; $\alpha_2 = 17{,}75°$; $\gamma_2 = 127{,}25°$; $a_2 = 3{,}41$ km
n) $\beta = 59{,}70°$; $\gamma = 40{,}30°$; $c = 47{,}94$ m
o) $\alpha_1 = 76{,}53°$; $\beta_1 = 67{,}47°$; $a_1 = 11{,}58$ cm; $\alpha_2 = 31{,}47°$; $\beta_2 = 112{,}53°$; $a_2 = 6{,}22$ cm
p) $\alpha = 120{,}93°$; $\gamma = 23{,}07°$; $a = 4{,}38$ km

2. 1,428 km

3. Höhe: 112,81 m; von A (bei α): 213,89 m; von B (bei β): 245,70 m

4. 2726,85 m **5.** 45,81 m **6.** 64,62 m **7.** 42,37 m

[137] **8.**
a) $a = 18{,}08$ cm; $\beta = 78{,}44°$; $\gamma = 60{,}56°$
b) $c = 136{,}49$ m; $\alpha = 35{,}16°$; $\beta = 40{,}84°$
c) $b = 6{,}02$ m; $\alpha = 85{,}33°$; $\gamma = 79{,}67°$
d) $a = 3{,}77$ km; $\beta = 80{,}01°$; $\gamma = 51{,}99°$
e) $c = 1{,}65$ cm; $\alpha = 69{,}46°$; $\beta = 79{,}54°$
f) $c = 9{,}19$ m; $\alpha = 36{,}94°$; $\beta = 30{,}06°$
g) $b = 13{,}16$ cm; $\alpha = 14{,}32°$; $\gamma = 4{,}68°$
h) $\alpha = 60{,}61°$; $\beta = 78{,}58°$; $\gamma = 40{,}81°$
i) $\alpha = 53{,}97°$; $\beta = 78{,}83°$; $\gamma = 47{,}20°$
j) $\alpha = 10{,}83°$; $\beta = 45{,}77°$; $\gamma = 123{,}40°$
k) $\alpha = 130{,}45°$; $\beta = 12{,}68°$; $\gamma = 36{,}87°$
l) $\alpha = 90°$; $\beta = 53{,}13°$; $\gamma = 36{,}87°$
m) $\alpha = 24{,}76°$; $\beta = 32{,}79°$; $\gamma = 122{,}45°$
n) $\alpha = 0°$; $\beta = 0°$; $\gamma = 180°$

9. 7,554 km **10.** $\approx 32°$ **11.** 710,3 m

12. **a)** in A: 96,53°; in B: 26,4° **b)** 1573,4 m

13.
a) $b = 16{,}72$ cm; $f = 32{,}42$ cm; $\alpha = 138°$
b) $f = 13{,}82$ cm; $\alpha = 84{,}92°$; $\beta = 95{,}08°$
c) $b = 3{,}7$ cm; $f = 20{,}21$ cm; $\beta = 142°$
d) $e = 5{,}63$ cm; $f = 7{,}31$ m; $\alpha = 105°$

14.
a) $d = 6{,}7$ cm; $\alpha = 68°$; $\gamma = 136°$; $\delta = 112°$
b) $c = 1{,}77$ cm; $d = 7{,}97$ cm; $\gamma = 101°$; $\delta = 142°$
c) $\alpha = 77{,}36°$; $\beta = 51{,}32°$; $\gamma = 128{,}68°$; $\delta = 102{,}64°$

15. $e = 11{,}26$ cm; $f = 11{,}36$ cm; $\alpha = 67{,}59°$; $\gamma = 107{,}52°$; $\delta = 119{,}89°$

27 Trigonometrische Funktionen

27.1 Bogenmaß eines Winkels

[138] **1.**
a) 0,59; 2,20; 3,58; 5,48; −0,30; −1,69; −4,21; −4,99; 6,89; 10,80; 13,37; 17,87
b) 53,89°; 100,84°; 259,55°; 342,06°; −33,23°; 103,71°; −221,73°; −292,78°; 454,93°; 601,61°; 796,41°; 1186,02°

27.2 Sinus- und Kosinusfunktionen

[139] **1.** Gerundet auf 4 Nachkommastellen:
a) 0,3894; 0,9211
b) −0,2955; 0,9553
c) 0,9917; −0,1288
d) −0,9463; −0,3233
e) 0,2392; −0,9710
f) −0,9989; −0,0460

2. Gerundet auf 2 Nachkommastellen:

a)	b)	c)	d)
0,10; 3,04	0,27; 2,87	0,60; 2,55	0,48; 2,66
3,24; 6,18	1,30; 4,99	0,98; 5,31	1,09; 5,19
1,27; 5,02	3,60; 5,83	3,88; 5,55	3,77; 5,65
1,88; 4,40	2,03; 4,26	2,30; 3,98	2,20; 4,08

3. **a)** Wertebereich: $\{y \in \mathbb{R} \mid -2{,}5 \le y \le 2{,}5\}$ **b)** Wertebereich: $\{y \in \mathbb{R} \mid -0{,}75 \le y \le 0{,}75\}$

4. **a)** $y = 1{,}5 \cdot \sin x$ **b)** $y = 0{,}6 \cdot \sin x$

5. **a)** Nullstellen beider Funktionen bei $(2k + 1) \cdot \frac{\pi}{2}$, $k \in \mathbb{Z}$; kleinste Periode ist jeweils 2π; größter Funktionswert bei 1,5 [0,5]; kleinster Funktionswert bei −1,5 [−0,5]; der Wertebereich ist die Menge der reellen Zahlen mit $-1{,}5 \le y \le 1{,}5$ [$-0{,}5 \le y \le 0{,}5$]
b) Die Graphen entstehen aus der Kosinuskurve durch Strecken mit 1,5 [0,5] in Richtung y-Achse.

[140] **6.** **a)** — **b)** 6π **c)** $-6\pi, -3\pi, 0{,}3\pi, 6\pi, 9\pi, 12\pi$

7. **a)** — **b)** $\frac{1}{2}\pi$ **c)** $-2\pi, -1\frac{3}{4}\pi, -1\frac{1}{2}\pi, -1\frac{1}{4}\pi, -\pi, -\frac{3}{4}\pi, -\frac{1}{2}\pi, -\frac{1}{4}\pi, 0, \frac{1}{4}\pi \ldots 2\pi$

8. **a)** $y = \sin(0{,}2 \cdot x)$ **b)** $y = \sin\left(\frac{2}{3} \cdot x\right)$ **c)** $y = \sin(1{,}2 \cdot x)$ **d)** $y = \sin\left(1\frac{2}{3} \cdot x\right)$

9. **a)** $y = \sin \frac{1}{3}x$ **b)** $y = \sin 3x$

10. **a)** — **b)** (1) 6π (2) $\frac{2}{3}\pi$ **c)** (1) $-2 \le y \le 2$ (2) $-\frac{1}{2} \le y \le \frac{1}{2}$

[141] **11.** **a)** — **b)** (1) $-\frac{3}{2}\pi, -\frac{1}{2}\pi, \frac{1}{2}\pi, \frac{3}{2}\pi, \frac{5}{2}\pi, \frac{7}{2}\pi$ (2) $-\frac{3}{2}\pi, -\frac{1}{2}\pi, \frac{1}{2}\pi, \frac{3}{2}\pi, \frac{5}{2}\pi, \frac{7}{2}\pi$

12. (1) $y = \sin\left(x - \frac{\pi}{3}\right)$ (2) $y = \sin\left(x + \frac{\pi}{3}\right)$

13. **a)** $y = \sin\left(x - \frac{3\pi}{2}\right)$ **b)** $y = \sin\left(x + \frac{3\pi}{2}\right)$

14. Verschiebt man die Sinuskurve parallel zur x-Achse um $\frac{\pi}{2}$ nach links ($\frac{3}{2}\pi$ nach rechts), so erhält man die Kosinuskurve. Verschiebt man die Kosinuskurve parallel zur x-Achse um $\frac{\pi}{2}$ nach rechts ($\frac{3}{2}\pi$ nach links), so erhält man die Sinuskurve.

15. **a)** Strecken mit 2 in Richtung der y-Achse; Strecken mit $\frac{1}{3}$ in Richtung der x-Achse; Verschieben um $-\frac{\pi}{2}$ in Richtung der x-Achse
b) Strecken mit $\frac{1}{2}$ in Richtung der y-Achse; Strecken mit $\frac{1}{2}$ in Richtung der x-Achse; Verschieben um $\frac{\pi}{6}$ in Richtung der x-Achse
c) Strecken mit 1,5 in Richtung der y-Achse; Strecken mit 2 in Richtung der x-Achse; Verschieben um π in Richtung der x-Achse

28 Aufbereiten und Auswerten von Daten

28.1 Aufbereiten und Darstellen von Datenmengen

[144] **1.** **a)**

Fahrzeugart	Anzahl (absolute Häufigkeit)	relative Häufigkeit
Bus	卌 卌 卌 (15)	$\frac{1}{2} = 50\,\%$
Fahrrad	卌 |||| (9)	$\frac{9}{30} = \frac{3}{10} = 30\,\%$
zu Fuß	卌 | (6)	$\frac{6}{30} = \frac{1}{5} = 20\,\%$

b) (1)

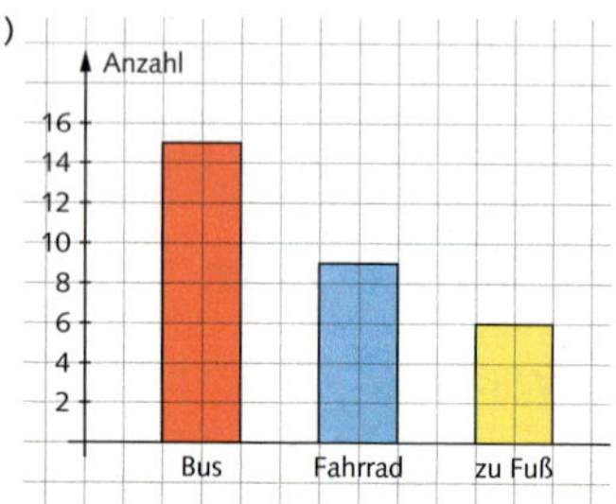

(2)

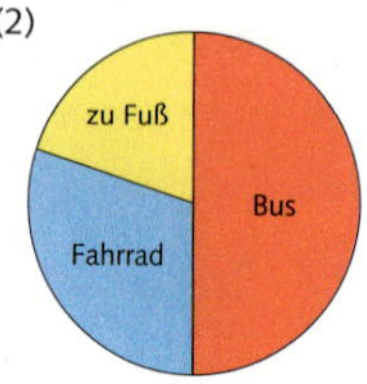

c) (1) Die meisten Schüler fahren Bus.
(2) Die Hälfte der Schüler fährt Bus.

2. **a)**

Fahrzeugart	Pkw	Transporter	Lkw	Omnibus	Motorrad	Fahrrad	Sonstige
absolute Häufigkeit	132	55	24	6	32	18	3
relative Häufigkeit	$\frac{132}{270} \approx 48{,}9\,\%$	$\frac{55}{270} \approx 20{,}4\,\%$	$\frac{24}{270} \approx 8{,}9\,\%$	$\frac{6}{270} \approx 2{,}2\,\%$	$\frac{32}{270} \approx 11{,}9\,\%$	$\frac{18}{270} \approx 6{,}7\,\%$	$\frac{3}{270} \approx 1{,}1\,\%$

b) Säulendiagramm

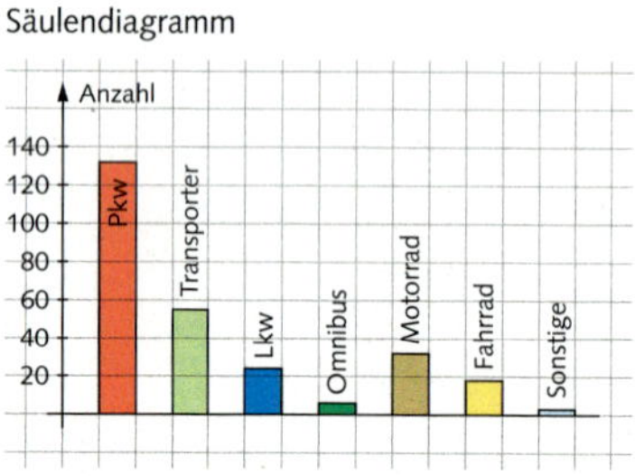

Balkendiagramm

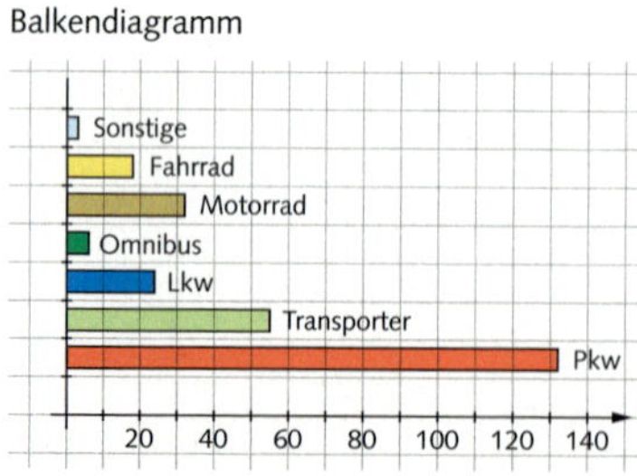

Kreisdiagramm

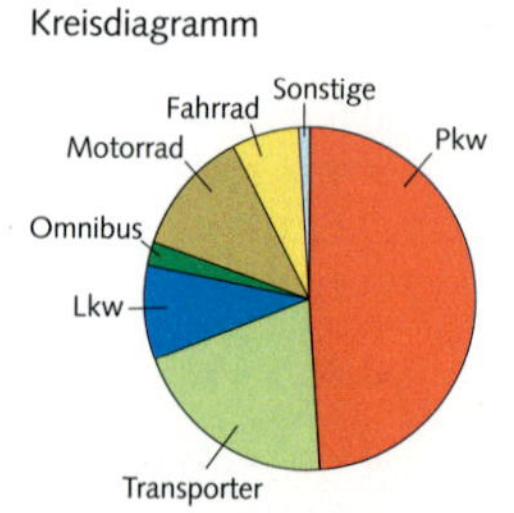

3. **a)**

Partei	relative Häufigkeiten
SPD	0,284
CDU	0,248
FDP	0,122
Grüne	0,172
Die Linke	0,125
Sonstige	0,048

b) (1) Säulendiagramm

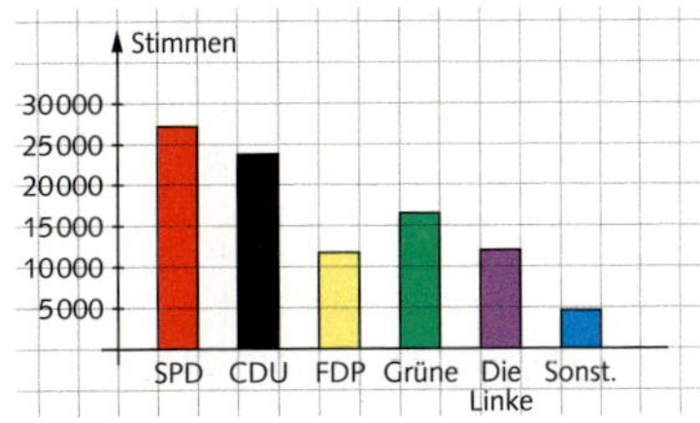

(2) Kreisdiagramm

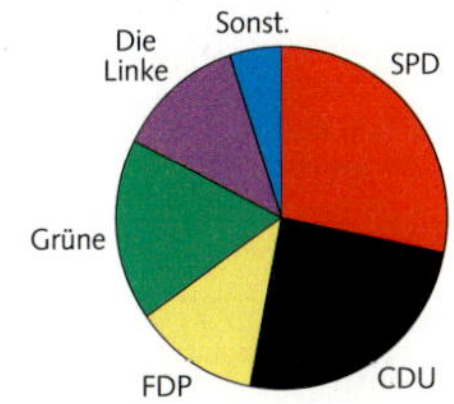

4. **a)**

Farbe	absolute Häufigkeit (gerundet)
Silber	77932
Schwarz	71937
Grau	47958
Weiß	47958
Rot	17984
Blau	14987
Sonstige	20982

b)

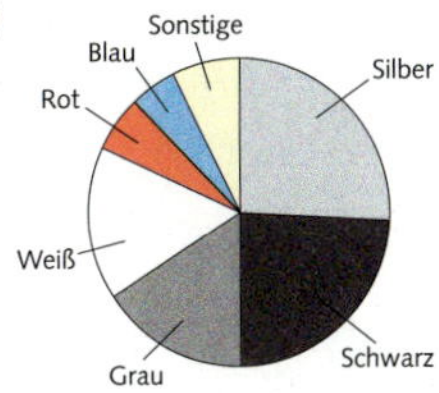

[145] **5.** **a)**

Energieträger	absolute Häufigkeit
Steinkohle	109,251 Mrd. kWh
Erdgas	77,013 Mrd. kWh
Heizöl	35,82 Mrd. kWh
Erneuerbare	93,132 Mrd. kWh
Kernenergie	134,922 Mrd. kWh
Braunkohle	146,862 Mrd. kWh

b)

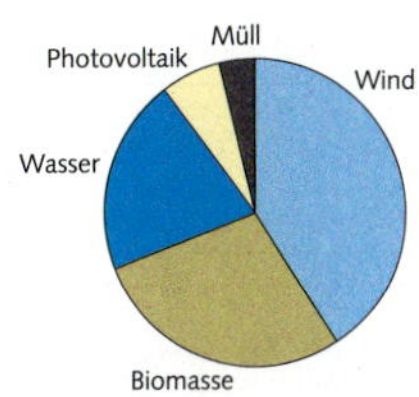

6. **a)** (1)

Alter	Anzahl	relative Häufigkeit
13	10	0,135 = 13,5 %
14	38	0,514 = 51,4 %
15	21	0,284 = 28,4 %
16	5	0,068 = 6,8 %
	74	1,001 = 100,1 %

(2)

Haustier	Anzahl	relative Häufigkeit
Fisch	17	0,230 = 23,0 %
Hamster	23	0,311 = 31,1 %
Kaninchen	28	0,378 = 37,8 %
Vogel	11	0,149 = 14,9 %
kein Tier	22	0,297 = 29,7 %
	101	1,365 = 136,5 %

Die relative Häufigkeit (bezogen auf 74 Schüler) weicht bei (1) um 0,1 Prozentpunkte von 100 % ab. Ursache sind Rundungsfehler. Die relative Häufigkeit (bezogen auf 74 Schüler) weicht bei (2) erheblich ab. Ursache ist hier die Möglichkeit der Mehrfachnennung.

b) (1)

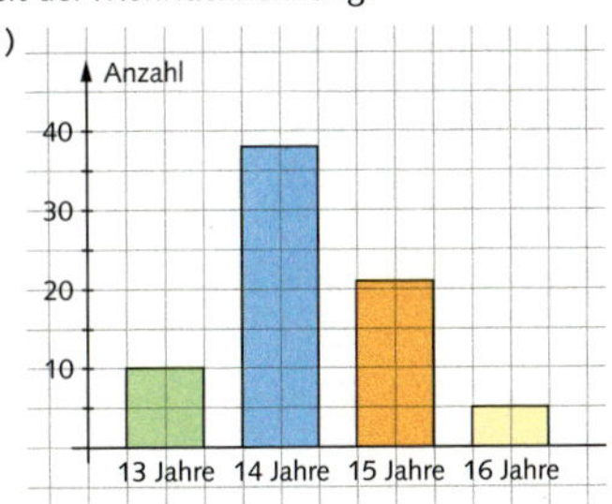

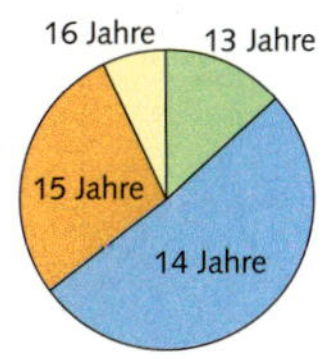

(2)

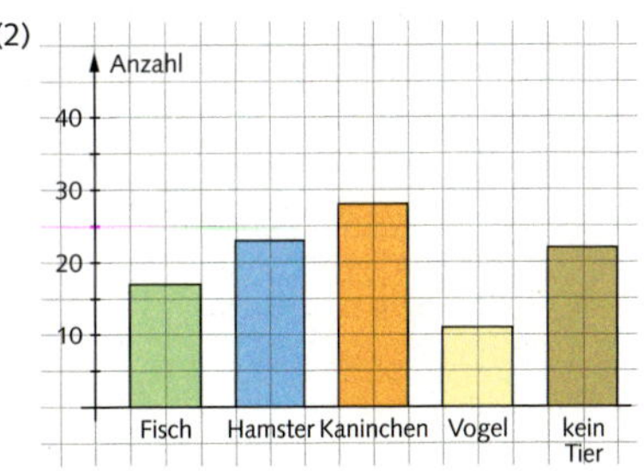

[146] **7.** **a)**

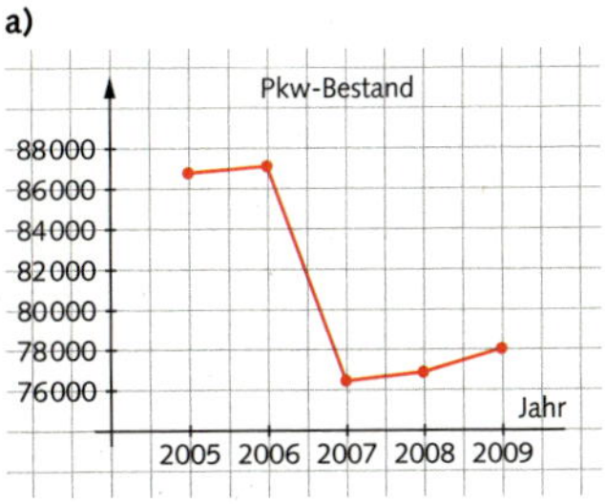

b)

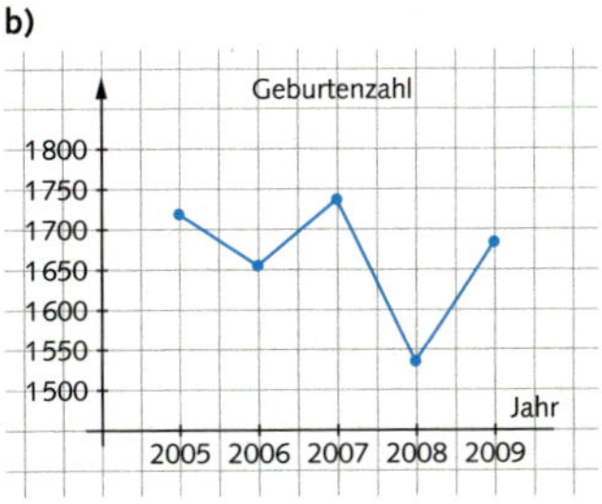

c)

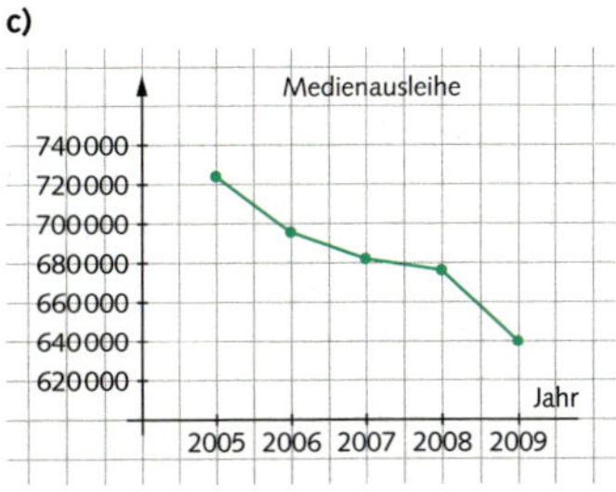

[202]

8.

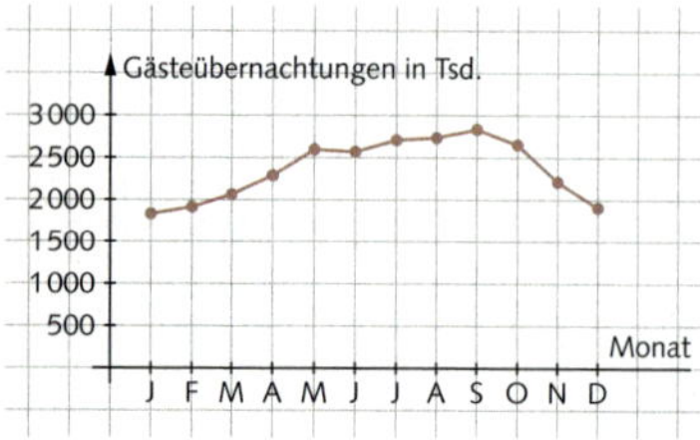

9.

Jahr	99/00	00/01	01/02	02/03	03/04	04/05
Anzahl Schulanfänger (auf Tausender gerundet)	63 000	62 000	61 000	62 000	63 000	61 000

Jahr	05/06	06/07	07/08	08/09	09/10
Anzahl Schulanfänger (auf Tausender gerundet)	60 000	59 000	58 000	56 000	54 000

10. Da der Sockel des Diagramms verkürzt dargestellt wurde, erweckt das Diagramm den Eindruck, dass die Anzahl der Einbrüche erheblich zugenommen hat, obwohl im Jahr 2011 nur etwa 7 Einbrüche (≈ 6 %) mehr als im Jahr 2010 erfolgten.

28.2 Klasseneinteilung von Datenmengen

[147] **1.** (1)

Klasse	Anzahl
168 cm bis 170 cm	2
171 cm bis 173 cm	4
174 cm bis 176 cm	5
177 cm bis 179 cm	6
180 cm bis 182 cm	3

(2)

Klasse	Anzahl
168 cm bis 175 cm	8
176 cm bis 183 cm	12

Bei dieser Einteilung geht ein Großteil an Information verloren.

2.

Klasse	Anzahl	relative Häufigkeit
25,1 kg bis 30,0 kg	8	$\frac{8}{30} \approx 26{,}7$ %
30,1 kg bis 35,0 kg	12	$\frac{12}{30} = 40{,}0$ %
35,1 kg bis 40,0 kg	6	$\frac{6}{30} = 20{,}0$ %
40,1 kg bis 45,0 kg	4	$\frac{4}{30} \approx 13{,}3$ %

Histogramm

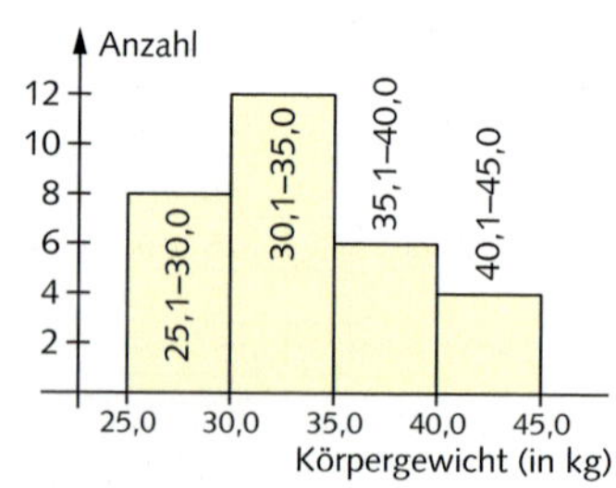

[148] **3.** (1)

Klasse	Anzahl
8,00 m bis 8,20 m	2
8,21 m bis 8,40 m	3
8,41 m bis 8,60 m	4
8,61 m bis 8,80 m	5
8,81 m bis 9,00 m	6
9,01 m bis 9,20 m	8
9,21 m bis 9,40 m	7
9,41 m bis 9,60 m	3
9,61 m bis 9,80 m	2

(2)

Klasse	Anzahl
8,00 m bis 8,30 m	4
8,31 m bis 8,60 m	5
8,61 m bis 8,90 m	8
8,91 m bis 9,20 m	11
9,21 m bis 9,50 m	8
9,51 m bis 9,80 m	4

Histogramm

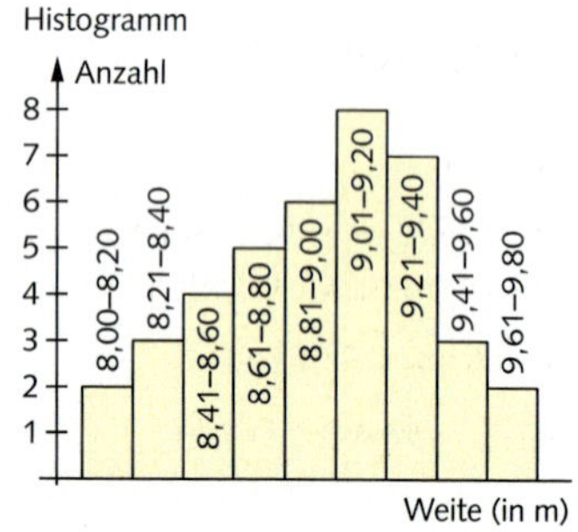

Histogramm

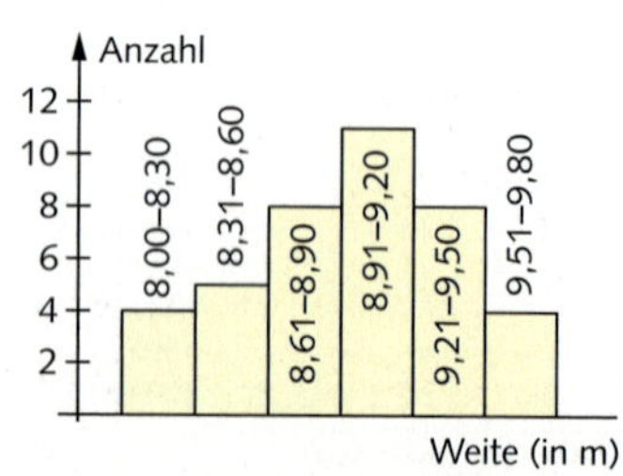

28.3 Arithmetisches Mittel

[149] **1.** $\overline{x} \approx 1{,}54$ m; Spannweite: 1,68 m – 1,40 m = 0,28 m

2. $\overline{x} \approx 3{,}98$ m; Spannweite: 4,79 m – 3,07 m = 1,72 m

3. $\overline{x} \approx 497{,}8$ g; Spannweite: 504 g – 492 g = 12 g

4. (1) $\overline{x}_{max} = 13{,}358\ °C \approx 13{,}4\ °C$; Spannweite: 23,7 °C – 2,9 °C = 20,8 °C
$\overline{x}_{min} = 5{,}883\ °C \approx 5{,}9\ °C$; Spannweite: 14,3 °C – (–1,9 °C) = 16,2 °C
(2) $\overline{x}_{Niederschlag} = 47{,}558$ mm ≈ 47,6 mm; Spannweite: 68,7 mm – 33,3 mm = 35,4 mm
$\overline{x}_{Regentage} = 8{,}8583$ Tage ≈ 8,9 Tage; Spannweite: 11,4 Tage – 7,6 Tage = 3,8 Tage

[150] **5.** $\overline{x} = 6{,}8193 \approx 6{,}8$ Punkte

6. $\overline{x} = 100{,}884$ g ≈ 100,9 g;
Spannweite: 106 g – 96 g = 10 g

7. $\overline{x} = 1{,}64$ Pkw

8. $\overline{x} = 13{,}179$ Jahre ≈ 13,18 Jahre

9. 7,32 min

10. **a)** $\overline{x}_{Urliste} = 175{,}7$ cm; $\overline{x}_{Klasseneinteilung} = 176$ cm
b) $\overline{x}_{Urliste} = 33{,}78$ kg; $\overline{x}_{Klasseneinteilung} = 33{,}55$ kg

11. **a)**

Klasse (in km/h)	Anzahl
$15 < x \leq 25$	1
$25 < x \leq 35$	0
$35 < x \leq 45$	5
$45 < x \leq 55$	3
$55 < x \leq 65$	13
$65 < x \leq 75$	9
$75 < x \leq 85$	5
$85 < x \leq 95$	2
$95 < x \leq 105$	0

Histogramm:

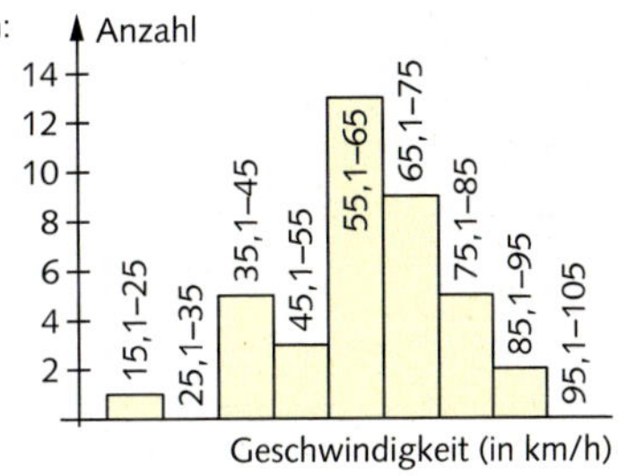

b) (1) $\overline{x}_{Urliste} = 62{,}063$ km/h; (2) $\overline{x}_{Klasseneinteilung} = 62{,}105$ km/h
$\overline{x}_{Klasseneinteilung}$ weicht um etwa 0,07 % von $\overline{x}_{Urliste}$ ab.

28.4 Median (Zentralwert)

[151] **1.** a a a a a a a a a a a a a a a a g g g g g g g b b b b b s
Zentralwert

2. (1) 99,90 €; 105,95 €; 108,90 €; 109,50 €; 109,90 €; 109,90 €; 115,95 €; Spannweite: 115,95 € – 99,90 € = 16,05 €
Zentralwert

(2) 182,95 €; 185,90 €; 188,50 €; 190,50 €; 195,90 €; 199,50 €; Spannweite: 199,50 € – 182,95 € = 16,55 €
Zentralwert 189,50 €

3. 

29 Zufallsversuche – Wahrscheinlichkeit

29.1 Beschreibung von einstufigen Zufallsversuchen durch die möglichen Ergebnisse und ihre Wahrscheinlichkeiten

[152] **1.** (1) Zufall (2) kein Zufall (3) Zufall (4) teils Zufall, teils Strategie

2. **a)** S = {Junge, Mädchen}
b) S = {Rot; Grün; Blau; Gelb}
c) S = {9; 18; 27; 36; 45; 54; 63; 72; 81; 90; 99}
d) $S = \{(Z_1|Z_2), (Z_1|W_2), (W_1|Z_2), (W_1|W_2)\}$

[153] **3.** (1) Würfel werfen, Roulette, Werfen einer Münze (2) Werfen eines Quaders, Werfen einer Reißzwecke

4. Tetraeder: $P(3) = \frac{1}{4}$; Hexaeder: $P(3) = \frac{1}{6}$; Oktaeder: $P(3) = \frac{1}{8}$; Dodekaeder: $P(3) = \frac{1}{12}$; Ikosaeder: $P(3) = \frac{1}{20}$

5. **a)** $\frac{1}{8}$ **b)** $\frac{1}{32}$

6. a) $\frac{1}{8}$

b) (1)

(2)

[154] 7.

relative Häufigkeit	$\frac{18}{50} = \frac{9}{25}$	$\frac{27}{100}$	$\frac{43}{150}$	$\frac{57}{200}$	$\frac{78}{250}$	$\frac{92}{350} = \frac{46}{175}$	$\frac{126}{400} = \frac{63}{200}$	$\frac{149}{500}$	$\frac{169}{600}$	$\frac{197}{700}$	$\frac{220}{800} = \frac{11}{40}$	$\frac{250}{900} = \frac{5}{18}$
Anzahl der Würfe	50	100	150	200	250	350	400	500	600	700	800	900

Die Wahrscheinlichkeit für eine 4 liegt geschätzt bei 30 %.

[155] 8. a) 375-mal   b) $\frac{1}{5} = 0{,}2 = 20$ %, also 20-mal   c) 150-mal   d) 45-mal

29.2 Zufällige Ereignisse und ihre Wahrscheinlichkeiten

[156] 1. a) S = {2, 4, 6}; P(gerade) = 0,4
b) S = {2, 3, 5}; P(Primzahl) = 0,18
c) S = {2}; P(gerade Primzahl) = 0,06
d) S = {3, 4, 5, 6}; P(> 2) = 0,46
e) S = {1, 2}; P(< 3) = 0,54
f) S = {6}; P(durch 2 und 3 teilbar) = 0,06
g) S = {2, 3, 4, 6}; P(durch 2 oder 3 teilbar) = 0,46
h) S = {2, 3, 4, 5, 6}; P(≥ 2) = 0,52
i) S = {1, 2, 3}; P(≤ 3) = 0,60

2. a) P(Rot) = $33\frac{1}{3}$ %
P(Gelb) = $16\frac{2}{3}$ %
P(Blau) = 25 %
P(Grün) = 25 %

b) P(Gelb oder Blau) = $16\frac{2}{3}$ % + 25 % = $41\frac{2}{3}$ %
P(Grün oder Gelb) = 25 % + $16\frac{2}{3}$ % = $41\frac{2}{3}$ %
P(Rot oder Blau) = $33\frac{1}{3}$ % + 25 % = $58\frac{1}{3}$ %
P(Nicht Rot) = $16\frac{2}{3}$ % + 25 % + 25 % = $66\frac{2}{3}$ %

3. a) 0,81 = 81 %   b) 0,58 = 58 %   c) 0,63 = 63 %   d) 0,12 = 12 %

[157] 4. $P(E_1) = 43{,}1$ %; $P(E_2) = 55{,}3$ %; $P(E_3) = 25{,}9$ %

5. Tetraeder: a) P(gerade) = $\frac{1}{2}$ b) P(Primzahl) = $\frac{1}{2}$ c) P(< 5) = 1   d) P(> 5) = 0
Hexaeder: a) P(gerade) = $\frac{1}{2}$ b) P(Primzahl) = $\frac{1}{2}$ c) P(< 5) = $\frac{2}{3}$ d) P(> 5) = $\frac{1}{6}$
Oktaeder: a) P(gerade) = $\frac{1}{2}$ b) P(Primzahl) = $\frac{1}{2}$ c) P(< 5) = $\frac{1}{2}$ d) P(> 5) = $\frac{3}{8}$
Dodekaeder: a) P(gerade) = $\frac{1}{2}$ b) P(Primzahl) = $\frac{5}{12}$ c) P(< 5) = $\frac{1}{3}$ d) P(> 5) = $\frac{7}{12}$
Ikosaeder: a) P(gerade) = $\frac{1}{2}$ b) P(Primzahl) = $\frac{8}{20}$ c) P(< 5) = $\frac{1}{5}$ d) P(> 5) = $\frac{15}{20} = \frac{3}{4}$

6. a) $\frac{10}{100} = \frac{1}{10}$ b) $\frac{11}{100}$ c) $\frac{19}{100}$ d) $\frac{10}{100} = \frac{1}{10}$

7. a) $\frac{5}{8}$ b) $\frac{1}{8}$ c) $\frac{5}{8}$ d) $\frac{1}{8}$

8. a) (1) $\frac{5}{10} = \frac{1}{2}$ (2) $\frac{3}{10}$ (3) $\frac{2}{10} = \frac{1}{5}$ b) (1) $\frac{4}{5}$ (2) $\frac{7}{10}$ (3) 0   (4) 1

[158] 9. $P(E_1) = \frac{26}{80} = \frac{13}{40}$; $P(E_2) = \frac{1}{5}$; $P(E_3) = \frac{1}{16}$; $P(E_4) = \frac{37}{80}$; $P(E_5) = \frac{7}{80}$; $P(E_6) = \frac{43}{80}$

10. (1) z. B. 1 rote Kugel, 4 blaue Kugeln oder 2 rote Kugeln, 8 blaue Kugeln oder 3 rote Kugeln, 12 blaue Kugeln
(2) z. B. 3 rote Kugeln, 2 blaue Kugeln oder 6 rote Kugeln, 4 blaue Kugeln oder 9 rote Kugeln, 6 blaue Kugeln
(3) z. B. 7 rote Kugeln, 2 blaue Kugeln oder 14 rote Kugeln, 4 blaue Kugeln oder 21 rote Kugeln, 6 blaue Kugeln

11. (1) P(keine 1) = $\frac{13}{25}$ = 0,52   (2) P(≤ 5) = $\frac{47}{50}$ = 0,94   (3) P(≥ 2) = $\frac{13}{25}$ = 0,52

12. $83\frac{1}{3}$ %   13. 63 %   14. 94,9 %   15. $\frac{89}{100}$ = 89 %   16. $\frac{3}{4}$ = 75 %   17. $\frac{8}{10}$ = 80 %

29.3 Mehrstufige Zufallsversuche

[159] 1.

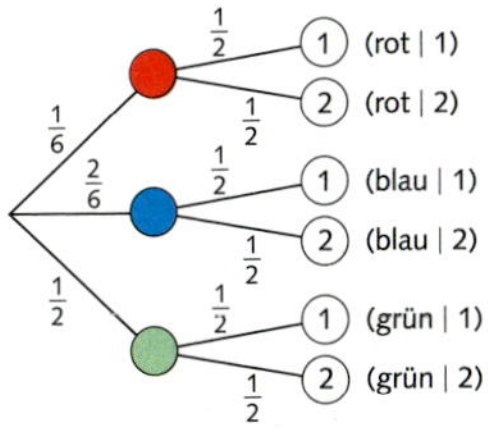

2.

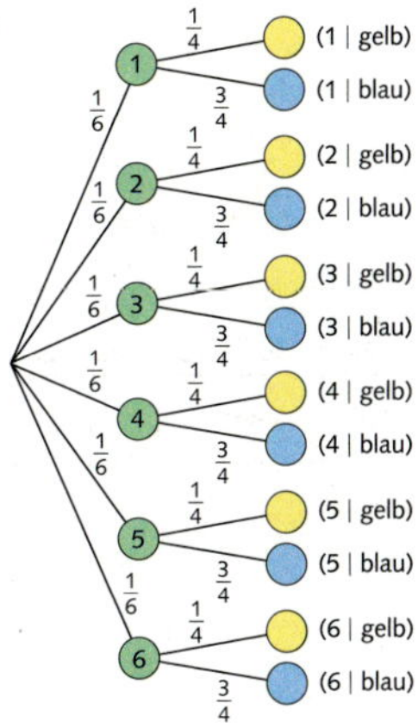

3.

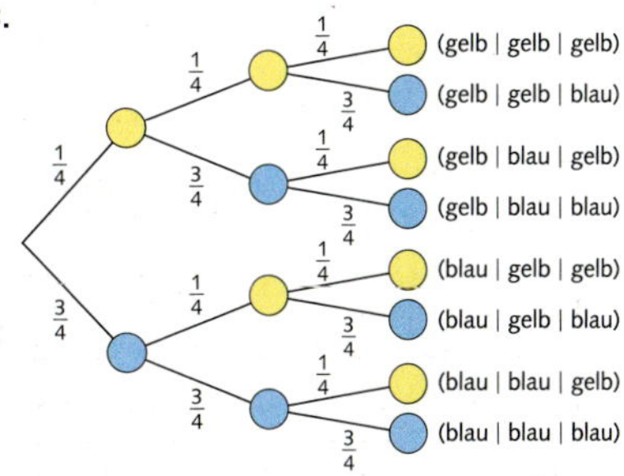

[160] 4.

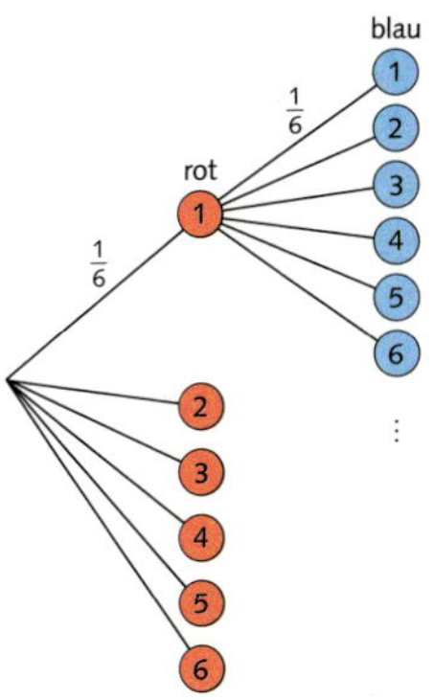

5.

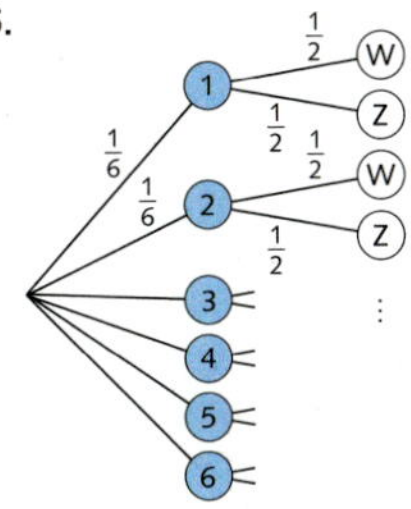

6. **a)** $\frac{1}{12}$ **b)** $\frac{1}{12}$ **c)** $\frac{3}{12} = \frac{1}{4}$ **d)** $\frac{9}{12} = \frac{3}{4}$

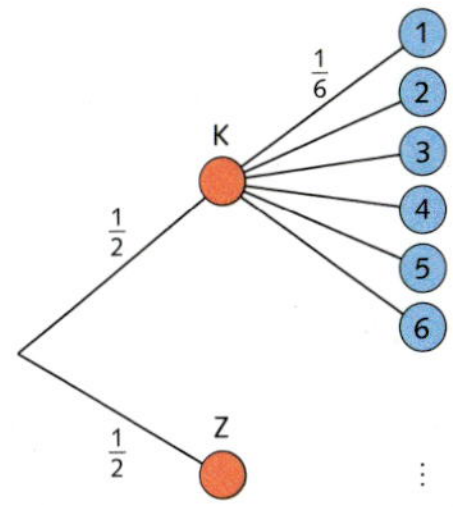

7. (1) $\frac{2}{9}$ (2) $\frac{5}{9}$

8. (1) $\frac{1}{8}$ (2) $\frac{1}{2}$ (3) $\frac{4}{8}$ (4) $\frac{2}{8} = \frac{1}{4}$ (5) $\frac{7}{8}$ (6) $\frac{1}{2}$ (7) $\frac{7}{8}$

[161] 9. (1) $\frac{5}{28} \approx 0{,}18$ (2) $\frac{5}{28} \approx 0{,}18$ (3) $\frac{15}{56} \approx 0{,}27$ (4) $\frac{11}{56} \approx 0{,}2$

10. (1) 0,0518 (2) 0,0276 (3) 0,3414

11. (1) 0,0565 (2) 0,2419 (3) 0,012 (4) 0,0645 (5) 0,004

12. (1) $\frac{3}{16}$ (2) $\frac{5}{8}$ (3) $\frac{1}{4}$ (4) $\frac{7}{16}$ (5) $\frac{3}{8}$ (6) $\frac{9}{16}$

13. **a)** (1)

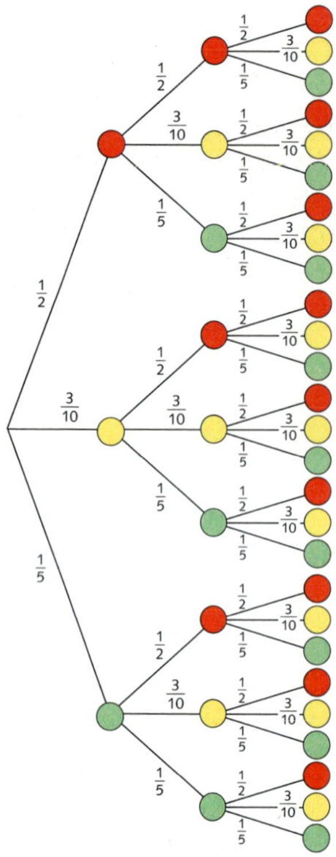

(2)

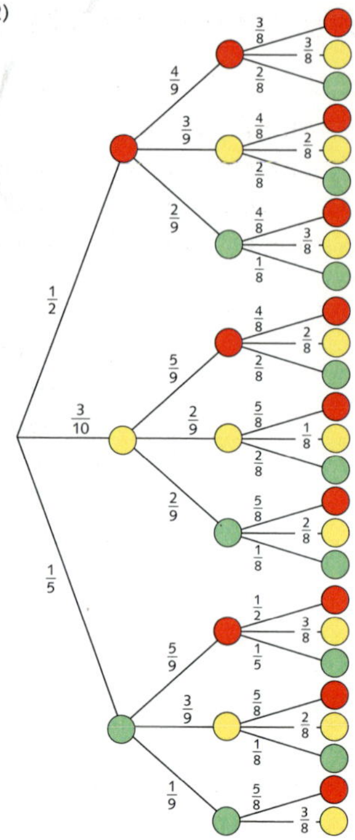

b) (1) (1) 0,3
(2) 0,027
(3) 0,16
(4) 0,512

(2) (1) 0,3
(2) $0{,}008\overline{3}$
(3) $0{,}091\overline{6}$
(4) $0{,}4\overline{5}$

[162] **14.**

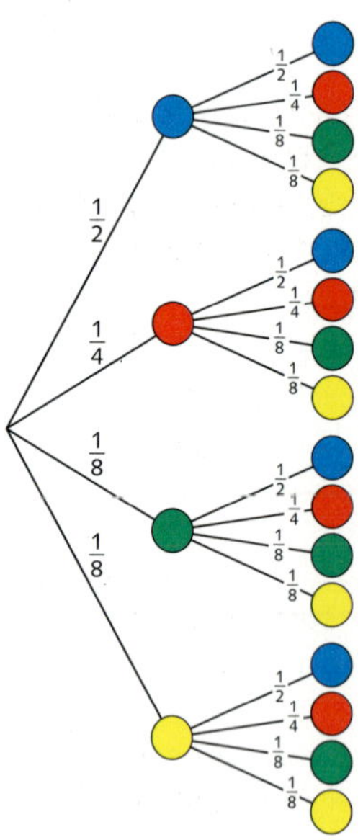

(1) $\frac{1}{64}$

(2) $\frac{15}{64}$

(3) $\frac{9}{16}$

15. **a)** 24 **b)** (1) $\frac{1}{24}$ (2) 0,625 (3) $0{,}8\overline{3}$

16. **a)** (1) 12 (2) 16 (3) 48 (4) 44

b) (1) $\frac{1}{10} = 0{,}1$ (2) $\frac{2}{15} \approx 0{,}13$ (3) $\frac{2}{5} = 0{,}4$ (4) $\frac{11}{30} \approx 0{,}37$

17. **a)** 1 000 000 **b)** $\frac{1}{1\,000\,000}$

18. **a)** $\frac{1}{10\,000\,000}$

b) (1) $\frac{1}{10}$ (2) $\frac{1}{100}$ (3) $\frac{1}{1000}$ (4) $\frac{1}{2}$

Maßeinheiten und ihre Umrechnung

Längen

10 mm = 1 cm
10 cm = 1 dm
10 dm = 1 m
1 000 m = 1 km

Flächeninhalte

$100\ mm^2 = 1\ cm^2$
$100\ cm^2 = 1\ dm^2$
$100\ dm^2 = 1\ m^2$
$100\ m^2 = 1\ a$
$10.000\ m^2 = 1\ ha$
$100\ ha = 1\ km^2$

Volumina

$1\,000\ mm^3 = 1\ cm^3$
$1\,000\ cm^3 = 1\ dm^3$
$1\,000\ dm^3 = 1\ m^3$
$1\ cm^3 = 1\ m\ell$
$1\ dm^3 = 1\ \ell$
$1\,000\ ml = 1\ \ell$

Massen (Gewichte)

1 000 mg = 1 g
1 000 g = 1 kg
1 000 kg = 1 t

Zeitspannen

60 s = 1 min
60 min = 1 h
24 h = 1 d

Verzeichnis mathematischer Symbole

Mengen

{1, 2, 3}	Menge mit den Elementen 1, 2, 3
{ }	leere Menge
$A \cup B$	Vereinigungsmenge
$A \cap B$	Schnittmenge
$A \setminus B$	Differenzmenge (A ohne B)
$\mathbb{N}$	Menge der natürlichen Zahlen
$\mathbb{N}^*$	Menge der natürlichen Zahlen ohne Null
$\mathbb{Z}$	Menge der ganzen Zahlen
$\mathbb{Q}$	Menge der rationalen Zahlen
$\mathbb{R}$	Menge der reellen Zahlen
$\mathbb{R}_+$	Menge der positiven reellen Zahlen mit Null
$\mathbb{R}_+^*$	Menge der positiven reellen Zahlen

Geometrie

$\overline{AB}$	Strecke mit den Endpunkten A und B
$\lvert AB \rvert$	Länge der Strecke $\overline{AB}$
$\overrightarrow{AB}$	Halbgerade (Strahl) mit dem Anfangspunkt A durch den Punkt B
AB	Gerade durch A und B
$g \parallel h$	Gerade g ist parallel zur Geraden h
$g \perp h$	Gerade g ist senkrecht zur Geraden h
$P(x \mid y)$	Punkt mit den Koordinaten x und y
ABC	Dreieck mit den Eckpunkten A, B und C
ABCD	Viereck mit den Eckpunkten A, B, C und D
$\sphericalangle PSQ$	Winkel mit dem Scheitel S und den Schenkeln $\overrightarrow{SP}$ und $\overrightarrow{SQ}$
$F \cong G$	Figur F ist kongruent zu Figur G
$F \sim G$	Figur F ist ähnlich zu Figur G

Arithmetik/Algebra

$a = b$	a gleich b
$a \neq b$	a ungleich b
$a < b$	a kleiner b
$a > b$	a größer b
$a \approx b$	a ungefähr gleich (rund) b
$a + b$	Summe aus a und b; a plus b
$a - b$	Differenz aus a und b; a minus b
$a \cdot b$	Produkt aus a und b; a mal b
$a : b$	Quotient aus a und b; a durch b
$\lvert a \rvert$	Betrag von a
b^n	Potenz aus Basis (Grundzahl) b und Exponent (Hochzahl) n; b hoch n
$\sqrt{a}$	Quadratwurzel aus a ($a \geq 0$)
$\sqrt[n]{a}$	n-te Wurzel aus a ($a \geq 0$)
$\log_b a$	Logarithmus von a zur Basis b
$\log a$	Logarithmus von a zur Basis 10
p %	p Prozent
$\overline{x}$	Arithmetisches Mittel

Formeln

Prozent- und Zinsrechnung

$W = G \cdot \frac{p}{100}$ (Prozentwert W, Grundwert G, Prozentsatz p)

$Z = K \cdot p\,\% \cdot i$ (Jahreszinsen Z, Kapital K, Zinssatz p %, Zeitfaktor i)

Gesetz für Quadratwurzeln

$\sqrt{a} \cdot \sqrt{b} = \sqrt{a \cdot b}$ $(a \geq 0;\ b \geq 0)$

$\frac{\sqrt{a}}{\sqrt{b}} = \sqrt{\frac{a}{b}}$ $(a \geq 0;\ b > 0)$

Potenzgesetze $(a, b > 0)$

$a^p \cdot a^r = a^{p+r}$	$a^r \cdot b^r = (a \cdot b)^r$	$(a^p)^r = a^{p \cdot r}$
$a^p : a^r = a^{p-r}$	$a^r : b^r = \left(\frac{a}{b}\right)^r$	

Logarithmengesetze $(u > 0;\ v > 0)$

$\log_b(u \cdot v) = \log_b u + \log_b v$ $\log_b(u : v) = \log_b u - \log_b v$

$\log_b(u^t) = t \cdot \log_b u$

Flächeninhalte

Rechteck	$A = a \cdot b$	
Parallelogramm	$A = g \cdot h$	
Trapez	$A = \frac{a+c}{2} \cdot h$	
Kreis	$A = \pi \cdot r^2$	(Umfang $u = \pi \cdot 2r = \pi \cdot d$)

Oberflächeninhalt O und Volumen V von Körpern

Würfel	$O = 6a^2$	$V = a^3$
Quader	$O = 2(ab + bc + ac)$	$V = a \cdot b \cdot c$
Prisma	$O = 2G + u \cdot h$	$V = G \cdot h$ (G = Grundflächeninhalt)
Zylinder	$O = 2\pi r(r + h)$	$V = \pi r^2 \cdot h$
Pyramide	$O = G + M$	$V = \frac{1}{3}G \cdot h$ (G = Grundflächeninhalt, M = Mantelflächeninhalt)
Kegel	$O = \pi r(r + s)$	$V = \frac{1}{3}\pi r^2 h$ (s = Länge der Seitenlinie)
Kugel	$O = 4\pi r^2$	$V = \frac{4}{3}\pi r^3$

Griechisches Alphabet

α A	β B	γ Γ	δ Δ	ε E	ζ Z	η H	ϑ Θ
Alpha	Beta	Gamma	Delta	Epsilon	Zeta	Eta	Theta
ι I	κ K	λ Λ	μ M	ν N	ξ Ξ	ο O	π Π
Jota	Kappa	Lambda	My	Ny	Xi	Omikron	Pi
ϱ P	σ Σ	τ T	υ Y	φ Φ	χ X	ψ Ψ	ω Ω
Rho	Sigma	Tau	Ypsilon	Phi	Chi	Psi	Omega